# 数据科学方法与实践

## ——基于 Python 技术实现

马学强 主编

马英红 孙建德 副主编

電子工業出版社

Publishing House of Electronics Industry

北京 · BEIJING

## 内 容 简 介

本书系统介绍数据科学的核心概念、基本方法和关键技术，内容涵盖数据科学的导向目标，涉及科学计算、数据处理和分析、数据可视化等关键知识环节。本书基于 Python 技术框架实现，内容注重理论和实践的有机融合，克服单调、晦涩的知识累积之苦，以问题为导向，学以致用，提供了大量的案例代码和样本数据集，可以为学习者平添几分学习的乐趣。

本书既适用于高等院校“数据科学与大数据技术”专业人才的基础培养，也适用于信息处理相关专业人才的能力提升，能够为数据科学从业者和相关学科的科研工作者提供必要的技术支撑。



**图书在版编目（CIP）数据**

数据科学方法与实践：基于 Python 技术实现 / 马学强主编. —北京：电子工业出版社，2021.12
ISBN 978-7-121-42817-3

Ⅰ. ①数…　Ⅱ. ①马…　Ⅲ. ①数据处理—研究　Ⅳ. ①TP274

中国版本图书馆 CIP 数据核字（2022）第 012851 号

责任编辑：杜　军　　文字编辑：路　越
印　　刷：北京七彩京通数码快印有限公司
装　　订：北京七彩京通数码快印有限公司
出版发行：电子工业出版社
　　　　　北京市海淀区万寿路 173 信箱　　邮编：100036
开　　本：787×1 092　1/16　印张：25　字数：600 千字　彩插：4
版　　次：2021 年 12 月第 1 版
印　　次：2023 年 3 月第 3 次印刷
定　　价：75.00 元

凡所购买电子工业出版社图书有缺损问题，请向购买书店调换。若书店售缺，请与本社发行部联系，联系及邮购电话：（010）88254888，88258888。

质量投诉请发邮件至 zlts@phei.com.cn，盗版侵权举报请发邮件至 dbqq@phei.com.cn。

本书咨询联系方式：luy@phei.com.cn。

# 前　言

大数据时代，互联网的普及和应用，每时每刻数据的涌现，使得数据科学真正成为大家关注的焦点。

数据科学是一门多学科交叉的科学，数据科学的兴起，也推动了相关学科的发展，且与人工智能的结合越来越紧密，数据治理和数据赋能任重道远。按照数据科学的基本路径和方法，系统地学习和掌握数据科学的理论和方法，并在实践中应用和提高，是目前广大数据科学工作者和数据科学爱好者达成的普遍共识。

本书是对数据科学的概念、技术和应用的介绍，涵盖数据科学的基本知识体系，以科学计算、数据处理和分析、数据可视化为重点，共分为 5 章。

第 1 章为数据科学概述，系统介绍了数据科学、大数据技术的核心概念、知识体系、基本流程和关键技术，读者可以通过其中的关键词查阅相关的文献，进一步巩固和掌握大数据的技术和应用。

第 2 章为 Python 基础，介绍了 Python 的关键语法和结构知识。如果已经有 Python 的基础，本章可以略过。如果没有，也不需要精通 Python 知识，可以做简化处理，或者通过相应的网络课程，花几个小时的时间快速了解这些知识。

第 3 章为科学计算——Numpy，内容涉及使用 Numpy 库进行科学计算，包括统计学、线性代数基础数学知识。内容逻辑可有效克服单纯数学学习的乏味，做到在用中学。在掌握技术的同时，贯穿数据计算相关的数学知识，也能为后续的数据处理和分析打好基础。

第 4 章为数据处理和分析——Pandas，介绍使用 Pandas 库的标准数据模型和操作大型数据集的工具，运用科学的方法，快速便捷地进行数据处理和分析，包括数据的加载、数据清洗和预处理、典型的数据处理和分析方法实践、时间序列分析等，以更好地探索和利用数据。

第 5 章为数据可视化——Matplotlib，其内容以 Matplotlib 库为主，对数据进行二维、三维及动态可视化展现，以使学习者更好地理解数据，探索和发现数据中潜在的价值和模式。同时，满足部分专业需求，对网络结构可视化进行探索。

本书并不需要高级数据科学的知识，如机器学习算法、大数据平台和技术等，内容覆盖数据科学的导向目标，既可以用于数据科学与大数据技术专业的核心基础课程，也可以作为信息安全、信息管理与信息系统、生物信息学等相关专业的能力提升课程。同时，也能够为科研工作者提供必要的工具支撑。

本书采用基于问题的方法来引入新概念，读者对象相对宽泛，对数据科学和大数据技术的初学者是非常有益的。针对不同问题的代码解决方案，对学习者是一种很好的实践；对立志于数据科学的从业者，进一步学习和掌握高级数据科学知识，不断拓展知识和技能，成为可有效借鉴的基准。本书的程序源代码等课程资源可以从华信教育资源网（http://www.hxedu.com.cn）下载。

基于 Python 技术支持，优雅地进行数据计算、处理和分析以及数据的可视化表达，是进行数据科学入门非常有效的途径，必将为数据科学的学习和理解，养成数据思维的良好习惯，成长为一名优秀的数据科学人才，发挥不可替代的堡垒作用。

数据驱动未来，信数据得永生。 ——《未来简史》

编者按

2021 年 12 月

本书获国家自然科学基金联合项目（项目编号：U1736122）、山东师范大学规划教材建设立项出版资助。

# 目　　录

# 第 1 章　数据科学概述

数据科学与大数据存在千丝万缕的联系，但也有明显的区分。到底什么是数据科学？什么是大数据？本章对数据科学的基本知识体系、路径和方法，大数据的特征、处理流程以及大数据所涉及的关键技术的描述，能够帮助读者构建对数据科学和大数据技术框架的认识和了解，并对数据的未来充满期许。

## 1.1　什么是数据科学

大数据（Big Data）时代的到来，催生了一门新的学科——数据科学，它是与大数据既有区别又相互联系的两个术语。从维基百科给出的定义看，数据科学仅是一种概念，它结合了统计学、数据分析、机器学习及其相关方法，旨在利用数据对实际现象进行“理解和分析”，是一门将数据变得有用的学科。

数据科学的起源来自于图灵奖获得者 Peter Naur 的著作 *Concise Survey of Computer Methods*（1974 年），在前言中 Peter Naur 首次明确提出数据科学（Data Science）的概念，认为“数据科学是一门基于数据处理的科学”，并提到了数据科学与数据学（Datalogy）的区别。

数据科学在经过了一段漫长的沉默期之后，Drew Conway 于 2010 年提出揭示数据科学学科地位的韦恩图——*The Data Science Venn Diagram*，首次明确探讨了数据科学的学科定位问题，这也成为我们国家“数据科学与大数据技术”专业设置的重要依据。

从图 1.1 的传统的数据科学韦恩图中可以看出，数据科学是一门涉及计算机编程（Hacking Skills）、数学和统计学知识（Math&Statistics Knowledge）和专业领域知识（Substantive Expertise）的交叉性学科，从而也引发出数据科学容易偏离的三个方向。

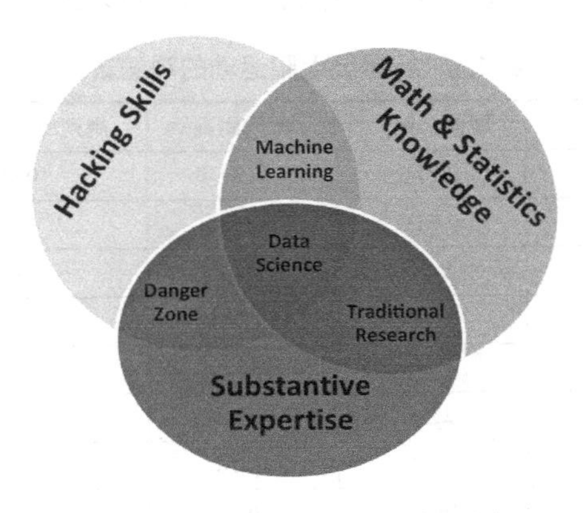


图 1.1　传统的数据科学韦恩图

**1）机器学习（Machine Learning）**

从机器学习的路径 data→program+algorithm/model→inherent law/pattern→prediction 可以看出，如果侧重于计算机编程和数学知识，而忽略了领域知识的掌握，容易使得数据科学走向机器学习。

**2）传统研究（Traditional Research）**

即以领域知识为导航，从数学和统计学角度做某一领域的传统研究。研究者以数学理论的学习和掌握为前提，花费大量的时间来获取某些领域的专业知识，而花费很少的时间学习技术，这最终将导致无法对数据进行有效的计算和呈现，也成为很多传统研究者的苦恼。

**3）危险区（Danger Zone）**

即通过计算机编程解决一些专门领域的问题，但如果缺乏对问题的数学解释能力，那将是非常危险的。

### 1. 数据科学的基本内涵

从一般意义上说，数据科学是利用科学的方法将收集的数据转化为有价值的见解、产品或解决方案的一系列活动。而数据本身所具有的广泛性和多样性，以及数据之间的共性，使得数据科学研究的基本内涵可以分为两个方面。

（1）**用数据的方法研究科学。**科学研究经过多年的发展，已经形成了从实验归纳到模型推演，再到计算机仿真的三种科学研究范式。在当今的大数据时代，基于数据驱动推进相关原理和方法发现的科学研究模式被称为科学研究的第四范式，也称为数据密集型科学，是指利用庞大的计算机集群对海量数据进行计算，从而发现传统科学方法发现不了的新模式、新知识或新规律，如生物信息学、天体信息学、地理信息学、数字地球、社会计算与商务智能等领域中的应用。

以开普勒发现开普勒第三定律为例。开普勒在 1618 年发表的《世界的和谐》中提出了开普勒第三定律，该定律的发现就是建立在八大行星绕太阳运动的天文观测数据基础上的，如表 1.1 所示。通过对数据的观察、分析和反复演算，发现行星运行周期的平方和行星距太阳的平均距离的立方之比是一个常量，稳定在 1 左右，进而大胆地提出了开普勒第三定律。这是一个用数据方法研究科学问题的典型例子。

**表 1.1 行星绕太阳运动的观测数据**

| 行星 | 周期（年） | 平均距离 | 周期$^2$/平均距离$^3$ |
| --- | --- | --- | --- |
| 水星 | 0.241 | 0.39 | 0.98 |
| 金星 | 0.615 | 0.72 | 1.01 |
| 地球 | 1.00 | 1.00 | 1.00 |
| 火星 | 1.88 | 1.52 | 1.01 |
| 木星 | 11.8 | 5.20 | 0.99 |
| 土星 | 29.5 | 9.54 | 1.00 |
| 天王星 | 84.0 | 19.18 | 1.00 |
| 海王星 | 165.0 | 30.06 | 1.00 |

数据科学对科学研究的贡献和推动作用，已经使得数据科学成为当前科研体系的重要组成部分。随着数据科学知识体系的不断发展和分化，它将与物理、化学、生命科学、计算机科学等学科一样，成为科学进步和技术创新的主要源泉。从信息技术（IT）到数据技术（DT），有一系列技术正在趋于成熟，如大数据平台、科学软件、机器学习算法，从而促使很多不同的行业与科学研究紧密融合，从而大大缩短了从基本原理的发现，到产生经济效益的产业化的周期。此外，数据科学相关的研究和应用，也使得科学研究、社会日常工作变得更加容易，它们之间的联系也会越来越紧密。

（2）**用科学的方法研究数据**。对于数据的研究不是靠经验或者感觉，而是把数据的研究视为一个具有生命周期的过程，包含数据的采集、数据的清理、数据的存储和分析、数据的可视化、数据的有效治理，甚至是数据的分析过程是否涉及伦理问题等，都采用一种科学的方法来进行研究。这一方面的研究涉及统计学、机器学习、模式识别、神经计算、数据挖掘、知识发现、数据库和数据处理、数据可视化等领域，涵盖了数据全生命周期的流程和相应的处理链条。

研究数据的科学方法也呈现出与目前先进理论和技术相结合的趋势，数据科学家、KDnuggets 公司总裁 Gregory Piatetsky-Shapiro 考虑数据科学与其他学科之间的联系，给出了如图 1.2 所示的新的数据科学韦恩图。

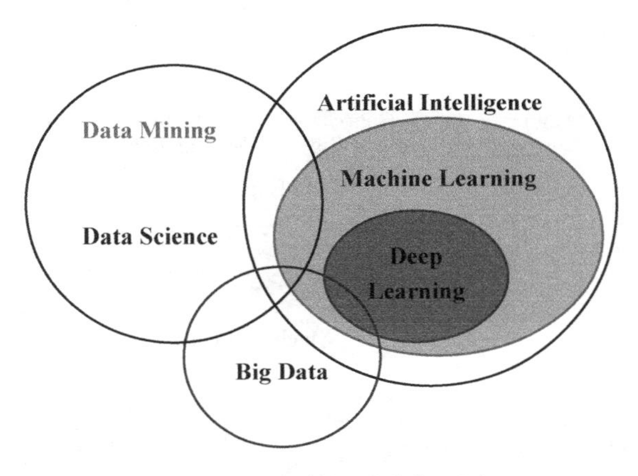


图 1.2　新的数据科学韦恩图

从图 1.2 中可以看出，数据科学不再是整个图结构的中心，它是人工智能、机器学习和大数据的交集，并与数据挖掘有着本质性的联系，其核心理念主要体现在以下几个方面。

（1）Gregory 描述的数据科学，其目标仍然是通过识别合适的数据、选择合适的模型与方法，从而获取到有价值的见解和结果的过程。与 Drew Conway 提出的韦恩图相比，其在理论、实践和精神上还是一致的，即数学与统计学、计算机科学、领域知识仍然是数据科学的核心理论基础。

（2）数据挖掘（Data Mining）是利用机器学习（Machine Learning）算法来提取数据集中保存的有潜在价值的模式的过程，它侧重于算法的应用，已经成为数据处理和分析过程自动化、智能化不可或缺的工具和方法。其中，机器学习不同于传统的统计描述，而是采用计算机科学、统计学和人工智能等领域的技术，可以通过输入数据对算法进行自动改进，是支撑数据挖掘算法的引擎；而人工智能（Artificial Intelligence）是在某一专门领域中，基于数据驱动进行预测的动力来源。

（3）大数据（Big Data）与数据科学在平台技术、模型方法等方面既有联系又有区别。相对于大数据，就有小数据的存在，这主要是由数据的类型、数据的规模、数据的价值密度以及对数据处理速度的要求决定的。一般认为，大数据的发酵催化了数据科学的发展，但反过来大数据的进步和发展也离不开人工智能、机器学习和数据科学的支持。

（4）在科学研究和不同的应用领域中，以计算为中心还是以数据为中心，是由各个学科领域的特定属性和目标所决定的，二者之间不存在互斥关系，可以在数据科学的全生命周期中进行良性迁移。

### 2. 数据科学的基本路径和方法

数据科学作为一门交叉性学科，从知识体系来看，数据科学主要以统计学、机器学习、数据可视化和某一领域的知识为理论基础。同时，数据科学也是一门实践性非常强的学科，以基础理论为前提，数据科学的研究内容包括基础理论、数据采集、数据加工、数据计算、数据存储和管理、机器学习、数据分析、数据可视化和企业决策等，数据科学的一般过程如图 1.3 所示。

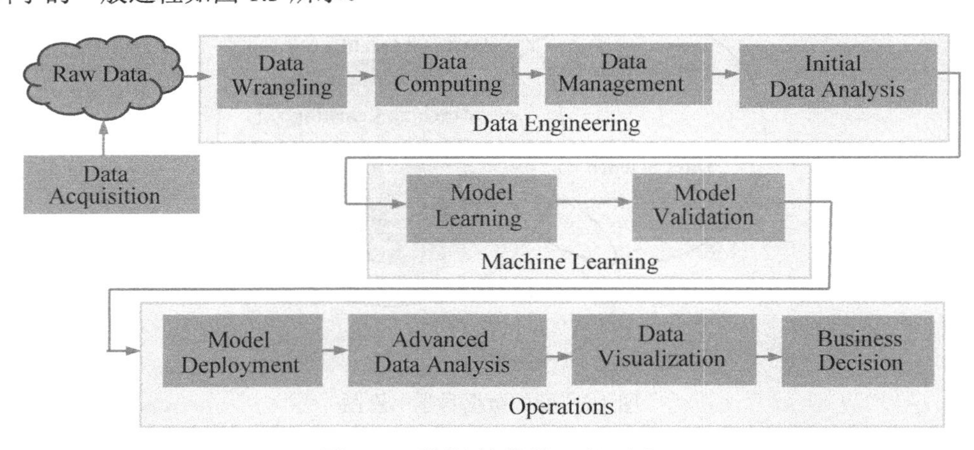


图 1.3　数据科学的一般过程

（1）基础理论：指涉及数据科学的研究目的、研究内容、基本流程、典型应用、人才培养、项目管理等的新理念、理论、方法、技术及工具，既包含数据科学的内涵理论，如数学和统计学、计算机科学、领域知识等，又包含数据科学的外延理论，如大数据、人工智能、机器学习等。

（2）数据加工（Data Wrangling 或 Data Munging）：是指为了提升数据质量、降低数据计算的复杂度、减少数据计算量以及提升数据处理的精准度，对原始数据进行的加工处理，包括数据识别、数据清洗、数据变换、数据集成、数据脱敏、数据归约和数据标注等。在数据科学中，数据的加工处理主要考虑如何将数据科学家的创造性设计、批判性思维和好奇性提问融入数据的加工活动之中，以使得数据具有更高的价值。

（3）数据计算（Data Computing）：数据科学的计算模式已经不再是单纯的关系运算、描述性或推论性统计计算。随着大数据的兴起，计算模式从集中式计算、分布式计算、网格计算等传统计算向云计算过渡。比较有代表性的是 Google 的云计算技术、Hadoop MapReduce、Spark 和 YARN 等。计算模式的变化使得数据科学中所关注的数据计算的主要瓶颈、主要矛盾和思维模式都发生了根本性变化。

（4）数据存储和管理（Data Management）：数据的来源可以是结构化数据、半结构化数据和非结构化数据，对数据的有效存储、管理和维护，是进行数据分析和数据再利用的必然要求。目前，数据科学中的数据管理方法与技术也发生了重要变革，不仅包括传统的关系数据库，也出现了一些新兴的数据管理技术，如 NoSQL、NewSQL 和关系云等。

（5）传统的数据分析（Initial Data Analysis）：传统的数据分析方法是在统计计算的基础上，对收集来的大量数据进行分析，提取有用信息和形成结论后对数据加以详细研究和概括总结的过程。总体上，数据分析分为定量分析和定性分析，这是由要分析的数据对象类型所决定的。在统计学上，将数据分析划分为描述性统计分析和推论性统计分析，其中描述性统计分析是对相关统计指标的定量分析，包括集中趋势指标分析（如均值、中位数、四分位数等）、离散程度分析（如方差、标准差、离散系数等）、偏态与峰态分析等；推论性统计分析是指对假设的检验和数据的探索，以期发现新的数据特征或规律，主要包括回归分析、相关性分析、主成分分析、聚类分析、时间序列分析等。传统的数据分析，通常以开源工具为主，如 Python 支持的 Pandas 库已成为数据科学家较为普遍应用的数据分析工具。

（6）机器学习（Machine Learning）：在面对复杂问题或海量数据时，传统的数据科学方法有时会显得无能为力。而机器学习可以在大量标注良好的历史数据或可以快速模拟的数据中发现潜在的数据模式，并应用发现的模式对新数据进行判别和预测，从而为问题的解决方案提供双保险，以提高预测的准确性。

（7）模型部署和高级数据分析（Model Deployment/Advanced Data Analysis）：机器学习作为人工智能的一个子集，是通过样本数据集训练学习模型，从而为问题提供解决方案，然后根据获得的经验，不断检验和评价模型，从而更好地理解数据模式的迭代过程。合理地选择和优化部署机器学习模型，是进行高级数据分析的重要内容，其中数据挖掘已经成为数据科学一个本质性的重要组成部分。

（8）数据可视化（Data Visualization）：在数据处理和分析的基础上，数据可视化以合适的图形形式呈现数据，探索和发现数据潜在的价值和模式，从而更好地洞见和理解数据，是目前数据科学研究和应用中非常重要的一个环节。

（9）企业决策（Business Decision）：数据分析的目标不仅是数据的归纳、重组和可视化展示，而且它可以很好地支持管理和决策的过程。在数据的驱动下，传统的管理与决策正从以管理流程为主的线性范式逐渐向以数据为中心的扁平化范式转变，管理与决策中各参与方的角色和相关信息流向更趋于多元化和交互性。数据科学、大数据技术可以为企业赋能，创造新的战略机会，促使企业革新技术并大大提升企业的效率和效益，这也是数据科学和大数据技术不断前进的动力。

（10）数据采集（Data Acquisition）：在数据科学中，数据的主要来源包括商业数据、互联网数据和传感器数据，大多以系统日志、网页页面、电子文档、社交媒体等多种形式存在。网络数据采集涉及非常广泛的编程技术和手段。目前，在法律和社会伦理允许的前提下，使用网络爬虫采集互联网数据已经成为数据科学工作者必备的一项技能，比较常用的网络爬虫技术如 Python 支持的 Scrapy、BeautifulSoup 等。

在数据科学的全生命周期中，以上基本过程涉及的理论、方法和技术可能是不足够的。随着大数据和人工智能的兴起，会有更多的智能算法涌现；在探索和开发数据的过程中，也需要考虑数据的传输、通信等。但毋庸置疑的是，数据科学的最终目标是让数据成为有效的、可重复的、自动化和规模化的数据。

### 3. 数据科学团队

从 Drew Conway 的数据科学韦恩图和数据科学的知识体系中，我们可以得出这样的一个基本结论，即数据科学的全过程是不可能由一个独角兽数据科学家完成的，没有人是完美的数据科学家，所以我们需要数据科学团队。

数据科学团队的基本构成如图 1.4 所示，但一个真正科学、合理的数据科学团队绝不仅限于软件工程师、数据库管理员、统计学家、商业分析师四种角色。随着大数据、人工智能的兴起和快速发展，必然会有更多的领域专家、伦理学家、数据收集专家、机器学习专家、数据产品经理、决策人员等加入数据科学团队。这些不同的团队角色分工协作，在数据科学全生命周期的不同阶段、不同领域中发挥各自的作用，经过较长时间的内化，最终成为一个能够进行自我管控，并能够高效地提供问题解决方案的专业化组织。

图 1.4　数据科学团队的基本构成

## 1.2　大数据技术

大数据的产生是伴随着人类社会数据产生方式的巨大变化开始的，从作为运营的数据库管理系统（如超市的销售记录、银行的交易记录等）到 Web 3.0 时代的互联网用户原创数据（如社交媒体数据），再到物联网时代的各种传感器数据，它们共同构成了大数据的数据来源，其中通过感知自动产生的数据才是大数据产生的最根本原因。

### 1．什么是大数据

大数据（Big Data）本身是一个抽象的概念。一般来说，大数据是指无法在有限的时间内使用常规软件工具对其进行获取、存储、管理和处理的数据集合。这样的海量数据，需要一种新的处理模式才能使其具有更强的决策力、洞察力和流程优化能力，是一种高增长率、多样化的信息资产。

对大数据的定义，目前还不统一，大家的共识是：大数据具有 Volume、Velocity、Variety、Value 四个特征，即数据体量大、数据处理速度快、数据类型繁多和数据价值密度低，如图 1.5 所示。2013 年，IBM 在其白皮书《分析：大数据在现实世界中的应用》中，重新定义和完善大数据“4V”理论，并结合众多行业实践，提出大数据的“5V”理论，即增加 Veracity（真实性）特征，强调数据的准确性和可信赖度，即数据的质量。

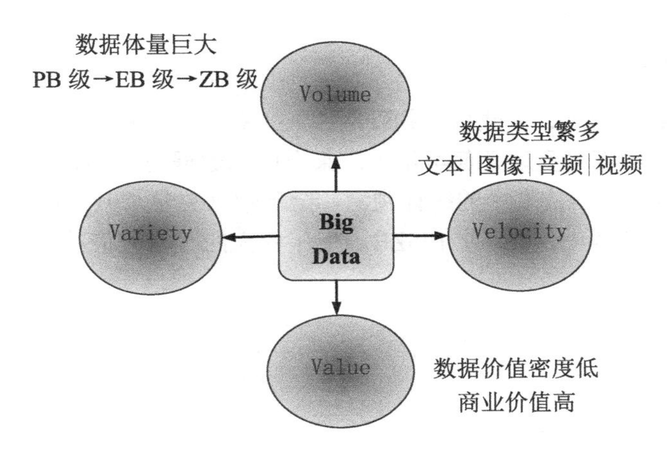


图 1.5　大数据特征

1）**Volume**：表示大数据的数据体量巨大。

数据集合的规模不断扩大，已经从 GB 级增加到 TB 级再增加到 PB 级，近年来，数据量甚至开始以 EB 和 ZB 来计数。

例如，一个中型城市的视频监控信息一天就能达到几十 TB 的数据量。百度首页导航每天需要提供的数据达到 1～5PB，如果将这些数据打印出来，会超过 5000 亿张 A4 纸。即使是一分钟的时长，互联网产生的各类数据的体量也是惊人的。

2）**Velocity**：表示大数据的增长速度快，处理和分析的速度也快，时效性要求高。

数据产生的实时性特点，以及将流数据结合到业务流程和决策过程中的需求，使得数据增长迅速。处理模式已经开始从批处理转向流处理，以便能够从各种类型的数据中快速获取高价值的信息。大数据的快速处理和分析能力与传统的数据处理技术有本质的区别。

3）**Variety**：表示大数据的数据类型和来源多样化。

传统 IT 产业产生和处理的数据类型较为单一，大部分是结构化数据。随着传感器、智能设备、社交网络、物联网、移动计算、在线广告等新的渠道和技术不断涌现，数据的来源呈现多样化，产生的数据类型繁多。

目前，数据类型不再只是具有固定格式的结构化数据，还有大量的半结构化或者非结构化数据，如半结构化的 XML（eXtensible Markup Language）、CSV（Comma Separated Values）、JSON（JavaScript Object Notation）、Excel 数据等，非结构化的社交媒体数据，如邮件、博客、即时消息、视频、照片、点击流、日志文件等。对不同来源、类型的数据进行整合、存储和分析，以满足企业管理和决策的需求。

4）**Value**：表示大数据的数据价值密度相对较低。

随着互联网和物联网的广泛应用，信息感知无处不在，大数据的体量不断增加，使得单位数据的价值密度在不断降低，但数据的整体价值在提高。以监控视频为例，在一小时的视频中，有用的数据可能仅仅只有一两秒，但是却显得弥足珍贵。如何结合业务逻辑，通过强大的机器学习算法来挖掘大数据中蕴含的无限商业价值，是大数据时代最需要解决的问题。

### 2. 大数据时代

近年来，随着云计算、大数据、物联网、人工智能等信息技术的快速发展和传统产业数字化的转型，数据量呈现几何级增长。来自国际数据公司 IDC 2018 年《数字化世界——从边缘到核心》白皮书中的统计预测，全球数据总量 2016 年为 18ZB（约合 19 万亿 GB），到 2025 年将增长到 175ZB，十年内大约有 10 倍的增长，平均增长率为 26%，如图 1.6 所示。

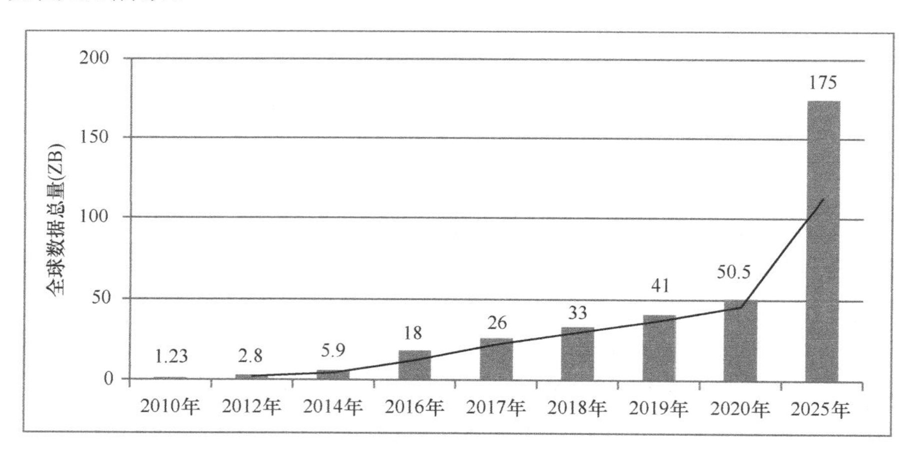


图 1.6　IDC 全球新产生数据统计与预测

中国的数据量在 2013 年已达到 576EB，2018 年约为 7.6ZB，2025 年预计将达到 48.6ZB，增长超过 27 倍。从全球占比来看，中国数据占全球数据的比例，2013 年为 13%，2018 年为 23%，预计 2025 年将占比 40%，将成为全球最大的数据圈。在这些数据中，约 80%是非结构化或半结构化的数据，甚至更有一部分是不断变化的流数据。因此，数据的爆炸性增长态势、数据构成的特点使得人类社会进入了“大数据”时代。

在大数据时代，数据已经成为一种战略性资源，在国家治理、国家安全、全球经济增长等各方面处于核心地位，国家竞争的焦点将从资本、土地、人口、资源转向数据空间，数据将被赋予更多的战略含义。

在大数据时代，大数据对社会、经济、生活产生的影响绝不仅限于技术层面。更多地，大数据为我们洞察世界提供了一种全新的方法，即数据将更多地驱动管理和决策行为，凭借经验和直觉的判断分析、趋势预测将慢慢成为历史。大数据时代的特征主要表现在以下四个方面。

1）对大数据的处理分析正成为新一代信息技术融合应用的节点。

移动互联网、物联网、社交网络、数字家庭、电子商务、在线教学和广告等是新一代信息技术的应用形态，这些应用不断产生大数据。云计算、人工智能为这些海量的、多样化的大数据提供了存储、计算和自动化的有效方法和技术，对数据的处理、分析和优化，将赋能应用，创造出巨大的经济和社会价值，催生社会变革和进步。

2）大数据是信息产业持续高速增长的新引擎。

面向大数据市场的新技术、新产品、新服务、新业态的不断涌现，在硬件与集成设备领域，大数据将对芯片、存储产业产生重要影响，还将催生出一体化数据存储处理服务器、内存计算等市场。在软件与服务领域，大数据将引发数据快速处理分析技术、数据挖掘技术和软件产品的发展。

3）大数据利用将成为提高核心竞争力的关键因素。

从国家战略到各行各业，管理和决策的模式正在从“业务驱动”向“数据驱动”转变。中国实施国家大数据战略，加快建设数字中国，构建以数据为关键要素的数字经济，运用大数据提升国家治理现代化水平、保障和改善民生，保证整个国家的数据安全。在商业领域，大数据分析可以为线上、线下的商家实时掌握市场动态，并制定更加精准有效的营销策略提供决策支持，从而帮助企业为消费者提供更加智能化、个性化的服务。在医疗领域，可辅助医生提高诊断的准确性和药物的有效性。在公共事业领域，大数据开始发挥促进经济发展、维护社会稳定等方面的重要作用。

4）在大数据时代，科学研究的方法手段将发生重大改变。

在大数据时代，科学研究的方法已不再仅是抽样调查、统计分析，将向数据密集型的第四范式转化，研究人员可通过实时监测、跟踪研究对象在互联网上产生的海量行为数据，进行挖掘分析，揭示出本质的、潜在的模式和规律，提出研究结论和对策。

### 3. 大数据处理的基本流程

大数据的处理流程与数据科学的一般过程有异曲同工之妙，但由于大数据所具有的特点、技术框架、应用需求等不同，大数据的处理又有其独到之处。

一般来说，大数据的处理流程是指在合适工具的辅助下，对分布、异构的数据源进行抽取和集成，将结果按照一定的标准进行统一存储，然后利用合适的数据分析技术对存储的数据进行分析，从中提取有益的知识，并利用恰当的方式将结果展现给终端用户。

总体上，大数据处理的基本流程可以分为数据抽取与集成、数据分析和数据解释等步骤。

**1）数据抽取与集成**

大数据的异构性、分布性和自治性特点，意味着不同来源的数据，其数据模型是不同的，数据的网络传输存在性能和安全性的要求，集成系统能否有效适应数据外部环境的变化等，这些问题对数据抽取与集成带来了极大的挑战。

对来自不同数据源的数据进行抽取和集成，其目的是提取数据中的实体和关系，然后经过关联和聚合并采用统一定义的结构来存储这些数据。数据抽取与集成系统模型如图 1.7 所示。

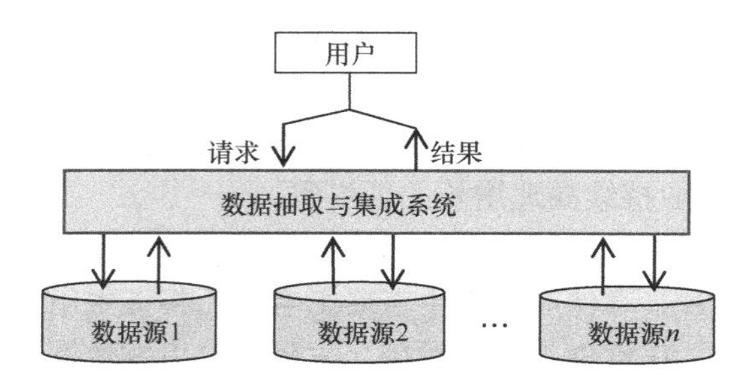


图 1.7 数据抽取与集成系统模型

在数据抽取与集成时，同数据科学的一般要求类似，需要对数据进行清洗和预处理、数据转换、数据归档和标准化等，以保证数据的质量及可信性。需要注意的是，大数据时代的数据往往先有数据再有模式。因此，在数据抽取与集成阶段，要努力探索和发现数据中存在的已有模式，且允许模式在后续的数据处理中可以不断动态演化。

数据抽取与集成技术是在传统数据库的基础上发展起来的。随着新的技术、数据源的不断涌现，数据集成方法也在不断地发展之中。目前，常用的数据集成方法主要有以下几种形式。

**（1）联邦数据库方法**

联邦数据库方法是一种采用较早的数据集成方法，其基本思想是在构建集成系统时将各数据源的数据视图集成为全局模式，使用户能够按照全局模式透明地访问各数据源的数据。

在联邦数据库中，数据源之间共享自己的一部分数据模式，形成一个联邦模式，如图 1.8 所示，按其集成度可分为紧密耦合和松散耦合两种形式。

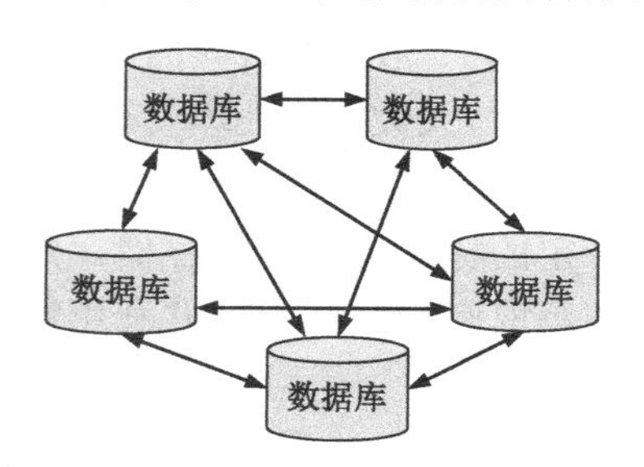


图 1.8 联邦数据库系统模型

**（2）中间件集成方法**

中间件集成方法是目前比较流行的数据集成方法，中间件集成方法通过统一的全局数据模型来访问异构的数据库、面临淘汰的遗留系统、Web资源等。中间件位于异构数据源系统（数据层）和应用程序（应用层）之间，注重全局查询的处理和优化，相对于联邦数据库系统，它能够集成非数据库形式的数据源，有很好的查询性能，自治性强。典型的基于中间件的数据集成系统模型如图1.9所示。

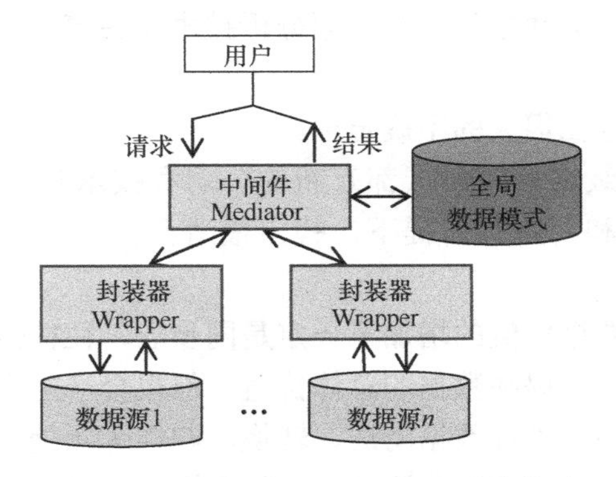


图1.9　基于中间件的数据集成系统模型

**（3）数据仓库方法**

数据仓库方法是一种典型的数据复制方法，该方法将各个数据源的数据复制到同一处，即数据仓库。用户则像访问普通数据库一样直接访问数据仓库，如图1.10所示。

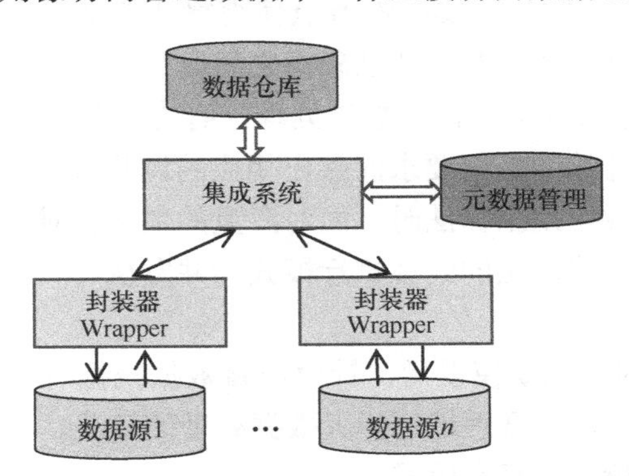


图1.10　基于数据仓库的数据集成模型

数据仓库是在数据库已经大量存在的情况下，为了有效地把操作型数据集成到统一的环境中以提供决策型数据访问的各种技术和模块的总称。所做的一切都是为了让用户更快、更方便地查询所需要的信息，提供决策支持。

从数据集成的模型来看，为满足目前大数据实时性、虚拟化、云架构、数据迁移的需求，在传统的ETL（Extract/Transform/Load）方法的基础上，引入基于数据流、搜索引擎、爬虫技术的数据提取和集成模式，也不失为明智的选择。

**2）数据分析**

数据分析是收集、组织和分析海量数据集以发现模式和其他有价值信息的过程，是整个大数据处理流程的核心。数据价值创造的关键是大数据分析，其目标是从数据中获得可操作的洞察力。

在对异构的、分布的海量数据进行抽取、集成后，所获得的数据作为数据分析的初始数据，就可以根据不同的应用需求，对这些数据的全部或部分进行分析。

大数据所具有的惊人潜力，已经使得数据分析成为一种新兴的颠覆性力量。传统的数据分析技术，如统计分析、数据挖掘和机器学习等，并不能适应大数据时代数据分析的需求，必须做出调整。大数据时代的数据分析技术面临着一些新的挑战，主要有以下几点。

**（1）数据管理环境存在很大的不确定性。**

数据的体量呈指数级增长，每天都有新的公司和技术被开发出来。对企业而言，如何在不引入新的风险和问题的前提下，找出最适合自己的技术，将是面临的一个巨大挑战。

**（2）数据量增大与数据价值的增加不一定是同步的，往往伴随着数据噪声的增多。**

数据体量的增大，可以提高数据的总体价值，但也会产生大量的数据噪声。因此，在进行数据分析之前，必须进行数据清洗、转换、归档等预处理工作。但是，大量数据的预处理，必然对计算资源和处理算法带来非常严峻的考验。

**（3）大数据时代的算法需要进行调整。**

在大数据中应用的算法是与大数据的特点和应用场景分不开的，主要表现在以下几点。

① 在很多场景中，大数据的实时性特点使得算法的准确率不再是大数据应用的最主要指标，需要在数据处理的实时性和准确率之间取得一个平衡。

② 分布式并发计算系统是进行大数据处理的有力工具。因此，大数据中使用的算法应当适应分布式并发计算的框架要求而做出相应的调整，使得算法具有更好的可扩展性。例如在应用传统的数据挖掘算法时，面对海量的数据很难在合理的时间内获得所需要的结果，就需要改变这些算法的线性执行模式为并发执行，以能够适应并完成大数据的处理。

③ 在数据量增长到一定规模以后，针对小量数据挖掘有效信息的算法并不一定适用于大数据。因此，要谨慎、合理地选择大数据处理的算法。

**（4）数据结果的衡量标准存在困难。**

大数据时代的数据量大、类型繁多、产生速度快、分布广泛，对大数据的分析容易出现偏差，从而也会导致在设计衡量分析结果的方法和指标时存在许多困难。

**3）数据解释**

从技术上讲，数据分析是大数据处理的核心，但作为用户则往往更关心对分析结果的解释。选择适当的方法对数据进行解释，可以使得用户更容易理解数据，甚至是发现更多的数据价值和模式。

数据解释的方法很多，相比传统的小量数据，大数据的分析结果之间的关联关系将更加复杂，传统的静态文本呈现方式对大数据的解释几乎是不可行的。在解释大数据分析结果时，可以考虑从以下两个方面提升数据解释能力。

**（1）引入可视化技术。**

可视化技术作为解释大数据最有效的手段之一，率先被科学与工程计算领域采用。该方法通过将分析结果以图形的方式向用户展示，可以使用户更易理解和接受。常见的可视化技术有标签云、历史流、空间信息流等。

**（2）让用户能够在一定程度上了解和参与具体的分析过程。**

这方面既可以采用人机交互技术，利用交互式的数据分析过程来引导用户逐步地进行分析，使得用户在得到结果的同时能更好地理解分析结果的过程，也可以采用数据溯源技术追溯整个数据分析的过程，帮助用户理解结果。

### 4．大数据的关键技术

大数据在不同的数据源上分布，其异构性、实时性等特点，使得大数据技术生态呈现相对独立而彼此协同的趋势。通过对大数据的处理分析，使得大数据的价值和模式完整呈现，大数据的关键技术涉及大数据采集技术、大数据预处理技术、大数据存储与管理技术、大数据分析与挖掘技术、大数据展现与应用技术等多方面，如图 1.11 所示。由于每一种技术平台和工具的功能是多方面的，各功能之间也存在交叉，图 1.11 中所涉及的技术仅是一个大体的归类，感兴趣的读者可进一步去查阅相关的技术资料，以便能真正理解和使用这些技术。

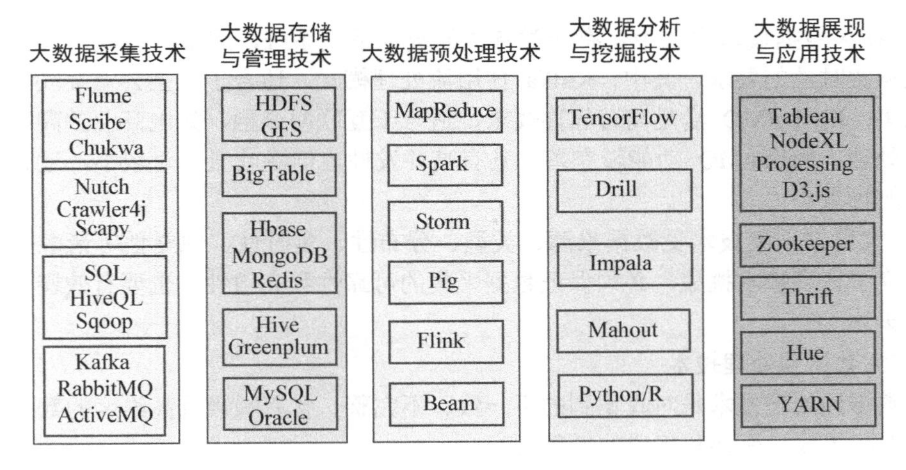


图 1.11　大数据的关键技术

**1）大数据采集技术**

大数据的来源主要包括系统日志、网络数据（网页数据、社交媒体等）、运营数据库和智能感知设备采集的数据，数据量巨大且产生速度快，大数据采集技术就是对数据进行 ETL 操作，对数据进行提取、转换、加载，从不同数据源中获得结构化、半结构化及非结构化海量数据的过程。

大数据采集技术按照数据源的不同，所采用的数据采集方法也有所不同，主要包括以下几种。

（1）系统日志数据采集：支撑业务运营的软件系统每天都会产生大量的系统日志数据，收集系统日志数据可以提供离线和在线的实时分析。具有代表性的开源日志收集系统主要有 Cloudera 公司基于数据流模式的 Flume 系统、Facebook 公司基于分布式共享队列的 Scribe 系统，以及构建在 Hadoop 生态的 HDFS 和 MapReduce 框架之上，用于大型分布式系统日志数据收集的 Chukwa 系统等。

（2）网络数据采集：主要通过网络爬虫和一些网站平台提供的公共 API 接口（如 Twitter、新浪微博、知乎）等方式从网络上获取数据。目前常用的网页爬虫系统有 Apache Nutch、Crawler4j、Scrapy 等，其中 Apache Nutch 可进行分布式多任务数据爬取，而 Crawler4j、Scrapy 作为一个爬虫框架，提供了便利的爬虫 API 接口，开发人员只需要关心 API 接口的实现，不需要关心框架内部爬取数据的具体机制，从而大大提高了开发爬虫系统的效率。

（3）数据库数据采集：数据库既可以采用传统的关系型数据库，如 MySQL、Oracle 等，支持标准的 SQL 操作；也可以采用 NoSQL 类型数据库，如 Redis、MongoDB 等；或者采用受 Hadoop 支持的开源数据仓库解决方案，如 Hive，通过类似 SQL 的声明性语言 HiveQL 操作数据；而使用 Sqoop 则可以将关系数据库数据导入 HDFS。

（4）感知设备数据采集：指通过 RFID 装置、各类传感器、摄像头和其他智能终端自动采集文本、图像、音视频等数据。

**说明：**

① 在大数据技术生态中，有一类特殊的数据采集系统，用于分布式消息处理，满足大数据实时性的要求。其中，Kafka 使用流处理模式，适合于大型公司互联网服务的日志采集；RocketMQ 满足高可靠性要求，适合于互联网金融，如电商业务高峰期的订单扣款处理；RabbitMQ 功能较完备，具有高并发性，但吞吐量相对较小，适合于数据量较小的场景。

② 大数据采集技术受数据来源、类型、分布性、实时性、独立性等诸多要求的限制，面临着许多技术挑战，必须保证数据采集的可靠性和高效性，也要有效避免重复数据的采集。

**2）大数据预处理技术**

大数据预处理技术是对收集到的不一致、不完整、含有噪声且高维度的数据进行辨析、清洗、集成、变换和规约的过程。

大数据的预处理与数据科学的基本要求是一致的。在目前，还没有专门针对大数据预处理的成熟技术工具，一般采用传统的 ETL 工具（如 DataWrangler、InfoSphere QualityStage），或者由数据工作者自己编程实现，这部分内容将在第 4 章中有较详细的介绍。

通常，大数据的预处理包含数据清理、数据集成和变换、数据规约三个部分。

**（1）数据清理**

数据清理主要包含缺失值处理、重复值处理、异常值处理，以及对噪声数据、不一致数据的处理。

对缺失值的处理主要采用滤除或填充的方式，而填充缺失值时，则可以采用值替换或插值的方法。数据的重复表现为记录重复和特征重复，在滤除时可指定保留重复值的方式；对异常值的处理，可通过简单统计、3δ 原则分析、箱型图分析等方法。噪声数据则可以在数据分组的基础上进行平滑处理或采用聚类和回归等方法去除。

值得说明的是，包括对不一致数据的清理，往往需要手工进行，需要耗费大量的人力。

**（2）数据集成和变换**

数据集成和变换是把不同类型的多个数据源中的数据，通过数据映射、离散化、哑变量变换等方法，将数据整合并存储到一个一致的数据库中的过程，主要涉及数据匹配、数据冗余处理、数据值冲突检测与处理三个方面的问题。

不同来源的多个数据集合，其数据类型、特征的命名等会存在差异。因此，等价实体的名称、数据类型要进行数据匹配，这是处理数据集成的首要问题。

数据冗余最主要表现为记录和特征的重复。对于特征重复的数值型数据冗余，可以通过数据特征相似度或皮尔逊相关性计算的方法，对冗余数据进行检测和消除。对于离散数据，则可以通过等宽、等频或聚类分析的方法，检测数据属性之间的关联并予以消除。

数据值冲突问题主要表现为，来源不同的同一实体具有不同的数据值，可通过数据泛化、规范化及属性构造等方法解决。

**（3）数据规约**

数据规约主要指数据的归一化和标准化，可采用降维、数据压缩、数值规约和概念分层等方法处理。数据规约可缩小数据规模，但依然要保持近似于原数据的完整性，并使得规约后数据的分析结果与原数据的结果一致。

**3）大数据存储与管理技术**

大数据时代，使用传统的关系数据库（如 MySQL、Oracle 等）在单机系统上进行数据存储和管理，由于数据结构复杂、数据不断增长等原因，单机系统的性能不断下降，即使不断提升数据服务器的硬件配置，也难以满足不断增长的数据需求，这也导致了传统的数据存储和管理技术失去了可行性。

大数据存储与管理的主要目的是把采集到的数据在存储器上进行存储，建立相应的数据库，并进行管理和调用。

大数据存储与管理的关键技术是研究复杂结构化、半结构化和非结构化的存储和管理，以解决大数据的可存储、可表示、可处理、可靠性及有效传输等核心问题。具体来说，大数据存储与管理涉及海量文件的存储与管理，海量小文件的存储、索引和管理，海量大文件的分块与存储，以及系统可扩展性与可靠性等具体需要解决的问题。

从功能上划分，用于大数据存储与管理的典型技术工具主要包括以下三种类型的系统。

**（1）分布式文件系统**

海量文件是大数据存储和管理面临的首要问题，以 Google 体系的分布式文件系统 GFS 和 Hadoop 体系的 HDFS 为代表，适用于非结构化大数据的存储和管理。

**（2）NoSQL 数据库系统**

NoSQL 泛指非关系型数据库，适用于不需要固定模式、半结构化的超大规模数据的存储和管理，以 Google 公司的分布式数据库 BigTable 和 Hadoop Hbase、MongoDB 为代表。

**（3）数据仓库系统**

数据仓库（Data WareHouse）是一个面向主题的、集成的、相对稳定的、反映历史变化的数据集合，基于 OLAP（On Line Analytical Processing，联机分析处理）模式存储和管理数据，用于支持管理决策。其中，Hive 是一个数据仓库基础工具，它架构在 Hadoop 之上，用来处理结构化数据。此外，传统的关系型数据库（如 MySQL、Oracle 等）仍然可以作为有益的补充，为结构化的大数据存储和管理提供良好的支持。

**4）大数据处理技术**

大数据处理技术的核心是分布式计算，是由网络中分布的计算机互相连接，以提供并行计算服务的系统，是一种能够有效提升服务器整体计算能力的解决方案。按照大数据不同的应用类型，其处理模式主要分为流处理模式和批处理模式两种，其中批处理是先存储后处理，而流处理则是直接处理。

**（1）批处理模式**

批处理（Batch Processing）主要用于预先存储的大容量静态数据集，在整体数据计算完成后会返回处理结果，非常适合于需要访问整个数据集才能完成的计算工作。最具有代表性的批处理模式编程模型是 Google 公司在 2004 年提出的 MapReduce 模型，也适用于 Hadoop 体系的批处理模式。

MapReduce 模型对相互间不具有计算依赖关系的大数据分而治之，使用 Map 和 Reduce 两个函数构建高层的并行编程抽象模型，提供统一的计算框架，使得计算自动化并隐藏系统底层细节，使得程序员可以只关心应用层的具体计算问题，通过编写少量的处理应用本身计算问题的程序代码来实现数据处理。

① 待处理的数据分块，分别交给多个不同的 Map 任务去并发处理。Map 任务从输入中解析出键值对集合，然后对这些集合执行用户自定义的 Map 函数以得到中间结果，并将该结果写入本地硬盘。

② 将计算向数据靠拢，由 Reduce 任务从硬盘读取数据，然后根据关键字值进行排序，并将具有相同关键字值的数据组织在一起。最后，将用户自定义的 Reduce 函数作用于这些排好序的数据并输出最终结果。这种模式可以有效避免由于数据向计算靠拢而产生的数据传输过程中的大量通信开销。

**（2）流处理模式**

流处理（Stream Processing）模式是针对流数据的处理和分析方式，而流数据是连续的、无边界的、实时的、随时间动态变化的系列数据。因此，流处理的基本理念是，数据用于决策的价值会随着时间的流逝而不断减少，应尽可能快地对最新的数据做出分析并给出结果。

采用流处理模式的大数据应用场景主要有网页点击数的实时统计、网络流量监控、传感器网络，金融中的高频交易等。

流式大数据在实时性、无序性、无限性、易失性等多方面所表现出的鲜明特征，使得大数据的流处理模式会面临诸多挑战，主要表现为以下几点。

① 数据流是持续到达的，速度快且规模巨大。因此，数据的实时处理通常不会对所有的数据进行永久性存储；同时，由于数据环境的动态变化，系统很难准确掌握整个数据的全貌。

② 流处理要求响应时间快，其过程基本在计算机的内存中完成，处理方式更多地依赖于内存中设计巧妙的概要数据结构。因此，内存容量成为限制流处理模式的一个主要瓶颈。

使用流处理模式的典型系统有 Apache 公司的 Storm 和 Pig 等。其中，Storm 是一个分布式实时大数据处理系统，作为一个流数据处理框架，用于在容错和水平可扩展方法中并行地对实时数据执行各种处理。Storm 是无状态的，它通过 Apache ZooKeeper 管理分布式环境和集群状态。Pig 是一个支持并行计算的高级数据流语言和执行框架。它是 MapReduce 编程的复杂性抽象。Pig 平台包括运行环境和用于分析 Hadoop 数据集的脚本语言（PigLatin），其编译器将 PigLatin 翻译成 MapReduce 程序序列。

**（3）混合处理模式**

在大数据处理模式上，针对不同的处理需求，大数据处理系统可以既支持批处理模式，也支持流处理模式。有的大数据处理系统也提供图计算模式和查询分析计算等功能。这种具有多重功能的大数据处理模式，我们称之为混合处理模式。

支持批处理和流处理双重处理模式的典型系统主要有 Spark 和 Apache Flink：

① Spark 是加州大学伯克利分校 AMP（Algorithms、Machines、People）实验室构建的通用内存并行计算框架。Spark 以其先进的设计理念，2014 年成为 Apache 顶级项目，陆续推出了 SparkSQL、SparkStreaming、MLLib、GraphX 等组件，逐渐形成了大数据处理一站式解决平台。Spark 作为基于内存的迭代计算框架，适合于数据量不是特别大、但要求实时统计分析的场景，可以对特定数据集进行多次重复操作，但不适合于异步细粒度更新状态的应用，如 Web 服务的存储、增量的 Web 爬虫和索引等。

② Apache Flink 是一个针对流数据和批数据的分布式处理引擎，可对有限数据流和无限数据流进行有状态或无状态的计算，能够部署在各种集群环境，对各种规模大小的数据进行快速计算。Flink 处理的主要场景是流数据，对有限静态数据的批处理一般视为流数据的一种特殊形式。

**5）大数据分析与挖掘技术**

大数据分析是大数据处理的核心，是对数据内在的规律和模式进行探索，从而获取很多智能的、深入的、有价值的信息的过程。

数据挖掘是利用各种分析工具和算法在海量数据中发现可以用来预测的模型和数据间关系的过程，是一种深层次的数据分析方法。

大数据应用日益广泛，大数据所固有的特征属性也导致了大数据不断增长的复杂性。大数据分析和挖掘是决定数据价值的决定性因素，因此大数据的分析和方法在大数据领域就显得尤为重要。

利用数据挖掘进行数据分析的常用方法主要有分类、回归分析、聚类、关联规则等，它们分别从不同的角度对数据进行挖掘。

**（1）分类**

分类是指通过对训练数据集进行计算，产生一个特定的分类模型，然后输入样本的特征值，输出对应的类别，将每个样本映射到预先定义好的类别中。如果输入的数据有标签，则属于有监督学习。

分类可以将数据集中一组具有共同属性的数据对象，按照分类模式划分为不同的类别，可以应用到客户的分类、客户的特征和行为分析、客户满意度分析和购买趋势预测以及物品识别、图像检测等。

**（2）回归分析**

回归分析是将数据项映射为一个实值预测变量的函数，如线性函数、Logistic 函数等。该方法使用一些已知函数拟合目标数据，并根据某种误差分析选择一个拟合度最好的函数，从而发现变量或属性间的依赖关系，主要用来研究数据序列的趋势、数据间的相关关系，对数据序列进行预测等。

比较常用的回归分析方法有线性回归、非线性回归、逻辑回归、多元回归等，它们各自的适用条件和应用的场景也不尽相同，例如回归分析可以基于当前的经济状况去预测公司销售额的增长、进行有针对性的促销，也可以用来研究道路交通事故和司机鲁莽驾驶之间的关系等。

**（3）聚类**

聚类是把数据按照相似性和差异性划分或分割成相交或不相交群组的过程。通过计算数据在指定特征上的相似性就可以完成聚类任务，要使得同一类别的数据间的相似性尽可能大，不同类别中的数据间的相似性尽可能小。分割是一种特殊类型的聚类，数据集被划分为互不相交的部分，每部分数据由相似的元组组成。

应用聚类分析，可以对目标客户进行群体分类，预测客户购买趋势；也可以对企业不同产品进行价值组合，分析产品的畅销度和利率；或者对电商平台的交易数据进行分析，预防欺诈风险等。

**（4）关联规则**

关联规则也称为亲和力（Affinity）分析或关联分析，是用来揭示数据之间潜在的相互关系的过程。利用关联规则，可以根据一个事务中某些数据项的出现推导出另一些数据项在同一事务中也会出现，但关联规则并不代表实际数据或现实世界中的因果关系。如 20 世纪 90 年代美国沃尔玛超市发生的“啤酒和尿布”的故事，但不意味着啤酒和尿布存在因果关系。

目前，用于大数据分析和挖掘技术平台主要以 TensorFlow、Apache Drill、Impala、Mahout 为代表。TensorFlow 是一个开源的、基于 Python 的机器学习框架，它由 Google 公司开发，并在图形分类、音频处理、推荐系统和自然语言处理等场景下有着丰富的应用，是目前最热门的机器学习框架。Apache Drill 是一个低延迟的大型数据集的分布式查询引擎，其核心服务是 Drillbit，运行于 Hadoop 集群环境下，并使用 ZooKeeper 来维护集群的健康状态，能够为上千台节点最大化交互查询，且不需要网络或节点之间迁移数据。Impala 由 Cloudera 公司推出，提供对 HDFS、HBase 数据的高性能、低延迟的交互式 SQL 查询和分析功能。Mahout 是一个分布式机器学习的算法库，继承了很多机器学习领域经典算法的实现，如分类、聚类、推荐、协同过滤等，并可以有效地扩展到Hadoop集群，以帮助开发人员更加方便快捷地构建智能应用程序。

**6）大数据展现与应用技术**

在大数据时代，为了更好地理解和分析数据，并发现数据潜在的价值和模式，使用数据可视化技术，将数据以更直观、甚至动态的图形方式呈现给用户，是提高用户阅读和思考效率，以进行更好决策的必要途径。

数据可视化是将数据中相应的信息，如数据的属性、数据的演化、数据间的关联等，以二维或三维、静态或动态的视觉表现形式在不同的系统中展现，对数据进行可视化解释或价值发现。

传统的数据可视化技术和工具已经难以满足大数据的可视化需求，新型的数据可视化技术必须满足互联网上大数据的涌现，对数据仓库中密集分布的数据进行快速抽取、分析、归纳，并展现决策者所需要的信息。因此，大数据可视化的技术和工具需要具有以下特性。

**（1）实时性**

大数据时代数据量的爆炸式增长，要求数据可视化工具必须适应数据的快速收集分析，并能对数据信息进行实时更新展现。

**（2）易懂性**

数据可视化要满足互联网时代信息多变的特点，能够将碎片化的数据转换为特定结构的知识，且容易操作，从而为决策支持提供帮助。

**（3）必然性**

大数据远远超出人们直接阅读和操作数据的能力，大数据可视化要求必须对数据进行归纳总结，对数据的结构和形式进行转换处理。

**（4）多样性**

表现为多种数据集成的支持方式和更加丰富的展现方式，从而使得大数据可视化不局限于数据库中的数据，也支持团队协作数据、数据仓库、文本等多种方式，并满足多维度要求，能够通过互联网进行展现。

目前流行的大数据可视化技术平台和工具有很多。总体上，数据可视化功能的实现，可通过编程和非编程两种形式。

① 在主流的可视化编程工具中，Processing 支持多种 Java 架构，语法简单，是从艺术创作角度提供的数据可视化编程方式；Python 或 R 语言从统计和数据处理的角度，提供了如 Matplotlib 外部库，支持数据可视化编程处理；而 D3.js 兼顾数据处理和数据展现效果，基于 JavaScript 编程实现，更适合在互联网上的互动式数据展现。

② 在非编程的可视化工具中，最常用的是 Tableau 和 NodeXL。其中，Tableau 是用于数据可视化分析的商业智能工具。用户可以创建和分发交互式和可共享的仪表板，以图形和图表的形式描绘数据的趋势、变化和密度。Tableau 可以连接到文件，关系数据源和大数据源来获取和处理数据。该软件允许数据混合和实时协作，这使它非常独特。它被企业，学术研究人员和许多政府用来进行视觉数据分析。它还被定位为 Gartner 魔力象限中的领导者商业智能和分析平台。NodeXL 是微软研究院开发的一个

Excel 外接件，是一个功能强大且易于使用的交互式网络可视化和分析工具。它采用导引布局方式，不仅具有常见的可视化分析功能，还能进行社会网络的分析和可视化。NodeXL 可视化交互性能力强，不仅具有图像移动、变焦和动态查询等功能，也可以直接与互联网相连，用户可通过插件或直接导入电子邮件或微博、网页中的数据。

大数据分布、类型多样等的特点，决定了在应用大数据时也会涉及资源管理和调度、应用服务协调、服务之间的通信、图形用户界面等一系列技术问题。目前，具有代表性的技术平台和工具如下。

① Hadoop YARN 即另一种资源协调者，是一种新的 Hadoop 资源管理器。它是一个通用的资源管理系统，其基本思想是将资源管理和作业调度、监控分离，为上层应用提供统一的资源管理和调度。Hadoop YARN 的引入为集群再利用率、资源统一管理和数据共享方面带来了巨大的好处。

② ZooKeeper 是一个分布式的、开源的应用程序协调服务，是 Hadoop、HBase 等的重要组件，用于管理大型主机。它通过简单的架构和 API 接口（Java、C）为分布式应用提供一致性服务，使开发人员专注于核心应用程序逻辑，避免对应用程序分布式特性的过度关心。ZooKeeper 作为一个典型的分布式数据一致性解决方案，提供了配置维护、域名服务、分布式同步、组服务等功能。

③ Thrift 最初由 Facebook 开发，主要用于各个服务之间的 RPC（Remote Procedure Call，远程过程调用）通信，支持跨语言，如 C、Java、Python 等。Thrift 是一个典型的 C/S 结构，客户端和服务端可以使用不同的语言开发，并通过 IDL（Interface Description Language）来关联客户端和服务端之间的通信。

④ Hue 是一个开源的 Apache Hadoop UI（User Interface）系统，由 Cloudera Desktop 演化而来，后来加入 Hadoop 社区。Hue 基于 Python Web 框架 Django 实现，可以在浏览器的 Web 控制台上与 Hadoop 集群进行交互来分析处理数据，如操作 HDFS 上的数据，运行 MapReduce Job，执行 Hive 的 SQL 语句，浏览 HBase 数据库等。

## 1.3 数据未来

按照中国计算机学会（China Computer Federation，CCF）大数据专委会 2019 年和 2020 年大数据十大发展趋势预测，数据未来主要面临以下挑战和机遇。

### 1. 数据科学与人工智能的结合越来越紧密

数据科学、人工智能是两个独立的学科，但二者的问题空间有一定的重合度，且都与计算机、统计学有密切联系。近年来，两个学科之间的界限越来越模糊，人工智能已经成为推动数据科学发展的核心驱动力，如利用数据科学的理论和方法，通过数据处理和分析，可以更好地进行人工智能的研究和应用；反过来，利用人工智能技术进行数据分析，可以更好地挖掘数据的价值和模式。

### 2．数据科学带动多学科融合，基础理论研究的重要性受到重视，但理论突破进展缓慢

数据科学作为一门交叉学科，以数据驱动发现原理和方法的科学研究模式已经成为多学科通用的研究范式，不同的学科将在数据层面趋于一致，可以采用相似的思想和模式进行统一的研究。因此，数据科学的基础理论研究和应用越来越受到重视，但仍然缺少突破性的理论成果。

### 3．大数据的安全和隐私保护成为研究和应用热点

2018 年，欧盟《通用数据保护条例》（General Data Protection Regulation，GDPR）推出，成为政府、学术界和产业界关注数据安全与隐私的焦点。该条例对适用范围、数据主体权利，以及对数据控制者和处理者的问责制度、数据画像的特别限制等都提出了更高的要求。在我国，目前互联网用户规模超过 8 亿，数据安全风险日益凸显。作为互联网治理体系的重要组成部分，大数据的安全和隐私保护已经越来越成为大家研究和应用的热点。

### 4．机器学习继续成为大数据智能分析的核心技术

大数据管理是为了挖掘数据中潜在的价值和模式，以便能够更好地开发和利用大数据。在目前的大数据时代，机器学习与数据科学的关系越来越紧密，高性能计算和机器学习已经成为大数据智能分析的核心技术。

### 5．基于知识图谱的大数据应用成为热门应用场景

知识图谱是一种以符号形式描述物理世界中的概念、实体及其关系的网状知识结构。基于知识图谱构建大数据表述的实体之间的关联，并在此基础上开展各类个性化的应用成为发展趋势。

当前知识图谱技术主要应用于智能语义搜索（如 Knowledge Vault）、移动个人助理（如 Google Now、Apple Siri）以及深度问答系统（如 IBM Watson、Wolfram Alpha）等。

随着智能音箱、语音助手、智能客服、知识问答等应用的成熟，普通人在日常生活中已经不知不觉地享受到知识图谱带来的种种便利，预期未来基于知识图谱的大数据应用将会渗透到更多的领域和场景。

### 6．数据融合治理和数据质量管理工具成为应用瓶颈

在 2019 年通过对人工智能、大数据和云计算三大热门技术对工业界发展趋势预测的基础上，2020 年进一步对数据融合治理和数据质量管理的应用中存在的问题和面临的挑战进行评价和预测。

数据融合技术是多源信息协调处理技术的总称，数据治理是运用不同的技术工具对大数据进行管理、整合、分析并挖掘其价值的行为。数据融合是大数据应用的基石，为保障大数据上层应用的价值，在数据融合时应该尽可能减少属性偏差或信息损失，并保证优质的数据融合质量。在行业大数据的应用实践中，在获取必要的完备数据后，对数

据质量的管理将会成为最迫切的挑战。目前业界还缺乏通用、有效的数据融合治理与数据质量管理工具，这将成为大数据应用向深层次发展的瓶颈[3]。

#### 7．基于区块链技术的大数据应用场景渐渐丰富

区块链不是一项新兴的技术，已经有 10 年的历史。区块链具有去中心化、难以篡改、记录可溯源等优点，这使得它在交易、认证、流程管理等领域具有广泛的应用场景。目前，区块链从技术上已经有了降温的趋势，但随着更多的应用驱动，更多的基于区块链的大数据应用将会涌现。

#### 8．对基于大数据进行因果分析的研究得到越来越多的重视

在大数据时代，“一切皆数据”，数据驱动发现的科学研究模式已经成为大家的共识。在科学决策和预测中，统计方法成为重要的手段和工具，但利用统计方法对数据的相关性分析并不能等价于因果性分析。基于大数据的决策和应用，从统计上分析事物间存在的强相关性，并从逻辑上分析相关性背后的直接或间接因果关系，然后考虑结论的可解释性，是影响决策质量和应用范围的必要因素。因此，对数据中的因果性、对结果可解释性的研究，将会受到更多的重视。例如利用医疗大数据、人工智能算法和深度神经网络对病理图像处理的准确性已经达到甚至超过普通医师，但受限于深度学习的黑箱特性，目前仍然无法用深度神经网络取代医师的诊断结论。

#### 9．数据的语义化和知识化是数据价值的基础问题

在大数据处理模式方面，以批量计算、流式计算和内存计算为代表的大数据计算模式将并存融合。从现实需求出发，在不同的业务场景中，数据的量级、产生的速度、对时延的容忍度、计算的模式等差异巨大，多样化的计算模式才能满足业务差异化的需求。在数据工程领域，对海量数据的语义挖掘、信息抽取和知识库构建，是满足更高层次的知识需求的基础问题。从数据到知识，可以消除原始数据中的不确定性、补充信息的上下文、降低特定问题搜索空间。在海量知识的基础上进行检索和推理，是当前火热的各类“智能助手”背后的核心技术。因此，基于海量知识仍是主流智能模式。

#### 10．边缘计算和云计算将在大数据处理中成为互补模型

边缘计算是指靠近数据源的处理模式，是一种分散式处理框架。过去大数据的概念往往和云计算绑定在一起，但在实际应用中，将数据放在终端上进行部分处理的方法具有实时性高、对网络带宽占用少、更有利于隐私保护等优点。随着终端处理能力的增强，将部分计算任务部署在终端上，与云端任务进行合理的分层解耦，成为一种可靠性更高、计算成本更低、实时性更强的计算框架。预期在未来的大数据处理模式中，边缘计算和云计算将成为互补模型，共同发展。

随着数据科学、大数据的深入发展，必然会遇到新的问题。致力于更深层次、更加充分地利用大数据，体现大数据的真正价值，无论是研究还是应用，都需要在理论和技术上进一步攻克难关。但我们坚信，数据驱动未来，未来的数据主义将打破生物和机器之间的隔阂，电子算法终能解开甚至超越生物算法。

# 第 2 章　Python 基础

Python 作为目前非常流行的程序设计语言，其功能非常强大，要学习和掌握的内容也非常多。本章从数据科学的实际需求出发，只对 Python 的主要内容精华进行描述，适合于没有 Python 基础的人员学习。

## 2.1　编程环境与规范

使用 Python 进行程序设计时，默认的开发环境是 Idle Python 3.6.4。除此之外，也可以使用 Eclipse+PyDev、PyCharm、Eric、Anaconda 3 等。

Python 的功能强大，离不开第三方库的支持，要安装这些外部扩展库，有以下几种方法：

（1）pip 在线安装；

（2）pip 离线安装；

（3）exe 安装，不是每个扩展库都支持；

（4）conda 在线安装；

（5）如果机器上安装了多个 Python 开发环境，那么在一个环境下安装的扩展库无法在另一个环境下使用，需要分别安装。

其中 pip 命令的使用如表 2.1 所示。

表 2.1　pip 命令的使用

| pip 命令示例 | 说明 |
|---|---|
| pip download SomePackage[==version] | 下载扩展库的指定版本，不安装 |
| pip freeze [> requirements.txt] | 以 requirements 的格式列出已安装模块 |
| pip list | 列出当前已安装的所有模块 |
| pip install SomePackage[==version] | 在线安装 SomePackage 模块的指定版本 |
| pip install SomePackage.whl | 通过 whl 文件离线安装扩展库 |
| pip install package1 package2 ... | 依次（在线）安装 package1、package2 等扩展模块 |
| pip install -r requirements.txt | 安装 requirements.txt 文件中指定的扩展库 |
| pip install --upgrade SomePackage | 升级 SomePackage 模块 |
| pip uninstall SomePackage[==version] | 卸载 SomePackage 模块的指定版本 |

要在 Python 环境中使用标准库或外部扩展库，必须先进行导入，常用方法如下：

```
>>> import math  #导入标准库 math
>>> math.sin(0.5)  #求 0.5（单位是弧度）的正弦
0.479425538604203
```

```
>>> from math import sin  #只导入模块中的指定对象
>>> sin(3)
0.1411200080598672
>>> from math import *  #导入标准库math中所有对象
>>> sin(3)  #求正弦值
0.1411200080598672
>>> gcd(36,18)  #最大公约数
18
```

使用 Python 进行程序设计时，应尽量遵守相应的编程规范，培养良好的程序设计风格。

**1）标识符的使用要规范**

Python 中一切皆对象，一个变量或常量、一个函数、一个类型或对象都可以是一个对象。每个对象都有一个 ID、一个类型、一个值；对象一旦建立，ID 便不会改变，可以直观地认为 ID 就是对象在内存中的地址。

在使用一个对象时，应该赋予该对象一个名称，作为该对象的标识符。在 Python 中，除内置的标识符外，所有自定义的标识符可以由英文、数字及下画线组成，但不能以数字开头。

注：Python 中使用的标识符是严格区分大小写的。

例，在 Python 的交互模式下，执行如下命令：

```
>>>a=[1,2]
>>>b=a
>>>id(a)    # 32068712
>>>id(b)    # 32068712
>>>b[1] = 3
>>>a        # [1,3]
```

在该例中，创建了两个变量，其名称标识符分别为 a 和 b，它们的 ID 是相同的，即 a 和 b 表达的是同一个对象。

Python 中使用的标识符要具有明确的意义，并尽量在程序代码中保持一致。

**2）缩进**

类定义、函数定义、选择结构、循环结构、with 块的行尾的冒号表示缩进的开始。

Python 程序是依靠代码块的缩进来体现代码之间的逻辑关系的，缩进结束就表示一个代码块结束了。

同一个级别的代码块的缩进量必须相同。一般而言，以 4 个空格为基本缩进单位。

**3）模块的导入顺序**

使用 import 语句一次只能导入一个模块，建议按照标准库、扩展库、自定义库的顺序依次导入。

**4）尽量不要写过长的语句**

如果语句过长，可以考虑拆分成多个短一些的语句，以保证代码具有较好的可读性。如果语句确实太长而超过屏幕宽度，最好使用续行符“\”，或使用圆括号将多行代码括起来表示一条语句。

**5）运算优先级的调整**

可以使用圆括号改变 Python 运算符的优先级，使得复杂表达式中各种运算的隶属关系和顺序更加明确、清晰。

**6）合理使用注释**

以符号#开始，表示本行#之后的内容为注释。

包含在一对三引号'''…'''或"""…"""之间且不属于任何语句的内容将被解释器认为是注释。

## 2.2 数据类型、数据载体及运算

### 1. 数据类型

Python 内置数据类型主要包括数字（int、float、complex）、布尔类型（bool）、字符串（str）和字节串（bytes）等。

**1）数字**

支持整数（int）、浮点数（float）和复数（complex）类型，如：

（1）整数：1234（十进制），0x2f（十六进制），0o73（八进制），0b1010（二进制）；

（2）浮点数：3.1415，2.3e2（指数形式）；

（3）复数：1+2j。

**说明：**

（1）Python 中数字的大小不受限制，支持任意大的数字，具体可以大到什么程度仅受内存大小的限制。

（2）由于精度的问题，对于实数运算可能会有一定的误差，应尽量避免在实数之间直接进行相等性测试，而是应该以二者之差的绝对值是否足够小作为两个实数是否相等的依据。

（3）Python 也支持分数及其运算，只是需要引入相应的标准库 fractions 中的 Fraction 对象。

**2）布尔类型（bool）**

布尔类型如：True、False。

布尔值是一个逻辑值，可以表示为关系运算符、成员测试运算符、同一性测试运算符组成的表达式，其值一般为 True 或 False。

**3）字符串（str）**

字符串如：‘a’，‘123’，“hello”，“‘中国’”，“‘人生苦短，我学 Python’”，“‘Tom said, “Let’s go.” ’”。

**说明：**

（1）Python 里没有字符的概念，单个字符也是字符串；

（2）使用单引号、双引号、三单引号、三双引号作为定界符来表示字符串，并且不同的定界符之间可以互相嵌套，来表示复杂的字符串；

（3）以字母 r 或 R 引导的表示原始字符串；

（4）使用反斜杠 \ 转义特殊字符。

**4）字节串（bytes）**

字节串如：b‘hello world’。

字节串以字母 b 引导，可以使用单引号、双引号、三引号作为定界符。

## 2．常量和变量

在 Python 中，数据的载体形式有常量和变量两种。对变量而言，不需要事先声明变量名及其类型，直接赋值即可创建各种类型的变量。

Python 属于强类型编程语言，Python 解释器会根据赋值或运算来自动推断变量类型。Python 作为一种动态类型语言，变量的类型也是可以随时变化的。

例：

```
>>> x =1        #创建了整型变量 x，并赋值为整数 1
>>> type(x)   #类型为 int
<class 'int'>
>>> x = 'Python'  #创建了字符串变量 x，并赋值为 'Python'
>>> type(x)   #x 已经不是之前的 x，类型变成了 str
<class 'str'>
```

赋值语句的执行过程是：首先把等号右侧表达式的值计算出来，然后在内存中寻找一个位置把值存放进去，最后创建变量并指向这个内存地址。

Python 中的变量并不直接存储值，而是存储了值的内存地址或者引用。

1）在 Python 中，允许多个变量指向同一个值，如：

```
>>> x = 3
>>> id(x)  #变量 x 的地址
1786684560
>>> y = x
>>> id(y)  #变量 y 的地址
1786684560
```

以上代码的执行结果如图 2.1 所示。紧接上面的代码再继续执行以下代码，其结果如图 2.2 所示。

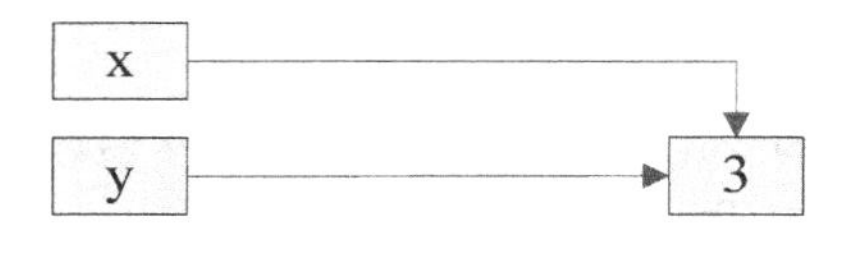


图 2.1　变量 x、y 的地址相同

```
>>> x += 6  #变量 x 加 6
>>> id(x)  #x 重新赋值后的地址
1786684752
>>> y  #变量 y 的值不变
3
>>> id(y)  #变量 y 的地址不变
1786684560
```

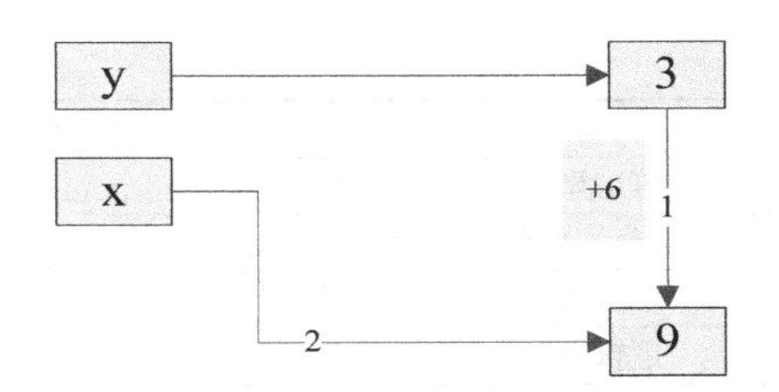


图 2.2　变量 x 重新赋值后的结果

2）Python 支持复数类型，其变量及运算示例如下：

```
>>> x = 3 + 4j  #使用 j 或 J 表示复数虚部
>>> y = 5 + 6j
>>> x + y  #支持复数之间的加、减、乘、除以及幂乘等运算
(8+10j)
>>> x * y
(-9+38j)
>>> abs(x)  #内置函数 abs()可用来计算复数的模
5.0
>>> x.imag  #虚部
4.0
>>> x.real  #实部
3.0
>>> x.conjugate()  #共轭复数
(3-4j)
```

3）在 Python 中，没有字符常量和变量的概念，只有字符串类型的常量和变量，示例如下：

```
>>> x = 'Hello world.'  #使用单引号作为定界符
>>> x = "Python is a great language."  #使用双引号作为定界符
>>> x = '''Tom said, "Let's go."'''  #不同定界符之间可以互相嵌套
>>> print(x)
Tom said, "Let's go."
>>> x = 'good ' + 'morning'  #连接字符串
>>> x
'good morning'
```

### 3. 运算符

Python 运算符如表 2.2 所示。

表 2.2　Python 运算符

| 运算符 | 功能说明 |
| --- | --- |
| + | 算术加法，列表、元组、字符串合并与连接，正号 |
| - | 算术减法，集合差集，相反数 |
| * | 算术乘法，序列重复 |
| / | 真除法 |
| // | 求整商 |
| % | 求余数，字符串格式化 |

（续表）

<table>
<tr><th>运算符</th><th>功能说明</th></tr>
<tr><td>**</td><td>幂运算</td></tr>
<tr><td><、<=、>、>=、==、!=</td><td>（值）大小比较，集合的包含关系比较</td></tr>
<tr><td>or</td><td>逻辑或</td></tr>
<tr><td>and</td><td>逻辑与</td></tr>
<tr><td>not</td><td>逻辑非</td></tr>
<tr><td>in</td><td>成员测试</td></tr>
<tr><td>is</td><td>对象同一性测试，测试是否为同一个对象或内存地址是否相同</td></tr>
<tr><td>|、^、&、<<、>>、~</td><td>位或、位异或、位与、左移位、右移位、位求反</td></tr>
<tr><td>&、|、^</td><td>集合交集、并集、对称差集</td></tr>
</table>

### 4. 常用内置函数

Python 常用内置函数如表 2.3 所示。

表 2.3　Python 常用内置函数

| 函数 | 功能 |
| --- | --- |
| abs(x) | 返回数字 x 的绝对值或复数 x 的模 |
| all(iterable) | 如果对于可迭代对象中所有元素 x 都等价于 True，则返回 True。对于空的可迭代对象也返回 True |
| any(iterable) | 只要可迭代对象 iterable 中存在元素 x 使得 bool(x)为 True，则返回 True。对于空的可迭代对象，返回 False |
| ascii(obj) | 把对象转换为 ASCII 码表示形式，必要的时候使用转义字符来表示特定的字符 |
| bin(x) | 把整数 x 转换为二进制串表示形式 |
| bool(x) | 返回与 x 等价的布尔值 True 或 False |
| bytes(x) | 生成字节串，或把指定对象 x 转换为字节串表示形式 |
| callable(obj) | 测试对象 obj 是否可调用。类和函数是可调用的，包含__call__( )方法的类的对象也是可调用的 |
| compile( ) | 用于把 Python 代码编译成可被 exec( )或 eval( )函数执行的代码对象 |
| complex(real, [imag]) | 返回复数 |
| chr(x) | 返回 Unicode 编码为 x 的字符 |
| delattr(obj, name) | 删除属性，等价于 del obj.name |
| dir(obj) | 返回指定对象或模块 obj 的成员列表，如果不带参数则返回当前作用域内所有标识符 |
| divmod(x, y) | 返回包含整商和余数的元组((x−x%y)/y, x%y) |
| enumerate(iterable[, start]) | 返回包含元素形式为(0, iterable[0]), (1, iterable[1]), (2, iterable[2]), …的迭代器对象 |
| eval(s[, globals[, locals]]) | 计算并返回字符串 s 中表达式的值 |
| exec(x) | 执行代码或代码对象 x |
| exit( ) | 退出当前解释器环境 |
| filter(func, seq) | 返回 filter 对象，其中包含序列 seq 中使得单参数函数 func 返回值为 True 的那些元素，如果函数 func 为 None，则返回包含 seq 中等价于 True 的元素的 filter 对象 |
| float(x) | 把整数或字符串 x 转换为浮点数并返回 |
| frozenset([x])) | 创建不可变的集合对象 |

（续表）

| 函数 | 功能 |
| --- | --- |
| getattr(obj, name[, default]) | 获取对象中指定属性的值，等价于 obj.name，如果不存在指定属性则返回 default 的值，如果要访问的属性不存在并且没有指定 default 则抛出异常 |
| globals( ) | 返回包含当前作用域内全局变量及其值的字典 |
| hasattr(obj, name) | 测试对象 obj 是否具有名为 name 的成员 |
| hash(x) | 返回对象 x 的哈希值，如果 x 不可哈希，则抛出异常 |
| help(obj) | 返回对象 obj 的帮助信息 |
| hex(x) | 把整数 x 转换为十六进制串 |
| id(obj) | 返回对象 obj 的标识（内存地址） |
| input([提示]) | 显示提示，接收键盘输入的内容，返回字符串 |
| int(x[, d]) | 返回实数（float）、分数（fraction）或高精度实数（decimal）x 的整数部分，或把 d 进制的字符串 x 转换为十进制数并返回，d 默认为十进制 |
| isinstance(obj, class-or-type-or-tuple) | 测试对象 obj 是否属于指定类型（如果有多个类型的话需要放到元组中）的实例 |
| iter(...) | 返回指定对象的可迭代对象 |
| len(obj) | 返回对象 obj 包含的元素个数，适用于列表、元组、集合、字典、字符串以及 range 对象和其他可迭代对象 |
| list([x])、set([x])、tuple([x])、dict([x]) | 把对象 x 转换为列表、集合、元组或字典并返回，或生成空列表、空集合、空元组、空字典 |
| locals( ) | 返回包含当前作用域内局部变量及其值的字典 |
| map(func, *iterables) | 返回包含若干函数值的 map 对象，函数 func 的参数分别来自 iterables 指定的每个迭代对象 |
| max(x)、min(x) | 返回可迭代对象 x 中的最大值、最小值，要求 x 中的所有元素之间可比较大小，允许指定排序规则和 x 为空时返回的默认值 |
| next(iterator[, default]) | 返回可迭代对象 x 中的下一个元素，允许指定迭代结束之后继续迭代时返回的默认值 |
| oct(x) | 把整数 x 转换为八进制串 |
| open(name[, mode]) | 以指定模式 mode 打开文件 name 并返回文件对象 |
| ord(x) | 返回 1 个字符 x 的 Unicode 编码 |
| pow(x, y, z=None) | 返回 x 的 y 次方，等价于 x ** y 或(x ** y) % z |
| print( ) | 基本输出函数 |
| quit( ) | 退出当前解释器环境 |
| range([start,] end [, step] ) | 返回 range 对象，其中包含左闭右开区间[start,end)内以 step 为步长的整数 |
| reduce(func, sequence[, initial]) | 将双参数的函数 func 以迭代的方式从左到右依次应用至序列 seq 中每个元素，最终返回单个值作为结果。在 Python 2.x 中该函数为内置函数，在 Python 3.x 中需要从 functools 中导入 reduce 函数再使用 |
| repr(obj) | 返回对象 obj 的规范化字符串表示形式，对于大多数对象有 eval(repr(obj))==obj |
| reversed(seq) | 返回 seq（可以是列表、元组、字符串、range 以及其他可迭代对象）中所有元素逆序后的迭代器对象 |
| round(x [, 小数位数]) | 对 x 进行四舍五入，若不指定小数位数，则返回整数 |
| sorted(iterable, key=None, reverse=False) | 返回排序后的列表，其中 iterable 表示要排序的序列或迭代对象，key 用来指定排序规则或依据，reverse 用来指定升序或降序。该函数不改变 iterable 内任何元素的顺序 |

（续表）

| 函数 | 功能 |
|---|---|
| str(obj) | 把对象 obj 直接转换为字符串 |
| sum(x, start=0) | 返回序列 x 中所有元素之和，返回 start+sum(x) |
| type(obj) | 返回对象 obj 的类型 |
| zip(seq1 [, seq2 [...]]) | 返回 zip 对象，其中元素为(seq1[i], seq2[i], ...)形式的元组，最终结果中包含的元素个数取决于所有参数序列或可迭代对象中最短的那个 |

## 2.3 序列结构

在 Python 中，序列作为一种数据存储方式，是 Python 的基本数据类型，包括字符串（str）、列表（list）、元组（tuple）、字典（dict）、集合（set）等，如图 2.3 所示。

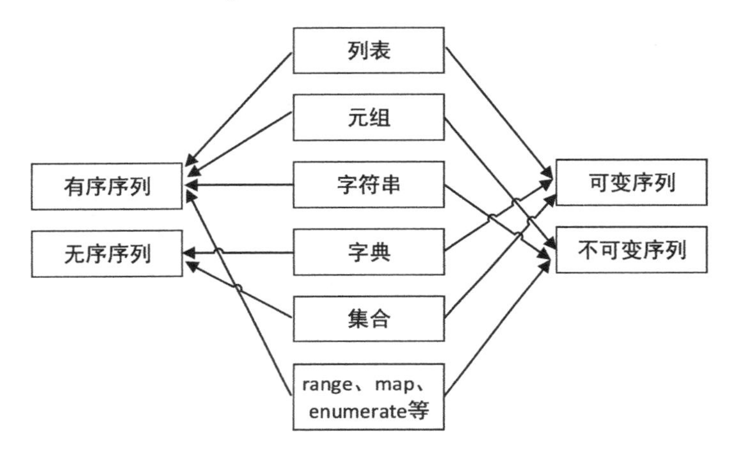


图 2.3 Python 的序列结构

Python 序列结构的特性如表 2.4 所示。

表 2.4 Python 序列结构的特性

| | 列表 | 元组 | 字典 | 集合 |
|---|---|---|---|---|
| 类型名称 | list | tuple | dict | set |
| 定界符 | 方括号[] | 圆括号() | 大括号{} | 大括号{} |
| 是否可变 | 是 | 否 | 是 | 是 |
| 是否有序 | 是 | 是 | 否 | 否 |
| 是否支持下标 | 是（序号为下标） | 是（序号为下标） | 是（键为下标） | 否 |
| 元素分隔符 | 逗号 | 逗号 | 逗号 | 逗号 |
| 对元素形式的要求 | 无 | 无 | 键:值 | 必须可哈希 |
| 对元素值的要求 | 无 | 无 | 键必须可哈希 | 必须可哈希 |
| 元素是否可重复 | 是 | 是 | 键不允许重复，值可以重复 | 否 |
| 元素查找速度 | 非常慢 | 很慢 | 非常快 | 非常快 |
| 新增和删除元素速度 | 尾部操作快、其他位置慢 | 不允许 | 快 | 快 |

### 1．列表（list）

在形式上，列表的所有元素放在一对方括号[]中，相邻元素之间使用逗号分隔。列表支持双向索引，0 表示第 1 个元素，1 表示第 2 个元素，2 表示第 3 个元素，以此类推；−1 表示最后 1 个元素，−2 表示倒数第 2 个元素，−3 表示倒数第 3 个元素，以此类推。

#### 1）列表的创建与访问

```
>>> a_list = ['a', 'b', 'c', 'd', 'e']  #创建列表对象
>>> b_list = []  #创建空列表
>>> c_list = list(range(1, 10, 2))  #将 range 对象转换为列表
>>> c_list  #显示列表内容
[1, 3, 5, 7, 9]
>>> c_list[0]  #访问列表的第 1 个元素
1
>>> c_list[-1]  #访问列表的最后一个元素
9
```

#### 2）列表的常用内置方法

列表的常用内置方法如表 2.5 所示。

**表 2.5　列表的常用内置方法**

| 方法 | 说明 |
|---|---|
| append(x) | 将 x 追加至列表尾部 |
| extend(L) | 将列表 L 中所有元素追加至列表尾部 |
| insert(index, x) | 在列表 index 位置处插入 x，该位置后面的所有元素后移并且在列表中的索引加 1，如果 index 为正数且大于列表长度则在列表尾部追加 x，如果 index 为负数且小于列表长度的相反数则在列表头部插入元素 x |
| pop([index]) | 删除并返回列表中下标为 index 的元素，如果不指定 index 则默认为−1，弹出最后一个元素；如果弹出中间位置的元素则后面的元素索引减 1；如果 index 不是[−L, L]区间上的整数则抛出异常 |
| remove(x) | 在列表中删除第一个值为 x 的元素，该元素之后所有元素前移并且索引减 1，如果列表中不存在 x，则抛出异常 |
| clear( ) | 清空列表，删除列表中所有元素，保留列表对象 |
| index(x) | 返回列表中第一个值为 x 的元素的索引，若不存在值为 x 的元素，则抛出异常 |
| count(x) | 返回 x 在列表中的出现次数 |
| reverse( ) | 对列表所有元素进行原地逆序，首尾交换 |
| sort(key=None, reverse=False) | 对列表中的元素进行原地排序，key 用来指定排序规则，reverse 为 False 表示升序，True 表示降序 |
| copy( ) | 返回列表的浅复制 |

示例如下：

```
>>> x = [1, 2, 3]  #创建列表
>>> x.append(4)  #在尾部追加元素
>>> x.insert(0, 0)  #在指定位置插入元素
>>> x.extend([5, 6 ])  #在尾部追加多个元素
>>> x
[0, 1, 2, 3, 4, 5, 6]
```

```
>>> x.pop()  #弹出并返回尾部元素
6
>>> x.remove(2)  #删除首个值为 2 的元素
>>> x
[0, 1, 3, 4, 5, 6]
>>> x.clear()  #删除所有元素
>>> x=[1,1,2,2,2,3,3,3,3]
>>> x.count(2)  #元素 2 在列表 x 中的出现次数
3
>>> x.index(3)  #元素 3 在列表 x 中首次出现的索引
5
>>> >>> x.reverse()  #把所有元素翻转或逆序
>>> x
[3, 3, 3, 3, 2, 2, 2, 1, 1]
>>> x.sort()  #按默认规则排序
>>> x
[1, 1, 2, 2, 2, 3, 3, 3, 3]
```

**3）列表的运算**

列表支持的运算符如表 2.6 所示。

**表 2.6　列表支持的运算符**

| 运算符 | 说明 |
| --- | --- |
| + | 连接两个列表，将元素追加至列表尾部，返回新列表，效率低 |
| * | 列表和整数相乘，表示序列重复，返回新列表，效率低 |
| in | 用于测试列表中是否包含某个元素，查询时间随着列表长度的增加而线性增加 |

示例如下：

```
>>> x=[1,2,3,4]  #创建列表
>>> x=x+[5]  #连接列表，返回一个新列表
>>> x
[1, 2, 3, 4, 5]
>>> x=x*2  #列表与整数相乘
>>> x
[1, 2, 3, 4, 5, 1, 2, 3, 4, 5]
>>> 6 in x  #元素 6 是否在列表 x 中
False
```

**4）使用内置函数操作列表**

在表 2.3 中的函数 max( )、min( )、sum( )、len( )、zip( )、enumerate( )、map( )、filter( )、all( )、any( )也支持列表的操作，示例如下：

```
>>> x=[5, 2, 6, 3, 9, 8, 0, 1, 7, 4]  #创建列表
>>> len(x)  #列表中元素的个数
10
>>> list(zip(x,list(range(10))))  #多列表重新组合
[(5, 0), (2, 1), (6, 2), (3, 3), (9, 4), (8, 5), (0, 6), (1, 7), (7, 8), (4, 9)]
```

```
>>> list(zip(['a','b','c'],[1,2]))  #两个列表不等长，以短的为准
[('a', 1), ('b', 2)]
>>> list(enumerate(x))  #枚举列表元素
[(0, 5), (1, 2), (2, 6), (3, 3), (4, 9), (5, 8), (6, 0), (7, 1), (8, 7), (9, 4)]
>>> list(map(lambda y:y+5,x))  #将 lambda 表达式映射到列表的所有元素
[10, 7, 11, 8, 14, 13, 5, 6, 12, 9]
>>> seq=['zoo','x33','?!','###']  #创建列表
>>> list(filter(lambda s:s.isalnum(),seq))  #过滤掉不全为数字和字母的元素
['zoo', 'x33']
```

**5）列表推导式**

列表推导式在逻辑上等价于一个循环语句，只是形式上更加简洁，其语法形式为：

```
[expression for expr1 in sequence1 if condition1
            for expr2 in sequence2 if condition2
            for expr3 in sequence3 if condition3
            ...
            for exprN in sequenceN if conditionN]
```

示例如下：

```
>>> a_list= [[1,2,3,4], [5,6,7,8]]  #创建列表
>>> [num for elem in a_list for num in elem]  #列表推导式
[1, 2, 3, 4, 5, 6, 7, 8]
```

**6）切片操作**

在形式上，切片使用 2 个冒号分隔的 3 个数字来完成，即[start:end:step]，说明如下：

（1）start 表示切片开始位置，默认为 0；

（2）end 表示切片截止（但不包含）位置（默认为列表长度）；

（3）step 表示切片的步长（默认为 1）；

（4）若 start、end、step 均采用默认值，则都可以省略，且省略步长时还可以同时省略最后一个冒号；

（5）当 step 为负整数时，表示反向切片，这时 start 应该在 end 的右侧。

示例如下：

```
>>> a_list=list(range(1,10))  #创建列表
>>>a_list
[1, 2, 3, 4, 5, 6, 7, 8, 9]
>>> a_list[2:7]  #获取下标为 2 到 7 的列表元素
[3, 4, 5, 6, 7]
>>> a_list[:-2]  #反向切片至第一个元素
[1, 2, 3, 4, 5, 6, 7]
>>> a_list[3:3]=[10]  #在下标为 3 的位置插入元素
>>> a_list
[1, 2, 3, 10, 4, 5, 6, 7, 8, 9]
```

### 2. 元组（tuple）

元组是包含若干元素的有序不可变序列，是个轻量级的列表。从形式上，元组的所

有元素放在一对圆括号中，元素之间使用逗号分隔，如果元组中只有一个元素，则必须在最后增加一个逗号。

列表和元组都属于有序序列，都支持使用双向索引访问其中的元素，以及使用count( )方法统计指定元素的出现次数和 index( )方法获取指定元素的索引，len( )、map( )、filter( )等大量内置函数和+、in、is 等运算符也都可以作用于列表和元组。

示例如下：

```
>>> x=(1,2,3)  #创建元组
>>> x
(1, 2, 3)
>>> tuple(range(5))  #将其他迭代对象转换为元组
(0, 1, 2, 3, 4)
>>> tuple(enumerate(range(5)))  #将其他迭代对象转换为元组
((0, 0), (1, 1), (2, 2), (3, 3), (4, 4))
```

**1）元组与列表的区别**

（1）元组属于不可变（immutable）序列，不可以直接修改元组中元素的值，也无法为元组增加或删除元素；

（2）元组没有提供 append( )、extend( )和 insert( )等方法，无法向元组中添加元素；

（3）元组也没有 remove( )和 pop( )方法，也不支持对元组元素进行 del 操作，而只能使用 del 命令删除整个元组；

（4）不允许使用切片来修改元组中元素的值，也不支持使用切片操作来为元组增加或删除元素；

（5）Python 的内部实现对元组做了大量优化，访问速度比列表更快。

**2）生成器推导式**

生成器推导式的语法与列表推导式非常相似，在形式上生成器推导式使用圆括号作为定界符。生成器推导式的结果是一个生成器对象，具有惰性求值的特点。

使用生成器对象的元素时，可以根据需要将其转化为列表或元组，也可以使用生成器对象的__next__( )方法或者内置函数 next( )进行遍历，或者直接使用 for 循环来遍历其中的元素。不管用哪种方法访问其元素，只能从前往后正向访问每个元素，没有任何方法可以再次访问已访问过的元素，也不支持使用下标访问其中的元素。

示例如下：

```
>>> g = ((i+1)**2 for i in range(10))  #创建生成器对象
>>> g
<generator object <genexpr> at 0x0000028AAF01CCA8>
>>> list(g)  #将生成器对象转换为列表
[1, 4, 9, 16, 25, 36, 49, 64, 81, 100]
>>> g.__next__()  #生成器对象已遍历结束，所以报错
Traceback (most recent call last):
  File "<pyshell#76>", line 1, in <module>
    g.__next__()
StopIteration
>>> tuple(g)  #生成器对象已遍历结束，没有元素了
```

```
()
>>> g = ((i+1)**2 for i in range(10))  #重新生成生成器对象
>>> g.__next__()  #用生成器对象的__next__()方法获取元素
1
>>> g.__next__()  #获取下一个元素
4
>>> next(g)  #使用函数 next()获取生成器对象中的元素
9
>>> for item in g:  #使用循环直接遍历生成器对象中的元素
 print(item, end=' ')
16 25 36 49 64 81 100  #访问过的元素不存在了
```

### 3．字典（dict）

字典是包含若干“键:值”元素的无序可变序列，字典中的每个元素包含用冒号分隔开的“键”和“值”两部分，不同元素之间用逗号分隔，所有的元素放在一对大括号“{ }”中，形如{key1:value1,key2:value2,…}。

（1）字典中元素的“键”可以是 Python 中任意不可变数据，如整数、实数、复数、字符串、元组等类型，但不能使用列表、集合、字典或其他可变类型作为字典的“键”。

（2）字典中的“键”不允许重复，而“值”是可以重复的。

对字典的创建和字典元素的访问示例如下：

```
>>> dict1={'a':1,'b':2,'c':3}  #创建字典
>>> dict2=dict(addr='China',Name='Zhao',Code='250001')  #创建字典
>>> dict2
{'addr': 'China', 'Name': 'Zhao', 'Code': '250001'}
>>> dict1['a']  #访问键为 a 的字典元素
1
>>> dict2['Name']="Zhang"  #修改键为 Name 的字典元素
>>> dict2
{'addr': 'China', 'Name': 'Zhang', 'Code': '250001'}
```

对字典的操作，也可以使用字典对象的方法，如表 2.7 所示。

**表 2.7　字典对象的常用方法**

| 方法 | 说明 |
|---|---|
| clear( ) | 清空字典，删除所有元素 |
| get( ) | 获取指定键对应的元素值。如果键不存在，就返回空值或指定的默认值 |
| keys( ) | 返回字典中所有的键 |
| values( ) | 返回字典中所有的值 |
| items( ) | 返回字典中所有的元素 |
| pop( ) | 删除并返回指定键对应的值 |
| popitem( ) | 删除并返回一个元素 |

字典对象也存在推导式，结合字典方法的使用，示例如下：

```
>>> keys=['a','b','c','d']  #定义键列表
```

```
>>> values=[*range(96,100)]  #定义值列表，其中*为序列解包
>>> values
[96, 97, 98, 99]
>>> dt={k:v for k,v in zip(keys,values)}  #字典推导式
>>> dt.items()  #访问字典中所有的元素
dict_items([('a', 96), ('b', 97), ('c', 98), ('d', 99)])
>>> dt.keys()  #访问字典中所有的键
dict_keys(['a', 'b', 'c', 'd'])
>>> dt.values()  #访问字典中所有的值
dict_values([96, 97, 98, 99])
>>> dt.get('c')  #访问字典中键为c的元素值
98
```

### 4. 集合（set）

集合属于 Python 无序可变序列，使用一对大括号作为定界符，元素之间使用逗号分隔，同一个集合内的每个元素都是唯一的，元素之间不允许重复。

集合中只能包含数字、字符串、元组等不可变类型（或者说可哈希）的数据，而不能包含列表、字典、集合等可变类型的数据。

集合对象的常用方法如表 2.8 所示。

表 2.8　集合对象的常用方法

| 方法 | 说明 |
| --- | --- |
| add( ) | 方法可以增加新元素，如果该元素已存在，则忽略该操作，不会抛出异常 |
| update( ) | 方法用于合并另外一个集合中的元素到当前集合中，并自动去除重复元素 |
| pop( ) | 方法用于随机删除并返回集合中的一个元素，如果集合为空，则抛出异常 |
| remove( ) | 方法用于删除集合中的元素，如果指定元素不存在，则抛出异常 |
| discard( ) | 用于从集合中删除一个特定元素，如果元素不在集合中，则忽略该操作 |
| clear( ) | 方法清空集合删除所有元素 |

对集合的创建和运算简单示例如下：

```
>>> a_set = set([8, 9, 10, 11, 12, 13])  #创建集合
>>> b_set = {0, 1, 2, 3, 7, 8}
>>> a_set | b_set  #并集
{0, 1, 2, 3, 7, 8, 9, 10, 11, 12, 13}
>>> a_set & b_set  #交集
{8}
>>> a_set - b_set  #差集
{9, 10, 11, 12, 13}
>>> a_set ^ b_set  #对称差集
{0, 1, 2, 3, 7, 9, 10, 11, 12, 13}
>>> {1, 2, 3} <= {1, 2, 3}  #子集判断
True
>>> {1, 2} < {1, 2, 3}  #真子集
True
```

### 5. 序列解包

当函数或方法返回序列时，可以用一种方便的形式遍历序列中的元素，或者将序列中元素的值赋给多个变量，或者使用*运算符还原序列中的各个元素，这个过程就称为序列解包。

在实际开发中，序列解包用简洁的形式完成复杂的功能，大幅度提高了代码的可读性，减少了程序员的代码输入量，是一个非常重要和常用的功能。

**1）使用序列解包功能对多个变量同时赋值**

```
>>> x, y, z = 1, 2, 3  #多个变量同时赋值
>>> v_tuple = (False, 3.5, 'exp')
>>> x, y, z = v_tuple
>>> x, y, z = range(3)  #对 range 对象进行序列解包
>>> x, y, z = map(str, range(3))  #使用可迭代的 map 对象进行序列解包
>>> b, c, d = [1, 2, 3]  #列表的序列解包
>>> x, y, z = sorted([1, 3, 2])  #sorted()函数返回排序后的列表
>>> a, b, c = 'ABC'  #字符串也支持序列解包
>>> a, b = b, a  #交换两个变量的值
```

**2）用序列解包遍历字典元素**

```
>>> s = {'a':1, 'b':2, 'c':3}
>>> for k, v in s.items():  #字典中每个元素包含“键”和“值”两部分
        print(k, v)
```

显示结果如下：

```
a 1
b 2
c 3
```

**3）使用序列解包同时遍历多个序列**

```
>>> keys = ['a', 'b', 'c', 'd']
>>> values = [97, 98, 99, 100]
>>> for k, v in zip(keys, values):
        print(k,v)
```

显示结果如下：

```
a 97
b 98
c 99
d 100
```

**4）对内置函数 enumerate( )返回的迭代对象进行遍历**

```
>>> for i,v in enumerate(x):
        print(i,v)
```

显示结果如下：

```
0 a
1 b
2 c
3 d
```

注：在使用函数的位置参数或关键字参数时，也可以使用*或**对序列解包，并作为实际参数传递给形式参数。

## 2.4 程序流程控制

Python 程序使用的三种基本控制结构为：顺序结构、选择结构、循环结构。

### 1．条件表达式

在选择结构和循环结构中，条件表达式的值只要不是 False、0（或 0.0、0j 等）、空值 None、空列表、空元组、空集合、空字典、空字符串、空 range 对象或其他空迭代对象，Python 解释器均认为与 True 等价。

### 2．选择结构

选择结构根据条件来控制程序代码的可执行分支，也称为分支结构。Python 使用 if 语句来实现分支结构。

**1）单分支结构的语法形式**

```
if 条件表达式:
    语句块
```

**2）双分支结构的语法形式**

```
if 条件表达式:
    语句块 1
else:
    语句块 2
```

**3）多分支结构的语法形式**

```
if 条件表达式 1:
    语句块 1
elif 条件表达式 2:
    语句块 2
elif 条件表达式 3:
    语句块 3
else:
    语句块 4
```

**4）if 语句的嵌套**

```
if 条件表达式 1:
    语句块 1
    if 条件表达式 2:
        语句块 2
    else:
        语句块 3
else:
    if 条件表达式 4:
        语句块 4
```

### 3. 循环结构

使用循环结构可以有效减少程序中重复代码的工作量，使程序结构更严谨。Python中有 while 循环和 for 循环两种形式。

**1）while 循环语法**

```
while 条件表达式:
    循环体
[else:
    else 子句代码块]
```

**2）for 循环语法**

```
for 取值 in 序列或迭代对象:
    循环体
[else:
    else 子句代码块]
```

注：循环结构中 break 语句和 continue 语句的使用。

### 4. 简单案例

（1）使用选择结构：输入若干成绩，求所有成绩的平均分。每输入一个成绩后询问是否继续输入下一个成绩，回答“yes”就继续输入下一个成绩，回答“no”就停止输入成绩。

程序代码如下：

```
numbers = []  #使用列表存放临时数据
while True:
    x = input('请输入一个成绩：')
    try:  #异常处理
        numbers.append(float(x))
    except:
        print('不是合法成绩')
    while True:
        flag = input('继续输入吗？（yes/no）').lower()
        if flag not in ('yes', 'no'):  #限定用户输入内容必须为 yes 或 no
            print('只能输入 yes 或 no')
        else:
            break
    if flag=='no':
        break
print(sum(numbers)/len(numbers))
```

（2）使用循环结构：快速判断一个数是否为素数。

程序代码如下：

```
n = input("Input an integer:")
n = int(n)
if n == 2:
     print('Yes')
elif n%2 == 0:  #偶数必然不是素数
```

```
        print('No')
    else:
        #大于 5 的素数必然出现在 6 的倍数两侧
        #因为 6x+2、6x+3、6x+4 肯定不是素数，假设 x 为大于 1 的自然数
        m = n % 6
        if m!=1 and m!=5:
            print('No')
        else:
            for i in range(3, int(n**0.5)+1, 2):
                if n%i == 0:
                    print('No')
                    break
                else:
                    print('Yes')
```

## 2.5 函数

函数的基本定义，其语法如下：

```
def 函数名([参数列表]):
    '''注释'''
    函数体
    [return [表达式]]
```

说明：

（1）在函数定义时声明的参数列表为函数的形式参数，不需要声明形式参数的数据类型；

（2）括号后面的冒号必不可少，且函数体相对于 def 关键字必须保持一定的空格缩进；

（3）函数定义时不需要声明函数的返回值类型，而是使用 return 语句结束函数执行的同时返回任意类型的值，函数返回值类型与 return 语句返回表达式的类型一致；

（4）无论 return 语句出现在函数的什么位置，一旦被执行将直接结束函数的调用；

（5）如果函数没有 return 语句、有 return 语句但是没有执行到或者执行了不返回任何值的 return 语句，解释器都会认为该函数以 return None 结束，即返回空值；

（6）在定义函数时，开头部分的注释并不是必需的，但如果为函数的定义加上注释的话，可以为用户提供友好的提示；

（7）Python 允许嵌套定义函数。

函数定义完成后，在全局命名空间中记录了函数名和函数所在的内存空间的首地址，因此如同使用一个变量一样，可在程序中通过函数名直接调用函数，其语法格式如下：

```
函数名([参数列表])
```

注：即使该函数不需要接收任何参数，也必须保留一对空的圆括号。

在 Python 中，生成斐波那契数列的函数定义和调用如图 2.4 所示。

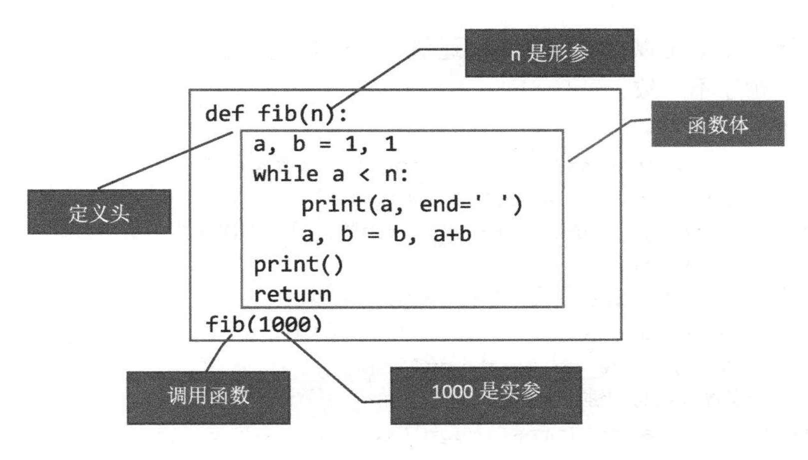


图 2.4　函数的定义和调用

### 1. 函数参数

Python 中函数参数分为形式参数和实际参数两种。其中形式参数（parameter）简称为形参，它是在函数定义时，在函数名之后的圆括号内声明的参数，用来接收传递给函数的引用。形参可以有一个或多个，也可以没有形参。如果有多个形参，需要在形参之间用逗号进行分隔，形成参数列表（parameters）。实际参数（argument）简称为实参，它是在函数调用时，在函数名之后的圆括号内声明的参数。根据不同的参数类型，实参决定将什么样的引用传递给形参。实参也可以有多个，形成实参列表（arguments），实参之间用逗号进行分隔。

在 Python 中，函数参数的使用应注意以下两点：

（1）定义函数时不需要声明参数类型，解释器会根据实参的类型自动推断形参类型，在一定程度上类似于函数重载和泛型函数的功能；

（2）在绝大多数情况下，在函数内部直接修改形参的值不会影响实参，而是创建一个新变量。

在 Python 中要将多个实参传递给形参，必须考虑参数之间在个数、顺序上的匹配等问题，由此函数的参数有位置参数、关键字参数、默认值参数、可变长度参数等多种形式。

**1）位置参数（positional arguments）**

在传递参数时，函数的形参和实参在顺序、个数上必须保持严格一致。调用函数时根据函数定义的参数位置来传递参数。示例如下：

```
>>>def print_hello(name, sex):  #函数定义
        print('hello %s %s, welcome to python world!' %(name, sex))
```

函数调用时，两个参数的顺序必须一一对应，且少一个参数都不可以。

```
print_hello('Tom', '先生')
```

**2）关键字参数（keyword arguments）**

用于函数调用，通过“键=值”形式加以指定，可以让函数更加清晰、容易使用，同时也清除了参数的顺序需求。

通过关键字参数可以按参数名字传递值，明确指定哪个值传递给哪个参数，实参顺序可以和形参顺序不一致。

示例如下：

```
>>> def greet(say,name,msg='Welcome'):  #函数定义
        print(say,',',name,',',msg)
>>> greet(say='Hi',name='James')  #函数调用，传递 2 个关键字参数
Hi , James , Welcome
#函数调用，传递 3 个关键字参数，但次序颠倒
>>> greet(name='James',say='Hello',msg='Nice to meet you!')
Hello , James , Nice to meet you!
#函数调用，位置参数与关键字参数混合使用
>>> greet('Hi',name='James',msg='Nice to meet you!')
Hi , James , Nice to meet you!
#函数调用，关键字参数在位置参数之前
>>> greet(name='James','Hello',msg='Nice to meet you!')
SyntaxError: positional argument follows keyword argument
```

注：有位置参数时，位置参数必须在关键字参数的前面，但关键字参数之间不存在先后顺序。

**3）默认值参数（default arguments）**

在函数定义时为参数提供默认值，调用函数时可以传也可以不传该默认参数的值。其语法如下：

```
def func(parameter1, parameter2=value, parameter3,…): #函数体
```

示例如下：

```
>>> def demo(message, times=1):  #函数定义
        print(message * times)
>>> demo('hello')  #函数调用，默认 times 参数值为 1
hello
>>> demo('hello', 3)  #函数调用，times=3
hellohellohello
```

注：所有位置参数必须出现在默认参数前，包括函数定义和调用。

**4）可变长度参数（starred_and_keywords）**

定义函数时，如果不确定函数调用时传递的实参个数，可使用可变长度参数，主要有两种形式，即在参数名前分别加 1 个*或 2 个**，也称为包裹（packing）位置参数和包裹关键字参数。

**（1）包裹位置参数**

包裹位置参数即采用*parameter 形式来接收多个位置实参，并将其放在一个元组中。示例如下：

```
>>>def func(*args):  #函数定义
       print(args)
>>>func('a', 'b', 'c')  #函数调用
('a', 'b', 'c')
```

**（2）包裹关键字参数**

包裹关键字参数即采用**parameter 形式接收多个关键字参数并存放到字典中。示例如下：

```
>>>def func(**kwargs):  #函数定义
        print(kwargs)
>>>func(a=1,b=2,c=3)  #函数调用
{'a': 1, 'b': 2, 'c': 3}
```

**5）传递参数时的序列解包**

*和**也可以在函数调用时使用，称为解包（unpacking）。

（1）在传递元组时，让元组的每一个元素对应一个位置参数，如：

```
>>>def gender(name, sex):  #函数定义
        print("%s,%s"%(name, sex))
>>>args = ('Tom', '男')  #创建元组
>>>>gender(*args)  #函数调用
Tom,男
```

（2）在传递词典字典时，让词典的每个键值对作为一个关键字参数传递给函数，如：

```
>>>def gender(**kwargs):  #函数定义
        print(kwargs)
>>>gender(name='Tom',sex='男')  #函数调用
{'name': 'Tom', 'sex': '男'}
>>>kwargs = {'name':'Tom','sex':'男'}  #定义字典
>>>gender(**kwargs)  #函数调用
{'name': 'Tom', 'sex': '男'}
```

### 2. 变量作用域

变量的作用域是指一个变量能够使用和访问的作用范围，分为：

（1）L（Local）：局部作用域；

（2）E（Enclosing）：闭包函数外的函数中；

（3）G（Global）：全局作用域；

（4）B（Built-in）：内置作用域。

使用时，以 L→E→G→B 的规则查找，即：在局部作用域找不到，则去局部作用域外的局部作用域找（如闭包），如果再找不到就去全局作用域找，最后去内置作用域中找。

**1）全局变量和局部变量**

局部变量在函数内部定义，只能在其被声明的函数内部访问，而全局变量可以使用 global 关键字定义，在整个程序范围内访问，拥有全局作用域。

```
>>>total = 0  #定义变量
>>>def sum( a, b ):  #函数定义
       result = a + b  #局部变量
       print ("局部变量：%d"%result)
       print("全局变量：%d"%total)
       return result
>>>total=sum(3,5)  #函数调用
```

```
局部变量:8
全局变量:0
>>>print ("全局变量: %d"%total)
全局变量:8
>>>print("局部变量:%d"%result)
Traceback (most recent call last):
  File "<pyshell#67>", line 1, in <module>
    print("全局变量:%d"%result)
NameError: name 'result' is not defined
```

注：出现以上错误信息是因为局部变量 result 在定义它的函数外部是不能访问和使用的。

**2）global 关键字的使用**

使用 global 关键字定义全局变量时，会有以下两种情况：

（1）一个变量已在函数外定义，如果在函数内需要为这个变量赋值，并要将这个赋值结果反映到函数外，可以在函数内使用 global 将其声明为全局变量。

（2）如果一个变量在函数外没有定义，在函数内部也可以直接将一个变量定义为全局变量，该函数执行后，将增加一个新的全局变量。

```
>>>total = 0  #定义变量
>>>def sum( a, b ):  #函数定义
       global total  #声明全局变量
       total = a + b  #修改全局变量的值
>>>sum(3,5)  #函数调用
>>>print ("函数调用后全局变量的值: %d"%total)
函数调用后全局变量的值:8
```

### 3. lambda 表达式

lambda 表达式可以用来声明匿名函数，也就是当没有函数名字时临时使用的小函数，尤其适合需要一个函数作为另一个函数参数的场合。

lambda 表达式只可以包含一个表达式，该表达式的计算结果可以视为函数的返回值，不允许包含复合语句，但在表达式中可以调用其他函数。

示例如下：

```
>>> f = lambda x, y, z: x+y+z  #可以给 lambda 表达式起名字
>>> f(1,2,3)  #像函数一样调用
6
>>> g = lambda x, y=2, z=3: x+y+z  #参数默认值
>>> g(1)
6
>>> g(2, z=4, y=5)  #关键字参数
11
>>> data=[6, 3, 18, 13, 8, 9, 4, 11, 14, 17, 19, 1, 16, 5, 2, 10, 12,
15, 7, 0]
>>> data.sort(key=lambda x: len(str(x)))  #按数字长度排序
>>> data
```

```
[6, 3, 8, 9, 4, 1, 5, 2, 7, 0, 18, 13, 11, 14, 17, 19, 16, 10, 12, 15]
```

#### 4. 生成器函数

包含 yield 语句的函数可以用来创建生成器对象，这样的函数也称为生成器函数。

yield 语句与 return 语句的作用相似，都是用来从函数中返回值的。与 return 语句不同的是，return 语句一旦执行会立刻结束函数的运行，而每次执行到 yield 语句并返回一个值之后会暂停或挂起后面代码的执行，下次通过生成器对象的__next__()方法、内置函数 next()、for 循环遍历生成器对象元素或其他方式显示“索要”数据时恢复执行。

生成器具有惰性求值的特点，适合大数据处理。

示例如下：

```
>>>def odd(n):  #函数定义，求 n 以内的偶数
        for i in range(0,n+1,2):
            print(i,end=" ")
>>>odd(10)  #函数调用
0 2 4 6 8 10
```

把上面的函数改成 yield 关键字函数的生成器，示例如下：

```
>>>def odd(n):  #函数定义
        for i in range(0,n+1,2):
            yield i
>>>new_odd = odd(10)  #调用函数，获取一个生成器对象
>>>for i in new_odd:  #遍历生成器对象的各个元素
        print(i,end=" ")
0 2 4 6 8 10
```

注：循环遍历生成器对象完成后，必须再一次重新获取生成器对象才可以正常访问。

## 2.6 字符串

字符串为有序的字符序列，支持序列的基本操作，如索引、切片、连接、成员关系、比较运算等。

#### 1. 字符串编码

默认情况下，Python 字符串采用 UTF-8 编码，也可以使用其他的编码方式。常用的字符串编码如下。

（1）ASCII 码：采用 1 个字节来对字符进行编码，仅对 10 个数字、26 个大写英文字母、26 个小写英文字母及一些其他符号进行了编码。

（2）GB2312：是我国制定的中文编码，使用 1 个字节表示一个英文字符，2 个字节表示一个汉字；GBK 是 GB2312 的扩充，而 CP936 是微软在 GBK 基础上开发的编码方式。GB2312、GBK 和 CP936 都是使用 2 个字节表示一个汉字。

（3）UTF-8：对全世界所有国家需要用到的字符进行了编码，以 1 个字节表示英文字符（兼容 ASCII 码），以 3 个字节表示一个汉字，还有些语言的符号使用 2 个字节（如俄语和希腊语符号）或 4 个字节。

2．字符串格式化

字符串的格式化主要有三种方法，即%元算符形式、format 内置函数和字符串的 format 方法。

**1）%元算符形式**

字符串的格式化使用格式字符串完成，其中格式字符串由固定文本和格式说明符混合组成。格式字符串的语法如下：

```
%[(key)][flags][width][.precision][Length]type
```

其中，key 为映射键，flags 为修改输出格式的字符集，width 为最小宽度，precision 为精度，Length 为修饰符（h、l 或 L，Python 忽略该字符），type 为格式化类型字符。Python 中常用的格式化字符如表 2.9 所示。

表 2.9　Python 中常用的格式化字符

| 字符 | 说明 | 字符 | 说明 |
|---|---|---|---|
| %s | 字符串 | %r | 字节型字符串 |
| %c | 单个字符及其 ASCII 码 | %o | 有符号八进制整数 |
| %d 或%i | 有符号十进制整数 | %e | 科学计数法浮点数，基底为 e |
| %x | 有符号十六进制整数（小写） | %E | 科学计数法浮点数，基底为 E |
| %X | 有符号十六进制整数（大写） | %g | 浮点数，根据值大小采用%e 或%f |
| %f 或%F | 浮点数 | %% | 百分号标记% |
| '-' | 结果左对齐 | '0' | 数值类型格式化结果左边用零填充 |
| '+' | 数值结果总是包括一个+或− | '#' | 使用另一种转换方式 |

示例如下：

```
>>> '成绩：%3.2f' % 88
'成绩：88.00'
>>> '姓名：%s，年龄：%d，体重：%3.2f'%('小刚',20,53)
'姓名：小刚，年龄：20，体重：53.00'
>>> '%(lang)s has %(num)03d quote types.'%{'lang':'Python','num':2}
'Python has 002 quote types.'
>>> '%0*.*f'%(10,5,88)   #星号*表示对下一个参数值格式化
'0088.00000'
```

**2）format 内置函数**

语法为：

```
format(value, format_spec='', /)
```

其中格式化说明符的基本形式如下：

```
[[fill] align ] [sign] [#] [0] [width] [,] [.precision] [type]
```

其中 fill 为填充字符，可以为{}外的任何字符；align 为对齐方式，包括“<”（左对齐）、“>”（右对齐）、“=”（填充位于符号和数字之间，如+00000120）、“^”（居中对齐）；#表示使用另一种转换方式；0 表示数值类型格式化结果左边用零填充；width 为最小宽度；precision 是精度；type 为格式化类型字符，同%元算符中的格式化类型字符。示例如下：

```
>>> format(81.2,"0.5f")   #浮点数
```

```
'81.20000'
>>> format(81.2,"%")  #百分数形式
'8120.000000%'
>>> format(9,"b")  #二进制数
'1001'
```

**3）字符串的 format 方法**

字符串的 format 方法有两种基本形式，即：

```
str.format(格式字符串,值 1,值 2,…)  #类方法
格式字符串.format(值 1,值 2,…)  #对象方法
```

其中，格式字符串由固定文本和格式说明符混合组成。格式说明符的语法如下：

```
{ [索引或键] : format_spec}
```

索引和键均可选，其中索引表示要格式化参数值的位置，键表示要格式化的映射的键。格式说明符同%元算符形式。

示例如下：

```
>>> "The number {1:,} in hex is: {1:#x}, the number {0} in oct is {0:o}".format(5555,55)
The number 55 in hex is: 0x37, the number 5555 in oct is 12663
>>> "my name is {name}, my age is {age}, and my QQ is {qq}".format(name="Dong Fuguo", age=40, qq="30646****")
my name is Dong Fuguo, my age is 40, and my QQ is 30646****
>>> name = 'Dong'
>>> age = 39
>>> f'My name is {name}, and I am {age} years old.'  #格式化字符串常量
'My name is Dong, and I am 39 years old.'
```

### 3．字符串方法

对字符串对象常用的方法简要介绍如下。

**1）find( )、rfind( )、index( )、rindex( )、count( )**

find( )和 rfind( )分别用来查找一个字符串在另一个字符串指定范围（默认是整个字符串）中首次和最后一次出现的位置，如果不存在则返回-1。

index( )和 rindex( )用来返回一个字符串在另一个字符串指定范围中首次和最后一次出现的位置，如果不存在则抛出异常。

count( )用来返回一个字符串在当前字符串中出现的次数。

**2）split( )、rsplit( )、partition( )、rpartition( )、join( )**

split( )和 rsplit( )分别用来以指定字符为分隔符，把当前字符串从左往右或从右往左分隔成多个字符串，并返回包含分隔结果的列表。

partition( )和 rpartition( )用来以指定字符串为分隔符将原字符串分隔为 3 部分，即分隔符前的字符串、分隔符字符串、分隔符后的字符串，如果指定的分隔符不在原字符串中，则返回原字符串和两个空字符串。

join( )以指定的字符串为连接符，把多个字符串连接为一个字符串。

**3）lower( )、upper( )、capitalize( )、title( )、swapcase( )**

示例如下：

```
>>> s = "What is Your Name?"
>>> s.lower()  #返回小写字符串
'what is your name?'
>>> s.upper()  #返回大写字符串
'WHAT IS YOUR NAME?'
>>> s.capitalize()  #字符串首字符大写
'What is your name?'
>>> s.title()  #每个单词的首字母大写
'What Is Your Name?'
>>> s.swapcase()  #大小写互换
'wHAT iS yOUR nAME?'
```

**4）replace( )**

查找替换 replace( )，类似于 Word 中的“全部替换”功能。

**5）maketrans( )、translate( )**

字符串对象的 maketrans( )用来生成字符映射表，而 translate( )用来根据映射表中定义的对应关系转换字符串并替换其中的字符，使用这两个方法的组合可以同时处理多个字符。

**6）strip( )、rstrip( )、lstrip( )**

示例如下：

```
>>> s = " abc  "
>>> s.strip()  #删除前后的所有空格字符
'abc'
>>> '\n\nhello world   \n\n'.strip()  #删除空白字符
'hello world'
>>> "aaaassddf".strip("a")  #删除指定字符 a
'ssddf'
>>> "aaaassddf".strip("af")  #删除指定字符 af
'ssdd'
>>> "aaaassddfaaa".rstrip("a")  #删除字符串右端指定字符
'aaaassddf'
>>> "aaaassddfaaa".lstrip("a")  #删除字符串左端指定字符
'ssddfaaa'
```

**7）startswith( )、endswith( )**

用来判断字符串是否以指定字符串开始或结束，示例如下：

```
>>> s = 'Beautiful is better than ugly.'
>>> s.startswith('Be') #检测整个字符串
True
>>> s.startswith('Be', 5)  #指定检测的起始位置
False
>>> s.startswith('Be', 0, 5)  #指定检测的起始和结束位置
True
```

```
>>> import os  #导入内置os模块
#检测当前目录下扩展名为.bmp、.jpg、.gif的文件，并生成文件名列表
>>> [f for f in os.listdir(r'c:\\') if f.endswith(('.bmp', '.jpg','.gif'))]
```

**8）center( )、ljust( )、rjust( )**

返回指定宽度的新字符串，原字符串居中、左对齐或右对齐出现在新字符串中，如果指定宽度大于字符串长度，则使用指定的字符（默认为空格）进行填充。

示例如下：

```
>>> 'Hello world!'.center(20)  #居中对齐，以空格进行填充
'    Hello world!    '
>>> 'Hello world!'.center(20, '=')  #居中对齐，以字符=进行填充
'====Hello world!===='
>>> 'Hello world!'.ljust(20, '=')  #左对齐
'Hello world!========'
>>> 'Hello world!'.rjust(20, '=')  #右对齐
'========Hello world!'
```

### 4．字符串对象支持的运算符

Python字符串支持加法运算符，表示两个字符串连接，生成新字符串。

Python 字符串支持与整数的乘法运算，表示序列重复，也就是字符串内容的重复，得到新字符串。

可以使用in测试一个字符串是否为另一个字符串的子串。

字符串也支持关系运算符。

### 5．适用于字符串对象的内置函数

示例如下：

```
>>> x = 'Hello world.'
>>> len(x)  #字符串长度
12
>>> max(x)  #最大字符
'w'
>>> min(x)
' '
>>> list(zip(x,x))  #zip()也可以作用于字符串
[('H', 'H'), ('e', 'e'), ('l', 'l'), ('l', 'l'), ('o', 'o'), (' ', ' '), ('w', 'w'), ('o', 'o'), ('r', 'r'), ('l', 'l'), ('d', 'd'), ('.', '.')]
>>> sorted(x)  #对字符排序
[' ', '.', 'H', 'd', 'e', 'l', 'l', 'l', 'o', 'o', 'r', 'w']
>>> list(reversed(x))  #字符的逆序列表
['.', 'd', 'l', 'r', 'o', 'w', ' ', 'o', 'l', 'l', 'e', 'H']
>>> list(enumerate(x))  #字符的枚举列表
[(0, 'H'), (1, 'e'), (2, 'l'), (3, 'l'), (4, 'o'), (5, ' '), (6, 'w'), (7, 'o'), (8, 'r'), (9, 'l'), (10, 'd'), (11, '.')]
```

### 6. 字符串对象的切片

示例如下：

```
>>> 'Explicit is better than implicit.'[:8]
'Explicit'
>>> 'Explicit is better than implicit.'[9:23]
'is better than'
>>> path = 'C:\\Python36\\test.bmp'
>>> path[:-4] + '_new' + path[-4:]
'C:\\Python36\\test_new.bmp'
```

## 2.7 文件操作

文件可视为数据的集合，一般保存在磁盘或其他外部存储介质上。对文件的操作主要包括打开、读写和关闭。

要打开或创建文件对象，可使用 Python 的内置函数 open( )，其语法如下：

```
open(file, mode='r', buffering=-1, encoding=None, errors=None, newline=None, closefd=True, opener=None)
```

**说明：**

（1）file 参数指定了要被打开的文件名称，包括文件所在的路径；

（2）mode 参数指定了打开文件后的处理方式，文件的操作模式如表 2.10 所示；

（3）encoding 参数指定对文本进行编码和解码的方式，只适用于文本模式，可以使用 Python 支持的任何格式，如 GBK、UTF-8、CP936 等。

表 2.10 文件的操作模式

| 模式 | 说明 |
|---|---|
| r | 读模式（默认模式，可省略），如果文件不存在则抛出异常 |
| w | 写模式，如果文件已存在，则先清空原有内容 |
| x | 写模式，创建新文件，如果文件已存在则抛出异常 |
| a | 追加模式，不覆盖文件中原有内容 |
| b | 二进制模式（可与其他模式组合使用） |
| t | 文本模式（默认模式，可省略） |
| + | 读、写模式（可与其他模式组合使用） |

文件对象的常用方法如表 2.11 所示。

表 2.11 文件对象的常用方法

| 方法 | 功能说明 |
|---|---|
| close( ) | 把缓冲区的内容写入文件，同时关闭文件，并释放文件对象 |
| flush( ) | 把缓冲区的内容写入文件，但不关闭文件 |
| read([size]) | 从文本文件中读取 size 个字符（Python 3.x）的内容作为结果返回，或从二进制文件中读取指定数量的字节并返回，如果省略 size，则表示读取所有内容 |
| readline( ) | 从文本文件中读取一行内容作为结果返回 |
| readlines( ) | 把文本文件中的每行文本作为一个字符串存入列表中，返回该列表 |

（续表）

| 模式 | 说明 |
| --- | --- |
| seek(offset[, whence]) | 把文件指针移动到新的字节位置，offset 表示相对于 whence 的位置。whence 为 0 表示从文件头开始计算，1 表示从当前位置开始计算，2 表示从文件尾开始计算，默认为 0 |
| tell( ) | 返回文件指针的当前位置 |
| write(s) | 把 s 的内容写入文件 |
| writelines(s) | 把字符串列表写入文本文件，不添加换行符 |

下面，我们将以示例的方式说明文件的使用方法，其中的代码可以在 Python 集成环境中新建文件后输入，并保存为.py 文件的内容。

**例 2-1**：向文本文件中写入内容，然后再读出。

```
s = 'Hello world\n 文本文件的读取方法\n 文本文件的写入方法\n'
with open('sample.txt', 'w') as fp:    #默认使用 CP936 编码
    fp.write(s)
with open('sample.txt') as fp:          #默认使用 CP936 编码
    print(fp.read())
```

**例 2-2**：将一个 CP936 编码格式的文本文件中的内容全部复制到另一个使用 UTF-8 编码的文本文件中。

```
def fileCopy(src, dst, srcEncoding, dstEncoding):
    with open(src, 'r', encoding=srcEncoding) as srcfp:
        with open(dst, 'w', encoding=dstEncoding) as dstfp:
            dstfp.write(srcfp.read())
fileCopy('sample.txt', 'sample_new.txt', 'cp936', 'utf8')
```

**例 2-3**：遍历并输出文本文件的所有行的内容。

```
with open('sample.txt') as fp:  #假设文件采用 CP936 编码
    for line in fp:  #文件对象可以直接迭代
        print(line)
```

## 2.8 面向对象程序设计

一切皆对象是 Python 秉承的理念，从一个简单的常量、变量、数据类型到一个序列、函数、图形等，Python 解释器都视为对象。符合面向对象程序设计的要求，Python 中的类和对象也具有封装性、继承性和多态性三个基本特性。

### 1. 类的定义和使用

```
>>> class Car(object):  #定义一个类，派生自 object 类
        def info(self):  #定义成员方法
            print("This is a Car.")
>>> car=Car()  #实例化对象
>>> car.info()  #调用对象的成员方法
This is a Car.
```

通过上面的简单示例，能够对类的定义和使用有一个初步的了解。

### 2. 私有成员和公有成员

从形式上看，在定义类的成员时，如果成员名以两个下画线“__”开头但是不以两个下画线结束，则表示是私有成员。

Python 没有对私有成员提供严格的访问保护机制，私有成员在类的外部不能直接访问，可以通过一种特殊方式“对象名._类名__xxx”来访问，但这种访问方式不提倡使用。

```
>>>class A: #定义一个类
        #构造方法，创建对象时调用，返回当前对象的一个实例
        def __init__(self, value1 = 0, value2 = 0):
            self._value1 = value1  #参数 value1 赋值给保护成员变量 value1
            self.__value2 = value2  #参数 value2 赋值给私有成员变量 value2
        def setValue(self, value1, value2):  #定义成员方法
            self._value1 = value1  #成员变量赋值
            self.__value2 = value2
        def show(self):  #定义成员方法
            print(self._value1)
            print(self.__value2)
>>> a = A()  #创建类的实例化对象
>>> a._value1  #访问对象的受保护成员变量
0
>>> a._A__value2  #在外部访问对象的私有数据成员
```

**说明：**

在 Python 中，以下画线开头的变量名和方法名有特殊的含义，尤其是在类的定义中，示例如下：

（1）_xxx：受保护成员，不能用"from module import *"导入；

（2）__xxx__：系统定义的特殊成员；

（3）__xxx：私有成员，只有类对象自己能访问，子类对象不能直接访问到这个成员，但在对象外部可以通过“对象名._类名__xxx”这样的特殊方式来访问。

注：程序中可以使用一个下画线“_”表示忽略某变量的值，如：

```
x, _ = divmod(60,18)  #用 x 保存商，忽略余数
```

### 3. 属性

类的数据成员是在类中定义的成员变量，用来存储描述类特征的值，称为属性。属性可以被该类中定义的成员方法访问，也可以通过类对象或实例对象进行访问。

属性实际上是在类中的变量，Python 不需要声明，可直接使用，分为实例属性和类属性。

**1）实例属性**

通过“self.变量名”定义的属性称为实例属性，一般在类的构造方法__init__()中定义，当然也可以在其他成员方法中定义。

类的每个实例对象都包含该类的实例属性的一个副本，因此同一个类的不同对象的实例属性之间互不影响。

实例属性在类的内部以 self 作为前缀进行访问，在外部则通过实例对象进行访问。

示例如下：

```
>>> class Person:  #定义类 Person
        def __init__(self,name,age):  #构造方法
            self.name=name  #初始化实例属性 name
            self.age=age
        def hello(self):  #定义类的方法
            print("您好，我是",self.name)  #读取实例属性 name
>>> personal=Person('董先生',42)  #创建实例对象
>>> personal.hello()  #调用对象的方法
您好，我是 董先生
>>> print(personal.age)  #读取实例属性 age
42
```

**2）类属性**

类属性属于类本身的变量，在定义类时一般不在任何一个成员方法中定义。类属性属于整个类，不属于任何一个特定实例对象，而是在所有实例对象之间共享一个副本。

类属性的访问方式：类名.类属性名

示例如下：

```
>>> class Staff:  #定义类
        count=0  #定义类属性 count
        name="Employee"  #定义类属性 name
>>> Staff.count+=1  #通过类名访问，计数加 1
>>> print(Staff.count)  #通过类名访问，读取并显示类属性值
1
>>> print(Staff.name)  #通过类名访问，读取并显示类属性值
Employee
>>> s1=Staff()  #创建类的实例对象
>>> s2=Staff()  #创建类的实例对象
>>> print(s1.name,s2.name)  #读取并显示实例对象属性的值
Employee Employee
>>> Staff.name="经理"  #通过类名访问，设置类属性值
>>> print(s1.name,s2.name)  #读取并显示实例对象属性的值
经理 经理
>>> s1.name="职员"  #通过实例对象访问，设置实例对象属性的值
>>> print(s1.name,s2.name)  #读取并显示实例对象属性的值
职员 经理
```

注：类属性可以使用对象实例来访问，但容易造成混淆，不建议使用。

**3）属性的使用**

属性作为数据成员，有私有属性和公有属性之分。结合类属性和实例属性的使用，在访问、修改、删除属性时，可通过以下示例理解使用属性时应注意的问题。

```
>>> class Test:  #定义类
    def __init__(self, value):  #构造方法
        self.__value = value  #初始化私有属性
```

```
    def __get(self):  #定义属性读取方法
        return self.__value  #返回私有属性的值
    def __set(self, v):  #定义属性修改方法
        self.__value = v  #设置私有属性的值
    def __del(self):  #定义属性删除方法
        del self.__value  #删除私有属性
    value = property(__get, __set, __del)  #属性操作结果作为公有属性的值
    keyword="admin"
    def show(self):  #定义方法，显示私有属性的值
        print(self.__value)
>>>Test.keyword  #访问类对象的公有属性
admin
>>> t = Test(3)  #创建类的实例对象
>>> t.show()  #调用实例对象方法
3
>>> t.value  #读取实例对象的公有属性
3
>>> t.value =5  #设置实例对象公有属性的值
>>> Test.keyword="123456"  #设置类对象公有属性的值
>>> t.value  #访问实例对象公有属性的值
5
>>>t.keyword  #访问实例对象的类属性值，不建议
>>> del t.value  #删除属性
>>> t.value  #对应的私有数据成员已删除
AttributeError: 'Test' object has no attribute '_Test__value'
>>> t.show()  #调用实例对象方法
AttributeError: 'Test' object has no attribute '_Test__value'
>>> t.value =1  #为对象动态增加属性和对应的私有数据成员
>>> t.show()  #调用实例对象方法
1
>>> t.value  #访问实例对象属性
1
```

### 4．方法

方法是与类相关的函数，其定义与普通函数一致，分为实例方法、静态方法和类方法三种形式。

**1）实例方法**

在定义实例方法时，都必须至少有一个名为 self 的参数，并且必须是方法的第一个形参（如果有多个形参的话），self 参数代表当前对象。

在调用实例方法时，用户不需要也不能给 self 参数传递值，Python 会自动把对象实例传递给该参数。

当用户通过类名调用实例对象的公有实例方法时，需要显式地为该方法的 self 参数传递一个对象名，用来明确指定访问哪个对象的成员。

示例如下：

```
>>> class Person:  #定义类Person
        def Hello(self,name,age):  #定义实例方法
            self.name=name  #设置实例属性name的值
            self.age=age
            print("您好，我是",self.name)  #读取实例属性name
>>> personal=Person()  #创建实例对象
>>> personal.Hello("张大军",36)  #调用对象的实例方法
您好，我是 张大军
>>>Person.Hello(personal,"张大民",42)  #通过类名调用实例方法
您好，我是 张大民
>>> print(personal.age)  #读取实例属性age
42
```

注：在实例方法中访问实例属性时需要以self为前缀。

**2）静态方法**

静态方法是与类的实例对象无关的方法，是通过装饰器@staticmethod定义的方法。

静态方法一般通过类名来调用，也可以通过实例对象调用，可以不接收任何参数，且不能直接访问属于对象的成员，只能访问属于类的成员。

静态方法不属于任何实例，不会绑定到任何实例，当然也不依赖于任何实例的状态，与实例方法相比能够减少很多开销。

**3）类方法**

类方法是属于类本身的方法，是通过装饰器@classmethod定义的方法。

在定义类方法时，它的第一个形式参数为类对象自身，一般为cls；在调用类方法时不需要为cls参数传递值，Python会自动把类对象传递给该参数。

类方法的其他特点与静态方法相似，例如不能访问属于对象的成员，不属于任何实例等。

下面，将通过示例的方式，说明这三种方法的使用。

```
>>> class Root:  #定义类
        __total = 0  #类属性
        def __init__(self, v):  #构造方法
            self.__value = v  #实例属性
            Root.__total += 1
        def show(self):  #普通实例方法
            print('self.__value:', self.__value)  #访问实例属性
            print('Root.__total:', Root.__total)
        @classmethod  #修饰器，声明类方法
        def classShowTotal(cls):  #类方法
            print(cls.__total)  #访问类属性
        @staticmethod  #修饰器，声明静态方法
        def staticShowTotal():  #静态方法
            print(Root.__total)  #访问类属性
>>> r = Root(3)  #创建类实例
>>> r.classShowTotal()  #通过实例对象调用类方法
1
```

```
>>> r.staticShowTotal()  #通过实例对象来调用静态方法
1
>>> r.show()  #通过实例对象调用实例方法
self.__value: 3
Root.__total: 1
>>> rr = Root(5)  #创建类实例
>>> Root.classShowTotal()  #通过类名调用类方法
2
>>> Root.staticShowTotal()  #通过类名调用静态方法
2
>>> Root.show()  #试图通过类名直接调用实例方法，失败
TypeError: unbound method show() must be called with Root instance as first argument (got nothing instead)
>>> Root.show(r)  #通过传递实例对象来调用实例方法并访问实例成员
self.__value: 3
Root.__total: 2
>>> Root.show(rr)  #通过类名调用实例方法时为self参数显式传递对象名
self.__value: 5
Root.__total: 2
```

# 第3章　科学计算——Numpy

随着计算机技术、大数据技术等的发展，科学研究已经从以计算为中心的第三范式过渡到数据密集型的第四范式，在以数据为中心的科学研究范式中，计算模式和计算思维仍然是数据科学的重要组成部分。在第1章的数据科学概述中，我们已经对数据的计算模式进行了初步的探讨。我们也知道，数据计算是数据工程中的一项关键技术，是计算科学的一个重要组成部分，而计算思维反映了数据计算的根本问题，是运用计算机科学的基础概念进行问题求解、系统设计，以及人类行为理解等涵盖计算机科学之广度的一系列思维活动，是计算科学的思维模式。计算科学研究和应用的核心包括以下三个基本问题：

（1）什么是可计算的？

（2）哪些计算可以自动化？

（3）自动化计算如何实现？

从一般意义上来说，数据计算是以数学和统计学为理论基础，运用科学计算方法解决实际数据问题，并对数据进行处理和建模分析的过程。从不同的角度理解，数据计算主要包括科学计算和数据处理两个方面的内容。

（1）从计算的角度看，科学计算是为解决科学研究和工程技术中的数学问题利用计算机进行的数值计算，是利用计算机再现、预测和发现客观世界运动规律和演化特征的全过程，主要包括数值模拟、计算机仿真、高性能计算等。

（2）从计算机算法的角度，数据处理是对现实世界中的信息进行描述、变换和分析的过程，是计算机应用最广泛的一种形式，需要通过计算机编程实现。

数据计算的本质是一系列运算和映射，是在对问题抽象和分解的基础上，通过对数据的模式、趋势和规律的深入探索，以迭代或并行的方式，利用计算机在输入和输出之间自动求解的过程。

计算思维（Computational Thinking）由美国卡内基•梅隆大学计算机科学系主任周以真（Jeannette M. Wing）教授在2006年3月提出，是一种解决问题的思考方式，而不是具体的学科知识。这种思考方式要运用计算机科学的基本理念，用途非常广泛，如计算力学、计算生物学、计算材料科学、计算物理学、计算化学等。

计算思维源于计算机科学，又与数学思维、工程思维有着密切的联系。它吸取了解决问题所采用的一般数学思维方法，现实世界中巨大复杂系统的设计与评估的一般工程思维方法，以及复杂性、智能、心理、人类行为的理解等的一般科学思维方法。计算思维将渗透到我们每个人的生活之中，成为每个人的一项基本技能。

Numpy是Python开源的科学计算基础包，是Python的第三方库，它提供了多维数组对象、各种派生对象（如掩码数组、矩阵），能够高效地进行数值运算。NumPy的矢量化、广播等机制，使得 Numpy 可以通过各种 API 接口对数组和矩阵进行快速操作，包括数学、逻辑、形状操作、排序、选择、输入输出、离散傅里叶变换、基本线性代数，基本统计运算和随机模拟等。

Numpy 作为一个非常高级的数值计算编程工具，能够友好地支撑科学计算的实践和体验，是本章需要学习和掌握的主要内容。

## 3.1 计算基础

在科学研究和各种工程设计中，都包含有大量的、复杂的数学计算问题。这些计算复杂，工作量大，需要借助于性能优良的计算工具和计算方法，才能有效地提高计算能力。数据科学也不例外，这些量化的数据在计算时要保证误差尽量小、可信度高，才能满足科学计算的基本要求，使得数据处理、分析能够获得正确的结果。

### 3.1.1 什么是科学计算

科学计算始于 20 世纪 70 年代初期，随着计算机和计算方法的飞速发展，科学计算已经应用到科学技术和社会生活的各个领域，是数据工程中一个非常重要的环节。

科学计算是科学研究和工程技术中的数值计算，是从实际问题所遵循的科学规律出发，建立问题的数学模型，并利用计算机进行求解，然后对结果进行解释和检验的过程，科学计算的一般过程如图 3.1 所示。

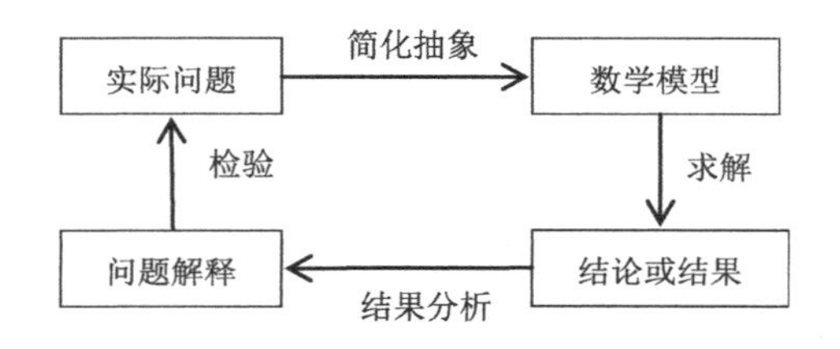


图 3.1 科学计算的一般过程

从图 3.1 中可以看出，科学计算可以用来求解简单或复杂的数学问题，通过构造数值计算算法，将问题转化为基本的数学运算，并利用计算机编程以获得问题的求解结果，其中数学模型的求解是关键。在理想的情况下，我们可以找到数学模型的解析解。但是，在大部分情况下，找到解析解是困难的、复杂的，不利于计算分析，我们可以使用数值近似解方法来求解数学问题。这样的数学问题思路明确、规律性强，更适合计算机编程实现。这种在计算机上研究并解决数学问题的数值近似解方法，我们称为数值计算方法，简称计算方法。

计算方法既有数学理论上的抽象性和严谨性，又有实用性和实验性的技术特征，是一门理论性和实践性都非常强的学科。计算方法的计算对象是微积分、线性代数、常微分方程中的数学问题，包括插值和拟合、数值微分和数值积分、求解线性方程组的直接法和迭代法、计算矩阵特征值和特征向量、常微分方程数值解等。

在计算机上使用数值近似解方法解决实际问题时，不可避免地要引入误差。同时，算法的稳定性也是一个不可回避的问题。

### 1. 误差的来源

用数学模型来描述具体的物理现象要做许多抽象和简化，因此数学模型本身就包含着误差，这种误差称为模型误差。在数学模型中通常要包含一些观测数据，这些观测值不会是绝对准确的，因此存在观测误差。

例如，设一根铝棒在温度 $t$ 时的实际长度为 $L_t$，在 $t$=0 时的实际长度为 $L_0$，用 $l_t$ 表示铝棒在维度为 $t$ 时的长度计算值，并建立一个数学模型，为

$$l_t = L_0\left(1+\alpha t\right)$$

其中，$\alpha$ 是由实验观测到的常数，$\alpha=\left(0.0000238\pm 0.0000001\right)/℃$，则称 $L_t - l_t$ 为模型误差，$0.0000001/℃$ 为 $\alpha$ 的观测误差。

在用数值方法或近似方法解决实际问题时，模型的准确解与用数值方法求得的准确解之差，称为方法误差或截断误差。

例如，一个无穷级数

$$\sum_{k=0}^{\infty}\frac{1}{k!}f^{(k)}\left(x_0\right)$$

在实际计算时，若只取前面的有限 $n$ 项，即

$$\sum_{k=0}^{n-1}\frac{1}{k!}f^{(k)}\left(x_0\right)$$

则抛弃了无穷级数的后半段，从而导致误差的出现，这种误差就是一种截断误差。

此外，如果只能取有限位数字进行运算而引起的误差，我们称为舍入误差。如 $\frac{1}{3}=0.33\ldots$、$\pi=3.1415926\ldots$、$\sqrt{2}=1.41421356\ldots$ 等，在计算机上运算时，只能用有限位小数，如只取小数点后四位数字。

在实际的计算方法应用中，我们主要涉及截断误差和舍入误差。在数据处理和分析时，我们也会考虑模型误差和观测误差。

### 2. 误差限与有效位数

若用 $x^*$ 表示 $x$ 准确值的一个近似值，则误差可以表示为 $e^* = x^* - x$。由于在一般情况下准确值 $x$ 是不知道的，所以误差的准确值也不可能求出，但根据具体测量或计算的情况，可以事先估计出误差的绝对值不能超过某个正数 $\varepsilon^*$，我们把 $\varepsilon^*$ 称之为误差绝对值的上界，或称为误差限，表示为 $\left|e^*\right|=\left|x^*-x\right|\leqslant\varepsilon^*$。所以，误差限一定是一个正数。

在任何情况下，$\left|x^*-x\right|\leqslant\varepsilon^*$ 都成立，即 $x^*-\varepsilon^*\leqslant x\leqslant x^*+\varepsilon^*$，则表明精确值 $x$ 在区间 $\left[x^*-\varepsilon^*, x^*+\varepsilon^*\right]$ 内，我们可以用 $x=x^*\pm\varepsilon^*$ 来表示近似值 $x^*$ 的精确度或精确值所在的范围。

$x^*$ 作为 $x$ 的近似值，也可以表示为 $x^*=\pm 0.\alpha_1\alpha_2\ldots\alpha_n\times 10^p$，若其误差限

$$\left|x^* - x\right| \leqslant \frac{1}{2} \times 10^p$$

则称近似值 $x^*$ 具有 $n$ 位有效数字。其中 $p$ 是一个整数，$\alpha_n$ 为 0～9 之间的一个数字，且假定 $\alpha_1 \neq 0$。

例如，假设 $x^* = 3587.64$ 是 $x$ 的具有六位有效数字的近似值，则它的误差限是

$$\left|x^* - x\right| \leqslant \frac{1}{2} \times 10^{4-6} = \frac{1}{2} \times 10^{-2}$$

### 3．绝对误差与相对误差

上面定义的误差 $\left|e^*\right| = \left|x^* - x\right|$ 也称为绝对误差，这种误差和对应的误差限是有量纲的，不能说明近似的好坏程度。例如，工人甲平均每生产 100 个零件有 1 个次品，而工人乙平均每生产 500 个零件有 1 个次品，他们的次品都是一个，但显然乙的技术水平要比甲高。因此，我们除了要看次品的多少，还要注意到产品的合格率，甲的次品率是 1/100，而乙的次品率是 1/500。我们把近似值的误差与准确值的比值定义为相对误差，记为 $e_r^*$，即

$$e_r^* = \frac{e^*}{x} = \frac{x^* - x}{x}$$

在实际计算中，由于精确值 $x$ 总是不知道的，所以我们把

$$e_r^* = \frac{e^*}{x^*} = \frac{x^* - x}{x^*}$$

称为近似值 $x^*$ 的相对误差，条件是 $e_r^*$ 比较小。

与绝对误差一样，相对误差可正可负，我们把相对误差绝对值的上界称为相对误差限，记为：$\varepsilon_r^* = \dfrac{\varepsilon^*}{\left|x^*\right|}$，其中 $\varepsilon^*$ 是 $x^*$ 的误差限。

例如：$c = \left(2.997925 \pm 0.000001\right) \times 10^{10}$ cm/s，此时 $c^* = 2.997925 \times 10^{10}$ cm/s 的相对误差限是

$$\varepsilon_r^* = \frac{0.000001}{2.997925} \approx 0.0000003$$

$c^*$ 是 $c$ 的很好的近似值。若取 $c^{**} = 3 \times 10^{10}$ cm/s 作为光速的近似值，则有：

$$\varepsilon_r^{**} = \frac{0.0021}{3} = 0.0007$$

相对误差限不到千分之一，$c^{**} = 3.00 \times 10^{10}$ cm/s 是 $c$ 取三位数四舍五入的近似值，有三位有效数字。

### 4．误差的计算

设 $x^*$ 是 $x$ 的近似值，$y^*$ 是 $y$ 的近似值，用 $x^* \pm y^*$ 表示 $x \pm y$ 的近似值，则绝对误差为

$$\left(x^* \pm y^*\right) - \left(x \pm y\right) = \left(x^* - x\right) \pm \left(y^* - y\right)$$

即和的误差是误差之和，差的误差是误差之差。但是，根据误差限的定义有：

$$\left|\left(x^*\pm y^*\right)-\left(x\pm y\right)\right|\leqslant\left|x^*-x\right|+\left|y^*-y\right|$$

所以，误差限之和是和或差的误差限。

以上结论适用于任意多个近似值的和或差，即任意多个数的和或差的误差限等于各数的误差限之和。

假设把 $x^*$ 的绝对误差 $e^*=x^*-x$ 视为 $x$ 的微分，即 $\mathrm{d}x=x^*-x$，则 $x^*$ 的相对误差为

$$e_r^*=\frac{x^*-x}{x}=\frac{\mathrm{d}x}{x}=\mathrm{dln}x$$

即相对误差是 $x$ 的对数函数的微分。

因此，设 $u=xy$，则 $\ln u=\ln x+\ln y$，所以 $\mathrm{dln}u=\mathrm{dln}x+\mathrm{dln}y$，即乘积的相对误差是各乘数的相对误差之和。同理，若 $u=x/y$，则 $\mathrm{dln}u=\mathrm{dln}x-\mathrm{dln}y$，即商的相对误差是被除数与除数的相对误差之差。所以，任意多次连乘、连除所得结果的相对误差限等于各乘数和各除数的相对误差限之和。

在考虑误差对近似值计算时，需要注意以下三个问题：

（1）要避免两个相近的数相减；

（2）两个相差很大的数进行运算时，要防止小的那个数被“吃掉”；

（3）要注意计算步骤的简化，尽量减少运算的次数。

为更进一步理解采用近似数值计算方法所带来的问题，我们看如下的两个例子。

**例 3-1** 设有定积分方程 $I_n=\int_0^1\frac{x^n}{x+5}\mathrm{d}x$，变换有 $I_n+5I_{n-1}=\int_0^1\frac{x^n+5x^{n-1}}{x+5}\mathrm{d}x=\int_0^1 x^{n-1}\mathrm{d}x=\frac{1}{n}$，因此，构造计算方法如下：

（1）$I_n=\frac{1}{n}-5I_{n-1},\ I_0=\ln\frac{6}{5}$，记为 $\tilde{I}_n$；

（2）$I_{n-1}=\frac{1}{5}\left(\frac{1}{n}-I_n\right),\ I_8=0.019$，记为 $\bar{I}_n$。

使用不同的计算方法，结果如表 3.1 所示。

**表 3.1 不同计算方法的计算结果**

| $n$ | $I_n$ | $\tilde{I}_n$ | $\bar{I}_n$ |
|---|---|---|---|
| 0 | 0.182 | 0.182 | 0.182 |
| 1 | 0.088 | 0.090 | 0.088 |
| 2 | 0.058 | 0.050 | 0.058 |
| 3 | 0.0431 | 0.083 | 0.0431 |
| 4 | 0.0343 | −0.165 | 0.0343 |
| 5 | 0.0284 | 1.025 | 0.0284 |
| 6 | 0.024 | −4.958 | 0.024 |
| 7 | 0.021 | 24.933 | 0.021 |
| 8 | 0.019 | −124.540 | 0.019 |

从计算结果可以看出，使用第（1）种计算方法，如果前一步计算有误差，则后一

步计算将被放大 5 倍，这种计算方法是不稳定的。而如果采用稳定的计算方法，将对舍入误差有抑制作用。

**例 3-2** 设某一实际问题的数学模型为二元一次方程组$\begin{cases} x+ay=1 \\ ax+y=0 \end{cases}$。当取不同的系数时，计算结果如下：

$$a=0.99 \quad x=50.25 \quad y=-49.75$$

$$a=0.991 \quad x=55.81 \quad y=-55.31$$

从计算结果可以看出，系数 $a$ 有微小的变化时，方程的解就会产生较大的变化。

从以上的两个例子可以看出，如果构造的计算方法是不稳定的，或者问题的模型本身是病态的，类似蝴蝶效应，将给计算结果带来巨大的误差，难以保证计算结果的准确性。

在当前的科学研究和工程技术中，都要用到各种计算方法，如航天航空、地质勘探、汽车制造、桥梁设计、气象预报、汉字字样设计、国民经济发展趋势、核爆炸模拟等。数据工程中的数据计算同样会涉及计算方法问题，本章将结合在 Numpy 中的数值计算实践，探讨和应用基本的计算方法。

### 3.1.2 Numpy 基础

Numpy 是基于 Python 环境的科学计算基础包，是 Python 的第三方扩展库。它提供了多维数组对象和各种派生对象，能够使用数组和矩阵进行高效的数值运算。

Numpy 为保证其优良性能，许多操作都是在本地编译代码后执行。同时，Numpy 中的矢量化和广播，使得运算不需要显示逐元素遍历和循环，是 Numpy 大部分功能的基础，从而能够非常快速地执行各种操作和运算。

Numpy 库的核心是 ndarray 对象，它封装了 Python 原生的同数据类型的 $N$ 维数组，在创建时具有固定的大小，其中的元素需要具有相同的数据类型，对大量数据进行高级数学和其他类型的操作效率非常高。

#### 1. Numpy 的安装和导入

Numpy 作为 Python 的外部扩展库，在 Python 环境中使用之前，首先应进行安装和导入才行。

（1）**安装 Numpy 扩展库**：在 Windows 操作系统中，可在如图 3.2 所示的命令符状态下，使用如下命令在线安装：

```
pip install numpy
```

在线安装时，安装程序会根据当前 Python 的版本，自动选择最适合的 Numpy 版本进行下载和安装，同时会自动下载安装 Numpy 相应的依赖库，相对于初学者来讲非常方便。

当然，也可以预先下载相应的.whl 文件，然后在如图 3.2 所示的命名窗口中执行如下命令离线安装：

```
pip install < whl 文件的完整名称>
```

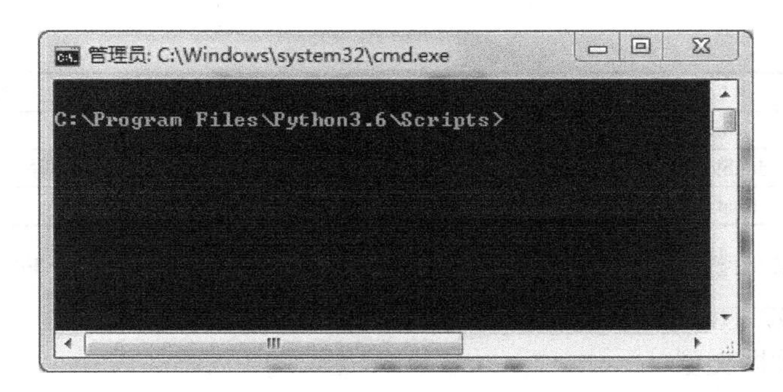


图 3.2　Windows 命令符窗口

需要说明的是，这里下载的 Numpy 对应的.whl 文件的版本，要与所使用的操作系统、Python 的版本相匹配才行。

（2）**导入 Numpy 扩展库**：Numpy 安装完成以后，可以使用如下语句，将 Numpy 导入到 Python 开发环境，才可以正常使用 Numpy 的相应功能。

```
import numpy as np
```

支持 Numpy 核心功能的是同构多维数组 ndarray 对象。因此，从数值计算的角度，本章主要内容包括多维数组的创建和基本操作、数组和矩阵的相关运算等。

### 2. Numpy 的数据类型

Python 支持的数据类型在 Numpy 中都可以使用，当然 Numpy 也支持比 Python 更多的数据类型。为方便进行科学计算，Numpy 的数据类型主要包括基本数值类型、数据类型对象和结构化数据类型。

#### 1）基本数值类型

Numpy 支持比 Python 更多种类的数值类型，其支持的原始类型基本上可以与 C 语言的原始类型相对应。常用的 Numpy 基本数值类型如表 3.2 所示。

表 3.2　常用的 Numpy 基本数值类型

| Numpy | C 语言 | 描述 |
|---|---|---|
| bool | bool | 存储为字节的布尔值（True 或 False） |
| int_ | long | 默认的整数类型，通常为 int32 或 int64 |
| intc | int | 通常为 int32 或 int 64 |
| intp | intptr_t | 用于索引的整数，通常与索引相同 |
| int8 | int8_t | 字节（−128～127） |
| int16 | int16_t | 整数（−32768～32767） |
| int32 | int32_t | 整数（−2147483648～2147483647） |
| int64 | int64_t | 整数（−9223372036854775808～9223372036854775807） |
| uint8 | uint8_t | 无符号整数（0～255） |
| uint16 | uint16_t | 无符号整数（0～65535） |
| uint32 | uint32_t | 无符号整数（0～4294967295） |
| uint64 | uint64_t | 无符号整数（0～18446744073709551615） |
| float_ | double | 等价于 float64，与 Python 内置的 float 类型精度匹配 |
| float32 | float | 单精度浮点数 |

（续表）

| Numpy | C 语言 | 描述 |
| --- | --- | --- |
| float64 | double | 双精度浮点数 |
| complex_ | double complex | 等价于 complex128，与 Python 内置的复合体精度匹配 |
| complex64 | float complex | 复数，由两个 32 位浮点数（实数和虚数）表示 |

Numpy 的基本数值类型实际上是 dtype 对象的实例，并对应唯一的字符，包括 np.bool_、np.int32、np.float32 等。

**2）结构化数据类型**

结构化数据类型可以被认为是具有一定长度的字节序列，可以解释为字段的集合。每个字段在结构中都有一个名称、一个数据类型和一个字节偏移量。字段的数据类型可以是包括其他结构化数据类型的任何 Numpy 数据类型，也可以是子数组类型，其行为类似于指定形状的 ndarray 对象。字段的偏移是任意的，字段甚至可以重叠。这些偏移量通常由 Numpy 自动确定，但也可以指定。

结构化数据类型旨在能够模仿 C 语言中的“结构”，并共享类似的内存布局。结构化数据类型是通过创建字段，以包含其他类型的数据类型来形成的。每个字段都有一个可以用来访问它的名称。父数据类型应该有足够的大小来包含它的所有字段；父数据类型几乎总是基于 void 类型，该类型允许任意的项大小。结构化数据类型还可以在其字段中包含嵌套的结构子数组数据类型。

结构化数据类型的创建可以使用 numpy.dtype( )函数，并可以通过字段访问结构化类型实例的值。

```
>>> import numpy as np  #导入 Numpy 库
>>>     student=np.dtype([('name','S20'),('age','i1'),('score','f4')])
#创建结构类型
>>> student
dtype([('name', 'S20'), ('age', 'i1'), ('score', '<f4')])
>>>
s1=np.array([("Joe",19,234.5),("Jack",20,250.7),("Smith",22,226.3)],dtype=
        student)  # 将结构化数据类型应用到 ndarray 对象
>>> s1
array([(b'Joe', 19, 234.5), (b'Jack', 20, 250.7), (b'Smith', 22,
226.3)],dtype=[('name', 'S20'), ('age', 'i1'), ('score', '<f4')])
>>> s1['name']  #使用字段名访问结构数组对应的值
array([b'Joe', b'Jack', b'Smith'], dtype='|S20')
```

**3）数据类型对象**

数据类型对象（numpy.dtype 类的实例）描述了如何解释与数组项对应的固定大小的内存块中的字节。它对数据的描述包括以下几个方面：

（1）数据类型：如整型、浮点型、Python 对象等；

（2）数据的大小：如整数中有多少字节；

（3）数据的顺序：多字节数据在内存中以字节序列的形式存储时，是先处理低地址字节还是处理高地址字节，对应 little-endian、big-endian 两种形式，在 x86 处理器中比较常见。

（4）如果数据类型是结构化数据类型，则是其他数据类型的集合，需要描述：

① 结构的“字段”的名称是什么？通过哪些名称可以访问它们？

② 每个字段的数据类型是什么？

③ 每个字段占用内存块的哪一部分？

④ 如果数据类型是子数组，那么它的形状和数据类型是什么？

为了描述标量数据的类型，在 Numpy 中存在用于整数、浮点数等的各种精度的几个内置标量类型。例如，通过索引从数组中提取的项，其类型是与数组的数据类型相关联的标量类型的 Python 对象。

说明：标量类型不是 dtype 对象，在 Numpy 中需要数据类型规范时，可以使用它们来代替 dtype 对象。

数据类型可以描述由子数组组成的项，而这些子数组本身可以是另一种数据类型的项，且必须具有固定的大小。

如果使用描述子数组的数据类型创建多维数组，则在创建数组时，子数组的维数将附加到数组的形状。

对 dtype 对象的使用，可以通过以下示例来理解。

```
>>> import numpy as np
>>> dt=np.dtype(np.int32)  #使用标量类型
>>> dt
dtype('int32')
>>> dt=np.dtype('i4')  #int8,int16,int32,int64 可以分别用'i1','i2','i4',
'i8'代替
>>> dt
dtype('int32')
>>> dt=np.dtype('<i4')  #标注字节顺序
>>> dt
dtype('int32')
```

说明：在 Numpy 中，每个基本的数据类型都有一个唯一定义它的字符代码，如上面示例中 int32 对应的字符代码为“i4”，具体类型的对应字符代码可以自行查阅相关资料。

## 3.2 数组的创建与访问

Numpy 中定义的最重要的对象是称为 ndarray 的 $N$ 维数组，它是由一系列相同类型数据组成的集合，其中的每个元素在内存中都有相同存储大小的区域，元素的下标索引默认从 0 开始。

ndarray 对象的内部组成包括：

（1）一个指向数据的指针；

（2）数据类型（dtype），描述在数组中固定大小值的内存单元；

（3）一个表示数组形状（shape）的元组，表示各维度的大小；

（4）一个表示跨度（stride）的元组，用以指示前进到某一跨度的下一个元素需要“跨过”的字节数。

从 ndarray 对象中提取的任何元素都是相同数据类型（data type）的，可由一个数组标量类型（array scalar）的 Python 对象表示，ndarray 对象、数据类型、数组标量三者之间的关系如图 3.3 所示。

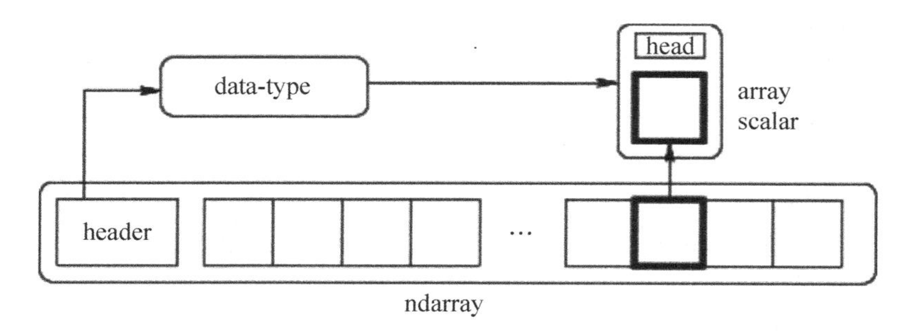


图 3.3　ndarray 对象的组成

### 3.2.1　创建数组

数组的创建是使用 Numpy 扩展库的基础，也能够更好地帮助理解 ndarray 对象。数组的创建主要有以下几种方法，下面将以实例的方式详细说明，主要涉及一维、二维及一些特殊数组的使用。ndarray 对象支持多维数组，但较少使用，因此仅做简要说明。

#### 1．使用 array 函数，把序列对象参数转换为数组

Numpy 扩展库中 array 函数的语法如下：

```
    array(object, dtype = None, copy = True, order = None, subok = False,
ndmin = 0)
```

array 函数的参数及其含义如表 3.3 所示。

表 3.3　array 函数的参数及其含义

| 参数名称 | 描述 |
| --- | --- |
| object | 数组或嵌套的数列 |
| dtype | 数组元素的数据类型，可选 |
| copy | 对象是否需要复制，可选 |
| order | 创建数组的样式，C 为行方向、F 为列方向、A 为行或列方向、K 为默认，由输入决定 |
| subok | 默认返回一个与基类类型一致的数组 |
| ndmin | 指定生成数组的最小维度 |

**例 3-3　由 array 函数创建数组。**

```
>>> np.array([1,2,3])      #列表转换为数组
array([1, 2, 3])
>>> np.array((1,2,3))      #元组转换为数组
array([1, 2, 3])
>>> np.array(range(3))  #range 对象转换为数组
```

```
array([0, 1, 2])
>>> np.array([[1,2,3],[4,5,6],[7,8,9]])  #二维数组
array([[1, 2, 3],[4, 5, 6],[7, 8, 9]])
```

类似地，也可以使用 asarray 函数、fromiter 函数创建数组，请自行参阅 Numpy 扩展库帮助文档。

### 2. 创建间隔相等的数组

在数组元素的开始值、终值、个数确定的情况下，可使用以下函数创建等间距的一维数组。

**例 3-4　arange、linspace、logspace 函数创建数组实例。**

```
>>> np.arange(8)    #类似于内置函数 range
array([0, 1, 2, 3, 4, 5, 6, 7])
>>> np.arange(0,10,2)
array([0, 2, 4, 6, 8])
>>> np.linspace(0,10,11)  #等差数组，包含 11 个数
array([ 0.,  1.,  2.,  3.,  4.,  5.,  6.,  7.,  8.,  9., 10.])
>>> np.linspace(0,10,11,endpoint=False)  #不包含终值
array([0.        , 0.90909091, 1.81818182, 2.72727273, 3.63636364,
       4.54545455, 5.45454545, 6.36363636, 7.27272727, 8.18181818,
       9.09090909])
>>> np.logspace(0,2,10)  #相当于 10**linspace(0,2,10)
array([  1.        ,   1.66810054,   2.7825594 ,   4.64158883,
         7.74263683,  12.91549665,  21.5443469 ,  35.93813664,
        59.94842503, 100.        ])
>>> np.logspace(1,6,5,base=2)  #相当于 2**linspace(1,6,5)
array([ 2.        ,  4.75682846, 11.3137085 , 26.90868529, 64.        ])
```

**说明：**

（1）arange 函数通过指定开始值、终值和步长来创建一维数组；

（2）linspace 函数通过指定开始值、终值和元素个数来创建一维数组，可以通过 andpoint 关键字参数指定是否包含终值，默认设置是包括终值；

（3）logspace 函数与 linspace 函数类似，用于创建等比数列组成的一维数组。

### 3. 使用 ones、zeros 系列函数创建数组

在数组的维度及各维度的长度确定的情况下，可使用以下函数创建相应的数组。例如，ones 函数创建一个全 1 的数组、zeros 函数创建一个全 0 的数组、empty 函数创建一个元素值随机的数组。在默认情况下，使用这些函数创建的数组其元素类型均为 float64，若需指定数据类型，只需要设置 dtype 参数即可。

**例 3-5　使用 ones、zeros 系列函数创建数组实例。**

```
>>> np.zeros(3)  #全 0 一维数组
array([0., 0., 0.])
>>> np.ones(3)  #全 1 一维数组
array([1., 1., 1.])
>>> np.zeros((2,3))  #全 0 二维数组，2 行 3 列
```

```
array([[0., 0., 0.],
       [0., 0., 0.]])
>>> np.ones((3,2))  #全1二维数组，3行2列
array([[1., 1.],
       [1., 1.],
       [1., 1.]])
>>> np.identity(3)  #单位矩阵
array([[1., 0., 0.],
       [0., 1., 0.],
       [0., 0., 1.]])
>>> np.eye(3,k=0)  #主对角线全为1，同identity函数
array([[1., 0., 0.],
       [0., 1., 0.],
       [0., 0., 1.]])
>>> np.eye(3,k=1)  #k>0时，全1对角线向上移动相应位置
array([[0., 1., 0.],
       [0., 0., 1.],
       [0., 0., 0.]])
>>> np.eye(3,k=-1)  #k<0时，全1对角线向下移动相应位置
array([[0., 0., 0.],
       [1., 0., 0.],
       [0., 1., 0.]])
>>> np.empty((4,2))  #空数组，只申请空间而不初始化，元素值随机
array([[1.28669342e-167,             nan],
       [1.27435208e-311, 2.13381200e-308],
       [4.61101886e+252, 3.94655078e+180],
       [7.16601377e+238, 2.12200161e-314]])
>>> np.full((2,2),fill_value=3)  #用固定值填充数组
array([[3, 3],
     [3, 3]])
```

### 4．使用 fromstring、fromfunction 函数创建数组

fromstring 函数的功能是从字符串中读取文本数据并创建一维数组，其语法如下：

```
fromstring(string, dtype=float, count=-1, sep='')
```

fromfunction 函数的功能是对 shape 中的每一个元素根据 function 计算的结果创建一个数组，其语法如下：

```
fromfunction(function, shape, **kwargs)
```

其中，第一个参数 fucntion 是执行计算的函数或 lambda 表达式，第二个参数为数组的形状。

**例 3-6　使用 fromstring、fromfunction 函数创建数组实例。**

```
>>> s1="1,2,3,4"
>>> np.fromstring(s1,dtype=int,sep=',')  #分隔符为逗号
array([1, 2, 3, 4])
>>> s2="1 2 3 4"
>>> np.fromstring(s2,dtype=int,sep=' ')  #分隔符为空格
```

```
array([1, 2, 3, 4])
>>> def func(i,j):  #函数定义
        return  (i+1)*(j+1)
>>> np.fromfunction(func,(9,9))
array([[ 1.,  2.,  3.,  4.,  5.,  6.,  7.,  8.,  9.],
       [ 2.,  4.,  6.,  8., 10., 12., 14., 16., 18.],
       [ 3.,  6.,  9., 12., 15., 18., 21., 24., 27.],
       [ 4.,  8., 12., 16., 20., 24., 28., 32., 36.],
       [ 5., 10., 15., 20., 25., 30., 35., 40., 45.],
       [ 6., 12., 18., 24., 30., 36., 42., 48., 54.],
       [ 7., 14., 21., 28., 35., 42., 49., 56., 63.],
       [ 8., 16., 24., 32., 40., 48., 56., 64., 72.],
       [ 9., 18., 27., 36., 45., 54., 63., 72., 81.]])
>>> np.fromfunction(lambda i,j:i+j,(3,3),dtype=int)
array([[0, 1, 2],
       [1, 2, 3],
       [2, 3, 4]])
```

### 5. 创建由随机数组成的数组

Numpy 提供了一个内部 random 模块，可用于生成伪随机数（pseudo-random），这些随机数也可以满足一定的概率分布，如标准正态（standard normal）分布、Beta 分布、二项式（binomial）分布、泊松（poisson）分布等。随机数的使用，有助于理解后续的统计计算，并满足数据分析的要求。

random 模块中比较常用的函数包括 seed、random、randint、randn 等，在此做简要说明。

（1）numpy.random.seed(seed=None)，该函数作为种子产生器，在随机状态初始化时，会自动调用。参数 seed 必须为无符号整数，如果指定参数，且每次调用产生随机数的函数（如 np.random.random( )）时，首先调用 seed 函数，则会产生相同的随机数。

（2）numpy.random.random(size=None)，该函数可生成区间在[0,1)上的随机浮点数。参数 size 可选，如果省略 size 参数，则只产生一个随机数；如果 size 是一个整数，则产生一个一维数组；如果 size 参数是一个元组，则可以产生二维或多维的数组。

（3）numpy.random.randint(low, high=None, size=None, dtype='l')，该函数可生成区间在[low,high)上的随机整数。若参数 high 省略，则产生不大于 low 的随机整数；参数 size 的含义同 random 函数。

（4）numpy.random.randn(d0, d1, ... , dn)，该函数可生成满足标准正态分布（均值为 0，标准差为 1）的随机浮点数。参数 d0, d1, ... , dn 可选，用于指定返回的数组的维数；如果省略，则只生成一个随机浮点数。

**例 3-7　创建由随机数组成的数组。**

```
>>> np.random.seed(1)   #随机状态初始化
>>> np.random.random()   #产生[0,1)的随机数
0.417022004702574
>>> np.random.random()
```

```
0.7203244934421581
>>> np.random.seed(1)  #再次初始化随机状态
>>> np.random.random()  #产生相同的随机数
0.417022004702574
>>> 4*np.random.random((3,2))+1  #生成[1,5)之间的二维数组
array([[4.52536732, 1.04667677],
       [2.99243628, 1.29516805],
       [4.1478059 , 1.25626932]])
>>> np.random.randint(2,size=10)  #生成不大于2的一维数组
array([1, 1, 1, 0, 0, 0, 0, 0, 0, 1])
>>> np.random.randint(5,size=(2,4))  #生成不大于5、2行4列的数组
array([[1, 1, 3, 0],
       [0, 4, 2, 4]])
>>> 2.5*np.random.randn(2,4)+3 #生成2行4列，且满足N(3,6.25)的二维数组
array([[2.3302798 , 4.32588867, 1.27084812, 2.00811618],
       [1.28206825, 0.8869859 , 1.32188467, 2.9683385 ]])
```

### 6. 特殊二维数组的创建

在 Numpy 中，可以使用相应的函数创建一些特殊的二维数组，这些数组形式上同矩阵类似，因此为方便起见，把这些数组称为矩阵，但并不是 matrix 子类，本质上仍然是一个 ndarray 对象。

**1）对角矩阵**

使用 diag 函数生成一个矩阵的对角线元素或者创建一个对角矩阵，其语法为 diag(v, k=0)，参数 k 控制对角线的位置，默认值为 0。

同 diag 函数类似的函数有 diagflat、diagonal 等，读者可参阅 Numpy 扩展库的帮助信息。

**例 3-8　创建对角矩阵。**

```
>>> x = np.arange(9).reshape((3,3))  #创建一个3行3列的数组
>>> x
array([[0, 1, 2],
       [3, 4, 5],
       [6, 7, 8]])
>>> np.diag(x)  #取主对角线的元素
array([0, 4, 8])
>>> np.diag(x, k=1)  #当k>0时，取主对角线上方的元素
array([1, 5])
>>> np.diag(x, k=-1)  #当k<0时，取主对角线下方的元素
array([3, 7])
>>> np.diag(np.diag(x))  #创建对角矩阵
array([[0, 0, 0],
       [0, 4, 0],
    [0, 0, 8]])
```

**2）三角矩阵**

使用 tri 函数创建一个指定位置对角线的上三角或下三角矩阵，其语法为：

```
tri(N, M=None, k=0, dtype=<class 'float'>)
```

其中，参数 N、M 分别表示数组的行数和列数；k 表示对角线的位置，默认值为 0，对应主对角线；dtype 可设置返回的数组元素的数据类型。

**例 3-9　创建三角矩阵。**

```
>>> np.tri(3, 5, 2, dtype=int)  #k=2
array([[1, 1, 1, 0, 0],
       [1, 1, 1, 1, 0],
       [1, 1, 1, 1, 1]])
>>> np.tri(3, 5, -1)  #k=-1
array([[ 0.,  0.,  0.,  0.,  0.],
       [ 1.,  0.,  0.,  0.,  0.],
       [ 1.,  1.,  0.,  0.,  0.]])
```

同 tri 函数类似的函数有 tril、triu 等，读者可参阅 Numpy 扩展库的帮助信息。

**3）范德蒙德（Vandermonde）矩阵**

范德蒙德矩阵是法国数学家范德蒙德提出的一种各列为几何级数的矩阵，其行数为 $m$，列数为 $n$，具有最大秩 $\min(m,n)$，常用在纠错编码中，如纠错码 Reed-solomon 编码中冗余块的编码即采用范德蒙德矩阵，其一般形式为

$$\boldsymbol{V}=\begin{bmatrix} 1 & \alpha_1 & \alpha_1^2 & \cdots & \alpha_1^{n-1} \\ 1 & \alpha_2 & \alpha_2^2 & \cdots & \alpha_2^{n-1} \\ 1 & \alpha_3 & \alpha_3^2 & \cdots & \alpha_3^{n-1} \\ \vdots & \vdots & \vdots & & \vdots \\ 1 & \alpha_m & \alpha_m^2 & \cdots & \alpha_m^{n-1} \end{bmatrix}$$

使用 vander 函数可创建范德蒙德矩阵，其语法为：

```
vander(x, N=None, increasing=False)
```

其中，参数 x 是一个一维数组；N 是输出矩阵的列数，默认为 N=len(x)；increasing 表示各列的幂的次序，默认从左向右幂降低。

**例 3-10　创建范德蒙德矩阵。**

```
>>> x = np.array([1, 2, 3, 5])  #生成一维数组
>>> N = 3
>>> np.vander(x, N)  #创建 3 列的范德蒙德矩阵
array([[ 1,  1,  1],
       [ 4,  2,  1],
       [ 9,  3,  1],
       [25,  5,  1]])
>>> np.vander(x)  #N 为默认值，相当于 N=len(x)
array([[  1,   1,   1,   1],
       [  8,   4,   2,   1],
       [ 27,   9,   3,   1],
       [125,  25,   5,   1]])
>>> np.vander(x, increasing=True)  #幂从左向右升高
array([[  1,   1,   1,   1],
       [  1,   2,   4,   8],
```

```
        [  1,   3,   9,  27],
        [  1,   5,  25, 125]])
```

### 7. 多维数组的创建

一般地，多维数组中的维度称为轴（axis），轴的个数称为秩（rank），轴上的元素个数称为轴长度。例如，一维数组[1,2,3]只有一个轴，则秩为 1，而该轴的长度为 3；如下的二维数组有两个轴，则秩为 2，第一个轴的长度为 2，第二个轴的长度为 3。

```
[[1,2,3],
 [4,5,6]]
```

**例 3-11 多维数组的创建。**

```
>>> x=np.arange(1,100,2,dtype=int)  #生成 50 个数的一维数组
>>> x
array([ 1,  3,  5,  7,  9, 11, 13, 15, 17, 19, 21, 23, 25, 27, 29, 31,
       33,35, 37, 39, 41, 43, 45, 47, 49, 51, 53, 55, 57, 59, 61,
       63, 65, 67,69, 71, 73, 75, 77, 79, 81, 83, 85, 87, 89, 91,
       93, 95, 97, 99])
>>> x.reshape(2,5,5)  #改变数组的维度
array([[[ 1,  3,  5,  7,  9],
        [11, 13, 15, 17, 19],
        [21, 23, 25, 27, 29],
        [31, 33, 35, 37, 39],
        [41, 43, 45, 47, 49]],
       [[51, 53, 55, 57, 59],
        [61, 63, 65, 67, 69],
        [71, 73, 75, 77, 79],
        [81, 83, 85, 87, 89],
        [91, 93, 95, 97, 99]]])
```

**说明：**

（1）在改变数组的维度时，应保证维度改变前后的数组大小不变，否则将导致错误发生；

（2）在后续针对数组的统计计算中，如 sum、mean 等，都会有一个 axis 参数，即针对数组某个轴的计算，准确理解轴的概念是非常重要的。

## 3.2.2 数组的访问

使用上面的方法创建数组以后，我们都将生成一个 ndarray 对象，对数组的访问首先应了解 ndarray 对象的常用属性，如表 3.4 所示。

表 3.4 ndarray 对象的常用属性

| 属性名称 | 含义 |
| --- | --- |
| ndim | 数组轴的个数 |
| shape | 数组的维度，表示为一个元组，如$(m,n)$即表示二维数组，该元组的长度对应数组的维度或轴个数 |
| size | 数组中元素的总个数 |

（续表）

| 属性名称 | 含义 |
|---|---|
| dtype | 数组元素的数据类型 |
| itemsize | 数组中每个元素的字节大小 |
| data | 存储数组的内存缓冲区首地址，通常不使用该属性访问数组，而是通过数组的索引访问 |

**例 3-12　访问 ndarray 对象的属性。**

```
>>> x=np.arange(15).reshape(3,5)
>>> x
array([[ 0,  1,  2,  3,  4],
       [ 5,  6,  7,  8,  9],
       [10, 11, 12, 13, 14]])
>>> x.ndim
2
>>> x.shape
(3, 5)
>>> x.dtype.name
'int32'
>>> x.itemsize
4
>>> x.size
15
>>> type(x)
<class 'numpy.ndarray'>
```

数组中的元素是通过其索引进行访问的，访问的一般形式为：数组名[索引值 1,索引值 2,⋯,索引值 $n$]。对于一维数组，可以从左向右访问，其索引从 0 开始；也可以从右向左访问，其索引从−1 开始。对于多维数组，每一个轴都有一个索引，同一维数组类似，若从前向后进行访问，则其索引从 0 开始依次加 1；若从后向前访问，则其索引从−1 开始依次减 1。值得一提的是，对于多维数组，如果提供的索引个数比轴数少时，缺失的索引表示对应轴上的所有元素。

**例 3-13　数组元素的访问。**

```
>>> x=np.random.randint(100,size=12)  #生成随机数组成的一维数组
>>> x
array([34, 91, 84, 35, 58, 40,  5, 28, 72, 26, 39,  3])
>>> x[0]  #第 1 个元素
34
>>> x[-2]  #倒数第 2 个元素
39
>>> x[[1,3,5]]  #同时访问多个索引位置上的元素
array([91, 35, 40])
>>> x.shape=3,4  #转换成 3 行 4 列的二维数组
>>> x
array([[34, 91, 84, 35],
       [58, 40,  5, 28],
```

```
        [72, 26, 39,  3]])
>>> x[0]  #第 2 个轴的索引缺失，则访问第 1 个轴上的所有元素
array([34, 91, 84, 35])
>>> x[-1]  #访问倒数第 1 行的所有元素
array([72, 26, 39,  3])
>>> x[2][3]  #访问第 2 行、第 3 列的元素
3
>>> x[-1][-2]  #访问倒数第 1 行、第 2 列的元素
39
>>> x[[0,1]]  #访问第 0 行、第 1 行的所有元素
array([[34, 91, 84, 35],
        [58, 40,  5, 28]])
>>> x[[0,1],[1,2]]  #访问第 0 行、第 1 列和第 1 行、第 2 列的元素
array([91,5])
```

## 3.3 数组的基本操作

在 Numpy 扩展库中创建的数组由元素、索引和轴三部分组成。因此，针对数组的基本操作，主要涉及四个方面的内容，即：

（1）数组元素的操作：元素的添加、删除、插入、值的修改等；

（2）索引操作：切片；

（3）轴操作：数组形状的改变、轴的滚动、轴的交换等；

（4）数组自身的操作：数组的分割、连接等。

### 1. 数组元素操作

数组在创建之后，对数组中元素的常用操作，包括元素的添加、删除、值的修改、去重等，数组的常用方法如表 3.5 所示。

**表 3.5　数组的常用方法**

| 方法 | 描述 |
| --- | --- |
| append | 将值添加到数组末尾 |
| insert | 沿指定轴将值插入到指定索引之前 |
| repeat | 数组中的元素重复 |
| put | 修改指定索引位置上的元素值 |
| unique | 寻找数组内值唯一的元素 |
| allclose | 测试两个数组是否足够接近 |

这些方法的语法如下，更详细的语法和功能解释可以在导入 Numpy 扩展库后使用 help(numpy.方法名)语句学习和掌握，如 help(numpy.append)语句可以了解 append 方法的使用。

```
append(arr, values, axis=None)
insert(arr, obj, values, axis=None)
repeat(arr, repeats, axis=None)
```

```
put(arr, ind, v, mode='raise')
unique(arr,return_index=False,return_inverse=False,return_counts=False,
axis=None)
allclose(a, b, rtol=1e-05, atol=1e-08, equal_nan=False)
```

在此，仅通过简单实例，学习和掌握这些方法的基本用法。

**例 3-14　数组元素操作实例。**

```
>>> x=np.array([1,2,3])  #创建一维数组
>>> x
array([1, 2, 3])
>>> np.append(x,4)  #在数组末尾追加元素
array([1, 2, 3, 4])
>>> np.append(x,[4,5,6])  #在数组末尾追加列表
array([1, 2, 3, 4, 5, 6])
>>> y=np.array([[1,2,3],[4,5,6]])  #创建二维数组
>>> y
array([[1, 2, 3],
       [4, 5, 6]])
>>> np.append(y,[[7,8,9]],axis=0)  #沿第 1 个轴追加 1 行元素
array([[1, 2, 3],
       [4, 5, 6],
       [7, 8, 9]])
>>> z=np.insert(x,0,1)  #在 0 索引前插入一个元素
>>> z
array([1, 1, 2, 3])
>>> z[0]=0  #在原数组上修改元素的值
>>> z
array([0, 1, 2, 3])
>>> u=z.repeat(2)  #重复数组元素
>>>u
array([0, 0, 1, 1, 2, 2, 3, 3])
>>>np.unique(u)  #去除数组中的重复值，并排序
array([0, 1, 2, 3])
>>> x.put(2,9)  #修改原数组中的元素值
>>> x
array([1, 2, 9])
>>> m=np.array([[1,2,3],[4,5,6],[7,8,9]])  #创建二维数组
>>> m
array([[1, 2, 3],
       [4, 5, 6],
       [7, 8, 9]])
>>> m[0,2]=4  #修改 0 行、2 列的元素值
>>> m
array([[1, 2, 4],
       [4, 5, 6],
       [7, 8, 9]])
```

```
>>> m[1:,1:]=1  #同时改变 1 行、1 列开始的子数组元素值
>>> m
array([[1, 2, 4],
       [4, 1, 1],
       [7, 1, 1]])
>>> m[1:,1:]=[1,2]  #1 行 1 列开始的子数组各行均修改为[1,2]
>>> m
array([[1, 2, 4],
       [4, 1, 2],
       [7, 1, 2]])
>>> m[1:,1:]=[[1,2],[3,4]]  #同时修改 1 行 1 列开始的子数组元素值
>>> m
array([[1, 2, 4],
       [4, 1, 2],
       [7, 3, 4]])
```

**说明：**

在以上数组元素操作的方法中，append、insert、repeat、unique 四个方法都会返回一个新数组，对原来的数组并不会产生影响。

### 2. 轴操作

从前面的介绍中，我们知道轴是指数组的维度。对于 *n* 维数组，轴的索引编号分别为 0,1,2,⋯,*n*，因此，一维数组只有一个轴，索引编号为 0；二维数组有两个轴，轴索引编号为 0,1，可分别表示水平、垂直方向的轴，以此类推。

数组创建以后，在保证数组总大小不变的前提下，我们可以使用 Numpy 扩展库的 reshape 函数或 ndarray 对象的 reshape 方法和 shape 属性改变数组的轴大小。此外，Numpy 扩展库的 resize 函数或 ndarray 对象的 resize 方法也可以改变数组的轴大小。但需要注意的是，由于版本的不同，numpy.resize 既可以改变数组的轴大小，也可以改变数组的总大小，即数组的总个数发生改变，且不会产生错误；而 ndarray.resize 方法则只能改变数组的轴大小，而不能改变数组的总大小，否则会产生错误。

**例 3-15　数组大小的改变。**

```
>>> x=np.arange(1,11,1)
>>> x
array([ 1,  2,  3,  4,  5,  6,  7,  8,  9, 10])
>>> x.shape=2,5  #ndarray 对象的 shape 属性，改为 2 行 5 列
>>> x
array([[ 1,  2,  3,  4,  5],
       [ 6,  7,  8,  9, 10]])
>>> x.shape=5,-1  #-1 表示自动计算，原地修改
>>> x
array([[ 1,  2],
       [ 3,  4],
       [ 5,  6],
       [ 7,  8],
```

```
          [ 9, 10]])
>>> y=np.reshape(x,[2,5])  #Numpy库的reshape函数
>>> y
array([[ 1,  2,  3,  4,  5],
       [ 6,  7,  8,  9, 10]])
>>> z=x.reshape(2,5)  #anarray对象的方法
>>> z
array([[ 1,  2,  3,  4,  5],
       [ 6,  7,  8,  9, 10]])
>>> m=np.resize(z,[1,10])  #Numpy库的resize函数
>>>m
array([[ 1,  2,  3,  4,  5,  6,  7,  8,  9, 10]])
>>>np.resize(m,[2,6])  #数组的轴和总大小均改变
array([[ 1,  2,  3,  4,  5,  6],
       [ 7,  8,  9, 10,  1,  2]])
>>> y.resize((1,10))  #ndarray对象的resize方法
>>> y
array([[ 1,  2,  3,  4,  5,  6,  7,  8,  9, 10]])
```

在数组的轴操作上，Numpy 扩展库和 ndarray 对象都提供了相应的函数和方法，如表 3.6 所示。其中，flat、flatten 方法仅属于 ndarray 对象，rollaxis 函数仅属于 Numpy 扩展库，而 T 是属于 ndarray 的一个属性，其余的 ravel、transpose、swapaxes 等函数或方法在 Numpy 扩展库和 ndarray 对象上都有提供，但其语法则有所不同。这些函数、方法或属性的返回值，只有 flat 方法是一个迭代对象（flatiter），其余均为 ndarray 对象。更详细的使用方法，请使用 help(对象名.方法名)或 help(模块名.函数名)语句，参阅相关的帮助信息。

表 3.6　数组的轴操作方法

| 方法名称 | 描述 |
|---|---|
| flat | 将多维数组扁平化，生成一维数组的迭代对象 |
| flatten | 按行或列等不同的方式，将多维数组折叠为一维的数组副本 |
| ravel | 将数组展开成一维 |
| transpose | 翻转数组的轴，如水平和垂直的维度互换 |
| ndarray.T | 数组的转置，与 self.transpose( )相同 |
| rollaxis | 向后滚动指定的轴，其他轴相对位置不变 |
| swapaxes | 互换数组的两个轴 |

**例 3-16　数组轴大小的改变。**

```
>>> x=np.arange(8).reshape(2,4)  #创建二维数组
>>> x
array([[0, 1, 2, 3],
       [4, 5, 6, 7]])
>>> for item in x.flat:  #迭代对象的访问
        print(item,end=" ")
0 1 2 3 4 5 6 7
>>> x.flatten()  #数组扁平化
```

```
array([0, 1, 2, 3, 4, 5, 6, 7])
>>> x.flatten(order="F")  #按列
array([0, 4, 1, 5, 2, 6, 3, 7])
>>> x.ravel()  #展开数组成一维
array([0, 1, 2, 3, 4, 5, 6, 7])
>>> x.transpose()  #翻转数组轴
array([[0, 4],
       [1, 5],
       [2, 6],
       [3, 7]])
>>> y=x.reshape((2,2,2))  #三维数组
>>> y
array([[[0, 1],
        [2, 3]],
       [[4, 5],
        [6, 7]]])
>>> np.rollaxis(y,2)  #将轴 2 向后滚动到轴 0
array([[[0, 2],
        [4, 6]],
       [[1, 3],
        [5, 7]]])
>>> np.rollaxis(y,2,1)  #将轴 2 滚动到轴 1
array([[[0, 2],
        [1, 3]],
       [[4, 6],
        [5, 7]]])
>>> np.swapaxes(y,2,0)  #轴 2 和轴 0 互换
array([[[0, 4],
        [2, 6]],
       [[1, 5],
        [3, 7]]])
```

在数组轴的操作上，也可以采用广播、插入、删除等操作改变轴的数量，主要涉及 numpy.broadcast_to、numpy.expand_dims、numpy.squeeze 等函数的使用，在此不再赘述。

### 3. 索引操作

在前面第 2 章的序列对象中，我们已经使用过切片操作。此外，Python 也提供了一个内置类 slice，其语法为 slice(start, stop[, step])，表示数组索引从 start 开始，到 stop 结束，步长为 step 的数组元素的引用。

针对数组中的元素，我们也同样可以使用切片操作，其一般语法格式为：

数组名[start:stop:step]

其中，start、stop、step 对应数组元素的索引编号，分别表示对数组切片的开始、结束索引值和步长值。

**例 3-17　数组的切片操作。**

```
>>> x=np.arange(10)  #创建数组
>>> x
array([0, 1, 2, 3, 4, 5, 6, 7, 8, 9])
>>> s=slice(2,7,2)  #创建 slice 对象，保存切片的索引序列
>>> x[s]  #使用 slice 对象对数组切片
array([2, 4, 6])
>>> x[3]  #单个数组元素的访问
3
>>> x[3:]  #从 3 开始向后切片
array([3, 4, 5, 6, 7, 8, 9])
>>> x[3:7]  #从 3 到 7 切片，默认步长为 1，且不包括索引值为 7 的元素
array([3, 4, 5, 6])
>>> x[::-1]  #反向切片
array([9, 8, 7, 6, 5, 4, 3, 2, 1, 0])
>>> x[::2]  #步长为 2 切片
array([0, 2, 4, 6, 8])
>>> x[:3]  #前 3 个元素
array([0, 1, 2])
```

**说明：**

对数组索引的使用，特别是涉及多维数组的索引，在上一节数组的访问中已有介绍，在此不再赘述。

**4. 数组自身的操作**

数组的分割主要涉及 Numpy 扩展库的 split、hsplit 和 vsplit 三个函数，其功能和语法介绍如下。

**1）split 函数**

语法：split(ary, indices_or_sections, axis=0)

功能：将数组分割成多个子数组

参数说明：ary 是一个 ndarray 对象，指将要被分割的数组；indices_or_sections 可以是一个整数或整数的有序一维数组。若为整数 *N*，则表示要分割成大小相同的 *N* 个子数组。若不能划分成 *N* 个大小相同的子数组，将会导致错误。若为有序一维数组，则表示沿 axis 参数指定的轴要分割的区间，如[2,5]表示要划分的区间为[:2]、[2,5]、[5:]；axis 表示要沿指定的某个轴进行分割，默认为 0。

示例：

```
>>> x = np.arange(9.0)
>>> np.split(x, 3)
[array([ 0.,  1.,  2.]), array([ 3.,  4.,  5.]), array([ 6.,  7.,  8.])]
>>> x = np.arange(8.0)
>>> np.split(x, [3, 5, 6, 10])
[array([ 0.,  1.,  2.]),
 array([ 3.,  4.]),
 array([ 5.]),
```

```
 array([ 6., 7.]),
 array([], dtype=float64)]
```

**2）hsplit 函数**

语法：hsplit(ary, indices_or_sections)

功能：将数组水平（按列）分割成多个子数组

参数含义同 split 函数。

示例：

```
>>> x = np.arange(16.0).reshape(4, 4)
>>> x
array([[  0.,   1.,   2.,   3.],
       [  4.,   5.,   6.,   7.],
       [  8.,   9.,  10.,  11.],
       [ 12.,  13.,  14.,  15.]])
>>> np.hsplit(x, 2)
array([[  0.,   1.],
       [  4.,   5.],
       [  8.,   9.],
       [ 12.,  13.]]),
 array([[  2.,   3.],
       [  6.,   7.],
       [ 10.,  11.],
       [ 14.,  15.]])]
 >>> np.hsplit(x, np.array([3, 6]))
 [array([[  0.,   1.,   2.],
       [  4.,   5.,   6.],
       [  8.,   9.,  10.],
       [ 12.,  13.,  14.]]),
  array([[  3.],
       [  7.],
       [ 11.],
       [ 15.]]),
  array([], dtype=float64)]
```

**3）vsplit 函数**

语法：vsplit(ary, indices_or_sections)

功能：将数组垂直（按行）分割成多个子数组

参数含义同 split 函数。

示例：

```
>>> x = np.arange(16.0).reshape(4, 4)
>>> x
array([[  0.,   1.,   2.,   3.],
       [  4.,   5.,   6.,   7.],
       [  8.,   9.,  10.,  11.],
       [ 12.,  13.,  14.,  15.]])
>>> np.vsplit(x, 2)
```

```
[array([[ 0.,  1.,  2.,  3.],
        [ 4.,  5.,  6.,  7.]]),
 array([[ 8.,  9., 10., 11.],
        [ 12., 13., 14., 15.]])]
>>> np.vsplit(x, np.array([3, 6]))
[array([[  0.,   1.,   2.,   3.],
        [  4.,   5.,   6.,   7.],
        [  8.,   9.,  10.,  11.]]),
 array([[ 12.,  13.,  14.,  15.]]),
 array([], dtype=float64)]
```

5. 数组的连接

数组的连接主要涉及 concatenate、stack、hstack、vstack 等函数的使用。在此，仅介绍 concatenate、stack 两个函数，hstack、vstack 两个函数可参照 stack 函数的使用方法。

**1）concatenate 函数**

语法：concatenate((a1, a2, ...), axis=0, out=None)

功能：沿参数 axis 指定的、已经存在的轴连接数组序列

参数说明：参数(a1,a2,…)表示要连接的同类型的数组序列；axis 指定沿哪个轴连接，默认为轴 0。

示例：

```
>>> a = np.array([[1, 2], [3, 4]])
>>> b = np.array([[5, 6]])
>>> np.concatenate((a, b), axis=0)
array([[1, 2],
       [3, 4],
       [5, 6]])
>>> np.concatenate((a, b.T), axis=1)
array([[1, 2, 5],
       [3, 4, 6]])
```

**2）stack 函数**

语法：stack(arrays, axis=0, out=None)

功能：沿参数 axis 指定的新轴连接数组序列

参数说明：arrays 指要连接的、相同形状的数组序列；axis 返回数组中的轴，输入数组沿着该轴进行连接。

示例：

```
>>> arrays = [np.random.randn(3, 4) for _ in range(10)]  #列表推导式
>>> np.stack(arrays, axis=0).shape  #连接10个3行4列的数组
(10, 3, 4)
>>> np.stack(arrays, axis=1).shape  #连接3个10行4列的数组
(3, 10, 4)
>>> np.stack(arrays, axis=2).shape  #连接3个4行10列的数组
(3, 4, 10)
```

```
>>> a = np.array([1, 2, 3])
>>> b = np.array([2, 3, 4])
>>> np.stack((a, b))
array([[1, 2, 3],
       [2, 3, 4]])
>>> np.stack((a, b), axis=-1)  #表示连接轴为最后的轴，等价于 axis=1
array([[1, 2],
       [2, 3],
       [3, 4]])
```

#### 6. 副本和视图

副本（copy）是一个对象数据的完整复制，它将作为一个新对象，与原对象在不同的物理内存位置上存储。因此，对副本的修改不会影响到原对象的数据。

副本一般发生在：

（1）调用 ndarray 对象的 copy 函数；

（2）生成新对象的数组操作，如调用 Numpy 库的 append、insert、repeat、unique 等函数时。

视图（view）是对象数据的一个别名或引用，通过视图可以访问、操作原对象的数据，且原对象的数据不会被复制。视图与原对象数据在同一物理内存位置上存储，因此对视图的修改将影响原对象数据。

视图一般发生在：

（1）Numpy 中的切片操作；

（2）调用 ndarray 对象的 view 函数。

副本和视图的使用，是否对原对象数据进行复制是关键。因此，下面我们将分三种情况进行讨论。

**1）无复制**

简单的赋值不会创建数组对象的副本。相反，它使用原始数组的相同 id( )来访问它。id( )返回 Python 对象的通用标识符，类似于 C 语言中的指针。

此外，一个数组的任何变化都反映在另一个数组上。例如，一个数组的形状改变也会改变另一个数组的形状。

示例：

```
>>> a=np.arange(6)  #创建一维数组
>>> print(a)
[0 1 2 3 4 5]
>>> print(id(a))  #数组 a 的首地址
31618976
>>> b=a  #a 赋值给 b，无复制
>>> print(b)
[0 1 2 3 4 5]
>>> print(id(b))  #b 的地址与 a 相同
31618976
>>> b.shape=3,2  #改变数组 b 的形状
```

```
>>> print(b)
[[0 1]
  [2 3]
  [4 5]]
>>> print(a)   #数组 a 的形状与数组 b 发生同样的改变
[[0 1]
  [2 3]
  [4 5]]
```

**2）视图或浅复制**

ndarray.view 方法将创建一个新的数组对象，该对象的形状变化不会影响到原数组对象。

示例：

```
>>> a=np.arange(6).reshape(3,2)   #创建 3 行 2 列的数组
>>> print(a)
[[0 1]
 [2 3]
 [4 5]]
>>> b=a.view()   #b 是 a 的视图
>>> print(b)
[[0 1]
  [2 3]
  [4 5]]
>>> print(id(a),id(b))   #a、b 的物理内存地址不同
42269176   42268096
>>> b.shape=2,3   #改变数组 b 的形状
>>> print(b)
[[0 1 2]
  [3 4 5]]
>>> print(a)   #数组 a 的形状没有改变
[[0 1]
  [2 3]
  [4 5]]
```

使用切片创建视图时，视图的修改会影响到原数组对象的数据。

示例：

```
>>> x=np.array([[1,2,3],[4,5,6]],dtype=np.int16)   #创建数组
>>> print(x)
[[1 2 3]
 [4 5 6]]
>>> y=x[:,0:2]   #y 是 x 的切片
>>> print(y)
[[1 2]
 [4 5]]
>>> print(id(x),id(y))   #x、y 的物理内存地址不同
42311336   42311216
```

```
>>> y[0,1]=8  #改变 y 数组元素的值
>>> print(y)
[[1 8]
 [4 5]]
>>> print(x)  #x 数组中对应索引位置的值也发生改变
[[1 8 3]
 [4 5 6]]
```

**3）副本或深复制**

使用 ndarray.copy( )函数可以创建一个深层副本。它是数组及其数据的完整复制，不与原始数组共享。

示例：

```
>>> x=np.array([1,2,3])  #创建一维数组
>>> y=np.copy(x)  #创建 x 的深层副本
>>> print(x)
[1 2 3]
>>> y[0]=10  #改变数组 y 的值
>>> print(y)
[10  2  3]
>>> x[0]==y[0]  #0 索引位置上，x、y 两个数组的值是否相等
False
>>> print(id(x))  #x、y 的物理内存地址不同
32930336
>>> print(id(y))
107411920
```

### 7. 向量化处理

在 Python 的扩展库 Numpy 中，数组的基本操作和运算，如数组形状的改变，数组的切片、分割、连接和扁平化，数组中轴的翻转、交换，数组的布尔运算、取整运算、广播以及矩阵运算等都具有向量化的特点。

Numpy 库本身提供的大量函数都能够按照向量的方式操作数组和矩阵，我们也可以把普通的 Python 函数向量化，从而使得 Python 操作向量更加方便。

示例：

```
>>> import random  #导入 random 标准库
>>> x = random.sample(range(1000),5)  #生成随机测试数据
>>> x
[895, 108, 861, 120, 401]
>>> y = random.sample(range(1000),5)
>>> y
[63, 508, 991, 46, 980]
>>> def fun(a,b):return a-b  #自定义函数
>>> vfun=np.vectorize(fun)  #函数向量化
>>> print(vfun(x,y))
[ 832 -400 -130   74 -579]
>>> vAdd=np.vectorize(lambda a,b:a+b)  #lambda 表达式向量化
```

```
>>> print(vAdd(x,y))
[ 958  616 1852  166 1381]
```

## 3.4 数组的基本运算

对数组中数据的运算，包括布尔运算、算术运算、函数运算、统计计算等，涉及线性代数、统计数学等基础知识，是 Numpy 扩展库进行数据处理的重要组成部分，也是在 Python 环境中使用其他数据处理和分析扩展库的基础。

### 1. 布尔运算

布尔运算又称为关系运算或比较运算，主要包括等于、不等于、大于、小于、大于或等于、小于或等于等运算，对应的运算符分别是==、!=、>、<、>=、<=。运算的对象原则上要求数据类型相同，但也有例外的情况。

在前面 Python 运算的基础上，Numpy 库的布尔运算相对简单，下面将通过实例的方式对数组的布尔运算做简单说明。

示例：

```
>>> x=np.random.rand(10)  #创建一维数组
>>> x
array([0.03433826, 0.22975079, 0.71613521, 0.67131044, 0.53525728,
       0.91306682, 0.50429144, 0.10796027, 0.36911359, 0.3136996 ])
>>> x>0.5  比较数组中每个元素值是否大于 0.5
array([False,  False,  True,  True,  True,  True,  True,  False,  False,
False])
>>> x[x>0.5]  #获取数组中大于 0.5 的元素，常用于检测和过滤异常值
array([0.71613521, 0.67131044, 0.53525728, 0.91306682, 0.50429144])
>>> x<0.5
array([True,  True,  False,  False,  False,  False,  False,  True,  True,
True])
>>> np.all(x<1)  #测试全部元素是否都小于 1
True
>>> np.any([1,2,3,4])  #是否存在等价于 True 的元素
True
>>> np.any([0])
False
>>> a=np.random.randint(3,size=5)  #创建一维数组
>>> a
array([2, 2, 2, 1, 1])
>>> b=np.random.randint(3,size=5)  #创建一维数组
>>> b
array([1, 1, 2, 2, 1])
>>> a>b  #两个数组中对应位置上的元素比较
array([ True, True, False, False, False])
>>> a[a>b]
```

```
array([2, 2])
>>> a==b
array([False, False,  True, False,  True])
>>> a[a==b]
array([2, 1])
```

### 2. 算术运算

数组的算术运算主要包括加、减、乘、除、整除、幂、取余等运算，对应的运算符分别是+、–、*、/、//、**、%，表现为数组与标量之间的运算以及数组与数组之间的运算。

在数组的算术运算中，如果两个数组的形状完全相同，则数组中元素的位置一一对应，运算被无缝执行。

示例：

```
>>> x=np.arange(6).reshape(2,3)  #创建2行3列的数组
>>> x
array([[0, 1, 2],
       [3, 4, 5]])
>>> y=np.random.randint(6,size=[2,3])  #创建2行3列的数组
>>> y
array([[2, 3, 3],
       [4, 1, 4]])
>>> x+y  #按元素的对应位置相加
array([[2, 4, 5],
       [7, 5, 9]])
>>> c=x*y  #按元素的对应位置相乘
>>> c
array([[ 0,  3,  6],
       [12,  4, 20]])
>>> c/y  #按元素的对应位置相除
array([[0., 1., 2.],
       [3., 4., 5.]])
```

如果运算的两个对象形状不同，则会触发 Numpy 的广播机制。广播必须遵守兼容的原则，即两个数组的后缘维度（trailing dimension，从数组形状的末尾开始算起的维度）的轴长度相符，或其中的一方长度为 1，则广播会在缺失或长度为 1 的维度上进行。如果不符合兼容的原则，则在 Numpy 中运算时系统将报错。

运算满足兼容原则，主要表现在以下三种情况，我们将通过实例的方式加以说明。

**1）数组与标量的运算**

数组与标量的运算即数组与单个数值的算术运算，标量进行简单的广播，会和数组中的每个元素进行计算。

示例：

```
>>> x=np.array((1,2,3,4,5,6))  #创建数组
>>> x
array([1, 2, 3, 4, 5, 6])
```

```
>>> y=np.arange(6).reshape(2,3)  #创建数组
>>> y
array([[0, 1, 2],
       [3, 4, 5]])
>>> x+2  #2与x中的每个元素相加
array([3, 4, 5, 6, 7, 8])
>>> y+2  #2与y中的每个元素相加
array([[2, 3, 4],
       [5, 6, 7]])
>>> x*3  #3与x中的每个元素相乘
array([ 3,  6,  9, 12, 15, 18])
>>> y*3  #3与y中的每个元素相乘
array([[ 0,  3,  6],
       [ 9, 12, 15]])
```

**2）数组维度不同，后缘维度的轴长相符**

这种情况，虽然数组的维度不同，但符合兼容原则，因此是可以进行广播计算的。

示例1：

```
>>> a=np.array([[0],[1],[2],[3]]).repeat(3,axis=1)  #创建4行3列的数组
>>> a  #a的维度为2
array([[0, 0, 0],
       [1, 1, 1],
       [2, 2, 2],
       [3, 3, 3]])
>>> b=np.array([1,2,3])  #创建一维数组
>>> b  #b的维度为1
array([1, 2, 3])
>>> a+b  #维度不同的两个数组进行加法运算
array([[1, 2, 3],
       [2, 3, 4],
       [3, 4, 5],
       [4, 5, 6]])
```

**说明：**

数组a和数组b的维度不同，a.shape为(4,3)，b.shape为(3,)，符合广播时兼容的原则，因此可以将数组b沿轴0广播，执行加法运算。运算的过程如图3.4所示。

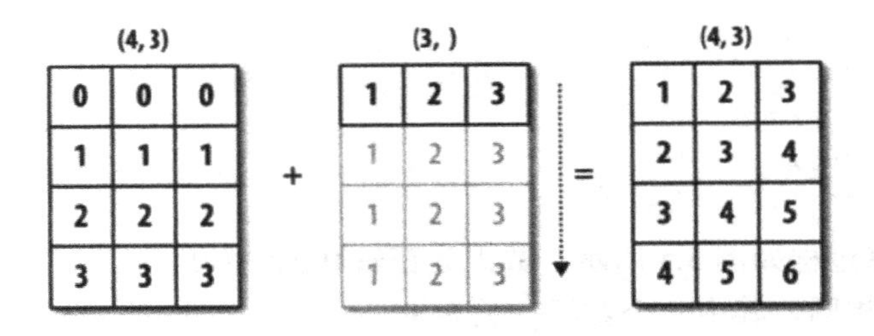


图3.4　一维数组在轴0上的广播

示例 2：

```
>>> a=np.arange(24).reshape(3,4,2)  #创建三维数组
>>> a  #a 的维度为 3
array([[[ 0,  1],
        [ 2,  3],
        [ 4,  5],
        [ 6,  7]],

       [[ 8,  9],
        [10, 11],
        [12, 13],
        [14, 15]],

       [[16, 17],
        [18, 19],
        [20, 21],
        [22, 23]]])
>>> b=np.array(range(8)).reshape(4,2)  #创建二维数组
>>> b  #b 的维度为 2
array([[0, 1],
       [2, 3],
       [4, 5],
       [6, 7]])
>>> a+b  #a、b 维度不同，但后缘维度相符，均为(4,2)，兼容
array([[[ 0,  2],
        [ 4,  6],
        [ 8, 10],
        [12, 14]],

       [[ 8, 10],
        [12, 14],
        [16, 18],
        [20, 22]],

       [[16, 18],
        [20, 22],
        [24, 26],
        [28, 30]]])
```

示例 2 的运算过程如图 3.5 所示，数组 b 在轴 0 上进行广播。

**3）数组维度相同，其中一个数组轴长为 1**

在这种情况下，两个数组的维度相同，但数组的大小不同，要保证其中一个数组有一个维度的轴长为 1。

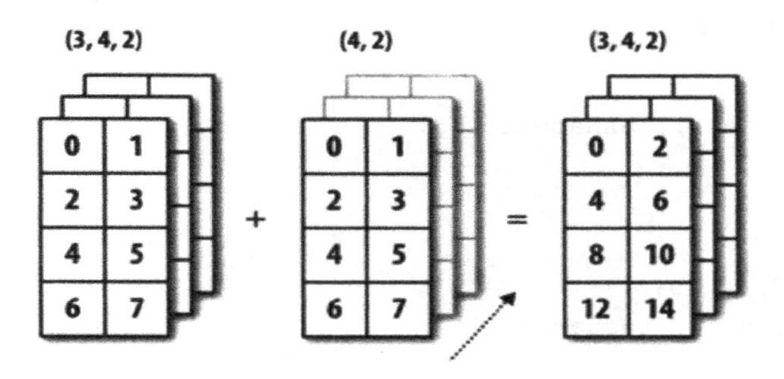


图 3.5　三维数组在轴 0 上的广播

示例：

```
>>> a=np.array([[0],[1],[2],[3]]).repeat(3,axis=1)  #创建 4 行 3 列的数组
>>> a  #a.shape==(4,3)
array([[0, 0, 0],
       [1, 1, 1],
       [2, 2, 2],
       [3, 3, 3]])
>>> b=np.array([[1],[2],[3],[4]])  #创建 4 行 1 列的数组
>>> b  #b.shape==(4,1)
array([[1],
       [2],
       [3],
       [4]])
>>> a+b  #a、b 维度相同，但大小不同
array([[1, 1, 1],
       [3, 3, 3],
       [5, 5, 5],
       [7, 7, 7]])
```

**说明：**

符合以上示例的运算，是沿着长度为 1 的轴进行广播的，其运算过程如图 3.6 所示。

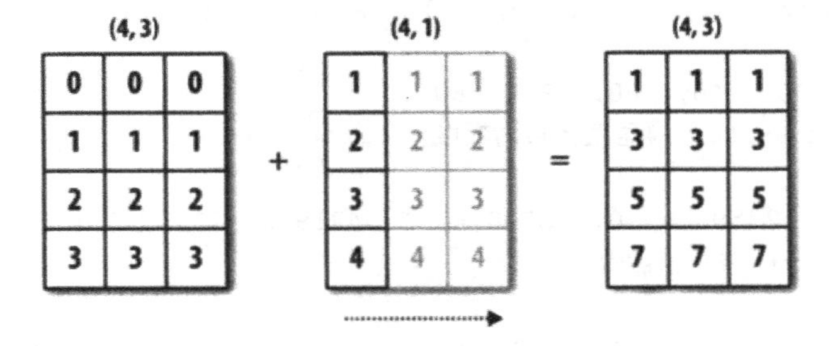


图 3.6　二维数组在轴 1 上的广播

在进行数组的算术运算时，符合兼容的原则，运算能够进行广播的情况还有许多，读者可自行设计和测试，以便进一步理解运算时广播机制的使用。

在有些情况下，数组的运算不符合兼容的原则，将不能进行广播。如果要执行相应的算术运算，则系统会报错。

示例：

```
>>> a=np.arange(6).reshape(2,1,3)
>>> a
array([[[0, 1, 2]],

       [[3, 4, 5]]])
>>> b=np.arange(8).reshape(4,2)
>>> b
array([[0, 1],
       [2, 3],
       [4, 5],
       [6, 7]])
>>> a+b
```

显示错误信息如下：

```
Traceback (most recent call last):
  File "<pyshell#68>", line 1, in <module>
    a+b
ValueError: operands could not be broadcast together with shapes
(2,1,3) (4,2)
```

**3. 函数运算**

Numpy 库中包含了大量的数学运算函数，这些函数包括三角函数、算术运算函数、复数处理函数、向量运算函数等。应用这些函数在数值类型的数组上进行运算，是对数组中所有元素进行运算，因此统称为函数运算。

**1）三角函数**

三角函数主要包括正弦、余弦、正切、反正弦、反余弦、反正切以及弧度转换为角度和角度转换为幅度的函数，分别对应的函数名为 sin、cos、tan、arcsin、arccos、arctan、degrees、radians。

示例：

```
>>> x=np.array([0,30,45,60,90,180])  #创建一维数组
>>> x
array([  0,  30,  45,  60,  90, 180])
>>> y=np.radians(x)  #角度转换为幅度
>>> y
array([0.  ,0.52359878, 0.78539816, 1.04719755, 1.57079633,  3.14159265])
>>> s=np.sin(y)  #正弦函数
>>> s
array([0.00000000e+00, 5.00000000e-01, 7.07106781e-01, 8.66025404e-01,
       1.00000000e+00, 1.22464680e-16])
>>> c=np.cos(y)  #余弦函数
>>> c
array([ 1.00000000e+00, 8.66025404e-01, 7.07106781e-01, 5.00000000e-01,
        6.12323400e-17, -1.00000000e+00])
```

```
>>> t=np.tan(y)  #正切函数
>>> t
array([0.00000000e+00, 5.77350269e-01, 1.00000000e+00, 1.73205081e+00,
       1.63312394e+16, -1.22464680e-16])
>>> np.arcsin(s)  #反正弦函数
array([0.00000000e+00, 5.23598776e-01, 7.85398163e-01, 1.04719755e+00,
       1.57079633e+00, 1.22464680e-16])
>>> np.degrees(np.arcsin(s))  #转换反正弦函数的幅度返回值为角度值
array([0.0000000e+00, 3.0000000e+01, 4.5000000e+01, 6.0000000e+01,
       9.0000000e+01, 7.0167093e-15])
>>> np.degrees(np.arccos(c))  #反余弦函数的角度值
array([  0.,  30.,  45.,  60.,  90., 180.])
>>> np.degrees(np.arctan(t))  #反正切函数的角度值
array([ 0.0000000e+00,  3.0000000e+01,  4.5000000e+01,  6.0000000e+01,
       9.0000000e+01, -7.0167093e-15])
```

**说明：**

（1）sin、cos、tan 函数的参数是幅度值，也可以使用 x*np.pi/180 将角度 x 转换为幅度值；

（2）arcsin、arccos、arctan 函数的返回值是幅度值，可以使用 np.degrees 函数转换为角度值，以便进行验证。

**2）取整函数**

常用的取整函数如表 3.7 所示。

**表 3.7　常用的取整函数**

| 函数语法 | 功能描述 |
|---|---|
| around(a, decimals=0, out=None) | 以参数 decimals 给定的小数位进行四舍五入 |
| rint(x,out=None) | 四舍五入到整数 |
| fix(x, out=None) | 向 0 取整，正数向下取整，负数向上取整 |
| floor(x, out=None) | 向下取整 |
| ceil(x, out=None) | 向上取整 |
| trunc(x, out=None) | 取整数部分 |

示例：

```
>>> x=np.random.rand(10)*10  #产生10个随机数
>>> x
array([1.5403279 , 9.85476568, 4.84708088, 8.50085777, 3.42917153,
       7.01322741, 7.69617005, 8.98055442, 9.82267879, 0.84503449])
>>> np.floor(x)  #向下取整
array([1., 9., 4., 8., 3., 7., 7., 8., 9., 0.])
>>> np.ceil(x)  #向上取整
array([ 2., 10.,  5.,  9.,  4.,  8.,  8.,  9., 10.,  1.])
>>> np.trunc(x)  #只取整数部分
array([1., 9., 4., 8., 3., 7., 7., 8., 9., 0.])
>>> np.rint(x)  #四舍五入取整
array([ 2., 10.,  5.,  9.,  3.,  7.,  8.,  9., 10.,  1.])
```

**3）算术函数**

常用的算术函数如表 3.8 所示。

**表 3.8　常用的算术函数**

| 函数语法 | 功能描述 |
|---|---|
| add(x1,x2) | 加法 |
| reciprocal(x) | 倒数 |
| negative(x) | 负数 |
| multiply(x1,x2) | 乘法 |
| divide(x1,x2) | 除法 |
| power(x1,x2) | 幂运算 |
| subtract(x1,x2) | 减法 |
| floor_divide(x1,x2) | 向下取整除法// |
| mod(x1,x2) | 求余，余数为正 |
| sqrt(x) | 开平方 |
| cbrt(x) | 开立方 |
| square(x) | 求平方 |
| absolute(x) | 求绝对值 |
| exp(x) | 求指数 e**x |
| exp2(x) | 2**x |
| log(x) | 求以 e 为底的对数 |
| log2(x) | 求以 2 为底的对数 |
| log10(x) | 求以 10 为底的对数 |

**示例：**

```
>>> x=np.array([-3,5,7,10,15,-20,30])  #一维数组
>>> x
array([ -3,   5,   7,  10,  15, -20,  30])
>>> np.absolute(x)  #取绝对值
array([ 3,  5,  7, 10, 15, 20, 30])
>>> np.log2(x)
#函数的参数为正数，否则将显示如下错误，但仍可以计算
Warning (from warnings module):
  File "__main__", line 1
RuntimeWarning: invalid value encountered in log2
 array([nan,2.32192809,2.80735492,3.32192809,3.9068906, nan, 4.9068906 ])
>>> a=np.array([1,2,3,4])
>>> b=np.array([5,6,7,8])
>>> np.multiply(a,b)  #两数组相乘
array([ 5, 12, 21, 32])
>>> np.multiply(3,a)  #数乘
array([ 3,  6,  9, 12])
>>> np.sqrt(np.arange(10))  #求平方根
array([0.  , 1.  , 1.41421356, 1.73205081, 2.  ,2.23606798, 2.44948974,
       2.64575131, 2.82842712, 3.  ])
>>> np.power(a,2)  #2 次幂运算
```

```
array([ 1,  4,  9, 16], dtype=int32)
>>> np.mod(123,a)  #求余
array([0, 1, 0, 3], dtype=int32)
>>> np.exp(x)  #指数运算
array([4.97870684e-02, 1.48413159e+02, 1.09663316e+03, 2.20264658e+04,
       3.26901737e+06, 2.06115362e-09, 1.06864746e+13])
```

**4）向量函数**

在线性代数中，向量（vector）可表示为笛卡儿坐标系中有长度和方向的线段，一般记为 $\overrightarrow{\boldsymbol{AB}}$ 或 $\boldsymbol{\alpha}$，其中 $A$ 是坐标的起点，$B$ 为坐标的终点。而在计算机中，向量一般是指 $\boldsymbol{n}$ 个数的有序列表，通常用斜体的希腊字母 $\boldsymbol{\alpha}$、$\boldsymbol{\beta}$、$\boldsymbol{\gamma}$ 等表示，可记为：

$$\text{行向量：}\left(a_1, a_2, \cdots a_n\right) \qquad \text{列向量：}\begin{pmatrix} a_1 \\ a_2 \\ \vdots \\ a_n \end{pmatrix}$$

向量可理解为有限维空间的点，或者是事务的有限属性的集合，在利用计算机进行数据分析时，将数值数据表示为向量是一种非常好的处理方式，如人的身高、体重、年龄数据可记为三维向量（height，weight，age）。

向量是以分量方式（component-wise）进行运算的。针对向量常用的运算包括数乘、加法、点积、叉积等。一般来说，如果两个向量 $\boldsymbol{v}$ 和 $\boldsymbol{w}$ 的长度相同，数乘和加法运算的结果是一个新的向量。如在加法运算时其中新向量的第一个元素等于 $v[0]+w[0]$，第二个元素等于 $v[1]+w[1]$，以此类推。

向量的数乘和加法在 Numpy 中可表现为对数组的运算，在前面的内容中我们已经有所阐述，在此仅对向量的点积和叉积运算做进一步说明。

设向量 $\boldsymbol{\alpha}=\left(x_1, x_2, \cdots, x_n\right)$，$\boldsymbol{\beta}=\left(y_1, y_2, \cdots, y_n\right)$，则向量的内积（点积）可定义如下：

$$\boldsymbol{\alpha} \cdot \boldsymbol{\beta}=\|\boldsymbol{\alpha}\|\|\boldsymbol{\beta}\| \cos \theta=x_1 y_1+x_2 y_2+\cdots+x_n y_n$$

**说明：**

（1）给定向量组 $\boldsymbol{A}$：$\boldsymbol{\alpha}_1, \boldsymbol{\alpha}_2, \cdots, \boldsymbol{\alpha}_m$，若存在一组不全为零的数 $k_1, k_2, \cdots, k_m$，使得 $k_1 \boldsymbol{\alpha}_1+k_2 \boldsymbol{\alpha}_2+\cdots+k_m \boldsymbol{\alpha}_m=0$，则称向量组 $\boldsymbol{A}$ 是**线性相关**的，否则称它是**线性无关**的。

（2）设 $\boldsymbol{V}$ 是向量空间，如果 $r$ 个向量 $\boldsymbol{\alpha}_1, \boldsymbol{\alpha}_2, \cdots, \boldsymbol{\alpha}_r \in \boldsymbol{V}$，且满足：

① $\boldsymbol{\alpha}_1, \boldsymbol{\alpha}_2, \cdots, \boldsymbol{\alpha}_r$ 线性无关；

② $\boldsymbol{V}$ 中的任一向量都可由 $\boldsymbol{\alpha}_1, \boldsymbol{\alpha}_2, \cdots, \boldsymbol{\alpha}_r$ 线性表示，则称向量组 $\boldsymbol{\alpha}_1, \boldsymbol{\alpha}_2, \cdots, \boldsymbol{\alpha}_r$ 为向量空间 $\boldsymbol{V}$ 的一个**基**，$r$ 称为向量空间 $\boldsymbol{V}$ 的**维数**。

（3）$\|\boldsymbol{\alpha}\|=\sqrt{x_1^2+x_2^2+\cdots+x_n^2}$、$\|\boldsymbol{\beta}\|=\sqrt{y_1^2+y_2^2+\cdots+y_n^2}$ 分别称为向量 $\boldsymbol{\alpha}$、$\boldsymbol{\beta}$ 的**范数**，即向量 $\boldsymbol{\alpha}$、$\boldsymbol{\beta}$ 的**长度**。

（4）当 $\|\boldsymbol{\alpha}\| \neq 0$ 且 $\|\boldsymbol{\beta}\| \neq 0$ 时，$\theta=\arccos \dfrac{\boldsymbol{\alpha} \cdot \boldsymbol{\beta}}{\|\boldsymbol{\alpha}\|\|\boldsymbol{\beta}\|}$ 称为向量 $\boldsymbol{\alpha}$ 和 $\boldsymbol{\beta}$ 的**夹角**。

（5）当 $\|\boldsymbol{\alpha}\|=1$ 时，即向量的长度等于 1，称向量 $\boldsymbol{\alpha}$ 为**单位向量**。

（6）若 $\boldsymbol{\alpha} \cdot \boldsymbol{\beta}=0$，即向量 $\boldsymbol{\alpha}$、$\boldsymbol{\beta}$ 的内积等于 0，则称向量 $\boldsymbol{\alpha}$、$\boldsymbol{\beta}$ **正交**。

（7）设 $n$ 维向量 $\boldsymbol{e}_1,\boldsymbol{e}_2,\cdots,\boldsymbol{e}_n$ 是向量空间 $\boldsymbol{V}$ 的一个基，若 $\boldsymbol{e}_1,\boldsymbol{e}_2,\cdots,\boldsymbol{e}_n$ 两两正交，且都是单位向量，则称 $\boldsymbol{e}_1,\boldsymbol{e}_2,\cdots,\boldsymbol{e}_n$ 是 $\boldsymbol{V}$ 的一个**标准正交基**。

向量内积计算的结果是一个标量，从几何意义上可理解为向量 $\boldsymbol{\beta}$ 在向量 $\boldsymbol{\alpha}$ 方向上的投影，可用于物理学中力做功的计算。如果向量内积等于 0 时，表示两个向量垂直；向量内积大于 0 时，则两个向量的方向相近；向量内积小于 0 时，则方向相反。因此，在计算机图像处理中，常用于边界轮廓的提取。此外，人工智能领域的神经网络技术、密码学中的加密解密技术、多媒体上的动画渲染等，向量内积都是重要的数学基础之一。

在欧氏空间中，向量的外积（叉积）是由物理学上的力矩引入的，一般有如下定义。

**定义 1** 设有 $n$ 阶行列式 $\begin{vmatrix} a_{11} & \cdots & a_{n1} \\ \vdots & a_{ij} & \vdots \\ a_{n1} & \cdots & a_{nn} \end{vmatrix}$，把元素 $a_{ij}$ 所在的第 $i$ 行和第 $j$ 列去掉后，留下来的 $n-1$ 阶行列式称为元素 $a_{ij}$ 的余子式，记为 $M_{ij}$，而 $A_{ij}=(-1)^{i+j}M_{ij}$ 称为元素 $a_{ij}$ 的代数余子式。

**定义 2** 设两个向量 $\boldsymbol{\alpha}$、$\boldsymbol{\beta}$ 的夹角为 $\omega(0\leqslant\omega\leqslant\pi)$，则 $\boldsymbol{\alpha}$ 和 $\boldsymbol{\beta}$ 的外积也是一个向量，记为 $\boldsymbol{\alpha}\times\boldsymbol{\beta}$，其长度为 $\|\boldsymbol{\alpha}\|\times\|\boldsymbol{\beta}\|=\|\boldsymbol{\alpha}\|\|\boldsymbol{\beta}\|\sin\omega$，其方向垂直于 $\boldsymbol{\alpha}$ 和 $\boldsymbol{\beta}$ 张成的平面，且符合右手定则。

**定义 3** 设在右手直角坐标系中，向量 $\boldsymbol{\alpha}=(x_{11},x_{12},x_{13})$，$\boldsymbol{\beta}=(x_{21},x_{22},x_{23})$，则向量 $\boldsymbol{\alpha}$、$\boldsymbol{\beta}$ 的外积用行列式可表示为：

$$
\begin{aligned}
\boldsymbol{\alpha}\times\boldsymbol{\beta}&=\begin{vmatrix} \boldsymbol{i} & \boldsymbol{j} & \boldsymbol{k} \\ x_{11} & x_{12} & x_{13} \\ x_{21} & x_{22} & x_{23} \end{vmatrix}=\begin{vmatrix} x_{12} & x_{13} \\ x_{22} & x_{23} \end{vmatrix}\boldsymbol{i}-\begin{vmatrix} x_{11} & x_{13} \\ x_{21} & x_{23} \end{vmatrix}\boldsymbol{j}+\begin{vmatrix} x_{11} & x_{12} \\ x_{21} & x_{22} \end{vmatrix}\boldsymbol{k} \\
&=(x_{12}x_{23}-x_{22}x_{13})\boldsymbol{i}-(x_{11}x_{23}-x_{21}x_{13})\boldsymbol{j}+(x_{11}x_{22}-x_{21}x_{12})\boldsymbol{k}
\end{aligned}
$$

其中，$\boldsymbol{i}=(1,0,0)$，$\boldsymbol{j}=(0,1,0)$，$\boldsymbol{k}=(0,0,1)$，为单位正交向量；$\begin{vmatrix} x_{12} & x_{13} \\ x_{22} & x_{23} \end{vmatrix}$、$\begin{vmatrix} x_{11} & x_{13} \\ x_{21} & x_{23} \end{vmatrix}$、$\begin{vmatrix} x_{11} & x_{12} \\ x_{21} & x_{22} \end{vmatrix}$ 分别为 $\boldsymbol{i}$、$\boldsymbol{j}$、$\boldsymbol{k}$ 的余子式。

**说明：**

在二维空间中，外积的长度 $\|\boldsymbol{\alpha}\times\boldsymbol{\beta}\|$ 在数值上等于由向量 $\boldsymbol{\alpha}$ 和向量 $\boldsymbol{\beta}$ 为邻边构成的平行四边形的面积。

在三维几何中，向量 $\boldsymbol{\alpha}$ 和向量 $\boldsymbol{\beta}$ 的外积结果仍然是一个向量，通常称为法向量，该向量垂直于向量 $\boldsymbol{\alpha}$ 和向量 $\boldsymbol{\beta}$ 构成的平面。

**定义 4** 设 $\boldsymbol{e}_1,\boldsymbol{e}_2,\cdots,\boldsymbol{e}_n$ 是 $n$ 维欧氏空间的一组标准正交基，向量 $\boldsymbol{\eta}_1,\boldsymbol{\eta}_2,\cdots,\boldsymbol{\eta}_m$ 在该基下的坐标为 $(a_{11},a_{12},\cdots,a_{1n}),(a_{21},a_{22},\cdots,a_{2n}),\cdots,(a_{m1},a_{m2},\cdots,a_{mn})$，则这些向量的外积可用行列式表示如下：

$$\langle \boldsymbol{\eta}_1,\boldsymbol{\eta}_2,\cdots,\boldsymbol{\eta}_m \rangle = \begin{vmatrix} \boldsymbol{e}_1 & \boldsymbol{e}_2 & \cdots & \boldsymbol{e}_n \\ a_{11} & a_{12} & \cdots & a_{1n} \\ \vdots & \vdots & & \vdots \\ a_{m1} & a_{m2} & \cdots & a_{mn} \end{vmatrix} = (\boldsymbol{e}_1,\boldsymbol{e}_2,\cdots,\boldsymbol{e}_n)\begin{pmatrix} A_1 \\ A_2 \\ \vdots \\ A_n \end{pmatrix}$$

其中，$A_i$为行列式$\begin{vmatrix} \boldsymbol{e}_1 & \boldsymbol{e}_2 & \cdots & \boldsymbol{e}_n \\ a_{11} & a_{12} & \cdots & a_{1n} \\ \vdots & \vdots & & \vdots \\ a_{m1} & a_{m2} & \cdots & a_{mn} \end{vmatrix}$中$e_i$的代数余子式。

严格地说，高维空间的向量外积是不存在的，使用行列式对高维空间的向量外积进行形式化描述，是在三维向量空间上的扩展。在实际的应用中，大规模的高维向量数据往往要转化为较低维的数据进行处理。

在 Numpy 扩展库中，针对向量的内积和外积计算，主要提供了 dot、cross 两个函数，如表 3.9 所示。

**表 3.9　向量的内、外积计算函数**

| 函数语法 | 功能描述 |
| --- | --- |
| dot(a, b, out=None) | 点积/内积 |
| cross(a, b, axisa=−1, axisb=−1, axisc=−1, axis=None) | 叉积/外积 |

**示例：**

```
#向量的内积/点积计算，数组视为向量
>>> a=np.array((4,5,6))  #一维数组
>>> a
array([4, 5, 6])
>>> b=np.array((5,5,5))  #一维数组
>>> b
array([5, 5, 5])
>>> a.dot(b)  #向量内积
75
>>> np.dot(a,b)
75
>>> sum(a*b)
75
>>> c=np.arange(1,10).reshape((3,3))  #3 行 3 列的二维数组
>>> c
array([[1, 2, 3],
       [4, 5, 6],
       [7, 8, 9]])
>>> c.dot(a)  #二维数组的每行与向量计算内积
array([ 32,  77, 122])
>>> c[0].dot(a)
32
>>> c[1].dot(a)
```

```
77
>>> c[2].dot(a)
122
>>> a.dot(c)  #一维向量与二维向量的每列计算内积
array([66, 81, 96])
>>> ct=c.T
>>> ct
array([[1, 4, 7],
       [2, 5, 8],
       [3, 6, 9]])
>>> a.dot(ct[0])
66
>>> a.dot(ct[1])
81
>>> a.dot(ct[2])
96
#向量的外积计算
>>> x = [1, 2, 3]
>>> y = [4, 5, 6]
>>> np.cross(x, y)  #向量外积，维数相同
array([-3,  6, -3])
>>> x = [1, 2]  #二维向量
>>> y = [4, 5, 6]  #三维向量
>>> np.cross(x, y)  #计算外积时，缺少的维用 0 补充
array([12, -6, -3])
>>> x = [1,2]
>>> y = [4,5]
>>> np.cross(x, y)  #两个二维向量的外积结果仍为向量
array(-3)
>>> x = np.array([[1,2,3], [4,5,6]])
>>> y = np.array([[4,5,6], [1,2,3]])
>>> np.cross(x, y)  #多个向量的外积仍服从右手规则
array([[-3,  6, -3],
       [ 3, -6,  3]])
#参数 axisc 默认为-1，向量外积计算结果的方向为最后一个轴的方向
>>> np.cross(x, y, axisc=0)  #axisc=0 表示向量计算结果沿第一个轴，按列方向
array([[-3,  3],
       [ 6, -6],
       [-3,  3]])
>>> x = np.array([[1,2,3], [4,5,6], [7, 8, 9]])
>>> y = np.array([[7, 8, 9], [4,5,6], [1,2,3]])
>>> np.cross(x, y)  #沿最后一个轴的方向计算，即 axisc=1，按行方向
array([[ -6,  12,  -6],
       [  0,   0,   0],
       [  6, -12,   6]])
#参数 axisa=0、axisb=0 表示在向量计算时，分别将 x、y 的方向设置为第一个轴的方向
```

```
>>> np.cross(x, y, axisa=0, axisb=0)  #按x、y的列方向进行向量计算
array([[-24,  48, -24],
       [-30,  60, -30],
       [-36,  72, -36]])
```

**4．统计计算**

统计可以把不确定性进行量化，用精确的方式来表达，从而掌握不确定的程度。统计学是我们赖以理解数据的数学与技术，使用统计可以帮助我们提炼和表达数据的相关特征。在此，对最常用的描述性统计指标（如中心倾向、离散度）和推论性统计分析（如相关性分析）进行说明，并在Numpy中进行计算实践。

**1）中心倾向**

中心倾向是对数据中心位置的度量，主要包括均值、中位数、分位数、众数等，但这些统计量的适用性却有很大的区别。

（1）**均值（mean）**：反映数据的平均程度，表示为$\bar{X}=\frac{1}{n}\sum_{i=1}^{n}x_i$。

随着数据集中数据点个数的增加，均值会有所变化，但它始终取决于每个数据点的取值，数据集中的任一数据点变化时，均值都能够平稳地变化。但是，均值对数据集中的异常值非常敏感，如果异常值属于不良数据，则均值会产生误导。如 20 世纪 80 年代，北卡罗来纳大学的地理学专业起薪最高，就因为迈克尔·乔丹曾就读于此，均值计算就包含了这个“异常值”。

（2）**中位数（median）**：数据中间点的值，它不依赖于每一个数据的值，数据集中的值增加或减小，不影响中位数的大小。中位数的计算，一般需要预先排序。

（3）**分位数（quantile）**：分位数是中位数的泛化概念，表示少于数据中特定百分比的一个值。

（4）**百分位数（percentile）**：百分位数是一种位置指标，常用于描述一组有序数据中的各数据项如何在最小值和最大值之间分布。例如，一组观测值按照从小到大的顺序排列，处于 $p$%位置的数据项的值即为第 $p$ 个百分位数。即对于无大量重复的一组数据，第 $p$ 个百分位数是这样一个值，它使得至少有 $p$%的数据项小于或等于这个值，且至少有$(100-p)$%的数据项大于或等于这个值。

百分位数的计算方法如下：

① 将 $n$ 个数据项从小到大排列，$X(j)$表示数列中的第$j$个数；

② 计算指数：设$(n+1)\times p\%=j+g$，其中$j$为整数部分，$g$为小数部分；

③ 判定百分位数：若 $g$=0，则第 $p$ 百分位数=$X(j)$；若$g\neq 0$，则第 $p$ 百分位数=$g*X(j+1)+(1-g)*X(j)=X(j)+g*(X(j+1)-X(j))$。

值得说明的是：中位数是一个特定的百分位数，即第 50%百分位数。此外，多个百分位数结合使用，可更全面地描述数据的分布特征。例如学生某门课程的测验成绩中，12%的学生成绩为 D，50%的学生成绩为 C，30%的学生成绩为 B，8%的学生成绩为 A。如果某位同学的成绩为 B，则该同学比$12\%+50\%+15\%=77\%$的学生成绩“更好或相同”。

Numpy 扩展库中也提供了计算百分数的函数 percentile，其计算方法与此处的计算方法基本相同。

（5）**众数（mode）**：指出现次数最多的一个或多个数，该统计量并不常用。Numpy 库提供了 bincount 函数计算数组中从 0 到最大值之间各个值出现的次数。在该函数的计算结果（函数的返回值）中，最大值的下标索引值即为众数。

**2）离散度**

离散度是数据离散程度的一种度量。如果统计的值很小，甚至接近于 0，则表示数据聚集在一起；如果统计的值很大，则表示数据的离散度很高。

（1）**极差（range）**：指数据集中最大值和最小值的差，可表示为 $\mathrm{Ran}(X)=\max(X)-\min(X)$。它不依赖于整个数据集。

（2）**方差（variance）**：指各个观察数据值相对于样本均值的偏离程度，可表示为 $\mathrm{Var}(X)=\sum_{i=1}^{n}\left(x-\bar{X}\right)^2/(n-1)$，用以评价数据的波动程度。一般地，样本数 $n$ 接近于数据总体时，$\bar{X}$ 为真实均值的估值，则 $\left(x-\bar{X}\right)^2$ 是 $x$ 的方差对均值的低估值，因此我们除以 $n-1$ 而不是 $n$。

（3）**标准差（standard deviation）**：反映数据离散程度最常用的一种度量指标，其定义为 $\mathrm{stdev}(X)=\sqrt{\sum_{i=1}^{n}\left(x-\bar{X}\right)^2/(n-1)}$，即方差的平方根，同均值具有相同的量纲，能够更直观地观察数据集的离散程度。

（4）**期望（expectation）**：定义为 $E(X)=\sum_{i=1}^{n}x_iP(x_i)(X)$，其中 $P$ 为 $x_i$ 发生的概率。期望可以理解为具有随机因素的加权平均值，更接近于真实平均值。

**说明：**

① 方差和协方差是一种特殊的期望；

② 离散度的计算不易受到一小部分异常值的影响。

**3）相关性**

相关性分析是指对两个或多个具备相关性的变量元素进行分析，用来衡量两个变量因素的相关密切程度，但并不意味着两个变量之间存在因果关系。具有相关性的元素之间需要存在一定的联系或者概率才可以进行相关性分析。相关性的度量在数据科学中主要涉及协方差、相关系数两个量化指标。

（1）**协方差（covariance）**：反映两个变量相对于均值的串联偏离程度，其定义为 $\mathrm{Cov}(X,Y)=\sum_{i=1}^{n}\left(x_i-\bar{X}\right)\left(y_i-\bar{Y}\right)/(n-1)$。协方差的值为大的正数时，表示两个变量 $X$ 和 $Y$ 都很大或很小，变化的方向是一致的；如果协方差为负数且绝对值很大，则意味着 $X$ 和 $Y$ 一个很大，而另一个很小。因此，很难说明协方差的真实意义。

（2）**相关系数**：反映两个变量之间相关关系密切程度的统计指标，常用的皮尔逊（Pearson）相关系数的定义为 $\mathrm{corr}(X,Y)=\mathrm{Cov}(X,Y)/(\mathrm{stdev}(X)\cdot\mathrm{stdev}(Y))$。当相关系

数的值为 0 时，表明两个变量之间不存在线性关系；相关系数无单位，取值在−1（完全反相关）和 1（完全相关）之间。

**说明：**

相关系数的计算对异常值非常敏感，应移除异常值。

**4）高级计算**

除传统的统计计算特征外，卷积、梯度常常作为需要统计的计算特征。

**（1）卷积（convolution）**

在数学上，卷积的本质是一种积分运算，是求如拉普拉斯（Laplace）变换、傅里叶（Fourier）变换等函数变换的有效方法，在工程的很多领域都有广泛应用。例如在信号处理中，卷积可表示任意时刻输出信号值是输入信号或序列的加权积分或加权和。在图像处理中，卷积常用来进行图像的锐化，进行边缘提取或消除噪声，即用一个模板矩阵与图像做卷积运算，从而扩大或减小目标与目标之间的差异，达到突出边缘特征或降低噪声的作用。在光学成像中，利用卷积的扩散特性，若卷积的结果表示光波场能量，分布范围的增加就意味着能量的扩散。

卷积运算的数学表示有连续和离散两种形式。

**① 卷积的连续形式**

设 $f(x)$、$g(x)$ 是两个实函数，则卷积定义为：

$$v(x)=f(x)*g(x)=\int_{-\infty}^{+\infty}f(t)g(x-t)\mathrm{d}t$$

按照积分的几何意义，卷积可理解为求两个函数 $f(x)$、$g(x-t)$ 重叠部分的面积。

**② 卷积的离散形式**

设 $f(n)$、$g(n)$ 是两个离散的数据序列，则卷积定义为：

$$v(n)=f(n)*g(n)=\sum_{\delta=-\infty}^{+\infty}f(\delta)g(n-\delta)$$

推广到二维的形式，有：

$$v(m,n)=f(m,n)*g(m,n)=\sum_{k=-\infty}^{+\infty}\sum_{l=-\infty}^{+\infty}f(k,l)g(m-k,n-l)$$

卷积除满足代数交换律、分配律、结合律基本性质外，还具有以下三个重要的特性。

**① 位移不变性**

若 $v(x)=f(x)*g(x)$，$x_0$ 为任意实常数，则

$$f(x-x_0)*g(x)=v(x-x_0)\text{，}\quad f(x)*g(x-x_0)=v(x-x_0)$$

在做卷积运算的两个函数中，其中任一个函数的位移都不改变卷积的函数形式，卷积的函数只是做一个相同的位移。

**② 平滑特性**

平滑特性指两个函数卷积的结果将比任何一个函数都要光滑，函数的精细结构都被平滑掉。即把任一个函数视为权函数，卷积计算就是求另一个函数的加权平均值。

③ **扩散特性**

扩散特性指卷积结果的区间扩大。两个在有限区域有定义的函数卷积，其卷积结果的区间线度等于两个函数区间线度之和。

设 $x[0]=a$， $x[1]=b$， $x[2]=c$， $y[0]=i$， $y[1]=j$， $y[2]=k$，如图 3.7 所示。

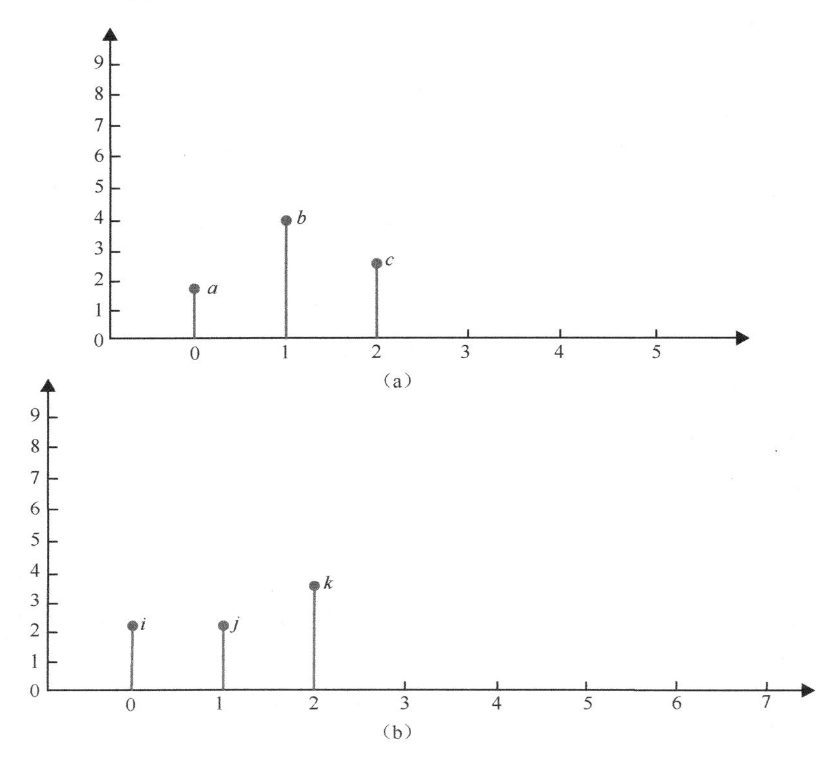


图 3.7　卷积计算示例

对卷积 $x[n]*y[n]$ 的直观理解如下。

① $x[n]$ 乘以 $y[0]$，并平移到 0 位置，如图 3.8 所示。

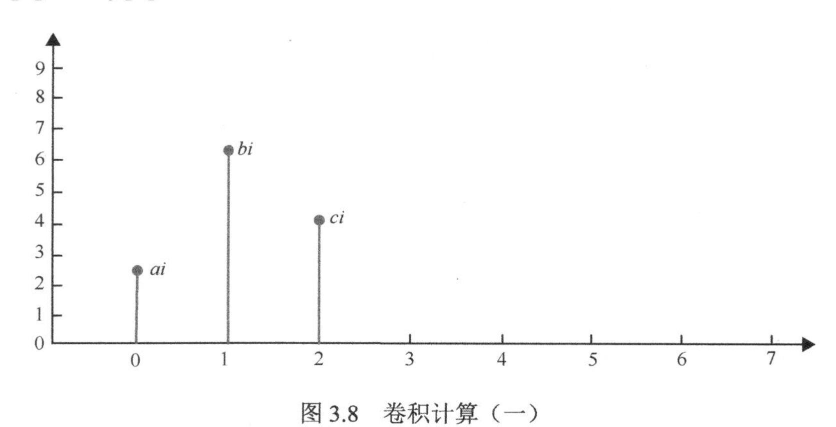


图 3.8　卷积计算（一）

② $x[n]$ 乘以 $y[1]$，并平移到 1 位置，如图 3.9 所示。

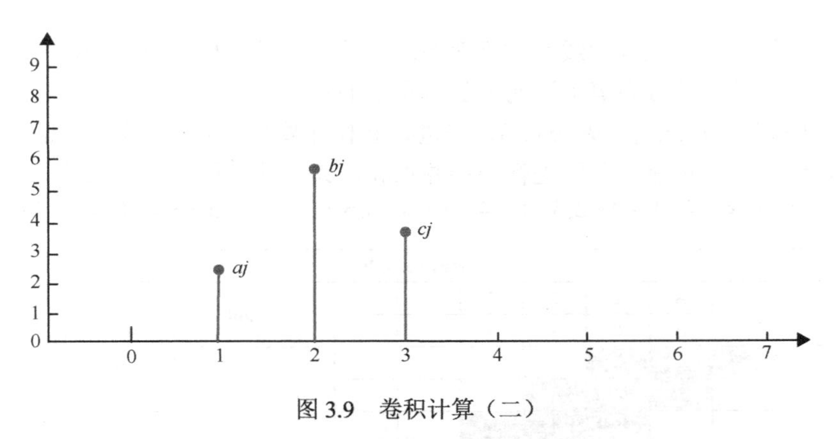


图 3.9　卷积计算（二）

③ $x[n]$ 乘以 $y[2]$，并平移到 2 位置，如图 3.10 所示。

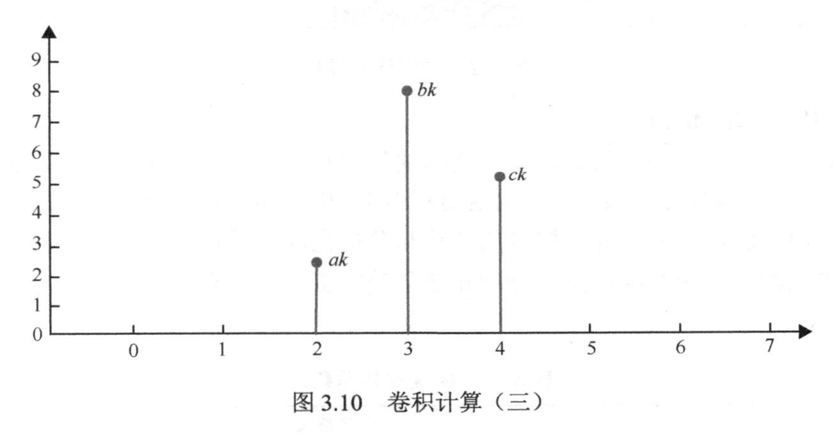


图 3.10　卷积计算（三）

④ 把①、②、③中的结果叠加，即为卷积 $x[n]*y[n]$ 的计算结果，如图 3.11 所示。

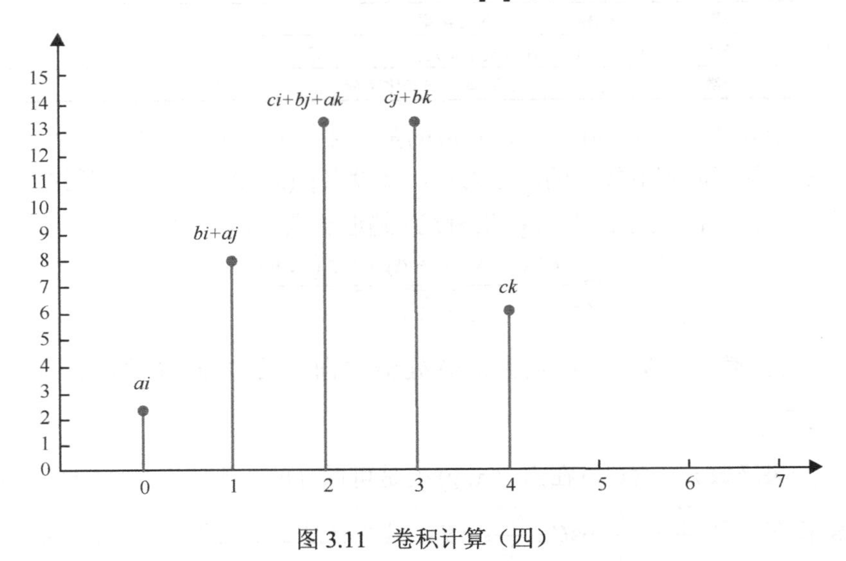


图 3.11　卷积计算（四）

遗憾的是，在 Python 的第三方库 Numpy 中，只提供了两个一维序列的离散、线性卷积计算，可用于信号处理中线性时不变系统对信号的效应模型或符合概率原理的两个独立随机变量，其和的分布等于这两个随机变量的卷积。

例如，序列 $A$=[1,2,3]，$B$=[0,4,5]，在进行卷积计算时，先将序列 $B$ 翻转 180°，然后依次平移位置，而重叠部分则进行相乘并求和，其计算过程如图 3.12 所示。

$$v = A * B = [1\times 0, 4\times 1 + 0\times 2, 5\times 1 + 4\times 2 + 0\times 3, 5\times 2 + 4\times 3, 5\times 3] = [0,4,13,22,15]$$

| numpy.convolve | | | | | | | | | | |
|---|---|---|---|---|---|---|---|---|---|---|
| Input: | | A | 1 | 2 | 3 | | | Output: | | |
| | | B | 0 | 4 | 5 | | | | index | |
| | 5 | 4 | 0 | | | | | | 0 | 0 |
| | | 5 | 4 | 0 | | | | | 1 | 4 |
| | | | 5 | 4 | 0 | | | | 2 | 13 |
| | | | | 5 | 4 | 0 | | | 3 | 22 |
| | | | | | 5 | 4 | 0 | | 4 | 15 |

图 3.12　卷积计算过程

**（2）梯度（Gradient）**

梯度是有大小和方向的矢量，具有明确的物理和几何意义，梯度分析方法已经成为求解最优化问题的常用方法之一。在数据挖掘和分析，如机器学习、回归分析等方面梯度下降法应用广泛。除此之外，梯度的计算和分析也成为图像处理中非常有效的方法，在图像边缘检测、图像配准、图像分割和增强等很多方面都有应用。梯度的物理意义如表 3.10 所示。

**表 3.10　梯度的物理意义**

| 概念 | 物理意义 |
|---|---|
| 导数 | 函数 $f(x,y)$ 在点 $(x,y)$ 处的瞬时变化率 |
| 偏导数 | 函数 $f(x,y)$ 在坐标轴方向上的变化率 |
| 方向导数 | 函数 $f(x,y)$ 在点 $(x,y)$ 处沿某个特定方向的变化率 |
| 梯度 | 函数 $f(x,y)$ 在点 $(x,y)$ 处沿所有方向变化率最大的方向上的变化率 |

**定义 1**　设函数 $z=f(x,y)$ 在点 $P(x,y)$ 的某一邻域内有定义。以点 $P$ 为端点作一条射线 $l$，记 $x$ 轴的正向到射线 $l$ 的转角为 $\theta$。又设点 $Q(x+\Delta x, y+\Delta y)$ 在射线 $l$ 上且在点 $P$ 的领域内，如图 3.13 所示。当点 $Q$ 沿射线 $l$ 趋近于点 $P$ 时，存在极限

$$\frac{\partial f}{\partial l} = \lim_{\delta\to\infty}\frac{f\left(x+\Delta x, y+\Delta y\right)-f\left(x,y\right)}{\sqrt{\Delta x^2+\Delta y^2}}$$

则称该极限为函数 $z=f(x,y)$ 在点 $P(x,y)$ 处沿方向 $l$ 的方向导数，记为 $\frac{\partial f}{\partial l}$，其中 $\delta=\sqrt{\Delta x^2+\Delta y^2}$。

**定理**　如果函数 $z=f(x,y)$ 在点 $P(x,y)$ 处是可微分的，则它在该点沿任一方向 $l$ 的方向导数都存在，且 $\frac{\partial f}{\partial l}=\frac{\partial f}{\partial x}\cos\theta+\frac{\partial f}{\partial y}\sin\theta$，其中 $\theta$ 是 $x$ 轴的正向到方向 $l$ 的转角。

对于三元函数 $u=f(x,y,z)$ 在点 $P(x,y,z)$ 处是可微分的，则在点 $P(x,y,z)$ 处沿方向 $l$

的方向导数为$\frac{\partial f}{\partial l}=\frac{\partial f}{\partial x}\cos\alpha+\frac{\partial f}{\partial y}\cos\beta+\frac{\partial f}{\partial z}\cos\gamma$，其中$\cos\alpha$、$\cos\beta$、$\cos\gamma$是方向 $l$ 的方向余弦，如图 3.14 所示。

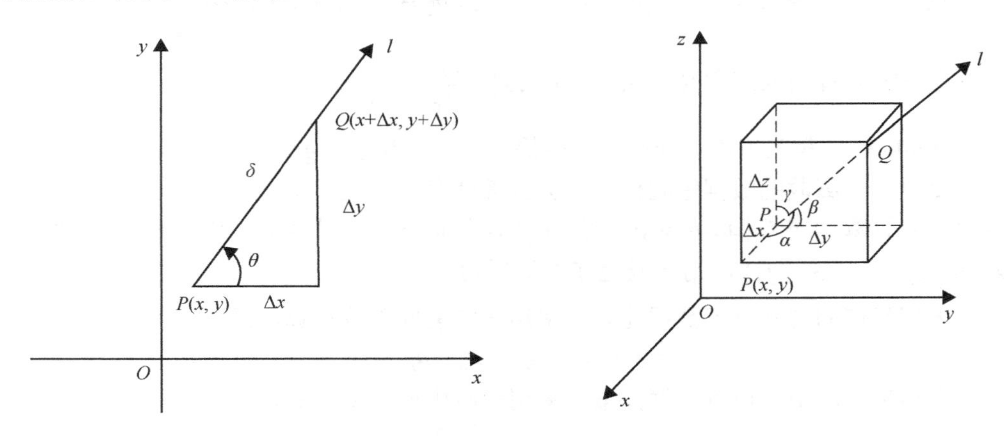


图 3.13　方向导数　　　　图 3.14　三元函数的方向导数

在方向导数的基础上，引入向量$\boldsymbol{g}=\left(\frac{\partial f}{\partial x},\frac{\partial f}{\partial y}\right)$，$\boldsymbol{e}=(\cos\theta,\sin\theta)$，则有：

$$\frac{\partial f}{\partial l}=\left(\frac{\partial f}{\partial x},\frac{\partial f}{\partial y}\right)\cdot(\cos\theta,\sin\theta)=\boldsymbol{g}\cdot\boldsymbol{e}$$

由向量的点积定义，可知

$$\boldsymbol{g}\cdot\boldsymbol{e}=|\boldsymbol{g}||\boldsymbol{e}|\cos\left(\widehat{\boldsymbol{g},\boldsymbol{e}}\right)=\sqrt{\left(\frac{\partial f}{\partial x}\right)^2+\left(\frac{\partial f}{\partial y}\right)^2}\sqrt{\cos^2\theta+\sin^2\theta}\cos\left(\widehat{\boldsymbol{g},\boldsymbol{e}}\right)=\sqrt{\left(\frac{\partial f}{\partial x}\right)^2+\left(\frac{\partial f}{\partial y}\right)^2}\cos\left(\widehat{\boldsymbol{g},\boldsymbol{e}}\right)$$

所以有：

$$\frac{\partial f}{\partial l}=\sqrt{\left(\frac{\partial f}{\partial x}\right)^2+\left(\frac{\partial f}{\partial y}\right)^2}\cos\left(\widehat{\boldsymbol{g},\boldsymbol{e}}\right)$$

当$\cos\left(\widehat{\boldsymbol{g},\boldsymbol{e}}\right)=1$时，方向导数$\frac{\partial f}{\partial l}$最大，即方向 $l$ 与向量$\boldsymbol{g}=\left(\frac{\partial f}{\partial x},\frac{\partial f}{\partial y}\right)$的方向一致时，方向导数最大。此时，方向导数的值为向量$\boldsymbol{g}$的模，向量$\boldsymbol{g}$称为函数$z=f(x,y)$在点$P(x,y)$的梯度。

**定义 2**　设函数$z=f(x,y)$在点$P(x,y)$处具有连续的偏导数$\frac{\partial f}{\partial x}$和$\frac{\partial f}{\partial y}$，则称向量$\frac{\partial f}{\partial x}\boldsymbol{i}+\frac{\partial f}{\partial y}\boldsymbol{j}$为函数$z=f(x,y)$在点$P(x,y)$处的梯度，记为$\mathrm{grad}f(x,y)$，即

$$\mathrm{grad}f(x,y)=\frac{\partial f}{\partial x}\boldsymbol{i}+\frac{\partial f}{\partial y}\boldsymbol{j}$$

其中，$\boldsymbol{i}$、$\boldsymbol{j}$分别为$x$和$y$方向上的单位向量。

对函数$z=f(x,y)$在点$P(x,y)$处的梯度的理解：

① 梯度的方向与在点 $P(x,y)$ 处取得最大的方向导数的方向相同；

② 梯度的模 $\|\mathrm{grad}f(x,y)\|$ 等于在点 $P(x,y)$ 处的方向导数的最大值。

同理，三元函数 $u=f(x,y,z)$ 在点 $P(x,y,z)$ 处具有连续的偏导数 $\frac{\partial f}{\partial x}$ 、 $\frac{\partial f}{\partial y}$ 和 $\frac{\partial f}{\partial z}$ ，则它在点 $P(x,y,z)$ 的梯度定义为 $\mathrm{grad}f(x,y,z)=\frac{\partial f}{\partial x}\boldsymbol{i}+\frac{\partial f}{\partial y}\boldsymbol{j}+\frac{\partial f}{\partial y}\boldsymbol{k}$ 。

在 Python 的第三方库 Numpy 中也提供了一个梯度（gradient）函数，但其计算规则相对简单，对离散的数据序列使用差分计算代替梯度连续形式中的微分，作为梯度的近似值。如有数据序列 $\{a_1,a_2,a_3,\cdots,a_{n-1},a_n\}$ 作为输入，在 Numpy 中梯度计算的输出结果为 $\{g_1,g_2,\cdots,g_k,\cdots,g_n\}$ ，则一般遵守以下规则。

对无相邻值的边界位置数据元素，采用一阶前向差分计算，即有：

$$g_1=a_2-a_1,\quad g_n=a_n-a_{n-1}$$

对有相邻值的中间位置数据元素，采用一阶中值差分计算，即有：

$$g_k=\left(a_{k+1}-a_{k-1}\right)/2$$

若指定计算差分时的间隔大小，即各数据点对应坐标位置的间隔大小，且间隔为一个常数 $h$，则采用一阶前向差分计算，即有：

$$g_i=\left(a_{i+1}-a_{i-1}\right)/\left(2*h\right)$$

若间隔大小不一致，即各采样数据点的坐标位置不均匀，则采用近似泰勒级数展开式计算，即有：

$$g_i=\frac{h_s^2 f\left(x_i+h_d\right)+\left(h_d^2-h_s^2\right)f\left(x_i\right)-h_d^2 f\left(x_i-h_s\right)}{h_s h_d\left(h_d+h_s\right)}$$

其中：

① $\{x_1,x_2,x_3,\cdots,x_{n-1},x_n\}$ 为坐标位置序列，其长度与输入数据序列 $\{a_i\}$ 的长度相同，计算差分间隔为 $h_s=x_i-x_{i-1}$ ， $h_d=x_{i+1}-x_i$ ；

② $f\left(x_i+h_d\right)=a_{i+1}$ ， $f\left(x_i-h_s\right)=a_{i-1}$ ，在坐标位置序列和输入数据序列之间存在一一对应关系。

**5）辛普森悖论**（Simpson's paradox）

辛普森悖论是指分析数据时可能会发生意外，即如果忽略了混杂变量，相关系数会有误导性。例如，在某个条件下的两组数据，分别讨论时都会满足某种性质，可是一旦合并考虑，却可能导致相反的结论。

在表 3.11 中，所有成员分为两类，很明显，西海岸的数据科学家比东海岸的数据科学家的平均朋友数多。我们的结论一定是西海岸的数据科学家更喜欢交朋友吗？

**表 3.11　两类数据科学家的朋友数**

| 海岸 | 数据科学家数 | 平均朋友数 |
|---|---|---|
| 西海岸 | 101 | 8.2 |
| 东海岸 | 103 | 6.5 |

如果我们在分析数据时，同时考虑两种因素，即增加有无博士学位的因素，却会发现一些很奇怪的结论，如表 3.12 所示。

**表 3.12　增加因素后的数据科学家的朋友数**

| 海岸 | 学位 | 数据科学家数 | 平均朋友数 |
|---|---|---|---|
| 西海岸 | 博士 | 35 | 3.1 |
| 东海岸 | 博士 | 70 | 3.2 |
| 西海岸 | 非博士 | 66 | 10.9 |
| 东海岸 | 非博士 | 33 | 13.4 |

一旦考虑数据科学家拥有的学位，得出的相关系数就会发生变化，东海岸的数据科学家的平均朋友数相对较多。如果将东、西海岸的数据科学家的数据混同起来，很容易会掩盖一个事实，即东海岸的数据科学家更偏向于博士类型。

这种现象在现实中时有发生。如果将相关系数的计算建立在其他条件都相同的假设前提之下，并以此衡量两个变量之间的关系，很可能会得出一些误导性的结论。避免这种窘境的理想做法是充分了解要分析的数据，尽可能核查所有可能的混杂因素。显然，这也不可能万无一失。

在 Python 的 Numpy 库中提供了相应的统计函数，如表 3.13 所示。利用这些函数，可以快速获取数据的相关统计特征，以更好地理解和使用数据。

**表 3.13　Numpy 库的统计函数**

| 函数语法 | 功能描述 |
|---|---|
| prod(a, axis=None, dtype=None) | 在给定的轴上求数组元素的积 |
| sum(a, axis=None, dtype=None) | 在给定的轴上求数组元素的和 |
| cumprod(a, axis=None, dtype=None) | 沿给定的轴依次计算数组元素的累乘积 |
| cumsum(a, axis=None, dtype=None) | 沿给定的轴依次计算数组元素的累加和 |
| convolve(a, v, mode='full') | 计算两个一维数组的离散、线性卷积 |
| diff(a, n=1, axis=-1) | 计算沿指定轴的第 n 个离散差分 |
| gradient(f, *varargs, **kwargs) | 计算数组 f 中元素的梯度。当 f 为多维时，返回每个维度的梯度 |
| amin(a, axis=None) | 返回数组的最小值或沿指定轴上维度最小的一维数组 |
| amax(a, axis=None) | 返回数组的最大值或沿指定轴上维度最小的一维数组 |
| ptp(a, axis=None) | 沿指定的轴计算数组的极差，即最大值与最小值的差（peak to peak） |
| percentile(a, q, axis=None, out=None, overwrite_input=False,keepdims=False) | 沿指定的轴计算数组 a 中的第 q 百分位数，其中 out 为保存输出结果的数组 |
| median(a, axis=None) | 沿指定的轴计算数组 a 中元素的中位数 |
| average(a, axis=None, weights=None) | 沿指定的轴计算加权平均数，计算公式为：avg = sum(a * weights) / sum(weights) |
| mean(a, axis=None) | 沿指定的轴计算算术平均值 |
| std(a, axis=None) | 沿指定的轴计算标准差 |
| var(a, axis=None) | 沿指定的轴计算方差 |
| cov(m, y=None) | 求不同维度之间的协方差矩阵 |
| corrcoef(x, y=None) | 求皮尔逊相关系数 |

### 6）统计计算函数实例

#### （1）乘法与加法示例

```
>>>np.prod([[1.,2.],[3.,4.]])  #所有元素相乘
24.0
>>> np.prod([[1.,2.],[3.,4.]], axis=1)  #每行的所有元素相乘
array([  2.,  12.])
>>> np.sum([0.5, 0.7, 0.2, 1.5], dtype=np.int32)  #取整后相加
1
>>> np.sum([[0, 1], [0, 5]])  #所有元素相加
6
>>> np.sum([[0, 1], [0, 5]], axis=0)  #按列方向相加
array([0, 6])
>>> np.sum([[0, 1], [0, 5]], axis=1)  #按行方向相加
array([1, 5])
```

#### （2）累乘与累加示例

```
>>> a = np.array([1,2,3])
>>> np.cumprod(a)  #累乘1, 1*2,1*2*3 = 6
array([1, 2, 6])
>>> a = np.array([[1, 2, 3], [4, 5, 6]])
>>> np.cumprod(a, dtype=float)  #指定输出的数据类型
array([   1.,    2.,    6.,   24.,  120.,  720.])
>>> np.cumprod(a, axis=0)  #按列累乘
array([[ 1,  2,  3],
       [ 4, 10, 18]])
>>> np.cumprod(a,axis=1)  #按行累乘
array([[  1,   2,   6],
       [  4,  20, 120]])
>>> a = np.array([[1,2,3], [4,5,6]])
>>> a
array([[1, 2, 3],
       [4, 5, 6]])
>>> np.cumsum(a)  #所有元素累加
array([ 1,  3,  6, 10, 15, 21])
>>> np.cumsum(a, dtype=float)  #指定输出的数据类型
array([  1.,   3.,   6.,  10.,  15.,  21.])
>>> np.cumsum(a,axis=0)  #按列累加
array([[1, 2, 3],
       [5, 7, 9]])
>>> np.cumsum(a,axis=1)  #按行累加
array([[ 1,  3,  6],
       [ 4,  9, 15]])
```

#### （3）卷积计算示例

计算两个序列的卷积，第二个序列翻转，并沿另一个序列依次平移。默认时mode='full'，信号不完全重叠，具有边界效应，依次计算重叠部分的加权和，卷积结果

序列的长度为 $N+M-1$；参数 mode='same'时，具有边界效应，只取卷积结果的中间值，卷积结果的长度为 max(*M*,*N*)；参数 mode='valid'时，两个序列长度相同，只计算完全重叠部分的加权和，无边界效应，卷积结果的长度为 $\max(M, N) - \min(M, N) + 1$。

```
>>> np.convolve([1, 2, 3], [0, 1, 0.5])  #默认 mode='full'
array([ 0. ,  1. ,  2.5,  4. ,  1.5])
>>> np.convolve([1,2,3],[0,1,0.5], 'same')  #mode='same'
array([ 1. ,  2.5,  4. ])
>>> np.convolve([1,2,3],[0,1,0.5], 'valid')  #mode='valid'
array([ 2.5])
```

**（4）差分计算示例**

```
>>> x = np.array([1, 2, 4, 7, 0])  #一维数组
>>> np.diff(x)  #一阶差分，按 out[n]=a[n+1]-a[n]计算输出
array([ 1,  2,  3, -7])
>>> np.diff(x, n=2)  #在一阶差分的基础上，进行二阶差分
array([  1,   1, -10])
>>> x = np.array([[1, 3, 6, 10], [0, 5, 6, 8]])  #二维数组
>>> np.diff(x)  #按行差分
array([[2, 3, 4],
       [5, 1, 2]])
>>> np.diff(x, axis=0)  #按列差分
array([[-1,  2,  0, -2]])
```

**（5）梯度计算示例**

```
>>> f = np.array([1, 2, 4, 7, 11, 16], dtype=float)  #一维数组
>>> np.gradient(f)  #边界点采用一阶差分，中间点采用中值差分
array([ 1. ,  1.5,  2.5,  3.5,  4.5,  5. ])
>>> np.gradient(f, 2)  #差分间隔相同，为一个常数，采用一阶差分计算
array([ 0.5 ,  0.75,  1.25,  1.75,  2.25,  2.5 ])
>>> x = np.arange(f.size)
>>> np.gradient(f, x)  #差分间隔均匀
array([ 1. ,  1.5,  2.5,  3.5,  4.5,  5. ])
>>> x = np.array([0., 1., 1.5, 3.5, 4., 6.], dtype=float)
>>> np.gradient(f, x)  #差分间隔非均匀
array([ 1. ,  3. ,  3.5,  6.7,  6.9,  2.5])
#二维数组的梯度，每一维度分别计算差分，其结果为一个数组
#该例中，第 1 个数组为按列差分；第 2 个数组按行差分
>>> np.gradient(np.array([[1, 2, 6], [3, 4, 5]], dtype=float))
[array([[ 2.,  2., -1.],
        [ 2.,  2., -1.]]), array([[ 1. ,  2.5,  4. ],
        [ 1. ,  1. ,  1. ]])]
#二维数组的梯度，axis=0 上的差分间隔均匀，axis=1 上的差分间隔非均匀
>>> dx = 2. #按行差分的间隔
>>> y = [1., 1.5, 3.5]  #按列差分的间隔
>>> np.gradient(np.array([[1, 2, 6], [3, 4, 5]], dtype=float), dx, y)
[array([[ 1. ,  1. , -0.5],
        [ 1. ,  1. , -0.5]]), array([[ 2. ,  2. ,  2. ],
```

```
        [ 2. ,  1.7,  0.5]]])
>>> x = np.array([0, 1, 2, 3, 4])
>>> f = x**2
>>> np.gradient(f, edge_order=1)  #边界点按一阶差分计算
array([ 1.,  2.,  4.,  6.,  7.])
>>> np.gradient(f, edge_order=2)  #边界点按二阶差分计算
array([-0.,  2.,  4.,  6.,  8.])
#按列差分
>>> np.gradient(np.array([[1, 2, 6], [3, 4, 5]], dtype=float), axis=0)
array([[ 2.,  2., -1.],
       [ 2.,  2., -1.]])
```

**（6）最大/最小值计算示例**

```
>>> a = np.arange(4).reshape((2,2))  #两行两列的数组
>>> a
array([[0, 1],
       [2, 3]])
>>> np.amax(a)  #扁平化数组后所有元素的最大值
3
>>> np.amax(a, axis=0)  #沿第 1 个轴(列方向)的最大值
array([2, 3])
>>> np.amax(a, axis=1)  #沿第 2 个轴(行方向)的最大值
array([1, 3])
>>> np.amin(a)  #所有元素的最小值
0
>>> np.amin(a, axis=0)  #沿第 1 个轴的最小值
array([0, 1])
>>> np.amin(a, axis=1)  #沿第 2 个轴的最小值
array([0, 2])
```

**（7）极差计算示例**

```
>>> x = np.arange(4).reshape((2,2))
>>> x
array([[0, 1],
       [2, 3]])
>>> np.ptp(x, axis=0)  #沿第 1 个轴(列方向)的极差
array([2, 2])
>>> np.ptp(x, axis=1)  #沿第 2 个轴(行方向)的极差
array([1, 1])
```

**（8）百分位数计算示例**

```
>>> a = np.array([[10, 7, 4], [3, 2, 1]])
>>> a
array([[10,  7,  4],
       [ 3,  2,  1]])
>>> np.percentile(a, 50)  #对应为中位数
3.5
>>> np.percentile(a, 50, axis=0)  #按列计算百分位数
```

```
array([[ 6.5,  4.5,  2.5]])
>>> np.percentile(a, 50, axis=1)  #按行计算百分位数
array([ 7.,  2.])
#keepdims 为 True 时，保持原数组的维数不变，按计算百分位数的方向缩减数组大小
>>> np.percentile(a, 50, axis=1, keepdims=True)
array([[ 7.],
       [ 2.]])
>>> m = np.percentile(a, 50, axis=0)
>>> m
array([[ 6.5,  4.5,  2.5]])
>>> out = np.zeros_like(m)  #out 与 m 具有相同的形状和缓冲区大小
>>> out
array([0., 0., 0.])
>>> np.percentile(a, 50, axis=0, out=out)  #结果存放在 out 数组中
array([[ 6.5,  4.5,  2.5]])
>>> out
array([6.5, 4.5, 2.5])
>>> b = a.copy()
 #在不需要保留输入数组的内容时，可直接在原数组空间上计算百分位数，
 #为节省内存，overwrite_input 参数可设置为 True
>>> np.percentile(b, 50, axis=1, overwrite_input=True)
array([ 7.,  2.])
>>> assert not np.all(a == b)  #数组 a、数组 b 不完全相同
```

**（9）中位数计算示例**

中位数的计算与第 50%百分位数函数的使用非常类似，在此仅做简单示例。

```
>>> a = np.array([[10, 7, 4], [3, 2, 1]])  #创建数组
>>> a
array([[10,  7,  4],
       [ 3,  2,  1]])
>>> np.median(a)  #所有元素排序后的中位数
3.5
>>> np.median(a, axis=0)  #按列计算中位数
array([ 6.5,  4.5,  2.5])
>>> np.median(a, axis=1)  #按行计算中位数
array([ 7.,  2.])
```

**（10）平均数计算示例**

```
>>> data = range(1,5)  #创建一维数组
>>> data
[1, 2, 3, 4]
>>> np.average(data)  #求平均值，不加权
2.5
>>> np.average(range(1,11), weights=range(10,0,-1))  #求平均值，加权
4.0
>>> data = np.arange(6).reshape((3,2))  #创建二维数组
>>> data
```

```
array([[0, 1],
       [2, 3],
       [4, 5]])
```

#加权求平均值时，如果数组 data 与权值 weights 的形状不同，则必须指定计算的轴方向，否则将出现错误。

```
>>> np.average(data, axis=1, weights=[1./4, 3./4])
array([ 0.75,  2.75,  4.75])
>>> a = np.array([[1, 2], [3, 4]])  #创建二维数组
>>> np.mean(a)  #计算平均值，不考虑权值
2.5
>>> np.mean(a, axis=0) #按列方向
array([ 2.,  3.])
>>> np.mean(a, axis=1)  #按行方向
array([ 1.5,  3.5])
```

**（11）标准差计算示例**

```
>>> a = np.array([[1, 2], [3, 4]])  #创建二维数组
>>> np.std(a)  #计算标准差，方差的平方根
1.1180339887498949
>>> np.std(a, axis=0)  #按列方向
array([ 1.,  1.])
>>> np.std(a, axis=1)  #按行方向
array([ 0.5,  0.5])
```

**（12）方差计算示例**

```
>>> a = np.array([[1, 2], [3, 4]])  #创建二维数组
>>> np.var(a)  #计算方差
1.25
>>> np.var(a, axis=0)  #按列方向
array([ 1.,  1.])
>>> np.var(a, axis=1)  #按行方向
array([ 0.25,  0.25])
```

**（13）协方差计算示例**

```
#两个变量 x1、x2 是完全相关的，但其变化方向相反
>>> x = np.array([[0, 2], [1, 1], [2, 0]]).T  #二维数组的转置
>>> x  #两行对应两个变量，且 x1 上升，x2 下降
array([[0, 1, 2],
      [2, 1, 0]])
>>> np.cov(x)  #x1、x2 的协方差矩阵，其中-1 表示两个变量负相关
array([[ 1., -1.],
      [-1.,  1.]])
>>> x = [-2.1, -1,  4.3]
>>> y = [3,  1.1,  0.12]
>>> X = np.stack((x, y), axis=0)  #沿第 1 个轴(列方向)拼接数组
>>> X  #X 由 x、y 两个一维数组拼接而成
array([[-2.1 , -1.  ,  4.3 ],
      [ 3.  ,  1.1 ,  0.12]])
```

```
>>> print(np.cov(X))  #二维数组在不同维度上的协方差
[[ 11.71       -4.286      ]
 [ -4.286       2.14413333]]
>>> print(np.cov(x, y))  #两个变量 x、y 的协方差
[[ 11.71       -4.286      ]
 [ -4.286       2.14413333]]
>>> print(np.cov(x))  #变量 x 的方差
11.71
```

**（14）相关系数计算示例**

```
>>> x=np.array([1,2,3])  #创建一维数组
>>> y=np.array([4,5,6])
>>> np.corrcoef(x,y)  #皮尔逊相关系数
array([[1., 1.],
       [1., 1.]])
```

**说明：**

corrcoef( )函数返回一个相关矩阵，其中的每个元素值表示对应行号、列号的两个变量之间的相关系数。如第 1 行第 1 列的值表示 $x$ 和它自身的相关系数；第 2 行第 2 列的值表示 $y$ 和它自身的相关系数；非主对角线元素的值表示 $x$ 和 $y$ 之间的相关系数，一般认为小于 0.3 时为弱相关，高于 0.8 时为高度相关。

### 5．字符串函数的使用

Numpy 库中除常用的数值计算函数外，针对数据类型（dtype）为 numpy_string 或 numpy_unicode 的数组对象，也提供了若干对字符串进行向量化操作的函数，这些函数的返回值都是一个 ndarray 对象。

Numpy 库常用的字符串函数如表 3.14 所示。

**表 3.14　Numpy 库常用的字符串函数**

| 函数语法 | 功能描述 |
| --- | --- |
| add(x1,x2) | 将字符数组 x1、x2 逐个字符连接 |
| multiply(a,i) | 将字符数组 a 重复 i 次连接 |
| center(a, width, fillchar=' ') | 生成长度为 width 的字符串，其中字符串 a 位于其中央，其余用 fillchar 参数指定的字符填充 |
| capitalize(a) | 将字符数组 a 的首字母大写 |
| title(a) | 将字符数组 a 中的所有元素按标题格式转换 |
| lower(a) | 将字符数组 a 按元素转换为小写 |
| upper(a) | 将字符数组 a 按元素转换为大写 |
| split(a, sep=None, maxsplit=None) | 按照 sep 参数指定的分隔符对字符数组 a 中的单词进行分割 |
| strip(a, chars=None) | 将字符数组 a 中所有元素的开头和结尾处与 chars 匹配的字符移除 |
| join(sep,seq) | 将数组 seq 中的元素按字符分别用数组 sep 对应元素的字符串分割连接 |
| replace(a, old, new, count=None) | 按元素将字符数组 a 的 old 子串用 new 指定的字符串替换 |
| decode(a,encoding=None,errors=None) | 按元素将数组 a 中的字符用 encoding 指定的格式解码，如 encoding="cp037" |
| encode(a,encoding=None,errors=None) | 按元素将数组 a 中的字符用 encoding 指定的格式编码 |

字符串函数使用示例如下：

```
>>> x1=["Hello"]
>>> x2=[" World!"]
>>> print(np.char.add(x1,x2))
['Hello World!']
>>> print(np.char.multiply(x1,3))
['HelloHelloHello']
>>> print(np.char.center(x1,20,'*'))
['*******Hello********']
>>> print(np.char.capitalize('she is pretty'))
She is pretty
>>> print(np.char.title('she is pretty'))
She Is Pretty
>>> print(np.char.strip(['arora','admin','java'],'a'))
['ror' 'dmin' 'jav']
>>> print(np.char.join([':','-'],['dmy','ymd']))
['d:m:y' 'y-m-d']
>>> a=np.array(['Hello world','Today is sunny'])
>>> print(np.char.split(a,sep=' '))
[list(['Hello', 'world']) list(['Today', 'is', 'sunny'])]
>>> b=np.array([['He is a good boy'],['She is pretty']])
>>> print(np.char.replace(b,"is","was"))
[['He was a good boy']
 ['She was pretty']]
>>> c=np.array([["您好"],["世界"]])
>>> print(np.char.encode(c,"utf-8"))
[[b'\xe6\x82\xa8\xe5\xa5\xbd']
 [b'\xe4\xb8\x96\xe7\x95\x8c']]
```

## 3.5 矩阵基础及运算

### 1. 矩阵基础

#### 1）矩阵的定义

由 $m \times n$ 个数 $a_{ij}\left(i=1,2,\cdots,m;j=1,2,\cdots,n\right)$ 排成 $m$ 行 $n$ 列的数表，称为 $m$ 行 $n$ 列的矩阵，记作：

$$\boldsymbol{A}=\begin{bmatrix} a_{11} & a_{12} & \cdots & a_{1n} \\ a_{21} & a_{22} & \cdots & a_{2n} \\ \vdots & \vdots & & \vdots \\ a_{m1} & a_{m2} & \cdots & a_{mn} \end{bmatrix}$$

当 $m=n$，即矩阵的行数和列数相等时，该矩阵称为 $n$ 阶方阵。

2）矩阵的基本运算

（1）加法

$$\boldsymbol{A}+\boldsymbol{B}=\begin{bmatrix} a_{11}+b_{11} & a_{12}+b_{12} & \cdots & a_{1n}+b_{1n} \\ a_{21}+b_{21} & a_{22}+b_{22} & \cdots & a_{2n}+b_{2n} \\ \vdots & \vdots & & \vdots \\ a_{m1}+b_{m1} & a_{m2}+b_{m2} & \cdots & a_{mn}+b_{mn} \end{bmatrix}$$

（2）数乘矩阵

$$\lambda\boldsymbol{A}=\begin{bmatrix} \lambda a_{11} & \lambda a_{12} & \cdots & \lambda a_{1n} \\ \lambda a_{21} & \lambda a_{22} & \cdots & \lambda a_{2n} \\ \vdots & \vdots & & \vdots \\ \lambda a_{m1} & \lambda a_{m2} & \cdots & \lambda a_{mn} \end{bmatrix}$$

在矩阵的加法和数乘基础上，可进行矩阵的初等变换，且矩阵 $\boldsymbol{A}$ 经过有限次的初等变换变成矩阵 $\boldsymbol{B}$，有 $\boldsymbol{A}=\boldsymbol{B}$ 成立。

（3）矩阵的乘法

设 $\boldsymbol{A}=\left(a_{ij}\right)_{m\times s}$，$\boldsymbol{B}=\left(b_{ij}\right)_{s\times n}$，则矩阵 $\boldsymbol{A}$ 与矩阵 $\boldsymbol{B}$ 的乘积是一个 $m\times n$ 的矩阵，即 $\boldsymbol{C}=\boldsymbol{A}\times\boldsymbol{B}=\left(c_{ij}\right)_{m\times n}$，且 $c_{ij}=a_{i1}b_{1j}+a_{i2}b_{2j}+\cdots+a_{is}b_{sj}=\sum_{k=1}^{s}a_{ik}b_{kj}(i=1,2,\cdots,m;j=1,2,\cdots,n)$。

（4）矩阵的转置

把矩阵 $\boldsymbol{A}$ 的行换成同序数的列得到的新矩阵，称为矩阵 $\boldsymbol{A}$ 的转置矩阵，记为 $\boldsymbol{A}^{\mathrm{T}}$，即有：

若矩阵 $\boldsymbol{A}=\begin{bmatrix} a_{11} & a_{12} & \cdots & a_{1n} \\ a_{21} & a_{22} & \cdots & a_{2n} \\ \vdots & \vdots & & \vdots \\ a_{m1} & a_{m2} & \cdots & a_{mn} \end{bmatrix}$，则 $\boldsymbol{A}^{\mathrm{T}}=\begin{bmatrix} a_{11} & a_{21} & \cdots & a_{m1} \\ a_{12} & a_{22} & \cdots & a_{m2} \\ \vdots & \vdots & & \vdots \\ a_{1n} & a_{2n} & \cdots & a_{mn} \end{bmatrix}$

3）行列式

矩阵的行列式是基于所包含的行列数据计算得到的一个标量，是为求解线性方程组而引入的。

设 $p_1,p_2,\cdots,p_n$ 是自然数 $1,2,\cdots,n$ 的任一排列，规定由小到大为标准次序。该排列中排在 $p_1$ 前且比 $p_1$ 大的数的个数记为 $\tau_1$，排在 $p_2$ 前且比 $p_2$ 大的数的个数记为 $\tau_2$，以此类推，排在 $p_n$ 前且比 $p_n$ 大的数的个数记为 $\tau_n$，则此排列的逆序数为

$$\tau=\tau_1+\tau_2+\cdots+\tau_n$$

逆序数为奇数的排列称为奇排列，逆序数为偶数的排列称为偶排列。则 $n$ 阶行列式的计算如下：

$$D=\begin{vmatrix} a_{11} & a_{12} & \cdots & a_{1n} \\ a_{21} & a_{22} & \cdots & a_{2n} \\ \vdots & \vdots & & \vdots \\ a_{n1} & a_{n2} & \cdots & a_{nn} \end{vmatrix}=\sum_{p_1p_2\cdots p_n}(-1)^{\tau(p_1p_2\cdots p_n)}a_{1p_1}a_{2p_2}\cdots a_{np_n}$$

记为 $\det\left(a_{ij}\right)$，其中 $a_{ij}$ 称为行列式 $\det\left(a_{ij}\right)$ 的元素。

**说明：**

（1）$n$ 阶行列式共有 $n!$ 项，$p_1p_2\cdots p_n$ 为偶排列时，对应项取正号；为奇排列时，对应项取负号；

（2）行列式中的每一项都是位于不同行不同列的 $n$ 个元素的乘积，表示为 $a_{1p_1}a_{2p_2}\cdots a_{np_n}$（正负号除外），其中 $p_1p_2\cdots p_n$ 为 $1,2,\cdots,n$ 的某个排列。

**4）克莱姆（Cramer）法则**

设非齐次线性方程组

$$\begin{cases} a_{11}x_1+a_{12}x_2+\cdots+a_{1n}x_n=b_1 \\ a_{21}x_1+a_{22}x_2+\cdots+a_{2n}x_n=b_2 \\ \quad\vdots \\ a_{n1}x_1+a_{n2}x_2+\cdots+a_{nn}x_n=b_n \end{cases} \tag{1}$$

若方程组（1）的系数行列式 $D=\begin{vmatrix} a_{11} & a_{12} & \cdots & a_{1n} \\ a_{21} & a_{22} & \cdots & a_{2n} \\ \vdots & \vdots & \cdots & \vdots \\ a_{n1} & a_{n2} & \cdots & a_{nn} \end{vmatrix}\neq 0$，则方程组（1）有唯一解

$x_j=\dfrac{D_j}{D},\ j=1,2,\cdots,n$。

其中，$D_j\left(j=1,2,\cdots,n\right)$ 是把系数行列式 $D$ 中的第 $j$ 列元素用方程组等号右端的常数项替代后所得到的 $n$ 阶行列式，即：

$$D_j=\begin{vmatrix} a_{11} & \cdots & a_{1,j-1} & b_1 & a_{1,j+1} & \cdots & a_{1n} \\ a_{21} & \cdots & a_{2,j-1} & b_2 & a_{2,j+1} & \cdots & a_{2n} \\ \vdots & \cdots & \vdots & \vdots & \vdots & \cdots & \vdots \\ a_{n1} & \cdots & a_{n,j-1} & b_n & a_{n,j+1} & \cdots & a_{nn} \end{vmatrix}$$

**说明：**

（1）若非齐次线性方程组（1）无解或有两个不同的解，则它的系数行列式必为零；

（2）若方程组（1）等号有边的常数项均为 0，即 $b_1=b_2=\cdots=b_n=0$，则称该线性方程组为齐次线性方程组；

（3）若齐次线性方程组有非零解，则它的系数行列式必为零；若其系数行列式不等于零，则齐次线性方程组没有非零解。

**5）一些特殊矩阵**

除方阵外，一些比较常用的特殊矩阵如下。

**（1）零矩阵**

元素全为零的矩阵称为零矩阵，记为 $\boldsymbol{O}$。

**（2）对角矩阵**

形如$\begin{bmatrix} \lambda_1 & 0 & \cdots & 0 \\ 0 & \lambda_2 & \cdots & 0 \\ \vdots & \vdots & & \vdots \\ 0 & 0 & \cdots & \lambda_n \end{bmatrix}$的方阵称为对角矩阵，记为$\boldsymbol{A} = \text{diag}(\lambda_1, \lambda_2, \cdots, \lambda_n)$。

**（3）单位矩阵**

$\lambda_1 = \lambda_2 = \cdots = \lambda_n = 1$时的对角矩阵，形如$\begin{bmatrix} 1 & 0 & \cdots & 0 \\ 0 & 1 & \cdots & 0 \\ \vdots & \vdots & \vdots & \vdots \\ 0 & 0 & \cdots & 1 \end{bmatrix}$，称为单位矩阵，记为$\boldsymbol{E}_n$。

**（4）上/下三角矩阵**

形如$\boldsymbol{U} = \begin{bmatrix} a_{11} & a_{12} & \cdots & a_{1n} \\ 0 & a_{22} & \cdots & a_{2n} \\ \vdots & \vdots & & \vdots \\ 0 & 0 & \cdots & a_{nn} \end{bmatrix}$的矩阵，即主对角线以下的元素全为 0 的矩阵，称为上三角矩阵。

形如$\boldsymbol{L} = \begin{bmatrix} a_{11} & 0 & \cdots & 0 \\ a_{21} & a_{22} & \cdots & 0 \\ \vdots & \vdots & & \vdots \\ a_{n1} & a_{n2} & \cdots & a_{nn} \end{bmatrix}$的矩阵，即主对角线以上的元素全为 0 的矩阵，称为下三角矩阵。

**（5）对称矩阵**

元素以主对角线为对称轴对应相等的方形矩阵，称为对称矩阵（Symmetric Matrices）。

**（6）伴随矩阵**

行列式$|\boldsymbol{A}|$的各个元素的代数余子式$\boldsymbol{A}_{ij}$所构成的如下矩阵

$$\boldsymbol{A}^* = \begin{bmatrix} \boldsymbol{A}_{11} & \boldsymbol{A}_{21} & \cdots & \boldsymbol{A}_{n1} \\ \boldsymbol{A}_{12} & \boldsymbol{A}_{22} & \cdots & \boldsymbol{A}_{n2} \\ \vdots & \vdots & & \vdots \\ \boldsymbol{A}_{1n} & \boldsymbol{A}_{2n} & \cdots & \boldsymbol{A}_{nn} \end{bmatrix}$$

称为矩阵$\boldsymbol{A}$的伴随矩阵。

伴随矩阵满足$\boldsymbol{A}\boldsymbol{A}^* = \boldsymbol{A}^*\boldsymbol{A} = |\boldsymbol{A}|\boldsymbol{E}$的重要性质。

**（7）可逆矩阵**

设$\boldsymbol{A}$为$n$阶方阵，若存在一个$n$阶方阵$\boldsymbol{B}$，使得$\boldsymbol{AB} = \boldsymbol{BA} = \boldsymbol{E}$，则称矩阵$\boldsymbol{A}$是可逆的，且矩阵$\boldsymbol{B}$称为$\boldsymbol{A}$的逆矩阵。可逆矩阵又称为非奇异矩阵，不可逆矩阵又称为奇异矩阵。

**（8）共轭矩阵**

设$\boldsymbol{A} = (a_{ij})$为复矩阵，即$\boldsymbol{A}$的元素为复数，形如$a_{ij} = x + y\text{i}\ (x, y \in \mathbf{R})$。若$\overline{a}_{ij}$为$a_{ij}$

的共轭复数，即 $\overline{a}_{ij}=x-y\mathrm{i}\ (x,y\in\mathbf{R})$，则 $\overline{\boldsymbol{A}}=(\overline{a}_{ij})$ 称为方阵 $\boldsymbol{A}$ 的共轭矩阵。

**（9）相似矩阵**

设 $\boldsymbol{A}$、$\boldsymbol{B}$ 都是 $n$ 阶方阵，若存在可逆矩阵 $\boldsymbol{P}$，使得 $\boldsymbol{P}^{-1}\boldsymbol{AP}=\boldsymbol{B}$，则称 $\boldsymbol{B}$ 是 $\boldsymbol{A}$ 的相似矩阵，记为 $\boldsymbol{A}\sim\boldsymbol{B}$。

**（10）正交矩阵**

如果 $n$ 阶矩阵 $\boldsymbol{A}$ 满足 $\boldsymbol{A}^{\mathrm{T}}\boldsymbol{A}=\boldsymbol{E}$，即 $\boldsymbol{A}^{-1}=\boldsymbol{A}^{\mathrm{T}}$，则称矩阵 $\boldsymbol{A}$ 为正交矩阵，简称为正交阵。

方阵 $\boldsymbol{A}$ 为正交阵的充要条件是 $\boldsymbol{A}$ 的列向量（行向量）都是单位向量，且两两正交，即 $\boldsymbol{A}$ 的列（行）向量组构成 $\mathbf{R}^n$ 的规范正交基。

**（11）酉矩阵**

设矩阵 $\boldsymbol{A}$ 为复方阵，若 $\boldsymbol{A}^{\mathrm{H}}\boldsymbol{A}=\boldsymbol{E}$，则称 $\boldsymbol{A}$ 为酉矩阵。其中 $\boldsymbol{A}^{\mathrm{H}}=(\overline{\boldsymbol{A}})^{\mathrm{T}}$，而 $\overline{\boldsymbol{A}}$ 为矩阵 $\boldsymbol{A}$ 的共轭矩阵。

**（12）正规矩阵**

满足条件 $\boldsymbol{A}^{\mathrm{H}}\boldsymbol{A}=\boldsymbol{A}\boldsymbol{A}^{\mathrm{H}}$ 的方阵称为正规矩阵。

若矩阵 $\boldsymbol{A}$ 的元素为实数，则 $\boldsymbol{A}^{\mathrm{H}}=\boldsymbol{A}^{\mathrm{T}}$，则若满足 $\boldsymbol{A}^{\mathrm{T}}\boldsymbol{A}=\boldsymbol{A}\boldsymbol{A}^{\mathrm{T}}$，则称 $\boldsymbol{A}$ 为实正规矩阵。

酉矩阵、Hermite 矩阵、正交矩阵、对称矩阵都是正规的。

**6）矩阵的秩**

在 $m\times n$ 的矩阵 $\boldsymbol{A}$ 中，任取 $k$ 行 $k$ 列（$k\leqslant m,k\leqslant n$），位于这些行列交叉处的 $k^2$ 个元素，保持它们在矩阵中的相对位置而得到的 $k$ 阶行列式，称为矩阵 $\boldsymbol{A}$ 的 $k$ 阶子式。

若矩阵 $\boldsymbol{A}$ 中存在一个不等于 0 的 $r$ 阶子式，且满足 $r$+1 阶子式全等于 0，则称 $D$ 为矩阵 $\boldsymbol{A}$ 的最高阶非零子式，数 $r$ 称为矩阵的秩，记为 $R(\boldsymbol{A})$。

若将矩阵表示为行或列的向量组 $\boldsymbol{A}$，则其最大线性无关向量组中所含向量的个数 $r$ 称为 $\boldsymbol{A}$ 的秩，记为 $R_{\boldsymbol{A}}$。

**说明：**

① 零矩阵的秩为 0；

② $R(\boldsymbol{A})=R(\boldsymbol{A}^{\mathrm{T}})$；

③ 可逆矩阵称为满秩矩阵。

**7）矩阵的特征值与特征向量**

设 $\boldsymbol{A}$ 为 $n$ 阶方阵，若存在数 $\lambda$ 和 $n$ 维的非零向量 $\boldsymbol{x}$，使 $\boldsymbol{Ax}=\lambda\boldsymbol{x}$ 成立，则称数 $\lambda$ 为方阵 $\boldsymbol{A}$ 的特征值，非零向量 $\boldsymbol{x}$ 称为 $\boldsymbol{A}$ 对应于特征值 $\lambda$ 的特征向量。

特征多项式：$$f(\lambda)=|\lambda\boldsymbol{E}-\boldsymbol{A}|=\begin{vmatrix}\lambda-a_{11} & -a_{12} & \cdots & -a_{1n}\\ -a_{21} & \lambda-a_{22} & \cdots & -a_{2n}\\ \vdots & \vdots & & \vdots\\ -a_{n1} & -a_{n2} & \cdots & -a_{nn}\end{vmatrix}$$

$$=\lambda^n-(a_{11}+a_{22}+\cdots+a_{nn})\lambda^{n-1}+\cdots+(-1)^n|\boldsymbol{A}|$$

特征方程：$|\boldsymbol{A}-\lambda\boldsymbol{E}|=0$

**说明：**

① 特征多项式和特征方程是求解矩阵特征值和特征向量的常用方法；

② 如果将矩阵理解为一组线性变换，特征值就是变换特征的重要性程度，而特征向量则是变换特征的形式和性质。

**8）矩阵分解**

从数学上，矩阵分解在行列式计算、线性方程组求解、求逆矩阵等方面可简化计算过程。除此之外，矩阵分解在数据挖掘、机器学习、人工智能等方面被广泛应用，也常作为推荐系统的经典模型。

常用的矩阵分解方法有奇异值分解（Singular Value Decomposition，SVD）、三角分解（LU 分解）、QR 分解等。

**（1）SVD 分解**

设矩阵 $\boldsymbol{A}$ 是一个 $m\times n$ 的复数矩阵，$\boldsymbol{\Sigma}=\mathrm{diag}(d_1,d_2,\cdots,d_r)$，是一个 $r\times r$ 的对角矩阵，且 $d_1\geqslant d_2\geqslant\cdots\geqslant d_r>0$，$\boldsymbol{U}$ 为 $m\times r$ 的酉矩阵，$\boldsymbol{V}$ 为 $r\times n$ 的酉矩阵，则 $\boldsymbol{A}=\boldsymbol{U\Sigma V}^{\mathrm{H}}$ 称为 $\boldsymbol{A}$ 的 SVD 分解，而 $d_i(i=1,2,\cdots,r)$ 称为 $\boldsymbol{A}$ 的奇异值。

SVD 分解的计算步骤如下：

① 计算 $\boldsymbol{AA}^{\mathrm{H}}$ 和 $\boldsymbol{A}^{\mathrm{H}}\boldsymbol{A}$；

② 分别计算 $\boldsymbol{AA}^{\mathrm{H}}$ 和 $\boldsymbol{A}^{\mathrm{H}}\boldsymbol{A}$ 的特征向量及其特征值；

③ $\boldsymbol{AA}^{\mathrm{H}}$ 的特征向量构成 $\boldsymbol{U}$，而 $\boldsymbol{A}^{\mathrm{H}}\boldsymbol{A}$ 的特征向量构成 $\boldsymbol{V}$；

④ 对 $\boldsymbol{AA}^{\mathrm{H}}$ 和 $\boldsymbol{A}^{\mathrm{H}}\boldsymbol{A}$ 的非零特征值求平方根，对应上述特征向量的位置，填入 $\boldsymbol{\Sigma}$ 的对角元。

注：若 $\boldsymbol{A}$ 为实矩阵，$\boldsymbol{A}^{\mathrm{H}}$ 等价于 $\boldsymbol{A}^{\mathrm{T}}$。

SVD 分解的作用：

① 降维作用：$\boldsymbol{A}$ 特征值为 $n$ 维，经过 SVD 分解后，完全可以用前 $r$ 个非零奇异值对应的奇异向量表示矩阵 $\boldsymbol{A}$ 的主要特征；

② 压缩：矩阵 $\boldsymbol{A}$ 比较大时，可以存储矩阵 $\boldsymbol{U}$、$\boldsymbol{D}$ 和 $\boldsymbol{V}$。

**（2）LU 分解**

设矩阵 $\boldsymbol{A}=\begin{bmatrix}a_{11} & a_{12} & \cdots & a_{1n}\\ a_{21} & a_{22} & \cdots & a_{2n}\\ \vdots & \vdots & & \vdots\\ a_{n1} & a_{n2} & \cdots & a_{nn}\end{bmatrix}$，$\boldsymbol{L}=\begin{bmatrix}l_{11} & 0 & \cdots & 0\\ l_{21} & l_{22} & \cdots & 0\\ \vdots & \vdots & & \vdots\\ l_{n1} & l_{n2} & \cdots & l_{nn}\end{bmatrix}$ 为下三角矩阵，$\boldsymbol{U}=\begin{bmatrix}u_{11} & u_{12} & \cdots & u_{1n}\\ 0 & u_{22} & \cdots & u_{2n}\\ \vdots & \vdots & & \vdots\\ 0 & 0 & \cdots & u_{nn}\end{bmatrix}$ 为上三角矩阵，若满足 $\boldsymbol{A}=\boldsymbol{LU}$，即矩阵 $\boldsymbol{A}$ 分解为一个下三角矩阵 $\boldsymbol{L}$ 和上三角矩阵 $\boldsymbol{U}$ 的乘积，则称为矩阵的 LU 分解。

已经证明，如果方阵 $\boldsymbol{A}$ 是非奇异的，即 $\boldsymbol{A}$ 的行列式不等于 0，则矩阵的 LU 分解总是存在的。

进一步地，LU 分解中的下三角矩阵 $\boldsymbol{L}$ 或上三角矩阵 $\boldsymbol{U}$ 的主对角线上的元素可以全部为 1。

以 3 阶方阵为例，LU 分解的一般步骤如下：

① 将矩阵 $\boldsymbol{A}$ 进行一系列初等行变换（不交换行），将 $\boldsymbol{A}$ 变换为上三角矩阵 $\boldsymbol{U}$；

② 将变换表示为对应的初等矩阵 $\boldsymbol{E}_{21}$、$\boldsymbol{E}_{31}$、$\boldsymbol{E}_{32}$；

③ 求初等变换矩阵的逆矩阵 $\boldsymbol{E}_{21}^{-1}$、$\boldsymbol{E}_{31}^{-1}$、$\boldsymbol{E}_{32}^{-1}$；

④ 计算下三角矩阵 $\boldsymbol{L}=\boldsymbol{E}_{32}^{-1}\boldsymbol{E}_{31}^{-1}\boldsymbol{E}_{21}^{-1}$；

⑤ 完成分解 $\boldsymbol{A}=\boldsymbol{LU}$。

矩阵的 LU 分解是高斯消元的一种表达形式，常用来求解线性方程组、求逆矩阵或计算行列式。在数据分析中，LU 分解可用于相关性分析、主成分分析等。

**（3）QR 分解**

设 $\boldsymbol{A}\in\mathbf{R}^{m\times n}(m\geqslant n)$，则矩阵 $\boldsymbol{A}$ 有分解 $\boldsymbol{A}=\boldsymbol{QR}$，其中 $\boldsymbol{Q}\in\mathbf{R}^{m\times m}$ 为正交矩阵，$\boldsymbol{R}\in\mathbf{R}^{n\times n}$ 为具有非负对角元的上三角矩阵。当 $m=n$ 且 $\boldsymbol{A}$ 非奇异时，该 QR 分解唯一。

在复数域内也可以有矩阵的 QR 分解，此时 $\boldsymbol{Q}$ 为酉矩阵。

矩阵 QR 分解的实际计算方法包括 Gram-Schmidt 正交化、Householder 变换、Givens 变换等，在此不再详述。

矩阵的 QR 分解常用来求解线性最小二乘问题。

**小结：**

矩阵分解实际上是把矩阵分解为对角矩阵、三角矩阵、正交矩阵的乘法，其中 LU 分解为下三角和上三角矩阵的乘法，即切边操作，先垂直下拉再水平斜拉；SVD 分解将矩阵分解为正交矩阵和对角矩阵的乘法，即进行旋转和缩放操作；QR 分解将矩阵分解为正交矩阵和三角矩阵的乘法，即进行旋转和切边的操作。

除此之外，Numpy 也提供了一个 linalg 子模块，作为线性代数的基础应用，如正规矩阵、逆矩阵、行列式的使用，线性方程组、线性最小二乘问题的求解以及求矩阵的特征值、矩阵的分解等。

### 2. 创建矩阵

在 Python 的 Numpy 库提供了 matrixlib 子模块，包含 matrix 类和相关的函数，如表 3.15 所示，可以进行矩阵的创建和相关运算。这些函数可直接通过 Numpy 库调用（如 numpy.mat），或者通过子模块 matrixlib 调用，如 matrixlib.mat。

**表 3.15　矩阵创建函数**

| 函数语法 | 功能描述 |
| --- | --- |
| mat(data,dtype=None) | 将输入参数解释为矩阵 |
| matrix(data,dtype=None,copy=True) | 从类数组对象或数据字符串返回矩阵 |
| asmatrix(data, dtype=None) | 将输入参数解释为矩阵 |
| bmat(obj, ldict=None, gdict=None) | 从字符串、嵌套序列或数组构建矩阵对象 |

**矩阵创建示例：**

```
>>> x = np.array([[1, 2], [3, 4]])  #创建二维数组
>>> m=np.asmatrix(x);m  #x 解释为矩阵并显示
matrix([[1, 2],
        [3, 4]])
```

```
>>> x[0,0]=5;m  #修改0行0列的元素值并显示修改后的矩阵
matrix([[5, 2],
        [3, 4]])
>>> a = np.matrix('1 2; 3 4');a  #创建矩阵并显示
matrix([[1, 2],
        [3, 4]])
>>> m=np.matrix(np.arange(12).reshape(3,4));m  #创建矩阵并显示
matrix([[ 0,  1,  2,  3],
        [ 4,  5,  6,  7],
        [ 8,  9, 10, 11]])
>>> A=np.mat('1 1;1 1');A  #创建并显示矩阵
matrix([[1, 1],
        [1, 1]])
>>> B = np.mat('2 2; 2 2')  #创建矩阵
>>> C = np.mat('3 4; 5 6')
>>> D = np.mat('7 8; 9 0')
>>> np.bmat([[A, B], [C, D]])  #构建块矩阵
matrix([[1, 1, 2, 2],
        [1, 1, 2, 2],
        [3, 4, 7, 8],
        [5, 6, 9, 0]])
>>> np.bmat('A,B; C,D')  #构建块矩阵
matrix([[1, 1, 2, 2],
        [1, 1, 2, 2],
        [3, 4, 7, 8],
        [5, 6, 9, 0]])
```

### 3. 矩阵运算

在上一节向量运算的基础上，对矩阵的运算仅做演示示例，相关概念可参考上一节的内容，在此不再赘述。

```
>>> A=np.matrix([3,5,9]); A  #创建并显示矩阵
matrix([[3, 5, 9]])
>>> A.T  #矩阵的转置
matrix([[3],
        [5],
        [9]])
>>> A.shape  #形状
(1,3)
>>> A.size  #大小
3
>>> A.mean()  #元素的平均值
5.666666666666667
>>> A.sum()  #元素的和
17
>>> B=np.matrix((1,2,3)); B  #创建并显示矩阵
```

```
matrix([[1, 2, 3]])
>>> A*B.T  #矩阵的乘法
matrix([[40]])
>>> C=np.matrix([[1,5,3],[2,9,6],[4,8,7]]); C  #创建并显示矩阵
matrix([[1, 5, 3],
        [2, 9, 6],
        [4, 8, 7]])
>>> C.argsort(axis=0)  #按列排序后的元素序号
matrix([[0, 0, 0],
        [1, 2, 1],
        [2, 1, 2]], dtype=int32)
>>> C.argsort(axis=1)  #按行排序后的元素序号
matrix([[0, 2, 1],
        [0, 2, 1],
        [0, 2, 1]], dtype=int32)
>>> C.diagonal()  #矩阵对角线元素
matrix([[1, 9, 7]])
>>> C.flatten()  #矩阵平铺
matrix([[1, 5, 3, 2, 9, 6, 4, 8, 7]])
>>> m=np.matrix(np.arange(12).reshape(3,4));m  #创建矩阵并显示
matrix([[ 0,  1,  2,  3],
        [ 4,  5,  6,  7],
        [ 8,  9, 10, 11]])
>>> m.sum()  #矩阵所有元素的和
66
>>> m.sum(axis=0)  #纵向求和
matrix([[12, 15, 18, 21]])
>>> m.sum(axis=1)  #横向求和
matrix([[ 6],
        [22],
        [38]])
>>> m.mean()  #平均值
5.5
>>> m.mean(axis=0)  #纵向平均
matrix([[4., 5., 6., 7.]])
>>> m.mean(axis=1)  #横向平均
matrix([[1.5],
        [5.5],
        [9.5]])
>>> weight=[0.3,0.7,0.8]  #权值
>>> np.average(m,axis=0,weights=weight)  #带权值的纵向平均
matrix([[5.11111111, 6.11111111, 7.11111111, 8.11111111]])
>>> m.std()  #标准差
3.452052529534663
>>> m.std(axis=0)  #纵向标准差
matrix([[3.26598632, 3.26598632, 3.26598632, 3.26598632]])
```

```
>>> m.std(axis=1)  #横向
matrix([[1.11803399],
        [1.11803399],
        [1.11803399]])
>>> m.var(axis=0)  #纵向方差
matrix([[10.66666667, 10.66666667, 10.66666667, 10.66666667]])
>>> D=np.matrix([[-2.1,-1,4.3],[3,1.1,0.12]]);D  #创建并显示矩阵
matrix([[-2.1 , -1.  ,  4.3 ],
        [ 3.  ,  1.1 ,  0.12]])
>>> np.cov(D)  #矩阵的协方差
array([[11.71      , -4.286     ],
       [-4.286     ,  2.14413333]])
>>> np.corrcoef(D)  #矩阵的 Pearson 积矩相关系数
array([[ 1.        , -0.85535781],
       [-0.85535781,  1.        ]])
```

### 4. 线性代数

Numpy 库的子模块 linalg，实际上为 linear algebra（线性代数）的缩写，提供了众多的函数，涉及矩阵和矢量的运算、矩阵分解、矩阵的特征值、矩阵的规范化、求解线性方程组和逆矩阵等，表 3.16～表 3.20 用来说明这些函数并给出了相应的演示示例。通过对这些函数的应用，可以进一步理解和掌握线性代数，提高科学计算的能力。

要在 Python 环境中使用 linalg 子模块，可使用 from numpy import linalg 语句导入该子模块。

表 3.16　矩阵的运算

| 函数语法 | 功能描述 |
| --- | --- |
| linalg.multi_dot(arrays) | 使用单个函数计算两个或多个数组的点积，且自动选择最快的求值顺序 |
| vdot(a, b) | 计算两个向量的点积 |
| inner(a, b) | 计算两个数组的内积 |
| outer(a, b, out=None) | 计算两个向量的外积 |
| matmul(a, b, out=None) | 计算两个数组的矩阵乘法 |
| matrix_power(M, n) | 计算方阵的 n 次幂 |

**演示示例：**

```
>>>import numpy as np
>>>from numpy import linalg  #导入 linalg 子模块
>>> A = np.random.randn(10000, 100)  #标准正态分布随机数
>>> B = np.random.randn(100, 1000)
>>> C = np.random.randn(1000, 5)
>>> D = np.random.randn(5, 333)
>>> linalg.multi_dot([A, B, C, D])  #等价于 A.dot(B).dot(C).dot(D)
array([[ -232.94023141,  -356.21090441,   229.62628387, ...,
          186.98581335,  -123.62666667,    -8.40180872],
       [  119.47823764,   631.94987674,  -383.03724204, ...,
```

```
       -177.03699578,  -588.64700657,  -575.86682246],
      [ -313.4041407 ,    41.72986476,  -636.90088473, ...,
       -171.66424919, -1482.60002778,   -74.5605689 ],
      ...,
      [ -712.2200844 ,  -521.23258002,  -958.44284194, ...,
        -141.99178191,  -679.50354836,   -28.59019218],
      [  -89.5594532 ,  -361.84419818,   689.58586712, ...,
        343.28531999,   818.45602203,  -312.54478318],
      [  306.07530788,   -49.16459986,  1005.45005967, ...,
        345.13326382,  1316.97723487,  -118.99390532]])
>>> a = np.array([1+2j,3+4j])  #复数数组
>>> b = np.array([5+6j,7+8j])
>>> np.vdot(a, b)  #向量点积
(70-8j)
>>> np.vdot(b, a)
(70+8j)
>>> a = np.arange(24).reshape((2,3,4))
>>> b = np.arange(4)
>>> np.inner(a, b)  #两个数组的内积
array([[ 14,  38,  62],
       [ 86, 110, 134]])
#生成计算Mandelbrot集的粗略网格
>>> rl = np.outer(np.ones((5,)), np.linspace(-2, 2, 5));rl
array([[-2., -1.,  0.,  1.,  2.],
       [-2., -1.,  0.,  1.,  2.],
       [-2., -1.,  0.,  1.,  2.],
       [-2., -1.,  0.,  1.,  2.],
       [-2., -1.,  0.,  1.,  2.]])
>>> im = np.outer(1j*np.linspace(2, -2, 5), np.ones((5,)));im
array([[ 0.+2.j,  0.+2.j,  0.+2.j,  0.+2.j,  0.+2.j],
       [ 0.+1.j,  0.+1.j,  0.+1.j,  0.+1.j,  0.+1.j],
       [ 0.+0.j,  0.+0.j,  0.+0.j,  0.+0.j,  0.+0.j],
       [ 0.-1.j,  0.-1.j,  0.-1.j,  0.-1.j,  0.-1.j],
       [ 0.-2.j,  0.-2.j,  0.-2.j,  0.-2.j,  0.-2.j]])
>>> grid = rl + im
>>> grid
array([[-2.+2.j, -1.+2.j,  0.+2.j,  1.+2.j,  2.+2.j],
       [-2.+1.j, -1.+1.j,  0.+1.j,  1.+1.j,  2.+1.j],
       [-2.+0.j, -1.+0.j,  0.+0.j,  1.+0.j,  2.+0.j],
       [-2.-1.j, -1.-1.j,  0.-1.j,  1.-1.j,  2.-1.j],
       [-2.-2.j, -1.-2.j,  0.-2.j,  1.-2.j,  2.-2.j]])
>>> a = np.arange(2*2*4).reshape((2,2,4))
>>> b = np.arange(2*2*4).reshape((2,4,2))
>>> np.matmul(a,b).shape  #数组的矩阵乘法
(2, 2, 2)
```

```
>>> np.matmul(a,b)[0,1,1]
98
>>> sum(a[0,1,:] * b[0,:,1])
98
```

表 3.17 矩阵的分解

| 函数语法 | 功能描述 |
|---|---|
| linalg.cholesky(a) | 计算矩阵的 Cholesky 分解 |
| linalg.qr(a, mode='reduced') | 计算矩阵的 QR 分解 |
| linalg.svd(a, full_matrices=True, compute_uv=True) | 计算矩阵的奇异值分解 |

**1）QR 分解示例**

```
>>> m=np.matrix([[1,2,3],[4,5,6]])
>>> np.linalg.qr(m)  #矩阵的 QR 分解
(matrix([[-0.24253563,  -0.9701425  ],  [-0.9701425  ,  0.24253563]]),
matrix([[-4.12310563, -5.33578375, -6.54846188], [ 0. , -0.72760688,
-1.45521375]]))
>>> q,r=np.linalg.qr(m)
>>> np.dot(q,r)  #矩阵的点乘
matrix([[1., 2., 3.],
        [4., 5., 6.]])
```

**2）SVD 分解示例**

在 Numpy 的 linalg 子模块中，二维或更高维的矩阵 $\boldsymbol{A}$ 可使用 SVD 分解进行分解。对二维而言，SVD 分解公式为 $\boldsymbol{A}=\boldsymbol{USV}^{\mathrm{H}}$ 。

linalg.svd 函数与 SVD 分解公式之间的对应关系为：$\boldsymbol{A}$=a，作为函数的输入；$\boldsymbol{U}$=u、$\boldsymbol{V}^{\mathrm{H}}=\mathrm{vh}$ 、$\boldsymbol{S}$=np.diag(s)分别作为函数的返回值，其中 s 为一维数组，$\boldsymbol{S}$ 为奇异值的对角矩阵，是酉矩阵。vh 的行是 $\boldsymbol{A}^{\mathrm{H}}\boldsymbol{A}$ 的特征值，u 的列是 $\boldsymbol{AA}^{\mathrm{H}}$ 的特征值。这两种情况对应的特征值（可能非零）是 $s^2$。

若 a 的维数大于 2 维（a.ndim > 2），则应用广播规则，这意味着 SVD 分解将以"stacked"模式工作，即从头迭代 a.ndim−2 维的所有索引且将每一个 SVD 分解组合应用到最后的两个索引。矩阵 a 可从分解(u * s[..., None, :]) @ vh 或 u @ (s[..., None] * vh)重新构建（其中@算子在 Python3.5 以下版本中可由函数 np.matmul 替代）。

如果 a 是一个矩阵对象时，所有的返回值同上。

当 a 是一个二维数组时，采用分解 u @ np.diag(s) @ vh= (u * s) @ vh，这里 u 和 vh 是二维酉阵，s 是由 a 的奇异值构成的一维数组。a 具有更高维时，SVD 应用"stacked"模式。

对 svd 函数的参数说明如下：

（1）a ：形如数组的对象，维数为(..., $M$, $N$)，不少于 2 维，元素类型可为实数，也可为复数；

（2）full_matrices ：bool 型，可选。该参数若为 True（默认），则矩阵 u、vh 的形状分别为(..., $M$, $M$)和(..., $N$, $N$)。若为 False，则其形状分别为(..., $M$, $K$)和(..., $K$, $N$)，且 $K$ = min($M$, $N$);

（3）compute_uv：bool 型，可选。该参数默认为 True，可决定除 s 外，是否要计算 u 和 vh。

对 svd 函数的返回值说明如下：

（1）u：{ (..., *M*, *M*), (..., *M*, *K*) }，表示酉矩阵。第一个 a.ndim−2 维同输入矩阵 a 的大小相同，最后两维的大小由 full_matrices 参数决定。参数 compute_uv 为 True 时，返回值为对应行列式的计算结果。

（2）s：(..., *K*)，一维数组，表示奇异值的向量，并按降序排序。第一个 a.ndim − 2 维同输入矩阵 a 的大小一致。

（3）vh：{ (..., *N*, *N*), (..., *K*, *N*) }，表示酉矩阵，同返回值 u。

linalg.svd 函数示例如下：

```
#构建 9*6 的复数数组
>>> a = np.random.randn(9, 6) + 1j*np.random.randn(9, 6)
#构建 2*7*8*3 的复数数组
>>> b = np.random.randn(2, 7, 8, 3) + 1j*np.random.randn(2, 7, 8, 3)
>>> u, s, vh = np.linalg.svd(a, full_matrices=True)  #二维矩阵分解
>>> u.shape, s.shape, vh.shape  #函数返回值的形状
((9, 9), (6,), (6, 6))
>>> np.allclose(a, np.dot(u[:, :6] * s, vh))  #a==u[:,:6]*s@vh 是否成立
True
>>> smat = np.zeros((9, 6), dtype=complex)  #创建 9 行 6 列的复数零数组
>>> smat[:6, :6] = np.diag(s)  #改变零数组对角线的前 6 个元素值
>>> np.allclose(a, np.dot(u, np.dot(smat, vh)))  #a==u*smat@vh 是否成立
True
>>> u, s, vh = np.linalg.svd(a, full_matrices=False)  #降维分解
>>> u.shape, s.shape, vh.shape
((9, 6), (6,), (6, 6))
>>> np.allclose(a, np.dot(u * s, vh))  #a==u*s@vh 是否成立
True
>>> smat = np.diag(s)  #奇异值组成的对角矩阵
>>> np.allclose(a, np.dot(u, np.dot(smat, vh)))  #a==u@(smat@vh)是否成立
True
>>> u, s, vh = np.linalg.svd(b, full_matrices=True)  #四维完全分解
>>> u.shape, s.shape, vh.shape  #函数返回值形状
((2, 7, 8, 8), (2, 7, 3), (2, 7, 3, 3))
>>> np.allclose(b, np.matmul(u[..., :3] * s[..., None, :], vh))
True
>>> np.allclose(b, np.matmul(u[..., :3], s[..., None] * vh))
True
>>> u, s, vh = np.linalg.svd(b, full_matrices=False)  #降维分解
>>> u.shape, s.shape, vh.shape
((2, 7, 8, 3), (2, 7, 3), (2, 7, 3, 3))
>>> np.allclose(b, np.matmul(u * s[..., None, :], vh))
True
>>> np.allclose(b, np.matmul(u, s[..., None] * vh))
True
```

**表 3.18　矩阵的特征值**

| 函数语法 | 功能描述 |
| --- | --- |
| linalg.eig(a) | 计算方阵的特征值和特征向量 |
| linalg.eigh(a, UPLO='L') | 计算 Hermite 或对称矩阵的特征值和特征向量 |
| linalg.eigvals(a) | 计算一般矩阵的特征值 |
| linalg.eigvalsh(a, UPLO='L') | 计算 Hermite 或实对称矩阵的特征值 |

**演示示例：**

```
>>> a=np.matrix([[1,2,3],[4,5,6],[7,8,9]])  #创建方阵
>>> a
matrix([[1, 2, 3],
        [4, 5, 6],
        [7, 8, 9]])
>>> w,v=linalg.eig(a)  #计算特征值和特征向量
>>> w,v
(array([1.61168440e+01, -1.11684397e+00, -1.30367773e-15]),
matrix([[-0.23197069, -0.78583024,  0.40824829],
        [-0.52532209, -0.08675134, -0.81649658],
        [-0.8186735 ,  0.61232756,  0.40824829]]))
>>> Hermitian=np.matrix([[1,2+1j],[2-1j,1]])  #创建 Hermite 矩阵
>>> Hermitian
matrix([[1.+0.j, 2.+1.j],
        [2.-1.j, 1.+0.j]])
>>> w,v=linalg.eigh(Hermitian)  #计算 Hermite 矩阵的特征值和特征向量
>>> w,v
(array([-1.23606798,  3.23606798]),
matrix([[-0.70710678+0.j , -0.70710678+0.j ],
     [ 0.63245553-0.31622777j, -0.63245553+0.31622777j]]))
>>> a=np.matrix([[1,2,3],[2,3,4],[3,4,2]])  #创建实对称矩阵
>>> a
matrix([[1, 2, 3],
        [2, 3, 4],
        [3, 4, 2]])
>>> w=linalg.eigvalsh(a)  #计算实对称矩阵的特征值
>>> w
array([-2.05362957, -0.17747654,  8.2311061 ])
```

**表 3.19　矩阵的规范化**

| 函数语法 | 功能描述 |
| --- | --- |
| linalg.norm (x, ord=None, axis=None, keepdims=False) | 计算矩阵或向量的范数 |
| linalg.cond (x, p=None) | 计算矩阵的条件数 |
| linalg.det(a) | 计算数组的行列式 |
| linalg.matrix_rank (M, tol=None, hermitian=False) | 使用 SVD 分解计算矩阵的秩 |

**演示示例：**

```
>>> a = np.arange(9) - 4  #创建数组
```

```
>>> a
array([-4, -3, -2, -1,  0,  1,  2,  3,  4])
>>> b = a.reshape((3, 3))  #改变为3行3列的数组
>>> b
array([[-4, -3, -2],
       [-1,  0,  1],
       [ 2,  3,  4]])
```

>>> linalg.norm(a)  # Frobenius 范数，计算公式为$\|A\|_F=\sqrt{\sum_{i=1}^{m}\sum_{j=1}^{n}a_{ij}^2}$

```
7.745966692414834
>>> linalg.norm(b)
7.745966692414834
>>> linalg.norm(a, np.inf)  #范数计算公式max(abs(x))
4.0
>>> linalg.norm(b, np.inf)  #范数计算公式为max(sum(abs(x), axis=1))
9.0
>>> linalg.norm(a, 1)  #范数计算公式为max(sum(abs(x)))
20.0
>>> linalg.norm(b, 1)  #范数计算公式为max(sum(abs(x), axis=0))
7.0
>>> c=np.asmatrix(b)  #将二维数组转化为矩阵
>>> c
matrix([[-4, -3, -2],
        [-1,  0,  1],
        [ 2,  3,  4]])
>>> linalg.norm(c,ord='nuc')  #核范数，为矩阵c的奇异值的总和
9.797958971132713
>>> a = np.array([[1, 2], [3, 4]])  #二维数组
>>> np.linalg.det(a)  #计算行列式的值
-2.0
>>> a = np.array([ [[1, 2], [3, 4]], [[1, 2], [2, 1]], [[1, 3], [3, 1]] ])
>>> a.shape
(3, 2, 2)
>>> np.linalg.det(a)  #计算行列式的值
array([-2., -3., -8.])
```

表 3.20　方程求解和逆矩阵

| 函数语法 | 功能描述 |
|---|---|
| linalg.solve(a,b) | 求解线性矩阵方程或标量方程组 |
| linalg.tensorsolve(a,b,axis) | 求解张量方程 ax=b |
| linalg.lstsq(a,b,rcond) | 将最小二乘解返回到线性矩阵方程 |
| linalg.inv(a) | 计算矩阵的逆 |
| linalg.tensorinv(a,ind) | 计算数组的逆 |

**演示示例：**

```
>>> a = np.array([[3,1], [1,2]])
>>> b = np.array([9,8])
```

#相当于求方程组 $\begin{cases} 3x_0 + x_1 = 9 \\ x_0 + 2x_1 = 8 \end{cases}$ 的解

```
>>> x = np.linalg.solve(a, b)  #求线性方程组的解
>>> x
array([ 2.,  3.])
>>> a=np.matrix([[1.,2.],[3.,4.]]);a  #创建并显示矩阵
matrix([[1., 2.],
        [3., 4.]])
>>> linalg.inv(a)  #求矩阵的逆
matrix([[-2. ,  1. ],
        [ 1.5, -0.5]])
>>> a = np.array([[[1., 2.], [3., 4.]], [[1, 3], [3, 5]]])  #两个矩阵
>>> inv(a)  #同时计算多个矩阵的逆
array([[[-2. ,  1. ],
        [ 1.5, -0.5]],
       [[-5. ,  2. ],
        [ 3. , -1. ]]])
```

## 3.6　Numpy 的简单应用

### 1．排序

**1）sort(a, axis=-1, kind='quicksort', order=None)**

参数 axis 默认为−1，即沿数组的最后一个轴进行排序。若 axis=None，则将数组扁平化后再进行排序。

参数 kind 默认为快速排序（quicksort），也可以使用归并排序（mergesort）和堆排序（heapsort），其特点如表 3.21 所示，更详细的内容请参阅算法与数据结构的相关内容。

表 3.21　不同类别的排序特点

| kind | speed | worst case | work space | stable |
|---|---|---|---|---|
| 'quicksort' | 1 | $O(n^2)$ | 0 | no |
| 'mergesort' | 2 | $O(n*\log(n))$ | ~$n/2$ | yes |
| 'heapsort' | 3 | $O(n*\log(n))$ | 0 | no |

sort 函数的返回值为一个新的数组，不改变原始数组。

**演示示例：**

```
>>> a = np.array([[1,4],[3,1]])
>>> np.sort(a)  #沿最后一个轴排序
array([[1, 4],
```

```
        [1, 3]])
>>> np.sort(a, axis=None)  #数组扁平化后再排序
array([1, 1, 3, 4])
>>> np.sort(a, axis=0)  #沿列方向排序
array([[1, 1],
       [3, 4]])
>>> dtype = [('name', 'S10'), ('height', float), ('age', int)]
>>> values = [('Arthur', 1.8, 41), ('Lancelot', 1.9, 38),('Galahad', 
1.7, 38)]
>>> a = np.array(values, dtype=dtype)  #创建结构化数组
>>> np.sort(a, order='height')  #按 height 进行排序
array([('Galahad', 1.7, 38), ('Arthur', 1.8, 41),
       ('Lancelot', 1.8999999999999999, 38)],
      dtype=[('name', '|S10'), ('height', '<f8'), ('age', '<i4')])
#先按 age 排序，age 相同时再按 height 排序
>>> np.sort(a, order=['age', 'height'])
array([('Galahad', 1.7, 38), ('Lancelot', 1.8999999999999999, 38),
       ('Arthur', 1.8, 41)],
      dtype=[('name', '|S10'), ('height', '<f8'), ('age', '<i4')])
```

**2）lexsort(keys, axis=-1)**

使用关键字序列进行间接排序。若有多个排序关键字，将理解为按列排序，并返回排序后的索引值。

**演示示例：**

```
# 先按 surnames 排序,再按 first_names 排序
>>> surnames = ('Hertz', 'Galilei', 'Hertz')
>>> first_names = ('Heinrich', 'Galileo', 'Gustav')
>>> ind = np.lexsort((first_names, surnames))
>>> ind
array([1, 2, 0])
>>> [surnames[i] + ", " + first_names[i] for i in ind]
['Galilei, Galileo', 'Hertz, Gustav', 'Hertz, Heinrich']
>>> a = [1,5,1,4,3,4,4]  #第一列
>>> b = [9,4,0,4,0,2,1]  #第二列
>>> ind = np.lexsort((b,a))  #先按 a 排序，再按 b 排序
>>> print(ind)
[2 0 4 6 5 3 1]
>>> [(a[i],b[i]) for i in ind]
[(1, 0), (1, 9), (3, 0), (4, 1), (4, 2), (4, 4), (5, 4)]
```

**3）argsort(a, axis=-1, kind='quicksort', order=None)**

按指定的排序算法沿给定的轴进行间接排序，返回排序后的索引数组。

**演示示例：**

```
>>> x = np.array([3, 1, 2])
>>> np.argsort(x)  #一维数组排序
array([1, 2, 0])
```

```
>>> x = np.array([[0, 3], [2, 2]])
>>> x
array([[0, 3],
       [2, 2]])
>>> np.argsort(x, axis=0)  # 按列排序
array([[0, 1],
       [1, 0]])
>>> np.argsort(x, axis=1)  # 按行排序
array([[0, 1],
       [0, 1]])
>>> x = np.array([(1, 0), (0, 1)], dtype=[('x', '<i4'), ('y', '<i4')])
>>> x
array([(1, 0), (0, 1)],
      dtype=[('x', '<i4'), ('y', '<i4')])
>>> np.argsort(x, order=('x','y'))  #按关键字排序
array([1, 0])
>>> np.argsort(x, order=('y','x'))
array([0, 1])
```

### 2. 搜索

**1）argmax(a, axis=None, out=None)**

按给定的轴返回最大值的索引。argmin 返回最小值的索引，同 argmax 类似。

**演示示例：**

```
>>> a = np.arange(6).reshape(2,3)
>>> a
array([[0, 1, 2],
       [3, 4, 5]])
>>> np.argmax(a)  #所有元素中最大值的索引
5
>>> np.argmax(a, axis=0)  #每列中最大值的索引
array([1, 1, 1])
>>> np.argmax(a, axis=1)  #每行中最大值的索引
array([2, 2])
>>> b = np.arange(6)
>>> b[1] = 5
>>> b
array([0, 5, 2, 3, 4, 5])
>>> np.argmax(b)  #仅返回第一个最大值的索引
1
```

**2）nonzero(a)**

返回数组 a 中非零元素的索引值，构成一个元组，其长度为数组 a 的维数。例如一个二维数组 a，nonzero(b)所得到的是一个长度为 2 的元组 b。b 的第 0 个元素是数组 a 中值不为 0 的元素的第 0 轴的下标，第 1 个元素则是第 1 轴的下标，因此以下示例中 b[0,0]、b[1,1]、b[2,0]和 b[2,1]的值不为 0。

**演示示例：**

```
>>> x = np.array([[1,0,0], [0,2,0], [1,1,0]])
>>> x
array([[1, 0, 0],
       [0, 2, 0],
       [1, 1, 0]])
>>> b=np.nonzero(x);b  #非零元素的索引
(array([0, 1, 2, 2]), array([0, 1, 0, 1]))
>>> x[np.nonzero(x)]
array([1, 2, 1, 1])
```

**3）where(condition, [x, y])**

参数 x,y 是可选参数，condition 是条件，三者均为 array_like 的形式，其维度相同。当 conditon 的某个位置的为 True 时，输出 x 的对应位置的元素，否则选择 y 对应位置的元素；如果只有参数 condition，则函数返回为 True 的元素的索引信息。

**演示示例：**

```
>>> np.where([[True, False], [True, True]], [[1, 2], [3, 4]], [[9, 8],
[7, 6]])
array([[1, 8],
       [3, 4]])
>>> np.where([[0, 1], [1, 0]])  #只有条件，非零为True
(array([0, 1]), array([1, 0]))
>>> x = np.arange(9.).reshape(3, 3)
#输出为一个元组，其中两个数组分别为满足条件的元素的行、列索引
>>> np.where( x > 5 )
(array([2, 2, 2]), array([0, 1, 2]))
>>> x[np.where( x > 3.0 )]  #满足条件的所有元素
array([ 4.,  5.,  6.,  7.,  8.])
>>> np.where(x < 5, x, -1)  #满足条件时为x的值，否则为-1
array([[ 0.,  1.,  2.],
       [ 3.,  4., -1.],
       [-1., -1., -1.]])
#查找x的元素属于goodvalues的对应索引值
>>> goodvalues = [3, 4, 7]
>>> ix = np.isin(x, goodvalues)
>>> ix
array([[False, False, False],
       [ True,  True, False],
       [False,  True, False]])
>>> np.where(ix)
(array([1, 1, 2]), array([0, 1, 1]))
```

### 3．计数

**bincount(x, weights=None, minlength=0)**

在由非负整数组成的数组中，求不大于数组元素最大值的每个值出现的次数。

**演示示例：**

```
>>> np.bincount(np.arange(5))  #0～5 之间每个数出现的次数
array([1, 1, 1, 1, 1])
>>> np.bincount(np.array([0, 1, 1, 3, 2, 1, 7]))  #0～7 之间每个值出现的次数
array([1, 3, 1, 1, 0, 0, 0, 1])
>>> x = np.array([0, 1, 1, 3, 2, 1, 7, 23])
>>> np.bincount(x).size == np.amax(x)+1  #输出数组的大小为最大值加 1
True
>>> np.bincount(np.arange(5, dtype=float))  #输入数组要求为整型，否则出错
Traceback (most recent call last):
  File "<stdin>", line 1, in <module>
TypeError: array cannot be safely cast to required type
>>> w = np.array([0.3, 0.5, 0.2, 0.7, 1., -0.6])
>>> x = np.array([0, 1, 1, 2, 2, 2])
>>> np.bincount(x,  weights=w)
array([ 0.3,  0.7,  1.1])
```

加 weights 参数后，对输出结果分析如下：

```
out[0]=w[0]=0.3
out[1]=w[1]+w[2]=0.5+0.2=0.7
out[2]=w[3]+w[4]+w[5]=0.7+1-0.6=1.1
```

### 4．分段

在 Numpy 的简单应用中，where 函数可起到分段的作用。除此之外，Numpy 库的 select 和 piecewise 函数也具有分段的作用。

**1）select(condlist, choicelist, default=0)**

以下示例中，将数组 x 分为了三段，分别为 $x<3$、$x>5$、$3\leqslant x\leqslant 5$，每段可以采用不同的计算公式，类似于数学中的分段函数。

```
>>> x = np.arange(10)
>>> condlist = [x<3, x>5]  #分段区间
>>> choicelist = [x, x**2]  #计算公式
>>> np.select(condlist, choicelist)
array([ 0,  1,  2,  0,  0,  0, 36, 49, 64, 81])
```

**2）piecewise(x, condlist, funclist, *args, **kw)**

对 x 按不同条件区间进行计算，其中 args 为元组类型，kw 为字典类型，为可选项。

**演示示例：**

```
>>> x = np.linspace(-2.5, 2.5, 6)  #生成等间隔数组
>>> np.piecewise(x, [x < 0, x >= 0], [-1, 1])  #当 x<0 时为-1，当 x>=0 时为 1
array([-1., -1., -1.,  1.,  1.,  1.])
#不同区段上的计算采用 lambda 函数，相当于求 x 的绝对值
>>> np.piecewise(x, [x < 0, x >= 0], [lambda x: -x, lambda x: x])
array([ 2.5,  1.5,  0.5,  0.5,  1.5,  2.5])
>>> y = -2  #对单个值分段求其绝对值
>>> np.piecewise(y, [y < 0, y >= 0], [lambda x: -x, lambda x: x])
array(2)
```

### 5. 快速傅里叶变换

傅里叶变换是将时域信息向频域信息转变的过程。在实际应用中，特别是在计算机处理上，应用更多的是离散傅里叶变换。一个长度为 $N$ 的有限序列 $\{f_k\}$ 的离散傅里叶变换（Discrete Fourier Transformation，DFT）定义如下：

$$\mathcal{F}(f_k)=F_n=\sum_{k=0}^{N-1}f_k\mathrm{e}^{-\mathrm{i}2\pi kn/N}\quad(0\leqslant k\leqslant N-1)$$

而其反变换定义为：

$$\mathcal{F}^{-1}(F_n)=f_k=\frac{1}{N}\sum_{k=0}^{N-1}F_n\mathrm{e}^{\mathrm{i}2\pi kn/N}\quad(0\leqslant n\leqslant N-1)$$

对 DFT 的正变换而言，令 $W_N=\mathrm{e}^{-\mathrm{i}2\pi/N}$，当 $k$ 依次取 $0,1,2,\cdots,N-1$ 时，可用矩阵表示如下：

$$\begin{bmatrix}F(0)\\F(1)\\\vdots\\F(N-1)\end{bmatrix}=\begin{bmatrix}W^{00}&W^{01}&W^{02}&\cdots&W^{0(N-1)}\\W^{10}&W^{11}&W^{12}&\cdots&W^{1(N-1)}\\\vdots&\vdots&\vdots&&\vdots\\W^{(N-1)0}&W^{(N-1)1}&W^{(N-1)2}&\cdots&W^{(N-1)(N-1)}\end{bmatrix}\begin{bmatrix}f(0)\\f(1)\\\vdots\\f(N-1)\end{bmatrix}$$

其中，$W_N^{nk}$ 为复数，$F_n$ 为复数序列。

由上式可见，直接按照 DFT 定义计算长度为 $N$ 的序列时，每行有 $N$ 个复数乘法和 $N$ 个加法，因此乘法次数和加法次数都与 $N^2$ 成正比。当 $N$ 的值较大时，总的计算量会非常大。

快速傅里叶变换（Fast Fourier Transform，FFT）是离散傅里叶变换（DFT）的一种快速实现方法，最早由 Cooley 和 Tukey 于 1965 年提出。它是利用 $W_N^{nk}$ 的共轭对称性和周期性的特点，将长序列的 DFT 分解为较短序列的 DFT，从而大大提高计算的速度，满足强实时性的处理要求。其基本思想是将 $N$ 个采样点的 DFT 分解为两个 $N/2$ 个序列点的 DFT，则计算量为 $(N/2)^2+(N/2)^2=N^2/2$；继续分解下去，$N/2$ 的序列点再分解为 $N/4$。因此，当离散序列的点满足 $N=2^j$ 时，DFT 都可以分解为 $1/2$ 序列点的 DFT，其计算量可以减少为 $(N/2)\log 2N$ 次乘法和 $N\log 2N$ 次加法。若序列点不满足 $N=2^j$ 时，可直接在序列的后面补充 0，直到满足 $N=2^j$ 为止。

#### 1）一维信号的傅里叶变换

对一维信号进行快速傅里叶变换，有如下示例代码，显示的图形分别如图 3.15 和图 3.16 所示。

```
>>> import matplotlib.pyplot as plt  #导入绘图库
>>>import numpy as np  #导入 Numpy 库
>>> x=np.linspace(0,2*np.pi,50)  #包含 50 个点的余弦波信号
>>> wave=np.cos(x)
>>> plt.plot(wave)  #绘制余弦波
>>> plt.show()
>>> transformed=np.fft.fft(wave)  #快速傅里叶变换
```

```
>>> plt.plot(transformed)  #绘制变换后的信号
>>> plt.show()
>>> plt.plot(np.fft.ifft(transformed))  #傅里叶逆变换
[<matplotlib.lines.Line2D object at 0x0703FA10>]
>>> plt.show()
>>> shifted=np.fft.fftshift(transformed)  #移频
>>> plt.plot(shifted)  #绘制移频后的信号
[<matplotlib.lines.Line2D object at 0x0882CE50>]
>>> plt.show()
>>> plt.plot(np.fft.ifft(shifted))  #对移频后的信号进行快速傅里叶逆变换
[<matplotlib.lines.Line2D object at 0x0887D4B0>]
>>> plt.show()
```

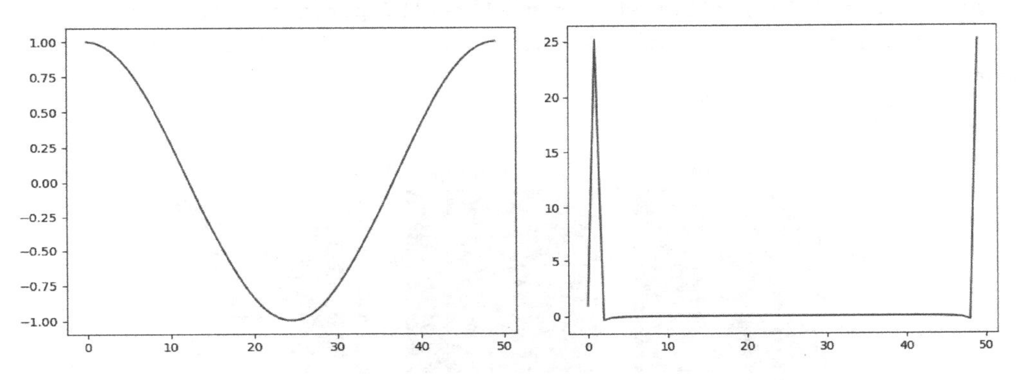

图 3.15　左侧为余弦波结果，右侧为快速傅里叶变换结果

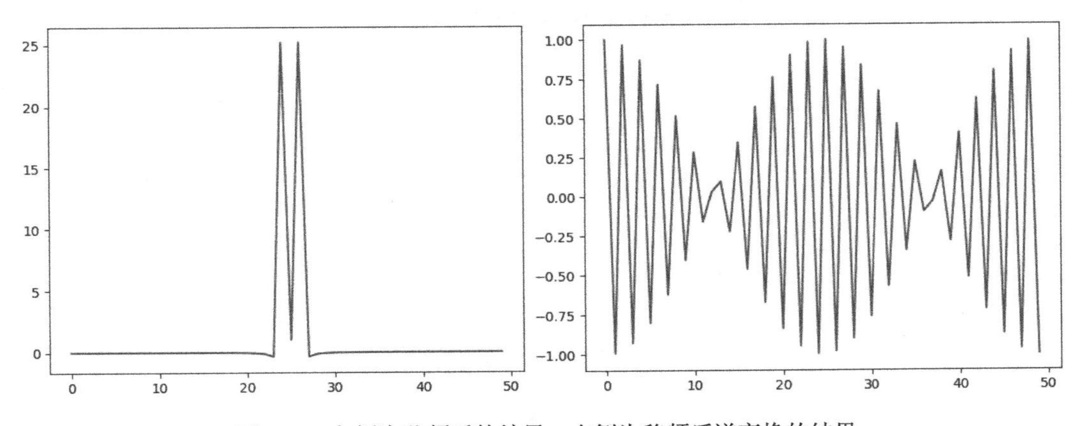

图 3.16　左侧为移频后的结果，右侧为移频后逆变换的结果

**2）图像的二维傅里叶变换**

二维图像信息的快速傅里叶变换示例程序代码如下，变换的结果如图 3.17 所示。

```
import numpy as np
from PIL import Image
import matplotlib.pyplot as plt
import os
#读取图像文件
```

```
    os.chdir(u'd:\\Visualization\\')
    img=Image.open('lena.jpg')
    #傅里叶变换
    f = np.fft.fft2(img)
    fshift = np.fft.fftshift(f)
    res = np.log(abs(fshift))
    #傅里叶逆变换
    ishift = np.fft.ifftshift(fshift)
    iimg = np.fft.ifft2(ishift)
    iimg = abs(iimg)
    #显示图像变换结果
    plt.subplot(131), plt.imshow(img, 'gray'), plt.title('Original Image')
    plt.subplot(132), plt.imshow(res, 'gray'), plt.title('Fourier Image')
    plt.subplot(133), plt.imshow(iimg, 'gray'), plt.title('Inverse Fourier
Image')
    plt.show()
```

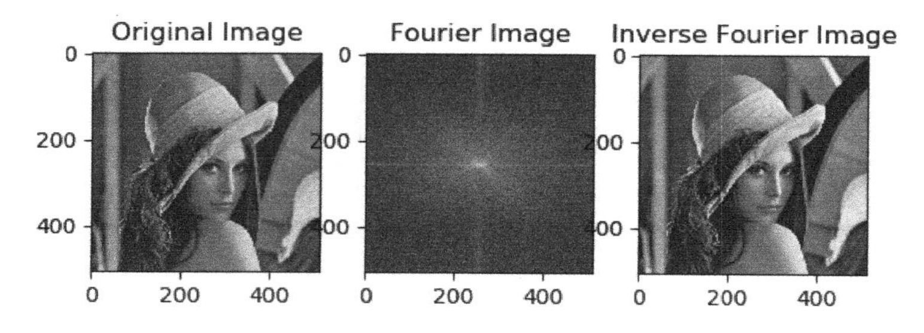


图 3.17　图像的傅里叶变换

# 第 4 章　数据处理和分析——Pandas

Pandas 是基于 Numpy 的数据分析库，能够提供快速、灵活和富有表现力的数据结构，旨在使“关系”或“标记”数据的使用既简单又直观，成为 Python 环境下高效且强大的数据分析包之一。

对数据科学而言，数据工程是进行数据识别、数据清洗和整理、数据计算、数据存储和管理、数据分析和建模，并将分析结果进行组织，以适合于绘图或表格显示的过程。Pandas 是完成这些任务的理想工具，主要有以下功能：

（1）在浮点和非浮点数据中轻松处理缺失数据（NaN）；

（2）大小可变性：可以从 DataFrame 或更高维度的对象中插入和删除数据；

（3）自动或显式数据对齐：对象可以明确地与一组标签对齐，用户也可以简单地忽略标签，让 Series、DataFrame 等在计算中自动对齐数据；

（4）强大、灵活的“组”功能，可以对数据集进行拆分、组合操作，用于数据的分组、聚合和转换；

（5）基于智能标签的切片、花式索引和数据子集；

（6）灵活的数据重塑和数据集的旋转、合并、分类等；

（7）轴的分层标记，使得每个刻度可能有多个标签；

（8）强大的 I/O 工具，用于从不同类型的文件（如 CSV、TXT、XML、XLSX、HDFS 等）和数据库中保存或加载数据；

（9）特定的时间序列功能：日期范围生成和频率转换、移动窗口统计、移动窗口线性回归、日期转换和滞后等。

Pandas 建立在 Numpy 之上，旨在尽可能多地与其他第三方库完美地集成在科学计算环境中。与 Numpy 库相比，Pandas 库使用扩展的数据类型，关注数据的应用，积极表达数据与索引间的关系，提供了许多适合计算和分析的数据结构与类型，如 Series、DataFrame、Panel 等，可以帮助完成数据的基本操作、运算操作、特征类操作、关联类操作等各类操作。这些不同类型的数据，可归结为以下几类：

（1）具有异构类型列的表格数据，如 SQL 或 Excel 电子表格；

（2）有序和无序的时间序列数据；

（3）具有行和列标签的任意矩阵数据（均匀类型或异构）；

（4）任何其他形式的观察、统计数据集。

Pandas 作为 Python 的第三方库，使用前必须进行安装和导入。如在 Windows 操作系统环境下，使用 Python 3.6 版本，需要执行以下两步操作。

（1）安装：在命令提示符下在线安装命令：pip install pandas；

（2）导入：在 Python 环境中导入语句：import pandas as pd。

# 4.1 数据结构

Pandas 处理的数据结构建立在 Numpy 数组之上，主要有系列（Series）、数据帧（DataFrame）、面板（Panel）三种数据结构，处理数据的速度很快。

## 4.1.1 常用数据结构

良好的数据结构及这些结构上的运算是进行数据处理的有效前提和基础。Pandas 数据结构的主要特点如表 4.1 所示。

表 4.1 Pandas 数据结构的主要特点

| 数据结构 | 维　数 | 描　述 |
| --- | --- | --- |
| 系列 | 1 | 使用一维标记的均匀数组，结构大小不变 |
| 数据帧 | 2 | 使用二维标记，表结构大小可变，列为潜在的异质类型 |
| 面板 | 3 | 使用三维标记，是大小可变的数组 |

对这些结构维数的考虑，其原则主要有两个，即：

（1）把较高维的数据结构作为较低维的数据结构的容器。例如，DataFrame 是 Series 的容器，Panel 是 DataFrame 的容器。

（2）构建和处理两维或更多维的数组是一项繁琐的任务，用户在编写函数时要考虑数据集的方向。而使用 Pandas 的数据结构，减少了用户的思考。例如，使用数据帧，在语义上更有利于考虑索引（行）和列，而不是轴 0 和轴 1。

数据结构的可变性也是在使用这些结构时必须考虑的问题，这是对结构是否允许进行操作的前提。Pandas 的所有数据结构值都是可变的，系列大小不变，其他的结构都是大小可变的。

**说明：**

（1）DataFrame 被广泛使用，是最重要的数据结构之一。

（2）面板的使用非常少，在 Pandas 0.24 及以上的版本中已经弃用，一般可以 MultiIndex 或 xarray（外部扩展库，需要单独安装）替代。未来的 1.0 版本与目前的 0.25 版本相同，但会删除所有已经弃用的功能，因此对面板的使用在此不做介绍。

### 1. 系列

系列（Series）是具有均匀数据的一维数组结构。例如，由 10,23,56,...组成的整数集合可以是一个系列。系列具有数据均匀、尺寸大小不变、数据的值可变等特点。

### 2. 数据帧

数据帧（DataFrame）是一个具有异构数据的二维数组，如表 4.2 所示的数据集，表示具有整体绩效评级组织的销售团队的数据。数据以行和列表示，每列表示一个属性，每行代表一个人。

表 4.2 异构数据表

| 姓 名 | 年 龄 | 性 别 | 等 级 |
|---|---|---|---|
| Maxsu | 25 | 男 | 4.45 |
| Katie | 34 | 女 | 2.78 |
| Vina | 46 | 女 | 3.9 |
| Lia | 42 | 女 | 4.6 |

若将表格中的内容作为数据帧的数据，列的数据类型可以如表 4.3 所示。

表 4.3 可采用的数据类型

| 列 | 类 型 |
|---|---|
| 姓名 | 字符串 |
| 年龄 | 整数 |
| 性别 | 字符串 |
| 等级 | 浮点型 |

数据帧具有异构数据、尺寸大小可变、数据的值可变的特点。

### 4.1.2 数据类型

Pandas 能够支持的基本数据类型包括整型（int）、浮点型（float）、布尔型（bool）、日期时间型（timedelta64、datetime64）和对象型（object，字符串和混合类型均视为 object 类型）。

在大多数情况下，Pandas 使用 Numpy 数组和这些基本数据类型（dtypes）作为系列（Series）和数据帧（DataFrame）中某个列的数据类型。在此基础上，Pandas 也扩展了 Numpy 的数据类型，这些扩展的数据类型适合于 Pandas 中的少数情况，如表 4.4 所示。

表 4.4 Pandas 的扩展数据类型

| 数据类型 | 相关的支持类 | 常用关键字 | 说 明 |
|---|---|---|---|
| 日期/时间型 | DatetimeTZDtype<br>Timestamp<br>arrays.DatetimeArray | datetime64[ns]<br>datetime64[ns,tz] | 对时区（Time Zone）敏感，不受 Numpy 支持 |
| 分类型 | CategoricalDtype<br>Categorical | Category | 适用于有限但不唯一的可分类数据集，在 Pandas 内部可分成有限且唯一的分类集合（categories）和对应的分类编码（codes），对大数据集而言，可有效降低存储量 |
| 时间段型 | PeriodDtype<br>Period<br>arrays.PeriodArray | period[freq] | 表示单个时间跨度或某个时间段，如一天、一小时以时间戳（timestamp）+时间周期长度（freq）的形式界定 |
| 稀疏型 | SparseDtype<br>arrays.SparseArray | Sparse[dtype] | 适用于 float64(nan)、int64(0)、bool(False) 基础类型的数据集。为节约内存，匹配空值的数据被省略时，稀疏对象被“压缩”；稀疏对象中通过 SparseIndex 对象跟踪数据被“稀疏”的位置 |

（续表）

| 数据类型 | 相关的支持类 | 常用关键字 | 说　明 |
|---|---|---|---|
| 区间型 | IntervalDtype<br>Interval<br>arrays.IntervalArray | Interval | 类似于数学上的区间集合，如（0,2] |
| 整型(可空) | Int64Dtype , …<br>arrays.IntegerArray | Int64 等 | 表示可以取值为 NaN 的整数数据集 |

### 4.1.3 数据类型的简单使用

使用 Pandas 的数据结构时，不可避免地要考虑结构中数据的基础数据类型。Pandas 继承了 Numpy 的原有数据类型，并进行了一定的扩展，正确使用这些数据类型，对数据的有效处理是非常重要的。下面将以示例的方式，说明这些数据类型的基本使用方法，以便能够为后续的数据处理和分析奠定较好的基础。

```
import numpy as np #导入 Numpy 库
import pandas as pd #导入 Pandas 库
>>> df = pd.DataFrame({'A': np.random.rand(3), #创建数据帧对象
                       'B': 1,
                       'C': 'foo',
                       'D': pd.Timestamp('20010102'),
                       'E': pd.Series([1.0] * 3).astype('float32'),
                       'F': False,
                       'G': pd.Series([1] * 3, dtype='int8')})
>>> df
          A  B    C          D    E      F  G
0  0.234340  1  foo 2001-01-02  1.0  False  1
1  0.346867  1  foo 2001-01-02  1.0  False  1
2  0.115515  1  foo 2001-01-02  1.0  False  1
>>> df.dtypes  #各列的数据类型
A           float64
B             int64
C            object
D    datetime64[ns]
E           float32
F              bool
G              int8
dtype: object
>>> pd.Series([1,2,3,4,5,6.])  #创建系列时整型强制转换为浮点型
0     1.0
1     2.0
2     3.0
3     4.0
4     5.0
5     6.0
```

```
dtype: float64
>>> pd.Series([1,2,3,6.,'foo'])  #强制转换为object类型
0      1
1      2
2      3
3      6
4    foo
dtype: object
#创建对象时，可指定相应的数据类型，或采用默认的数据类型
>>> df2 = pd.DataFrame({'A': pd.Series(np.random.randn(8), dtype='float16'),
    'B': pd.Series(np.random.randn(8)),
    'C': pd.Series(np.array(np.random.randn(8),dtype='uint8'))})
>>> df2
          A         B  C
0  0.594727 -1.205854  0
1 -0.069214 -0.827454  0
2 -0.037689 -1.052045  0
3 -0.084106 -1.473786  0
4 -0.404297 -0.377971  0
5 -0.104858 -0.720650  1
6 -0.561035 -0.003992  0
7 -0.379639 -0.185914  0
>>> df2.dtypes  #对象各列的数据类型
A    float16
B    float64
C      uint8
dtype: object
>>> df2.astype('float32').dtypes  #强制类型转换为float32类型
A    float32
B    float32
C    float32
dtype: object
```

在强制数据类型转换时，存在兼容性问题。如果数据类型之间不兼容，将提示错误，不能完成转换。

```
>>>import datetime as dt  #导入Python标准库
>>> m=['1.1',2,3]
>>> pd.to_numeric(m)  #兼容，转换为数值类型
array([1.1, 2. , 3. ])
>>> m=['2019-07-09',dt.datetime(2019,3,2)]
>>> pd.to_datetime(m)  #兼容，转换为日期/时间型
DatetimeIndex(['2019-07-09',  '2019-03-02'],  dtype='datetime64[ns]',
freq=None)
>>> m = ['apple', datetime.datetime(2016, 3, 2)]
>>> pd.to_datetime(m, errors='coerce')  #不兼容，则置为空值，如NaT
DatetimeIndex(['NaT', '2016-03-02'], dtype='datetime64[ns]', freq=None)
```

```
>>> m=['apple',2,3]
>>> pd.to_numeric(m,errors='ignore')  #不兼容，保留原值，但提升类型
array(['apple', 2, 3], dtype=object)
```

### 4.1.4　系列的基本使用

系列（Series）中的数据可以是整数、字符串、浮点数、Python 对象等任何数据类型，数据在轴上的标签统称为索引。

#### 1．系列的创建

Pandas 系列可以由 Series 类的构造函数创建，其基本语法如下：

```
pandas.Series( data, index, dtype, copy)
```

其中参数的功能和含义如下：

（1）data：用于指定在系列中存储的数据，数据的类型可以是数组、迭代对象、字典、列表、标量等多种形式；

（2）index：用于指定数据对应的索引。索引值必须是唯一的和可散列的，且与数据的长度相同。若没有索引被传递，默认采用 pandas.RangeIndex(0,n)，n 为数据的长度；

（3）dtype：用于指定系列的数据类型，可以是字符串、Numpy 基础类型或 Pandas 的扩展数据类型，可选；

（4）copy：表示是否要复制输入数据，布尔型，默认为 False。

按照输入数据的不同，系列对象的创建主要有以下几种方法。

**1）从 ndarray 创建系列**

```
>>>data= np.random.randn(5)  #ndarray 对象
>>> s=pd.Series(data,index=['a','b','c','d','e'])  #指定索引
>>> s  #第 1 列为索引，第 2 列为数据
a     2.103102
b     0.158298
c     0.283781
d    -0.073709
e     1.249465
dtype: float64
>>> s.index  #查看系列的索引值
Index(['a', 'b', 'c', 'd', 'e'], dtype='object')
#创建系列时未指定索引，则索引默认为 RangeIndex(0,len(data))
>>> pd.Series(data=np.random.randn(5))
0     0.626221
1    -0.301058
2     0.866474
3     1.100336
4    -0.900480
dtype: float64
```

**2）从字典创建系列**

字典（dict）可以作为输入传递，如果没有指定索引，则按排序顺序取得字典键以构造索引。如果传递了索引，索引中与标签对应的数据中的值将被拉出。

```
>>> data={'a':1.,'b':2.,'c':3.}  #创建字典
>>> pd.Series(data)  #创建系列，未指定索引，字典键构造索引
a     1.0
b     2.0
c     3.0
dtype: float64
#创建系列时指定了索引，则索引顺序保持不变，缺失值用 NaN 填充
>>> pd.Series(data,index=['b','c','d','a'])
b     2.0
c     3.0
d     NaN
a     1.0
dtype: float64
```

**3）从标量或常量创建系列**

如果数据是标量或常量值，则必须提供索引，将重复该值以匹配索引的长度。

```
>>> pd.Series(5,index=[0,1,2,3])
0     5
1     5
2     5
3     5
dtype: int64
```

## 2. 系列的特性

在系列创建完成后，系列具有常用的一些属性，这些属性是与系列的定义一致的，示例如下：

```
>>> s=pd.Series(list('aabc'))  #创建系列
>>> s.ndim  #系列对象的维数
1
>>> s.dtype  #系列对象的基础数据类型，字符串视为 Object 类型
dtype('O')
>>> s.size  #系列对象中元素的个数
4
>>> s.values  #系列对象的值，返回一个 ndarray 对象
array(['a', 'a', 'b', 'c'], dtype=object)
>>> s.index  #系列对象的索引，默认为 pd.RangeIndex(0,4)
RangeIndex(start=0, stop=4, step=1)
```

系列对象除具有基本的一些属性外，还具有其他的一些特性，在其使用过程中必须要引起足够的注意，以避免出现不必要的错误。

**1）数组特性**

Series 与 Numpy 库中的 ndarray 非常相似，主要表现为三个方面：①可以使用

Numpy 的基础数据类型；②具有与 ndarray 一致的运算、切片等操作；③可以作为大多数 Numpy 函数的有效参数。

```
>>> s=pd.Series(np.random.randn(5),index=['a','b','c','d','e'])  #创建系列
>>> s
a     0.230362
b     0.870013
c     0.903242
d     1.703901
e     0.690589
dtype: float64
>>> s[0]  #访问第 1 个索引位置的数据
0.2303621602530531
>>> s[:3]  #切片，前 3 个索引位置的数据
a     0.230362
b     0.870013
c     0.903242
dtype: float64
>>> s[-3:]  #切片，后 3 个索引位置的数据
c     0.903242
d     1.703901
e     0.690589
dtype: float64
>>> s[s>s.median()]  #使用布尔索引访问符合条件的数据
c     0.903242
d     1.703901
dtype: float64
>>> s[[4,3,1]]  #使用索引位置列表访问数据
e     0.690589
d     1.703901
b     0.870013
dtype: float64
>>> np.exp(s)  #作为 Numpy 函数的参数
a     1.259056
b     2.386942
c     2.467591
d     5.495343
e     1.994891
dtype: float64
>>> s.dtype  #使用 Numpy 的基础数据类型
dtype('float64')
>>> s.array  #作为 Pandas 的 ExtensionArray 类型，与 ndarray 不同
<PandasArray>
[0.2303621602530531, 0.8700132203883783, 0.9032421732786192,
 1.703900918089643, 0.6905893335007199]
```

```
Length: 5, dtype: float64
>>> s.to_numpy()  #转换为Numpy的ndarray类型
array([0.23036216, 0.87001322, 0.90324217, 1.70390092, 0.69058933])
```

**2）字典特性**

Series与固定大小的字典类似，可以通过索引标签使用系列对象。

```
>>>
data={'UCAS':119,'Peking':112,'Tsinghua':135,"Fudan":179,"Zhejiang":133}
>>> index=['Peking','UCAS','Zhejiang','Tsinghua','Fudan']
>>> s=pd.Series(data,index)  #以高校ESI国际排名字典数据创建系列
>>> s
Peking        112
UCAS          119
Zhejiang      133
Tsinghua      135
Fudan         179
dtype: int64
>>> s['Tsinghua']  #访问标签为Tsinghua的数据
135
>>> s['Zhejiang']=152  #修改标签为Zhejiang的数据值
>>> s['SJTU']=156  #添加标签为SJTU的数据
>>> s  #修改和添加以后的系列数据
Peking        112
UCAS          119
Zhejiang      152
Tsinghua      135
Fudan         179
SJTU          156
dtype: int64
>>> "Fudan" in s  #是否包含标签Fudan
True
```

**3）矢量化特性**

使用Series时，可以按照向量的方式处理，如Series的运算、作为Numpy方法的参数处理等。

```
>>> s1=pd.Series([1,2,3],index=['a','b','c'])
>>> s2=pd.Series([4,5,6,7],index=['a','b','c','d'])
>>> s1+s2
a    5.0
b    7.0
c    9.0
d    NaN
dtype: float64
>>> s1*2
a    2
b    4
c    6
```

```
dtype: int64
>>> np.exp(s2)
a      54.598150
b     148.413159
c     403.428793
d    1096.633158
dtype: float64
```

**说明：**

（1）Series 的向量化使得 Series 的操作会自动根据标签对齐数据。因此，计算时无须考虑所涉及到的 Series 是否具有相同的标签；

（2）相同索引的值进行运算，没有匹配成功的索引则被置为空值 NaN；

（3）未对齐 Series 之间的运算将包含所涉及的索引的并集，会产生缺失数据，要注意避免信息的丢失。

### 3. 系列中数据的访问

系列创建后，具有两个基本的属性，即位置属性和索引（标签）属性，这是有效访问系列中数据的前提。

**1）按位置访问**

```
>>> s=pd.Series(data=[1,2,3,4,5],index=list('abcde'))  #创建系列
>>> s
a    1
b    2
c    3
d    4
e    5
dtype: int64
>>> s[[2,3]]  #访问位置为 2、3 的数据
c    3
d    4
dtype: int64
>>> s[:-2]  #切片至倒数第 2 个位置
a    1
b    2
c    3
dtype: int64
```

**2）按索引访问**

```
>>> s['a']  #访问索引为 a 的数据
1
>>> s[['b','c','d']]  #访问多个索引对应的数据
b    2
c    3
d    4
dtype: int64
>>> s[s>s.median()]  #布尔索引，访问大于中位数的所有数据
```

```
d      4
e      5
dtype: int64
```

**3）访问头尾的数据**

```
>>> s=pd.Series(np.random.randn(1000))  #创建系列
>>> s.head(3)  #访问头部的前 3 个数据
0     -0.623756
1     -1.413215
2      1.584740
dtype: float64
>>> s.tail(3)  #访问尾部的最后 3 个数据
997      0.201044
998     -0.543715
999     -0.139296
dtype: float64
```

### 4.1.5 数据帧的基本使用

数据帧（DataFrame）可视为由行、列组成的二维表结构，列的数据类型可以不同，行、列作为标记轴，分别对应 DataFrame 的 index 和 columns，且可以对行、列进行算术运算。

**1．数据帧的创建**

创建数据帧，可以使用 DataFrame 类的构造函数，其语法如下：

```
pandas.DataFrame( data, index, columns, dtype, copy)
```

其中参数的含义和功能如下：

（1）data：表示输入数据，可以是列表（list）、字典（dict）、系列（Serries）、数组（ndarray）或另一个数据帧（DataFrame）；

（2）index：表示行标签，若省略，则默认为 pd.RangeIndex(0,n)，n 为行数；

（3）columns：表示列标签，默认为 pd.RangeIndex(0,n)，这里的 n 为列数；

（4）dtype：用于指定列的指定类型，只能设置一种数据类型，可以影响同类的多列数据，如 dtype="float64"，则数值型的各列数据均为 float64 类型，默认为 None；

（5）copy：表示是否要复制输入数据，布尔型，默认为 False。

按照输入数据的不同形式，数据帧的创建也有多种方法，示例如下：

```
>>> data = [['Alex',10],['Bob',12],['Clarke',13]]  #列表数据
>>> df=pd.DataFrame(data,dtype='float')  #使用列表创建数据帧
>>> df
        0     1
0    Alex  10.0
1     Bob  12.0
2  Clarke  13.0
```

使用列表字典创建数据帧，要求字典中的列表长度相等，且传递的索引长度也等于其中列表的长度。

```
>>> data = {'Name':['Tom', 'Jack', 'Steve', 'Ricky'],'Age':[28,34,29,
42]}
>>> df=pd.DataFrame(data,index=['No.1','No.2','No.3','No.4'])  #指定索引
>>> df
        Name    Age
No.1     Tom     28
No.2    Jack     34
No.3   Steve     29
No.4   Ricky     42
```

使用字典列表创建数据帧，字典键作为列标签的名称。若列不匹配，则用缺失值填充。

```
>>> data = [{'a': 1, 'b': 2},{'a': 5, 'b': 10, 'c': 20}]  #字典列表
>>> df=pd.DataFrame(data,index=['first','second'],columns=['a','b','c'])
>>> df
        a   b     c
first   1   2   NaN
second  5  10  20.0
```

使用系列字典创建数据帧，所得到的索引是所有系列索引的并集，如果索引不匹配，同样以缺失值填充。

```
>>> data={'one':pd.Series([1,2,3],index=['a','b','c']),'two':pd.Series
([1,2, 3, 4], index=['a', 'b', 'c', 'd'])}  #构造系列字典
>>> df=pd.DataFrame(data)  #创建数据帧
>>> df
   one  two
a  1.0    1
b  2.0    2
c  3.0    3
d  NaN    4
```

**2. 数据帧的常用属性**

数据帧对象创建后，具有一些基本的属性，理解这些常用的属性是熟练掌握和使用数据帧结构的基础。

```
>>> data={'Names':['Jane','Niko','Aaron','Penelope','Dean','Christina',
'Cornelia'], 'state':['NY','TX','FL','AL','AK','TX','TX'], 'color':['blue',
'green','red','white','gray','black','red'],'food':['Steak','Lamb','Mango',
'Apple','Cheese','Melon','Beans'],'age':[30,2,12,4,32,33,69],'height':[165,70,
120,80,180,172,150],'score':[4.6,8.3,9.0,3.3,1.8,9.5,2.2]}  #定义数据帧所需的
数据
>>> df=pd.DataFrame(data)  #创建 DataFrame 对象
>>> df.shape  #对象的形状，行列数
(7, 7)
>>> df.size  #对象的大小，包含元素的个数
49
```

```
>>> df.ndim  #对象的维数
2
>>> df.columns  #对象的列标签
Index(['Names', 'state', 'color', 'food', 'age', 'height', 'score'],
dtype='object')
>>> df.index  #对象的行索引
RangeIndex(start=0, stop=7, step=1)
>>> df.dtypes  #对象各列的基础数据类型
Names          object
state         object
color         object
food           object
age             int64
height         int64
score        float64
dtype: object
>>> df.values  #对象的具体值
array([['Jane', 'NY', 'blue', 'Steak', 30, 165, 4.6],
          ['Niko', 'TX', 'green', 'Lamb', 2, 70, 8.3],
          ['Aaron', 'FL', 'red', 'Mango', 12, 120, 9.0],
          ['Penelope', 'AL', 'white', 'Apple', 4, 80, 3.3],
          ['Dean', 'AK', 'gray', 'Cheese', 32, 180, 1.8],
          ['Christina', 'TX', 'black', 'Melon', 33, 172, 9.5],
          ['Cornelia', 'TX', 'red', 'Beans', 69, 150, 2.2]], dtype=object)
>>> df.columns.values  #对象列标签的值
array(['Names', 'state', 'color', 'food', 'age', 'height', 'score'],
      dtype=object)
>>> df.index.values  #对象索引的值
array([0, 1, 2, 3, 4, 5, 6], dtype=int64)
```

### 3. 列的基本操作

在数据帧创建后，可以对列进行的基本操作，包括列的选择、列的添加和删除、插入等。以下通过示例的方式，演示数据帧中列的基本操作。

```
>>> import numpy as np  #导入外部扩展库
>>> import pandas as pd
>>> data ={'one': pd.Series([1,2,3], index=['a', 'b', 'c']), 'two':
pd.Series([1, 2, 3, 4], index=['a', 'b', 'c', 'd'])}  #输入数据
>>> df=pd.DataFrame(data)  #创建数据帧对象
>>> df['one']  #选择标签为 one 的列访问
a     1.0
b     2.0
c     3.0
d     NaN
Name: one, dtype: float64
```

```
>>> df['three']=pd.Series([10,20,30],index=['a','b','c'])  #添加一个新列
>>> df['four']=df['one']+df['three']  #添加标签为 four 的新列
>>> df  #添加两个新列后数据帧的内容
   one  two  three  four
a  1.0    1   10.0  11.0
b  2.0    2   20.0  22.0
c  3.0    3   30.0  33.0
d  NaN    4    NaN   NaN
>>> del df['one']  #删除标签为 one 的列
>>> df.pop('two')  #使用数据帧的方法删除标签为 two 的列
a     1
b     2
c     3
d     4
Name: two, dtype: int64
>>> df  #删除两个列后数据帧的内容
   three  four
a   10.0  11.0
b   20.0  22.0
c   30.0  33.0
d    NaN   NaN
>>> s=pd.Series([1,2,3,4],index=['a','b','c','d'])  #创建系列
>>> df.insert(loc=1,column='Two',value=s)  #使用数据帧的方法插入一个新列
>>> df  #插入新列后的数据帧内容
   three  Two  four
a   10.0    1  11.0
b   20.0    2  22.0
c   30.0    3  33.0
d    NaN    4   NaN
```

#### 4. 行的基本操作

数据帧中，行的索引编号默认从 0 开始。对行的操作包括行的选择、添加、删除等，示例方式如下：

```
>>> data = {'one' : pd.Series([1, 2, 3], index=['a', 'b', 'c']),
    'two' : pd.Series([1, 2, 3, 4], index=['a', 'b', 'c', 'd'])}  #生成输入数据
>>> df=pd.DataFrame(data)  #创建数据帧对象
>>> df
   one  two
a  1.0    1
b  2.0    2
c  3.0    3
d  NaN    4
>>> df.loc['b']  #使用数据帧的 loc 方法选择索引为 b 的行
one     2.0
```

```
    two   2.0
    Name: b, dtype: float64
    >>> df.iloc[2]  #使用 iloc 方法选择索引位置为 2 的行
    one      3.0
    two      3.0
    Name: c, dtype: float64
    >>> df[2:4]  #使用切片选择索引位置为 2 和 3 的行，注意左闭右开
       one  two
    c  3.0    3
    d  NaN    4
    >>> df[df>df.mean()]  #使用布尔向量选择符合条件的行
       one  two
    a  NaN  NaN
    b  NaN  NaN
    c  3.0  3.0
    d  NaN  4.0
    >>> df = pd.DataFrame([[1, 2], [3, 4]], columns=list('AB'))  #创建数据帧
对象
    >>> df
       A  B
    0  1  2
    1  3  4
    >>> df2 = pd.DataFrame([[5, 6], [7, 8]], columns=list('AB'))  #创建数据
帧对象
    >>> df.append(df2)  #将 df2 的行追加到 df 尾部，生成一个新的数据帧对象
       A  B
    0  1  2
    1  3  4
    0  5  6
    1  7  8
    >>> df.append(df2, ignore_index=True)  #ignore_index 默认为 False，索引不变
       A  B
    0  1  2
    1  3  4
    2  5  6
    3  7  8
```

行的删除，只能使用 DataFrame 对象的 drop( )方法，其语法如下：

```
drop(labels, axis, index, columns, level, inplace=False)
```

（1）labels：要删除的行或列的标签；

（2）axis：其值可以为 0、1 或'index''columns'，表示要删除的是行还是列，默认值为 0，即删除行；

（3）index：等价于 axis=0，与 axis 参数只能二选一；

（4）columns：等价于 axis=1，与 axis 参数只能二选一；

（5）level：适用于多索引的数据帧，其值可以为整数或索引的名称，用以指定要删除的索引；

（6）inplace：布尔型，可选。若为 True，表示直接对原 DataFrame 对象删除，否则原 DataFrame 对象保持不变，会生成一个新的 DataFrame 对象并返回。

DataFrame 对象的 drop( )方法也可以用来删除列，对具有多层索引的 DataFrame 对象进行行、列的删除等。

```
>>> df = pd.DataFrame(np.arange(12).reshape(3, 4), columns=['A', 'B',
'C', 'D'])
>>> df
   A  B   C   D
0  0  1   2   3
1  4  5   6   7
2  8  9  10  11
>>> df.drop(['B', 'C'], axis=1)  #删除标签为"B"和"C"的两列，生成新对象
   A   D
0  0   3
1  4   7
2  8  11
>>> df.drop(columns=['B', 'C'])  #删除列，df 不变，生成并返回新对象
   A   D
0  0   3
1  4   7
2  8  11
>>> df.drop([0, 1])  #删除索引位置为 0、1 的两行，等价于 drop(index=[0,1])
   A  B   C   D
2  8  9  10  11
```

**5．其他常用方法与运算**

创建 DataFrame 对象如下：

```
>>>import numpy as np
>>>import pandas as pd
>>> data={'Names':['Jane','Niko','Aaron','Penelope','Dean','Christina',
'Cornelia'],
     'state':['NY','TX','FL','AL','AK','TX','TX'],
     'color':['blue','green','red','white','gray','black','red'],
     'food':['Steak','Lamb','Mango','Apple','Cheese','Melon','Beans'],
     'age':[30,2,12,4,32,33,69],
     'height':[165,70,120,80,180,172,150],
     'score':[4.6,8.3,9.0,3.3,1.8,9.5,2.2]}  #定义数据帧所需的数据
>>>df=pd.DataFrame(data,index=list('ABCDEFG'))  #创建对象
>>> df
      Names  state  color   food  age  height  score
A     Jane     NY   blue   Steak   30     165    4.6
B     Niko     TX  green    Lamb    2      70    8.3
```

```
C      Aaron      FL     red      Mango     12      120     9.0
D    Penelope     AL    white     Apple      4       80     3.3
E       Dean      AK     gray    Cheese     32      180     1.8
F   Christina     TX    black     Melon     33      172     9.5
G    Cornelia     TX      red     Beans     69      150     2.2
```

之后，可以使用对象的一些常用方法，完成 DataFrame 对象的相关操作。这些操作是进行数据处理和分析的必要前提。

**1）单个值的访问**

对 DataFrame 对象中的某个数据值进行单独访问或修改，可使用对象的 at 或 iat 方法。

```
>>>df.at['C','age']  #使用行列标签访问
12
>>>df.loc['D'].at['height']  #访问索引为'D'，列标签为'height'的值
80
>>> df.iat[3,5]  #使用行列位置编号访问
80
>>> df.iat[3,5]=82  #修改第 4 行、第 6 列的元素值
>>> df.loc['D'].iat[5]  #访问索引为'D'的行、第 6 列的元素值
82
```

**2）索引的设置与重命名**

为使得 DataFrame 对象的标签更有意义，或使操作更加方便，可以重新设置行索引、列标签的名称。

```
>>> s=pd.Series(range(7))  #创建系列对象
>>> df.set_index(s,inplace=True)  #修改原 DataFrame 对象的索引
>>> df
       Names  state  color    food   age  height  score
0       Jane     NY   blue   Steak    30     165    4.6
1       Niko     TX  green    Lamb     2      70    8.3
2      Aaron     FL    red   Mango    12     120    9.0
3   Penelope     AL  white   Apple     4      82    3.3
4       Dean     AK   gray  Cheese    32     180    1.8
5  Christina     TX  black   Melon    33     172    9.5
6   Cornelia     TX    red   Beans    69     150    2.2
>>> df1=df.rename(str.lower,axis='columns')  #将列标签转换为小写字母
>>> df2=df1.rename({0:1,1:7},axis='index')  #修改索引名称，一对一的字典
>>> df2
       names  state  color    food   age  height  score
1       Jane     NY   blue   Steak    30     165    4.6
7       Niko     TX  green    Lamb     2      70    8.3
2      Aaron     FL    red   Mango    12     120    9.0
3   Penelope     AL  white   Apple     4      82    3.3
4       Dean     AK   gray  Cheese    32     180    1.8
5  Christina     TX  black   Melon    33     172    9.5
6   Cornelia     TX    red   Beans    69     150    2.2
```

#### 3）结构与类型的转换

为方便数据处理，能够充分利用 Python 和 Numpy 提供的结构，如列表、字典、ndarray 等，并针对不同类型完成相应的运算，可以对 DataFrame 对象的结构和数据类型进行相应的转换。在此，仅以示例简单说明，其他结构和类型的使用可参阅 Pandas 的帮助信息。

```
>>> df.loc[3].to_list()  #第 4 行转换为列表
['Penelope', 'AL', 'white', 'Apple', 4, 82, 3.3]
>>> df["Names"].to_list()  #'Names'列转换为列表
['Jane', 'Niko', 'Aaron', 'Penelope', 'Dean', 'Christina', 'Cornelia']
>>> df.loc[2:3].to_dict('record')  #行索引为 2、3 的两行转换为字典
[{'Names': 'Aaron', 'state': 'FL', 'color': 'red', 'food': 'Mango',
'age': 12, 'height': 120, 'score': 9.0}, {'Names': 'Penelope', 'state':
'AL', 'color': 'white', 'food': 'Apple', 'age': 4, 'height': 82, 'score':
3.3}]
>>> df['height'].astype('float')  #将'height'列的数据类型转换为浮点型
0    165.0
1     70.0
2    120.0
3     82.0
4    180.0
5    172.0
6    150.0
Name: height, dtype: float64
>>> df['enrolled']='2016'  #添加一列，列标签为'enrolled'，字符型
>>> df
       Names  state  color  food   age  height  score   enrolled
0       Jane   NY    blue   Steak  30   165     4.6     2016
1       Niko   TX    green  Lamb   2    70      8.3     2016
2      Aaron   FL    red    Mango  12   120     9.0     2016
3   Penelope   AL    white  Apple  4    82      3.3     2016
4       Dean   AK    gray   Cheese 32   180     1.8     2016
5  Christina   TX    black  Melon  33   172     9.5     2016
6   Cornelia   TX    red    Beans  69   150     2.2     2016
>>> pd.to_numeric(df['enrolled'])  #将'enrolled'列的数据类型转换为数值型
0    2016
1    2016
2    2016
3    2016
4    2016
5    2016
6    2016
Name: enrolled, dtype: int64
```

#### 4）查看首尾行数据

为能够对 DataFrame 对象中的数据和结构做一个初步的了解，可使用对象的 head( )

和 tail( )方法进行查看。

```
>>> df.head(2)  #查看前 2 行的内容，参数默认 n=5
  Names  state  color  food  age  height  score
0 Jane    NY    blue   Steak  30    165    4.6
1 Niko    TX    green  Lamb   2     70     8.3
>>> df.tail(2)  #查看最后两行的内容
     Names  state  color  food  age  height  score
5  Christina  TX  black  Melon  33    172    9.5
6  Cornelia   TX   red  Beans  69    150    2.2
```

**5）基本的统计信息**

为快速了解 DataFrame 对象中数值型数据的基本统计信息，对数据有一个总体的认识，可以使用对象的 describe( )方法。

```
>>> df.describe()  #获取 DataFrame 对象中数值型数据的基本统计信息
             age        height        score
count   7.000000    7.000000      7.000000
mean    26.000000   134.142857    5.528571
std     23.115651   44.296082     3.324512
min     2.000000    70.000000     1.800000
25%     8.000000    101.000000    2.750000
50%     30.000000   150.000000    4.600000
75%     32.500000   168.500000    8.650000
max     69.000000   180.000000    9.500000
```

**6）算术运算**

DataFrame 对象的算术运算一般具有向量化的特点，可以使用相应的运算符，也可以使用相应的方法，如表 4.5 所示。

表 4.5　DataFrame 对象的算术运算

| 运 算 符 | 方 法 | 描 述 | 运 算 符 | 方 法 | 描 述 |
|---|---|---|---|---|---|
| + | add | 加法 | // | floordiv | 整数除法 |
| – | sub | 减法 | % | mod | 求余数 |
| * | mul | 乘法 | ** | pow | 乘方运算 |
| / | div | 浮点除法 | | | |

```
>>> df = pd.DataFrame({'angles': [0, 3, 4],
                       'degrees': [360, 180, 360]},
                      index=['circle', 'triangle', 'rectangle'])  #创建对象
>>> df
           angles  degrees
circle          0      360
triangle        3      180
rectangle       4      360
>>> df + 1  #与一个常量相加
           angles  degrees
circle          1      361
```

```
    triangle        4      181
    rectangle       5      361
    >>> df.add(1)  #等价于"+"运算符
              angles  degrees
    circle          1      361
    triangle        4      181
    rectangle       5      361
    >>> df.div(10)  #浮点除法
              angles  degrees
    circle        0.0     36.0
    triangle      0.3     18.0
    rectangle     0.4     36.0
    >>> df - [1, 2]  #与列表做减法
              angles  degrees
    circle         -1      358
    triangle        2      178
    rectangle       3      358
    >>> df.sub([1, 2], axis='columns')  #按列方向与列表做减法
              angles  degrees
    circle         -1      358
    triangle        2      178
    rectangle       3      358
    #按行方向与系列做减法
    >>>   df.sub(pd.Series([1,   1,   1],   index=['circle',   'triangle',
'rectangle']), axis='index')
              angles  degrees
    circle         -1      359
    triangle        2      179
    rectangle       3      359
```

说明：涉及数据处理和分析的方法和操作将在后续的章节中描述。

## 4.2 数据加载与文件格式

在数据科学中，能够获取的数据来源主要分为三种，即结构化数据、半结构化数据和非结构化数据。其中结构化数据主要是关系数据库中的数据，是目前最为成熟、应用最广泛的一种数据管理和存储形式；半结构化数据主要指存储于各种不同类型数据文件中的数据，能够满足数据存储、备份、共享和归档的基本存储需求；非结构化数据格式多种多样，比较难以理解和标准化，需要更加智能化的信息技术辅助数据的存储、检索和利用等。

**1）结构化数据**

结构化数据表现为二维表的形式，使用关系数据库进行表示和存储，如图 4.1 所示。其中的数据都有固定的字段、固定的格式，例如一行表示一个实体的信息，一列表示实体型的一个属性。数据的结构化表现出良好的规律性，方便程序进行后续的应用和

分析。结构化数据的关系数据库目前还存在模式不够自由、扩展性不足、查询能力有限等缺点，正向着非关系数据库（NoSQL）的方向发展，以适应大数据处理的要求。

Books

| 图书编号 | 书名 | 出版单位 | 出版日期 | 价格 | 作者编号 | 页数 |
|---|---|---|---|---|---|---|
| 0101 | 计算机基础 | 经济科学出版社 | 10/09/00 | 31.90 | 1001 | 298 |
| 0202 | 会计基础 | 经济科学出版社 | 06/25/00 | 16.63 | 1006 | 200 |
| 0102 | VFP6.0入门 | 电子工业出版社 | 01/25/99 | 23.65 | 1002 | 245 |
| 0103 | Word入门 | 黄河出版社 | 02/16/98 | 18.89 | 1001 | 263 |
| 0105 | VB6.0程序设计 | 黄河出版社 | 05/15/01 | 36.59 | 1003 | 234 |
| 0201 | 中级财务会计 | 经济科学出版社 | 09/10/01 | 25.68 | 1006 | 345 |
| 0110 | 计算机原理 | 高等教育出版社 | 01/02/07 | 25.98 | 1001 | 230 |
| 0111 | 计算机网络 | 清华大学出版社 | 10/01/09 | 37.00 | 1003 | 379 |
| 0112 | 操作系统原理 | 高等教育出版社 | 06/07/10 | 32.00 | 1003 | 320 |
| 0113 | Visual FoxPro程序设计 | 高等教育出版社 | 12/20/12 | 30.00 | 1002 | 314 |
| 0114 | 软件工程导论 | 清华大学出版社 | 07/10/15 | 32.00 | 1001 | 325 |
| 0203 | 会计信息系统 | 经济科学出版社 | 08/09/16 | 28.98 | 1001 | 330 |

图 4.1　关系数据库中的表

**2）半结构化数据**

半结构化数据介于结构化数据与非结构化数据之间，它不具有显式的数据模型，但包含相关标记，用来分隔语义元素以及对记录和字段分层，可依据字段进行查找，使用方便，但每条记录的字段可能不一致，如 XML（eXtended Markup Language）、JSON（JavaScript Object Notation），半结构化数据格式示例如图 4.2 所示。

**XML 示例**

```
<users>
    <user>
        <name>Jack</name>
        <gender>M</gender>
        <age>20</age>
    </user>
    <user>
        <name>Mary</name>
        <gender>F</gender>
    </user>
  </users>
```

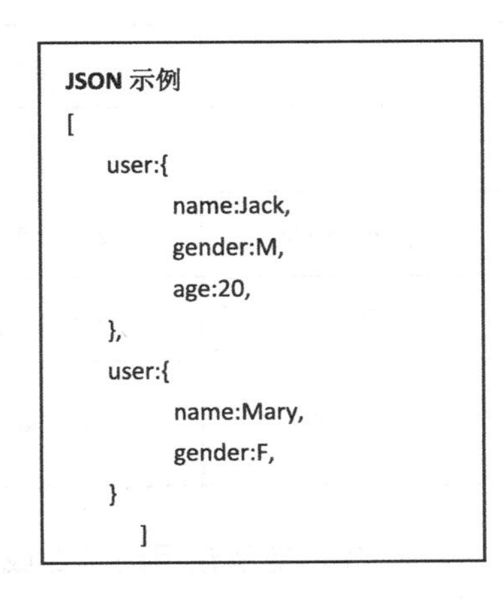


图 4.2　半结构化数据格式示例

**3）非结构化数据**

非结构化数据没有固定的格式，其数据结构不完整或不规则，没有预定义的数据模型，必须整理以后才能存取，如办公文档、网页数据、图片、音视频等。

## 4.2.1　Pandas 的 I/O 功能

Pandas 的 I/O 功能，为不同类型数据的处理和分析提供了保障，支持不同类型数据文件的读取和解析，并能够利用 Web API 操作网络资源、与数据库中的数据进行交互等。这些不同格式的数据能够使用 Pandas 库提供的函数读入数据到 DataFrame、Series 等对象，并利用这些对象的方法将数据写入外部文件，实现外部数据与 DataFrame、Series 对象的有机结合，为基于 Pandas 库的数据访问和有效利用奠定了良好的基础。Pandas 进行数据读写的函数或方法如表 4.6 所示，其中读数据的函数一般属于 Pandas 库，而写数据的方法一般属于 DataFrame 对象或 Series 对象。

表 4.6　Pandas 进行数据读写的函数或方法

| 类　型 | 数 据 格 式 | 读　函　数 | 写　方　法 | 描　　述 |
| --- | --- | --- | --- | --- |
| 文本 | CSV | read_csv | to_csv | 默认为逗号分隔的文件型对象数据格式 |
| | JSON | read_json | to_json | 以键值对存储的序列化格式数据 |
| | HTML | read_html | to_html | 超文本标记的网页数据 |
| | Local clipboard | read_clipboard | to_clipboard | 剪贴板中的数据，特别适用于网页中的表格转换 |
| 二进制 | MS Excel | read_excel | to_excel | .xls 或.xlsx 文件中的数据 |
| | HDF5 | read_hdf | to_hdf | 支持 Group/DataSet/MetaData 分层的大容量数据，类似 Windows 的文件/文件夹结构 |
| | Feather | read_feather | to_feather | 一种轻量级、可快速读写的大数据存储格式 |
| | Parquet | read_parquet | to_parquet | 一种列式数据存储格式，可有效降低 I/O 数据量、节约存储空间空间等 |
| | Msgpack | read_msgpack | to_msgpack | 类似 JSON，但比 JSON 更快、更小的序列化数据存储格式 |
| | Stata | read_stata | to_stata | 统计分析软件 Stata 的一种默认数据文件格式 |
| | SAS | read_sas | | 统计分析软件 SAS 的一种默认数据文件格式 |
| | Python Pickle | read_pickle | to_pickle | Python Pickle 的一种对象数据存储格式(.pkl)，支持对象的序列化和反序列化 |
| SQL | SQL | read_sql | to_sql | SQL 查询结果或数据库表与 DataFrame 的数据交互 |
| | Google Big Query | read_gbq | to_gbq | 支持 Google 推出的 BigQuery 服务，是一种基于 Web 的、使用 SQL 语句进行云存储和分析的数据交互模式 |

Pandas 的 I/O 功能所使用的函数或方法，不仅具有数据读写的功能，而且具有数据的解析功能，主要表现为：

（1）索引：可以将一个或多个列作为 DataFrame 对象处理，列名可由文件获取或由用户指定；

（2）类型推断和数据转换：用户可以不指定列的具体数据类型，Pandas 的 I/O 功能会自动进行类型推断，包括用户自定义值的转换、缺失值标记列表等；

（3）日期解析：具有组合功能，可以将分散在多个列中的日期时间信息组合成结果数据集中的单个列；

（4）迭代：支持对大文件数据集进行逐块迭代；

（5）不规整数据问题：可以跳过一些空行、页脚、注释或无关紧要的数据。

这些函数和方法涉及大量的参数，有的多达 50 多个，而且这些参数的意义和功能也基本相同。以 read_csv( )函数为例，对其中的主要参数描述如下。

（1）filepath_or_buffer：表示文件所在的路径、URL、文件对象的字符串；

（2）sep：对行中各字段进行拆分的字符序列或正则表达式；

（3）delimiter：同 sep 参数，一般默认值为 None；

（4）header：整型，用以指定作为列名的行号。默认值为 infer，相当于 header=0，将文件的第一行作为列名；若列名已经被指定，则应设置 header=None；

（5）names：用于指定要获取的数据子集的列名列表，此时 header 应为 None；

（6）index_col：指定作为行索引的列编号或列名。使用多层索引时，也可以是列编号或列名的列表；

（7）usecols：指定要从文件中获取的数据子集的列位置或列名，如[0,1,2]或['foo','bar','baz']，这样可以加快读取的速度并降低内存消耗；

（8）squeeze：布尔值，默认为 False。若文件中数据解析的结果仅包含一列，则返回一个 Series 对象；

（9）prefix：在没有列标题时，给列名添加前缀，例如添加'X'，则成为 X0,X1,...；

（10）mangle_dupe_cols：布尔型，默认为 True，则列名重复时，将'X'...'X'表示为'X.0'... 'X.N'；若为 False，则会将所有重名列覆盖；

（11）dtype：用以指定每列的数据类型，如{'a':np.float64,'b':np.int32}。默认为 None，则会根据每列的内容自动解析每列的数据类型；

（12）engine：要使用的解析引擎，可以为 C 或 Python，C 引擎快，但 Python 引擎功能更加完备；

（13）converters：列转换函数的字典，形如{key:func,...}，其中 key 可以是列名或者列的序号，func 为转换函数；

（14）skipinitialspace：忽略分隔符后的空格，默认为 False；

（15）skiprows：从文件开头需要忽略的行数或需要忽略的行号列表（行索引从 0 开始）；

（16）comment：用于将注释信息从行尾拆分出去的字符（一个或多个）；

（17）skipfooter：从文件末尾开始需要忽略的行数；

（18）nrows：从文件开头需要读取的行数；

（19）na_values：一组用于替换 NA/NaN 的值。如果传参，可以指定特定列的空值，默认的空值为'#N/A''#N/A N/A''#NA''-1.#IND''-1.#QNAN''-NaN''-nan''1.#IND''1.#QNAN''N/A''NA''NULL''NaN''n/a''nan''null'；

（20）na_filter：是否检查缺失值（空字符串或空值）。若为 False，对于无空值的大数据集而言，可提升读取的速度；

（21）verbose：是否打印各种解析器的输出信息，如"非数值列中缺失值的数量"等，默认为 False；

（22）skip_blank_lines：是否忽略空行，默认为 True；

（23）parse_dates：对日期格式的解析（默认为 False），有以下方式：

① 布尔型 True：解析索引；

② 整型或字符串的列表：如为[1, 2, 3]，则解析 1、2、3 列的值为独立的日期格式列；

③ 由列表组成的列表：如为[[1, 3]]，则合并 1、3 列为一个日期格式列；

④ 字典：如为{'foo':[1, 3]}，则将 1、3 列合并为日期格式，并给合并后的列命名为"foo"；

例：df=pd.read_csv(file_path,parse_dates=['time1','time2'])，则把 time1 和 time2 两列解析为日期格式。

（24）infer_datetime_format：布尔型，默认值为 False。若为 True 且 parse_dates 参数可用，则 Pandas 会将符合日期格式的字符列进行解析并转换。在有些情况下，解析的速度会提升 5～10 倍；

（25）keep_date_col：布尔型，默认值为 False。若为 True，当连接多列解析日期时，会保持参与连接的列；

（26）date_parser：用于解析日期的函数，默认使用 dateutil.parser.parser 做转换，会根据 parse_dates 参数的值采用不同的解析方式；

（27）dayfirst：日期是否采用 DD/MM 格式、国际格式或欧洲格式；

（28）iterator：返回一个 TextParser 对象，以便逐块读取文件；

（29）chunksize：文件块的大小（行数）；

（30）compression：直接使用磁盘上的压缩文件，默认值为'infer'，可使用 gz、bz2、zip 或 xz；

（31）thousands：千分位分隔符，如“,”“.”；

（32）encoding：指定字符集的编码格式，通常为“utf-8”。

### 4.2.2 数据读写与文件格式

在 Pandas I/O 功能的基础上，如何访问不同来源和文件格式的数据是进行数据处理和分析的第一步。对不同格式文件的读写，可以使用 Python 内置的模块或受支持的第三方库。本节主要介绍 Pandas 读写文件的方式，熟练使用相应的文件读写函数（见表 4.6），以满足数据处理的基本要求。

#### 1. 文本格式文件的读写

文本格式的文件采用不同标准的字符编码，主要有 CSV、JSON、XML 和 HTML 等不同文件类型。

**1）CSV 格式**

CSV（Comma Separated Values）即逗号分隔值（分隔符也可以是其他符号），是一种广泛常用的文本格式，用于存储表格数据，包括数字或者字符。这种格式的文件数据使用虽然广泛（如 Kaggle 上一些题目提供的数据就是 CSV 格式），但却没有通用的标准，在处理时常常会碰到麻烦。

Python 内置了 CSV 模块，也提供了 CSV 格式文件数据的相应操作方式，需要先导入到 Python 环境才能使用。在此，我们使用 Pandas 常用的 read_csv( )或 read_table( )函数，将文本数据转换为 DataFrame 对象再进行处理。

CSV 格式的文件默认以逗号分隔，因此可以使用 read_csv( )将数据读入一个 DataFrame 对象，也可以使用 read_table( )指定分隔符，示例如下：

```
>>> import pandas as pd  #导入 Pandas 库
>>> import os
>>> os.chdir(u'd:\\DS\\Pandas\\data')  #设置文件所在的目录
>>> df=pd.read_csv('temp.csv')  #默认以逗号分隔
>>> df=pd.read_table('temp.csv',sep=',')  #指定逗号为分隔符
>>> df
   S.No    Name    Age      City       Salary
0    1     Tom     28     Toronto      20000
1    2     Lee     32    HongKong      3000
2    3    Steven   43    Bay Area      8300
3    4     Ram     38   Hyderabad      3900
```

使用函数读取文件中的数据时，默认将文件中的第一行解析为标题行，作为列标签的名称，而行索引默认采用从 0 开始的数字。如果要将意义明确的某一列作为行索引标识，可以使用 index_col 参数指定，示例如下：

```
>>> pd.read_csv('temp.csv',index_col='S.No')  #指定'S.No'列为行索引
        Name    Age     City         Salary
S.No
1       Tom     28      Toronto      20000
2       Lee     32      HongKong     3000
3       teven   43      Bay Area     8300
4       Ram     38      Hyderabad    3900
```

**说明：**

（1）如果需要一个多层索引，可将由列编号或列名构成的列表作为 index_col 参数的值，如 index_col=['Name', 'Age']或 index_col=[1,2]。

（2）在有些情况下，数据中各字段的分隔符不是默认的分隔符，则可以通过 sep 参数指定要分隔的字符；若使用不同数量的空白字符进行分隔，如空格、Tab 制表符、换行符、换页符等，则可以正则表达式“\s+”作为 sep 参数的值，以匹配多个空白字符。

若 CSV 格式文件中没有标题行，或者虽然有标题行，但标题行的意义并不明确，可以自定义各列标签的名称或进行标题行之间的匹配。

```
>>> pd.read_csv('data1.csv',header=None)  #无标题行，采用默认的数字标签
   0  1   2   3     4
0  1  2   3   4  hello
1  5  6   7   8  world
2  9  10  11  12   foo
>>> pd.read_csv('ex2.csv',names=['A','B','C','D','Msg'])  #自定义标题行
```

```
   A  B  C  D  Msg
0  1  2  3  4  hello
1  5  6  7  8  world
2  9  10  11  12  foo
```

缺失值处理是文件解析任务中的一个重要组成部分。默认情况下，Pandas 会用一组经常出现的标记值进行识别，如 np.nan 或 NULL 等。函数 read_csv( )和 read_table( )中的参数 na_values 可以用一个列表或集合来指定缺失值；若使用字典，可以对不同的列使用不同的缺失值标记，示例如下：

```
>>> pd.read_csv('data2.csv')  #数据文件 data2.csv 中的数据
  something   a   b    c   d  message
0     apple   1   2  3.0   4      NaN
1    orange   5   6  NaN   8    fruit
2     water   9  10  11.0  12   energy
3      food  13  14  15.0  16   energy
>>> pd.read_csv('data2.csv',na_values=['apple','orange'])  #用列表指定缺失值
     something   a   b    c    d   message
0         NaN    1   2   3.0   4     NaN
1         NaN    5   6   NaN   8     fruit
2       water    9   10  11.0  12   energy
3        food    13  14  15.0  16   energy
>>> na_dict={'message':['energy'],'something':['apple','orange']}  #定义字典
>>> pd.read_csv('data2.csv',na_values=na_dict)  #用字典标记缺失值
  something      a    b    c     d    message
0     NaN        1    2   3.0    4    NaN
1     NaN        5    6   NaN    8    fruit
2    water       9    10  11.0   12    NaN
3     food       13   14  15.0   16    NaN
```

在处理很大的数据文件或找出大文件中的参数集以便于后续处理时，可以只读取文件的一个数据子集或逐块对文件进行迭代。

为显示紧凑，便于阅读和理解数据，可以对 Pandas 的显示选项进行设置，示例如下：

```
>>> pd.options.display.max_columns=7  #最大显示列数
>>> pd.options.display.max_rows=10  #最大显示行数
```

例如对数据文件 mn.csv，设置显示选项后的结果如下：

```
>>> pd.read_csv('mn.csv')  #读取数据文件内容
      Unnamed:  0  HH1  HH2  ...  windex5u  wscorer  windex5r
0          1      1    17  ...     5.0      NaN       NaN
1          2      1    20  ...     5.0      NaN       NaN
2          3      2    1   ...     1.0      NaN       NaN
3          4      2    1   ...     0.0      0.0       0.0
4          5      2    1   ...     1.0      NaN       NaN
...       ...    ...  ... ...     ...      ...       ...
9003     9004   682   20  ...     1.0      NaN       NaN
```

```
9004          9005    682    20  ...    1.0     NaN      NaN
9005          9006    682    21  ...    1.0     NaN      NaN
9006          9007    682    23  ...    1.0     NaN      NaN
9007          9008    682    24  ...    0.0     0.0      0.0

[9008 rows x 159 columns]
```

指定要读取的行数和列，获取数据子集。此处，将编号为 0 的列作为行索引。

```
>>> columns=list(range(0,11))  #生成由列号组成的列表
>>> pd.read_csv('mn.csv',index_col=0,nrows=6,usecols=columns)  #读取子集
   HH1  HH2  LN  ...  MWM6D  MWM6M  MWM6Y
1    1   17   1  ...      7      4   2014
2    1   20   1  ...      7      4   2014
3    2    1   1  ...      8      4   2014
4    2    1   5  ...     12      4   2014
5    2    1   8  ...      8      4   2014
6    2    5   1  ...      8      4   2014

[6 rows x 10 columns]
```

要逐块读取文件，可以指定 chunksize 参数的值，read_csv( )函数将返回一个 TextParser 对象，可以根据 chunksize 对文件进行逐块迭代。例如我们对 mn.csv 中的数据进行迭代处理，将值计数聚合到“HH1”列中，如下所示：

```
>>> chunk=pd.read_csv('mn.csv',index_col=0,usecols=columns,chunksize=1000)
>>> chunk  #返回一个 TextParser 对象
<pandas.io.parsers.TextFileReader object at 0x0A2DB9D0>
>>> tot=pd.Series([])  #创建一个由列表组成的空系列对象
>>> for cluster in chunk:  #迭代访问 TextParser 对象
        tot=tot.add(cluster['HH1'].value_counts(),fill_value=0)
>>> tot=tot.sort_values(ascending=False)  #将值计数降序排序
>>> tot[:5]  #显示前 5 条数据
151    25.0
288    23.0
198    23.0
517    23.0
186    22.0
dtype: float64
```

当然，对刚刚生成的 TextParser 对象，可以使用其 get_chunk( )方法读取任意大小的块，示例如下：

```
>>> chunk=pd.read_csv('mn.csv',index_col=0,usecols=columns,chunksize=1000)
>>> chunk.get_chunk(size=10)  #读取 10 行数据
>>> chunk.get_chunk(size=6)  #每次迭代都是从当前位置开始
   HH1  HH2  LN  ...  MWM6D  MWM6M  MWM6Y
```

```
11    2  14   2  ...    13     4   2014
12    2  14   3  ...    15     4   2014
13    2  14   5  ...     7     4   2014
14    2  17   1  ...    13     4   2014
15    2  19   1  ...    13     4   2014
16    2  20   1  ...    12     4   2014
[6 rows x 10 columns]
```

若要将数据写出到文本格式的文件，可以使用 DataFrame 或 Series 对象的 to_csv 等方法。以文件 mn_headers.csv 和 mn.csv 的内容为例，其中前者保存意义明确的长的列标签，后者使用缩写的短的列标签。现将短的列标签用长的列标签替换，并输出到文本格式的文件或屏幕，示例如下：

```
>>> headers=pd.read_csv('mn_headers.csv',usecols=[0,1],nrows=20)
>>> headers  #长的列标签内容
       Name                         Label
0       HH1                Cluster number
1       HH2              Household number
2        LN                   Line number
3      MWM1                Cluster number
4      MWM2              Household number
5      MWM4             Man's line number
6      MWM5           Interviewer number
7     MWM6D             Day of interview
8     MWM6M           Month of interview
9     MWM6Y              Year of interview
10     MWM7        Result of man's interview
11     MWM8                  Field editor
12     MWM9              Data entry clerk
13  MWM10H        Start of interview - Hour
14  MWM10M     Start of interview - Minutes
15  MWM11H          End of interview - Hour
16  MWM11M       End of interview - Minutes
17   MWB1M           Month of birth of man
18   MWB1Y              Year of birth of man
19    MWB2                    Age of man
>>> pd.options.display.max_columns=8  #设置显示的最多列数
>>> df=pd.read_csv('mn.csv',index_col=0,usecols=list(range(21)),nrows=10)
>>> df  #短的列标签内容
   HH1  HH2  LN  MWM1 ...  MWM11M   MWB1M   MWB1Y   MWB2
1    1   17   1     1 ...     7.0     5.0  1984.0   29.0
2    1   20   1     1 ...    42.0     5.0  1976.0   37.0
3    2    1   1     2 ...    52.0     2.0  1973.0   41.0
4    2    1   5     2 ...     NaN     NaN     NaN    NaN
5    2    1   8     2 ...    10.0     2.0  1993.0   21.0
6    2    5   1     2 ...     NaN     NaN     NaN    NaN
7    2    7   1     2 ...     0.0     5.0  1987.0   26.0
```

```
8    2  10  1   2  ...   54.0    5.0   1990.0   23.0
9    2  11  1   2  ...   32.0    9.0   1982.0   31.0
10   2  13  1   2  ...   20.0    1.0   1990.0   24.0
[10 rows x 20 columns]
>>> df.columns=headers['Label']  #用长的列标签替换短的列标签
>>> df
Label  Cluster number  Household number...Year of birth of man  Age of man
1          1               17          ...      1984.0          29.0
2          1               20          ...      1976.0          37.0
3          2                1          ...      1973.0          41.0
4          2                1          ...       NaN             NaN
5          2                1          ...      1993.0          21.0
6          2                5          ...       NaN             NaN
7          2                7          ...      1987.0          26.0
8          2               10          ...      1990.0          23.0
9          2               11          ...      1982.0          31.0
10         2               13          ...      1990.0          24.0
[10 rows x 20 columns]
>>> df.to_csv('out.csv')  #输出到文本格式的文件 out.csv
>>> import sys  #导入 sys 模块，以便能够仅在屏幕打印文本结果
>>> df.to_csv(sys.stdout,sep='|',na_rep='NULL')  #指定新的分隔符并标记空值
|Cluster number|Household number|Line number|Cluster number|Household number| Man's line number|Interviewer number|Day of interview|Month of interview|Year of interview|Result of man's interview|Field editor|Data entry clerk|Start of interview - Hour|Start of interview - Minutes|End of interview - Hour|End of interview - Minutes|Month of birth of man|Year of birth of man|Age of man
1|1|17|1|1|17|1|14|7|4|2014|Completed|2|20|17.0|59.0|18.0|7.0|5.0|1984.0|29.0
2|1|20|1|1|20|1|14|7|4|2014|Completed|2|20|17.0|32.0|17.0|42.0|5.0|1976.0|37.0
3|2|1|1|2|1|1|9|8|4|2014|Completed|1|40|10.0|37.0|10.0|52.0|2.0|1973.0|41.0
4|2|1|5|2|1|5|9|12|4|2014|Not at home|1|40|NULL|NULL|NULL|NULL|NULL|NULL|NULL
5|2|1|8|2|1|8|9|8|4|2014|Completed|1|40|10.0|53.0|11.0|10.0|2.0|1993.0|21.0
6|2|5|1|2|5|1|9|8|4|2014|Not at home|1|40|NULL|NULL|NULL|NULL|NULL|NULL|NULL
7|2|7|1|2|7|1|9|12|4|2014|Completed|1|40|15.0|42.0|16.0|0.0|5.0|1987.0|26.0
8|2|10|1|2|10|1|6|12|4|2014|Completed|1|40|12.0|37.0|12.0|54.0|5.0|1990.0|23.0
9|2|11|1|2|11|1|12|7|4|2014|Completed|1|40|10.0|19.0|10.0|32.0|9.0|1982.0|31.0
10|2|13|1|2|13|1|12|7|4|2014|Completed|1|40|18.0|13.0|18.0|20.0|1.0|1990.0|24.0
```

若没有设置其他选项，默认会输出行列的标签，也可以设置禁用行列标签。

```
>>> df.to_csv(sys.stdout,sep='|',na_rep='NULL',index=False,header=False)
1|17|1|1|17|1|14|7|4|2014|Completed|2|20|17.0|59.0|18.0|7.0|5.0|1984.0|29.0
1|20|1|1|20|1|14|7|4|2014|Completed|2|20|17.0|32.0|17.0|42.0|5.0|1976.0|37.0
2|1|1|2|1|1|9|8|4|2014|Completed|1|40|10.0|37.0|10.0|52.0|2.0|1973.0|41.0
2|1|5|2|1|5|9|12|4|2014|Not at home|1|40|NULL|NULL|NULL|NULL|NULL|NULL|NULL
2|1|8|2|1|8|9|8|4|2014|Completed|1|40|10.0|53.0|11.0|10.0|2.0|1993.0|21.0
2|5|1|2|5|1|9|8|4|2014|Not at home|1|40|NULL|NULL|NULL|NULL|NULL|NULL|NULL
2|7|1|2|7|1|9|12|4|2014|Completed|1|40|15.0|42.0|16.0|0.0|5.0|1987.0|26.0
```

```
2|10|1|2|10|1|6|12|4|2014|Completed|1|40|12.0|37.0|12.0|54.0|5.0|1990.0|23.0
2|11|1|2|11|1|12|7|4|2014|Completed|1|40|10.0|19.0|10.0|32.0|9.0|1982.0|31.0
2|13|1|2|13|1|12|7|4|2014|Completed|1|40|18.0|13.0|18.0|20.0|1.0|1990.0|24.0
```

大部分存储在磁盘上的表格型数据都可以使用 pandas.read_csv 或 read_table 进行读取和解析。若遇到文件中数据畸形，除手工处理外，也可以使用 Python 内置的 csv 模块。

在处理文件中的分隔符时，若分隔符是单个字符，可以直接将已经打开的文件传递给 csv.reader( )方法，对返回的可迭代对象进行处理，以满足数据格式的要求，示例如下：

```
>>>import csv  #导入内置 csv 模块
>>> file=open('data3.csv')  #打开文件
>>> lines=list(csv.reader(file))  #将 reader 返回的可迭代对象转换为列表
>>> lines[0]  #访问列表元素
['', 'HH1', 'HH2', 'LN', 'MWM1', 'MWM2', 'MWM4', 'MWM5', 'MWM6D',
'MWM6M', 'MWM6Y', 'MWM7', 'MWM8', 'MWM9', 'MWM10H', 'MWM10M', 'MWM11H',
'MWM11M', 'MWB1M', 'MWB1Y', 'MWB2']
>>> lines[1]
['1', '1', '17', '1', '1', '17', '1', '14', '7', '4', '2014', 'Completed',
'2', '20', '17.0', '59.0', '18.0', '7.0', '5.0', '1984.0', '29.0']
>>> header,values=lines[0],lines[1:]  #将所有行拆分为标题行和数据行
```

使用字典推导式，并通过 zip(*values)解包，将行转置为列，从而创建数据列的字典。

```
>>> data_dict={h:v for h,v in zip(header,zip(*values))}
```

CSV 文件的形式有很多，可以使用 csv.Dialect 创建一个子类，满足数组的格式要求，如专门的分隔符、字符串引用符、行结束符等。

```
>>> class new_format(csv.Dialect):
        lineterminator='\n'
        delimiter=';'
        quotechar='"'
        quoting=csv.QUOTE_MINIMAL
>>> reader=csv.reader(file,dialect=new_format)
```

**说明：**

（1）对于分隔符有多个或比较复杂的情况，Python 内置的 csv 模块将无法解析，可使用字符串的 split( )方法或正则表达式的 split( )方法进行拆分和整理；

（2）编码问题：使用 Windows 记事本程序将 CSV 文件保存为 UTF-8 模式时，默认含有隐藏的 BOM(Byte Order Mark)字符，对 CSV 文件的读写造成干扰。因此，需要首先消除文件中的 BOM 字符。

**2）JSON 格式**

JSON（JavaScript Object Notation）已经成为通过 HTTP 请求在 Web 浏览器和其他应用程序之间发送数据的标准格式之一。它是一种比表格型文本格式（如 CSV）灵活得多的数据格式。

JSON 格式的数据与 Python 的数据类型非常接近，如表 4.7 所示。除空值外，JSON 数据与 Python 的代码也存在一些细微的差别，如列表末尾不允许存在多余的逗号等。

表 4.7　Python 与 JSON 对照表

| Python 数据类型 | JSON 格式数据 |
|---|---|
| dict（字典） | object（对象） |
| list（列表） | array（数组） |
| str（字符串） | string（字符串） |
| None（空值） | null（空值） |
| int（整型） | number（整数） |
| float（浮点型） | number（实数） |

JSON 数据的书写格式为 key ：value，如'firstName': 'John'、"age":20 等，其对象中所有的键都必须是字符串。

JSON 对象示例如下：

```
{"firstName":"John","lastName":"Doe","age":20}
```

JSON 数组示例如下：

```
[
  {'sid':'a1001','name':'张大山','age':21},
  {'sid':'a1002','name':'李晓明','age':20},
  {'sid':'a1003','name':'赵志坚','age':22},
]
```

Python 内置了 json 模块，该模块提供的方法可以实现 JSON 格式的数据与 Python 数据类型的转换以及 JSON 格式文件的读写。对 json 模块的常用方法解释如下：

（1）json.dumps(obj)：将 Python 对象转换为 JSON 格式，即编码；

（2）json.loads(str)：将 JSON 格式的字符串转换为 Python 数据类型，即解码；

（3）json.dump( )：把数据写入文件；

（4）json.load( )：把文件中的数据读取出来。

示例如下：

```
>>>import pandas as pd
>>>import json  #导入 Python 内置的 json 模块
>>>import os
>>> obj="""{"firstName":"John","lastName":"Doe","age":20}"""
>>> result=json.loads(obj)  # 将 Python 对象转换为 JSON 格式
>>> result
{'firstName': 'John', 'lastName': 'Doe', 'age': 20}
>>> obj="""[{"sid":"a1001","name":"张大山","age":21},
 {"sid":"a1002","name": "李晓明","age":20},
 {"sid":"a1003","name":"赵志坚","age": 22}]"""
>>> result=json.loads(obj)  #将 Python 数组转换为 JSON 格式
>>>result
[{'sid': 'a1001', 'name': '张大山', 'age': 21}, {'sid': 'a1002', 'name':
```

```
'李晓明', 'age': 20}, {'sid': 'a1003', 'name': '赵志坚', 'age': 22}]
>>> json.dumps(result)  #转换时汉字重新编码
'[{"sid": "a1001", "name": "\\u5f20\\u5927\\u5c71", "age": 21}, {"sid": "a1002", "name": "\\u674e\\u6653\\u660e", "age": 20}, {"sid": "a1003", "name": "\\u8d75\\u5fd7\\u575a", "age": 22}]'
>>> df=pd.DataFrame(result,columns=['sid','name','age'])
>>>df  #JSON数组转换为DataFrame对象
     sid   name  age
0  a1001  张大山   21
1  a1002  李晓明   20
2  a1003  赵志坚   22
>>> data=pd.read_json('iso-2.json')  #注意文件路径
>>> data  #自动识别符合JSON格式的文件数据，并转换为DataFrame对象
              name         alpha-2     country-code
0          Afghanistan         AF              4
1          Aland Islands       AX              248
2          Albania             AL              8
3          Algeria             DZ              12
4          American Samoa      AS              6
...                ...          ...             ...
244        Wallis and Futuna   WF              876
245        Western Sahara      EH              732
246        Yemen               YE              887
247        Zambia              ZM              894
248        Zimbabwe            ZW              716

[249 rows x 3 columns]
>>> data.to_json("iso.json")  #将数据输出为JSON格式文件
```

**3）XML 和 HTML 格式**

HTML（HyperText Markup Language，超文本标识语言）是网页设计中最常用的一种基本格式，大家都比较熟悉。而 XML（eXtensible Markup Language）是一种可扩展的标记语言，应用于 Web 开发数据的诸多方面。数据能够以纯文本格式存储在独立的 XML 文件中，可简化数据的存储和共享。

XML 数据的书写格式如下：

```
<element  attr="value">data<element>
```

XML 文档本质上只是格式特殊的数据文件，它以层次化和结构化的方式保存数据，有标签和属性两种形式，示例如下：

```
<book category="WEB"></book>  属性category的值为WEB
<author>Erik T. Ray</author>  标签author的值为Erik T. Ray
```

XML 的结构示例和数据示例分别如图 4.3 和图 4.4 所示。

Python 支持用于读写 HTML 和 XML 格式数据的第三方库主要包括 lxml、BeautifulSoup 和 html5lib。lxml 库处理数据的速度相对较快，而 BeautifulSoup 和 html5lib 库在使用爬虫技术进行网络数据采集时使用较多，对 HTML 或 XML 文件数据的处理有更好的容错性。

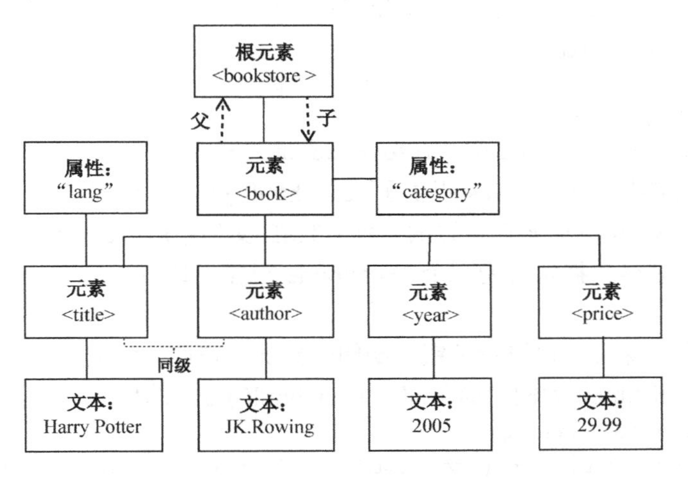


图 4.3　XML 结构示例

```
<bookstore>
        <book category="COOKING">
                <title lang="en">Everyday talian</title>
                <author>Giada De Laurentiis</author>
                <year>2005</year>
                <price>30.00</price>
        </book>
        <book category="CHILDREN">
                <title lang="en">Harry Potter</title>
                <author>J K. Rowling</author>
                <year>2005</year>
                <price>29.99</price>
        </book>
        <book category="WEB">
                <title lang="en">Learning XML</title>
                <author>Erik T. Ray</author>
                <year>2003</year>
                <price>39.95</price>
        </book>
</bookstore>
```

图 4.4　XML 数据示例

要使用这些 Python 的外部扩展库，在 Windows 操作系统环境中，在命令提示符下，可使用如下的命令进行在线安装：

（1）pip install lxml；

（2）pip install beautifulsoup4；

（3）pip install html5lib。

安装完成后，要在 Python 环境中使用这些外部扩展库提供的功能，需要首先导入到 Python 环境，可使用如下命令：

```
>>>import lxml
>>>import html5lib
>>>from bs4 import BeautifulSoup as BS
```

Python 的外部扩展库 Pandas 提供了 read_html( )方法，在默认情况下，它可以使用 lxml 或 BeautifulSoup 自动搜索并尝试解析 HTML 文件中所有的<table>标签，将每一个<table>标签内的表格数据解析为一个 DataFrame 对象，该方法最终返回一个 DataFrame 对象的列表。

美国联邦存款保险公司记录了银行倒闭的情况。在此，我们以下载的 HTML 文件 fdic_failed_bank_list.html 为例，简单演示 read_html( )方法的使用。

```
>>>import pandas as pd
>>> tables=pd.read_html('data\\fdic_failed_bank_list.html')  #读取文件内容
>>> len(tables)  #tables 为 DataFrame 对象的列表，仅有一个元素
1
>>> failures=tables[0]  #获取列表中第 1 个 DataFrame 对象
>>> failures
                             Bank Name  ...       Updated Date
0                          Allied Bank  ...  November 17, 2016
1         The Woodbury Banking Company  ...  November 17, 2016
2                First CornerStone Bank  ...  September 6, 2016
3                   Trust Company Bank  ...  September 6, 2016
4           North Milwaukee State Bank  ...      June 16, 2016
..                                 ...  ...                ...
542                 Superior Bank, FSB  ...    August 19, 2014
543                Malta National Bank  ...  November 18, 2002
544    First Alliance Bank & Trust Co.  ...  February 18, 2003
545  National State Bank of Metropolis  ...     March 17, 2005
546                   Bank of Honolulu  ...     March 17, 2005

[547 rows x 7 columns]
>>> failures.head(1)  #返回 DataFrame 对象第 1 行的数据
   Bank Name      City  ...        Closing Date       Updated Date
0  Allied Bank  Mulberry  ...  September 23, 2016  November 17, 2016

[1 rows x 7 columns]
>>> close_timestamps=pd.to_datetime(failures['Closing Date'])
>>> close_timestamps  #转换日期格式后的 Closing Date 列数据
0     2016-09-23
1     2016-08-19
2     2016-05-06
3     2016-04-29
4     2016-03-11
```

```
    ...
542   2001-07-27
543   2001-05-03
544   2001-02-02
545   2000-12-14
546   2000-10-13
Name: Closing Date, Length: 547, dtype: datetime64[ns]
>>> close_timestamps.dt.year.value_counts()  #按年份计算倒闭的银行数
2010    157
2009    140
2011     92
2012     51
2008     25
2013     24
2014     18
2002     11
2015      8
2016      5
2004      4
2001      4
2007      3
2003      3
2000      2
Name: Closing Date, dtype: int64
```

XML 作为一种常见的支持分层、嵌套数据以及元数据的结构化数据格式，可以使用 lxml.objectify、lxml.etree 或 Python 的内置模块 xml.etree 进行解析。

**（1）使用 lxml.objectify 解析**

美国纽约大都会运输署（Metropolitan Transportation Authority，MTA）是北美地区最大的运输网络，服务人口约 1530 万，覆盖纽约市周围 5000 平方英里的旅游区，途经长岛、纽约州东南部和康涅狄格州。MTA 拥有美国最大的公共交通运输网络，包括纽约市交通、公交公司、长岛铁路、Metro-North 铁路、桥梁和隧道等，地铁和通勤轨道车辆比美国其他所有交通系统加起来还要多。它每年提供超过 26 亿次的旅行，约占全国公共交通用户的 1/3 和通勤铁路乘客的 2/3。MTA 桥梁和隧道在 2017 年创下了约 3.1 亿人次的纪录，比全国其他任何桥梁和隧道承载的车辆都多。

MTA 发布的数据，包括当前的列车和公交车时刻表、当前的服务状态、电梯和自动扶梯状态等，都由 MTA 托管，并在同意 MTA 的条款和条件后才能下载。公交和列车服务的数据可从网站上下载。这里，我们将使用包含在一组 XML 文件中的运行情况数据，其中每项列车或公交服务都有各自的文件（如 Metro-North Railroad 的文件是 Performance_MNR.xml），其中每条 XML 记录就是一条月度数据，如下所示：

```
<INDICATOR>
  <INDICATOR_SEQ>373889</INDICATOR_SEQ>
  <PARENT_SEQ></PARENT_SEQ>
```

```
    <AGENCY_NAME>Metro-North Railroad</AGENCY_NAME>
    <INDICATOR_NAME>Escalator Availability</INDICATOR_NAME>
    <DESCRIPTION>Percent of the time that escalators are operational systemwide. The availability rate is based on physical observations performed the morning of regular business days only. This is a new indicator the agency began reporting in 2009.</DESCRIPTION>
    <PERIOD_YEAR>2011</PERIOD_YEAR>
    <PERIOD_MONTH>12</PERIOD_MONTH>
    <CATEGORY>Service Indicators</CATEGORY>
    <FREQUENCY>M</FREQUENCY>
    <DESIRED_CHANGE>U</DESIRED_CHANGE>
    <INDICATOR_UNIT>%</INDICATOR_UNIT>
    <DECIMAL_PLACES>1</DECIMAL_PLACES>
    <YTD_TARGET>97.00</YTD_TARGET>
    <YTD_ACTUAL></YTD_ACTUAL>
    <MONTHLY_TARGET>97.00</MONTHLY_TARGET>
    <MONTHLY_ACTUAL></MONTHLY_ACTUAL>
</INDICATOR>
```

lxml.objectify 是基于 lxml.etree 构建的 Python 对象 API 接口，主要用于处理以数据为中心的 XML 文档，可根据叶子节点所包含的内容自动推断数据类型，其节点元素分为结构节点（Tree Element）和数据节点（Data Element）两类。在此，我们以 MTA 提供的数据为例，简单演示使用 objectify 模块解析 XML 文档的过程。

```
from lxml import objectify  #导入 lxml 库
import os  #导入 os 库
path = 'd:\\pandas\\data'  #XML 文档所在路径
os.chdir(path)  #设置 XML 文档所在目录为当前目录
file=open("Performance_MNR.xml")  #打开 XML 文档
parsed=objectify.parse(file)  #解析 XML 文档，生成 ElementTree 对象
root = parsed.getroot()  #获取 XML 文档的根节点引用
```

这里，root 为结构节点元素，其默认类型为 objectify.ObjectifiedElement。通过 root.INDICATOR 的引用，将返回一个用于产生各个标记为<INDICATOR>的 XML 元素生成器。对于每条数据记录，我们可以用标记名（如 YTD_ACTUAL）和数据值填充一个字典，不需要的标记可以排除掉。

```
data = []  #初始化数据列表
skip_fields = ['PARENT_SEQ', 'INDICATOR_SEQ','DESCRIPTION',
               'DESIRED_CHANGE', 'DECIMAL_PLACES']  #要排除的标记
for elt in root.INDICATOR:  #遍历访问所有的 INDICATOR 元素
      el_data = {}  #初始化字典
      for child in elt.getchildren():  #遍历每个结构元素的数据子元素
          if child.tag in skip_fields:  #排除部分标记
              continue
          el_data[child.tag] = child.pyval  #用标记名和数据值填充字典
      data.append(el_data)  #将数据元素追加到数据列表
```

生成元素的数据列表 data，可查看列表对象的长度，访问其中的列表元素，示例

如下：

```
>>>len(data)  #列表的长度
648
>>>data[0]  #访问列表中的第 1 个元素
{'AGENCY_NAME': 'Metro-North Railroad', 'INDICATOR_NAME': 'On-Time Performance (West of Hudson)', 'PERIOD_YEAR': 2008, 'PERIOD_MONTH': 1, 'CATEGORY': 'Service Indicators', 'FREQUENCY': 'M', 'INDICATOR_UNIT': '%', 'YTD_TARGET': 95.0, 'YTD_ACTUAL': 96.9, 'MONTHLY_TARGET': 95.0, 'MONTHLY_ACTUAL': 96.9}
```

从上面显示的结果看，data 列表中的每个元素都是一个字典的形式，我们可以将这组字典转换为一个 Python 的 DataFrame 对象，示例如下：

```
>>> import pandas as pd  #导入 Pandas 库
>>> perf=pd.DataFrame(data)  #将字典列表转换为 DataFrame 对象
>>> perf.head()  #查看 DataFrame 对象的行列标识
          AGENCY_NAME    ...    MONTHLY_ACTUAL
0  Metro-North Railroad  ...          96.9
1  Metro-North Railroad  ...            95
2  Metro-North Railroad  ...          96.9
3  Metro-North Railroad  ...          98.3
4  Metro-North Railroad  ...          95.8

[5 rows x 11 columns]
```

**（2）使用 xml.etree 解析**

Python 提供的标准库 xml 通过三种方式解析 XML 文档，即 SAX（Simple API for XML）、DOM（Document Object Model）和 etree。其中 SAX 采用事件驱动模型，在解析 XML 过程中触发事件，然后调用用户定义的回调函数来处理 XML 文档；DOM 将 XML 文档在内存中解析为一棵树，然后通过树的操作来操作 XML；而 etree 模块中的元素树（ElementTree）则是一个轻量级的 DOM，主要包含 ElementTree 类、Element 类和一些操作 XML 的函数三个部分。其中，ElementTree 类用来表示整个 XML 文档，Element 类用来表示 XML 的一个节点。xml.etree.ElementTree 模块具有方便友好的 API 接口，代码可用性好、速度快、消耗内存少。因此，我们使用从世界卫生组织官方网站下载的按国家分类的预期寿命数据，简单演示使用 etree 模块解析 XML 文档的过程。

下载的世界卫生组织预期寿命数据说明如表 4.8 所示。

**表 4.8　下载的世界卫生组织预期寿命数据**

| CSV 标题 | 样本记录 1 | 样本记录 2 |
|---|---|---|
| 指标 | 60 岁时预期寿命（年） | 出生时预期寿命（年） |
| 发布状态 | 已发布 | 已发布 |
| 年份 | 2000 | 2012 |
| WHO 地区 | 欧洲 | 东地中海 |

（续表）

| CSV 标题 | 样本记录 1 | 样本记录 2 |
| --- | --- | --- |
| 世界银行收入分组 | 高收入 | 高收入 |
| 国家 | 安道尔共和国 | 阿拉伯联合酋长国 |
| 性别 | 男女合计 | 女性 |
| 显示值 | 23 | 78 |
| 数值大小 | 23.00000 | 78.00000 |

下载的 XML 文档中具体数据示例如下：

```
"Indicator","PUBLISH STATES","Year","WHO region","World Bank income group", "Country", "Sex","Display Value","Numeric","Low","High","Comments"
"Life expectancy at age 60 (years)","Published","2000","Europe","High-income", "Andorra","Both sexes","23","23.00000","","",""
"Life expectancy at birth (years)","Published","2012","Eastern Mediterranean", "High-income", "United Arab Emirates","Female", "78","78.00000","","",""
```

使用 xml.etree.ElementTree 模块处理 XML 文档，在交互模式下的示例代码和执行结果如下：

```
from xml.etree import ElementTree as ET  #导入解析 XML 的 Python 内置库
import os  #导入 os 库
os.chdir("D:\\Pandas\\Data")  #设置 XML 文档所在目录为当前目录
tree=ET.parse('data_text.xml')  #整个 XML 对象，保存为 Python 可解析的对象
root=tree.getroot()  #获取根结点的 XML 标签
print(root)  #显示表明 XML 的根结点为 GHO
<Element 'GHO' at 0x0267A750>
print(list(root))  #显示根结点的所有子结点元素
[<Element 'QueryParameter' at 0x0241CCF0>, <Element 'QueryParameter' at 0x0241CDB0>, <Element 'QueryParameter' at 0x0241CDE0>, <Element 'QueryParameter' at 0x0241CE40>, <Element 'QueryParameter' at 0x0241CE70>, <Element 'QueryParameter' at 0x0241CEA0>, <Element 'Copyright' at 0x0241CF00>, <Element 'Disclaimer' at 0x0241CF90>, <Element 'Metadata' at 0x024126C0>, <Element 'Data' at 0x0264C390>]
```

通过遍历和理解以上显示的元素，可以更好地提取和使用所需要的数据。

```
data=root.find('Data')  #获取其中标记为 Data 的元素
```

通过测试可知，data 是由 4656 个 Observation 元素组成的超长列表，显示时耗时巨大。其中的每个 Observation 元素代表一行数据，其数据类型为 xml.etree.ElementTree.Element 对象。因此，可以通过循环迭代的方式，逐个访问其中的元素，并转换为方便 Python 处理的字典列表，示例如下：

```
lst_data=[]  #初始化列表，用以保存转换后的最终数据
for observation in data:  #遍历列表中的 Observation 元素
    record={}  #保存每一行键和值的字典，初始化为空
    for item in observation:  #遍历 Observation 元素的子元素
        attriName=list(item.attrib.keys())[0]  #第 1 个属性名作为键名
```

```
            if attriName=="Numeric":  #处理键名为 attriName 的值
                rec_key="NUMERIC"
                rec_value=item.attrib['Numeric']
            else:
                rec_key=item.attrib[lookup_key]
                rec_value=item.attrib['Code']
            record[rec_key]=rec_value  #将键值对添加到字典 record 中
        lst_data.append(record)  #将字典作为一个元素添加到列表中
    print(lst_data[0])  #显示生成的列表中的第一个元素
    {'PUBLISHSTATE': 'PUBLISHED', 'YEAR': '1990', 'SEX': 'BTSX', 'GHO':
'WHOSIS_000001', 'REGION': 'EUR', 'COUNTRY': 'AND', 'WORLDBANKINCOMEGROUP':
'WB_HI', 'NUMERIC': '77.00000'}
```

### 2. 二进制格式数据处理

**1）pickle 序列化**

实现数据的高效二进制格式存储，最简单的方法之一是使用 Python 内置的 pickle 序列化。将数据以 pickle 格式保存到磁盘上，可使用 Pandas 对象的 to_pickle 方法；而要读取被 pickle 化的数据，可以通过 pickle 直接读取或使用 Pandas 的 read_pickle 方法，简单示例如下：

```
>>>import pandas as pd  #导入 Pandas 库
>>> frame=pd.read_csv("data2.csv")  #读取 CSV 文件数据
>>> frame.to_pickle('frame_pickle')  #数据 pickle 化，并写入磁盘
>>> pd.read_pickle('frame_pickle')  #读取 pickle 序列化的数据
  something  a   b     c   d message
0    apple   1   2   3.0   4     NaN
1   orange   5   6   NaN   8   fruit
2    water   9  10  11.0  12  energy
3     food  13  14  15.0  16  energy
```

说明：pickle 序列化仅建议用于短期存储格式，这是因为 pickle 格式化的数据可能无法被后续版本的库 unpickle 出来。

**2）HDF5 格式**

HDF5 是一种全新的分层数据格式，由数据格式规范和支持库实现组成，适用于可被层次性组织且数据集需要被元数据标记的数据模型。HDF5 提供了一种大规模数据存储的解决方案，以满足科学数据存储不断增加和数据处理不断变化的需求。

HDF5 文件组织包含三大要素，即：

（1）HDF5 文件：能够存储两种基本数据对象 Dataset 和 Group 的容器，其操作类似于 Python 标准的文件操作，文件对象本身就是一个组，以/作为遍历文件的入口名称；

（2）数据集（Dataset）：数据元素的一个多维数组，支持元数据（Metadata），类似于 Numpy 的数组，每个数据集都有一个名称（Name）、形状（Shape）和类型（Dtype），支持切片操作；

（3）群组（Group）：包含 0 个或多个 HDF5 对象、支持元数据（Metadata）的一个

群组结构，类似于 Windows 文件夹的容器，每个 group 中可以存放 Dataset 或子 Group，其形式同字典，键为组成员的名称，值为组成员对象本身。

元数据用于数据描述，其中数据空间（Dataspaces）用于描述数据的分布情况；数据类型（Datatypes）用于描述 HDF5 数据集中单个数据元素的类型；特性（Properties）用于描述 HDF5 对象的特点，默认的特性描述可以通过 HDF5 Property List API 进行修改；属性（Attributes）是可选的元数据，由用户人工指定，包含名称、值两个部分，不支持部分 I/O 操作，且不能被压缩或扩展。

HDF5 的文件逻辑结构如图 4.5 所示。

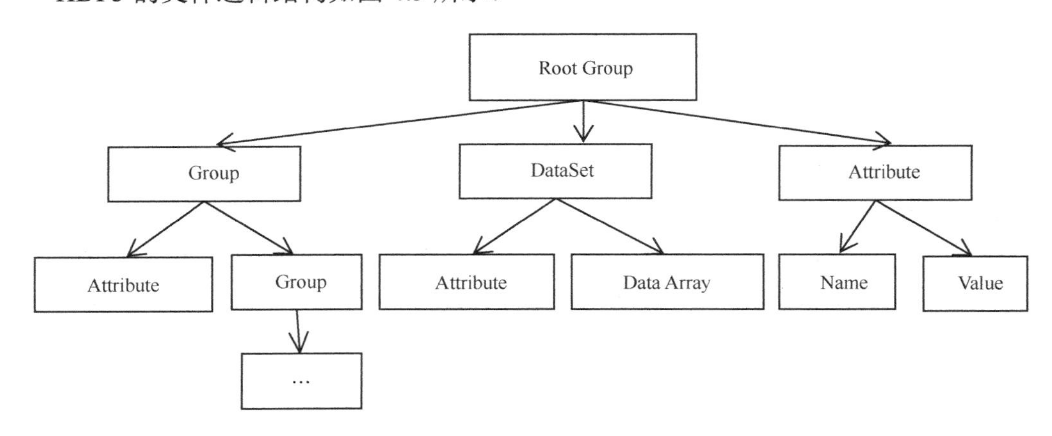


图 4.5　HDF5 的文件逻辑结构

HDF5 库提供相应的应用程序接口，用于创建、存取、处理 HDF5 文件和对象。HDF5 可作为 C 标准库，且带有多种语言的接口，支持 Python、Java 和 Matlab 等。对 HDF5 文件、数据集、群组、属性的创建和使用，数据集的读写操作等，可参阅支持 HDF5 的 Python 库的官方文档，在此不再赘述。

**说明：**

（1）与其他简单格式相比，HDF5 支持多种压缩器的即时压缩，还能更高效地存储重复模式数据。对于那些非常大的无法直接放入内存的数据集，HDF5 就是不错的选择，因为它可以高效地分块读写。

（2）如果要在本地处理海量数据，进行 I/O 密集型的数据分析，利用 HDF5 这样的工具可显著提升应用程序的效率，也需要对 Python 支持的第三方库 PyTables 和 h5py 有更深入地了解和掌握。

（3）HDF5 不是数据库。它最适合作为“一次写多次读”的数据集。虽然数据可以在任何时候被添加到文件中，但如果同时发生多个写操作，文件就可能会被破坏。

虽然 Python 可以使用 PyTables 或 h5py 第三方库直接访问 HDF5 文件，但 Pandas 提供了更为高级的接口，可以简化存储 Series 和 DataFrame 对象。Pandas 的 HDFStore 类可以像字典一样，处理低级的细节，示例如下：

```
>>> import pandas as pd
>>> import numpy as np
```

```
>>> import os
>>> os.chdir("d:\\Pandas\\data”)  #设置数据文件所在的目录
>>> data=[np.random.randint(1,10) for x in range(6)]  #列表推导式生成数据
>>> height=pd.Series(data,index=list('ABCDEF'))  #数据转换为 Series 对象
>>> height  #查看 Series 对象内容
A    1
B    5
C    1
D    4
E    9
F    2
dtype: int64
>>> bar=pd.DataFrame(np.random.randn(10,4),columns=list('ABCD'))
>>> bar  #生成的 DataFrame 对象内容
          A         B         C         D
0  0.474884 -1.007598 -1.721588  0.710669
1  1.458409  0.004520  0.669660  0.446760
2 -0.106922  0.751795 -0.725796  0.158943
3  0.702345  3.175065  1.111784 -0.023090
4  0.451597  0.153107  0.039751  0.331939
5  2.736471  0.579036 -0.019069  1.050134
6 -1.688078 -0.179453  0.906721 -0.594031
7  0.007458  0.482089 -0.092173  0.766937
8 -1.710837 -0.469418  0.159687  0.190827
9  0.857916 -0.505340  0.099427 -0.765356
>>> store=pd.HDFStore('test.h5')  #创建 test.h5 文件，返回 HDFStore 类对象
>>> store  #查看 store 对象
<class 'pandas.io.pytables.HDFStore'>
File path: test.h5
>>> store['height'],store['bar']=height,bar  #将数据写入 store 对象
>>> store.put(key='height',value=height)
>>> store.put(key='bar',balue=bar)  #利用 store 对象的 put()方法，以键值对方
式写入数据
>>> store['bar']  #读入数据，通过键名访问，与 store 对象的 get()方法等价
          A         B         C         D
0  0.474884 -1.007598 -1.721588  0.710669
1  1.458409  0.004520  0.669660  0.446760
2 -0.106922  0.751795 -0.725796  0.158943
3  0.702345  3.175065  1.111784 -0.023090
4  0.451597  0.153107  0.039751  0.331939
5  2.736471  0.579036 -0.019069  1.050134
6 -1.688078 -0.179453  0.906721 -0.594031
7  0.007458  0.482089 -0.092173  0.766937
8 -1.710837 -0.469418  0.159687  0.190827
```

```
9  0.857916  -0.505340  0.099427  -0.765356
>>> store.remove('height')  #与 del store['height']等价，删除数据
>>> store.close()  #关闭 store 对象，将数据存储到本地 h5 文件
>>> pd.read_hdf('test.h5',key='bar')  #直接使用 pandas 的方法按键名读取 h5 文件中的数据，文件无须事先打开
```

**说明：**

（1）HDFStore 类的调用，需要使用如 pip install tables 命令预先安装 PyTables 外部扩展库，且与 Numpy 库的版本一致，如采用 numpy1.17.4、tables1.17.4；

（2）从速度上而言，采用 HDF5 格式文件存储，其读写速度要明显优于其他格式的文件，这也是使用大数据时采用 HDF5 格式文件的原因之一。

**3）Excel 文件格式**

要使用 Pandas 处理 Excel 2003 或更高版本的表格数据，主要有以下方法：

（1）pandas.ExcelFile(FileName)：创建 Excel 文件的一个实例；

（2）pandas.read_excel(FileName,SheetName)：读取 Excel 文件中的工作表；

（3）pandas.ExcelWriter(FileName)：创建 ExcelWriter 的一个实例；

（4）pandas.DataFrame.to_excel(FileName)：将数据写入 Excel 文件。

对于规则的表格数据，使用 Pandas 可以快速读写 Excel 文件中的数据并方便处理，对于较为复杂的表格数据，Pandas 提供的方法就表现出明显的不足，如对于工作簿（Book）、工作表（Sheet）的结构和属性的解析就无能为力。在此，我们使用 Python 支持的第三方库完成 Excel 文件数据的处理，这些外部扩展库需要使用如 pip install 命令预先安装。

（1）xlrd：读取 Excel 文件；

（2）xlwt：向 Excel 文件写入，并设置格式；

（3）xlutils：一组 Excel 高级操作工具（需要预先安装 xlrd 和 xlwt）。

数据来源是联合国儿童基金会（UNICEF）发布的 2014 年“世界儿童状况”报告，可以从网站下载对应的 Excel 文件 SOWC 2014 Stat Tables_Table 9.xlsx。为统计其中的童工和童婚数据，我们需要提取 Excel 文件中的特征数据，并转换为 Python 能够适用的数据结构，以方便进行后续处理。

（1）导入需要的扩展库，代码如下：

```
import xlrd
import os
import pandas as pd
```

（2）解析工作簿中的工作表名称，找到目标数据所在的工作表，代码如下：

```
os.chdir("D:\\pandas\\Data")  #设置 Excel 文件所在的目录为当前目录
book=xlrd.open_workbook("SOWC 2014 Stat Tables_Table 9.xlsx")  #创建工作簿实例
for sheet in book.sheets():  #遍历工作簿中的工作表
print(sheet.name)  #显示工作表的名称为 Data Notes 和 Table 9
```

说明：原工作簿中的工作表 Table 9 名称后有一个空格，为避免不必要的麻烦，我

们把空格去掉了。

```
sheet=book.sheet_by_name('Table 9')  #获取名为'Table 9'的工作表
```

在确定需要处理的工作表之后，创建工作表的一个实例。之后，遍历工作表的所有行，并查看每列的数据，从而确定需要提取的特征数据，并考虑适用的 Python 数据结构。

```
for i in range(sheet.nrows):  #nrows 为工作表的总行数
    print(i)  #i 的取值为 0 至 sheet.nrows-1
    print(sheet.row_values(i))  #查看每一行的内容
    row=sheet.row_values(i)  #用 row 变量保存当前行数据
    for cell in row:  #遍历当前行的每个单元格
        print(cell)
```

为查看工作表中国家名字是从哪一行出现的，可设置计数器，记录要遍历的行数。行数可自行修改，目的是找到用户需要的信息，本例设为 10 行。

```
count=0   #计数器
for i in range(sheet.nrows):
      if count<10:  #遍历前 10 行的内容
          row=sheet.row_values(i)
          print(i,row)
    count+=1
```

通过查看，判定国家名字出现在第 14 行。之后，遍历第 14 行后的若干行，解析 Excel 文件的内容，确定国家名称出现的位置以及要提取的关于童工、童婚的特征数据，并考虑将 Excel 的行数据转换为 Python 的字典结构，示例代码如下：

```
data={}  #字典初始化
for i in range(14,sheet.nrows):  #遍历第 14 行之后的行数据
    row=sheet.row_values(i)  #获取当前行数据
    country=row[1]  #国家名称
    data[country]={  #国家名称作为字典的键
        'child_labor':{  #创建 child_labor 键，其值为另一个字典
            'total':row[4],  #键值对定义，说明要保存的数据
            'male':row[6],
            'female':row[8],
            },
        'child_marriage':{  #创建 child_marriage 键，其值为另一个字典
            'married_by_15':[row[10],row[11]],
            'married_by_18':[row[12],row[13]],
            }
        }
    if country=="Zimbabwe":
      break  #国家的最后一行是津巴布韦（Zimbabwe）,可结束循环
```

运行代码后，提取的特征数据保存在嵌套字典 data 中，对于这样复杂的数据结构，可使用 pprint 模块，从而更容易检查输出的结果。否则，在数据量比较大的情况下，使用 Python 的内置函数 print( )显示输出，要耗费较长的时间，显示的结果也不够

清晰。

```
import pprint  #导入模块
pprint.pprint(data)  #显示输出
```

说明：以上解析过程，主要目的是掌握 xlrd 库提供的类和方法的使用，以便能够了解 Excel 表格数据的基本内容。若熟悉 Microsoft Office 软件的使用，可直接 Excel 软件进行了解。

使用 Python 内置的字典结构能够较清晰地表达数据之间的逻辑关系，在数据量较小的情况下是适用的。如果数据量较大，要考虑数据处理的速度要求和数据处理的细节，使用 Pandas 的 DataFrame 结构或许更为合适。

对以上童工、童婚的数据，改写程序如下：

```
import pandas as pd  #导入库
import numpy as np
import xlrd
import os
os.chdir("d:\\Pandas\\data")  #设置 Excel 文件所在的目录为当前目录
#创建工作簿实例
book=xlrd.open_workbook("SOWC 2014 Stat Tables_Table 9.xlsx")
sheet=book.sheet_by_name("Table 9")  #创建工作表实例
rowData=[]  #初始化行数据列表
lstCountry=[]  #初始化国家名称列表
for i in range(14,sheet.nrows):  #遍历第 14 行之后的行数据
        row=sheet.row_values(i)  #获取当前行数据
        country=row[1]  #国家名称
        #['total', 'male','female','married_by_15','married_by_18']
        data=[row[4],row[6],row[8],row[10],row[12]]  #DataFrame 的行数据
        if country=="Zimbabwe":  #国家名称为津巴布韦结束循环
            break
        else:
            rowData.append(data)  #添加当前行数据到列表
            lstCountry.append(country)  #添加国家名称到列表
colIndex=[('child_labor','total'),('child_labor','male'),('child_labor',
'female'),('child_marriage','married_by_15'),('child_marriage','married_
by_18')]
columns=pd.MultiIndex.from_tuples(colIndex)  #定义多层列索引标识
index=lstCountry  #定义行索引标识
dataArray=np.array(rowData)  #列表转换为一维数组
length=len(lstCountry)  #获取国家名称列表的长度
dataArray.reshape(length,5)  #将一维数组转换为二维数组
df=pd.DataFrame(dataArray,index=index,columns=columns)  #创建数据帧对象
```

程序运行后，可查看 DataFrame 对象存储的内容，结果如下：

```
>>> df
                              child_labor  ... child_marriage
                                    total  ...  married_by_18
```

```
Afghanistan                            10.3  ...      40.4
Albania                                12.0  ...       9.6
Algeria                                 4.7  ...       1.8
Andorra                                  -   ...        -
Angola                                 23.5  ...        -
...                                     ...  ...       ...
Vanuatu                                  -   ...      27.1
Venezuela (Bolivarian Republic of)      7.7  ...        -
Viet Nam                                6.9  ...       9.3
Yemen                                  22.7  ...      32.3
Zambia                                 40.6  ...      41.6

[196 rows x 5 columns]
```

之后，可以在前面有关 DataFrame 操作的基础上，进一步完成数据处理和分析的工作。

### 3. Web API 交互

目前，许多网站都可以通过 JSON、XML 或 HTML 等格式提供网络数据的公共 API。要在 Python3 中访问这些 API，采集到需要的网络数据，除使用 Python 内置的标准库 urllib 外，也可以使用 Python 的第三方库 requests、urllib3、beautifulsoup4、html5lib 等。在本节前面的内容中，我们已经对 HTML 格式的网络数据采集进行了讲解。在此，我们仅以采集 GitHub 上 30 个 Pandas 主题为例，使用 requests 库采集 JSON 格式的数据，并将数据传递到 Pandas 的 DataFrame 对象中，以方便进行后续的数据处理。

```
>>> import pandas as pd  #导入Pandas库
>>> import requests  #导入requests库，用以打开和读取URL内容
>>> url = 'https://api.github.com/repos/pandas-dev/pandas/issues'
>>> resp=requests.get(url)  #使用get()方法提交参数并访问页面
>>> resp  #返回的response对象
<Response [200]>
>>> data=resp.json()  #解析response对象，生成JSON对象的列表
>>> data[0]['title']  #访问列表键为'title'的元素
'DEPR: remove reduce kwd from DataFrame.apply'
>>> issues=pd.DataFrame(data,columns=['number','title','state'])
>>> issues
   number      title                                              state
0  29730       DEPR: remove reduce kwd from DataFrame.apply       open
1  29729       DOC: fix _validate_names docstring                 open
2  29728       DEPR: remove nthreads kwarg from read_feather      open
3  29727       Add 'Series.todict()' for consistency?             open
4  29726       DEPR: remove tsplot                                open
5  29725       DEPR: remove Index.summary, fastpath kwarg         open
6  29724       DEPR: remove Series.valid, is_copy, get_ftype_...  open
7  29723       DEPR: enforce deprecations in core.internals       open
```

```
8   29722     DEPR: remove encoding kwarg from read_stata, D...  open
9   29721     DEPR: remove deprecated keywords in read_excel...  open
10  29720     DEPR: remove Series.from_array, DataFrame.from...  open
11  29719     Misaligned X axis when plotting datetime with ...  open
12  29718     melt does not recognize numeric column names       open
13  29715     WIP: All the CI in GitHub actions (DO NOT MERGE)   open
14  29713     TST: Silence lzma output                           open
15  29712     CI: Improved call to xvfb                          open
16  29711     Dropna Subnet changes timestamp format in to_c...  open
17  29710     DEPR: Deprecate `.str` accessor on object-dtype.   open
18  29709     DataFrame.at indexing with date string promote...  open
19  29708     Indexing (__getitem__) of DataFrame/Series wit...  open
20  29707     .loc assignment with empty label list should n...  open
21  29706     series.to_json + isoformat: bad serialization ...  open
22  29705     Misaligned X axis when plotting datetime index...  open
23  29704     Assorted io extension cleanups                     open
24  29703     TYP: more annotations for io.pytables              open
25  29701     format replaced with f-strings                     open
26  29700     BUG: Index.get_loc raising incorrect error, cl...  open
27  29699     MultiIndex-Columns Integer and String: Column ...  open
28  29698     REF: dont _try_cast for user-defined functions     open
29  29697     BUG: merge raises for how='outer'/'right' when...  open
```

通过 Web API 方式访问和采集网络中的数据，可进一步学习和掌握爬虫技术，在此不再赘述。

#### 4．数据库交互

在很多应用场景下，数据存储在基于 SQL 的关系型数据库（如 MySQL、SQL Server、Oracle、Sysbase）或非关系型数据库（如 MongoDB）中。Python 标准数据库接口为 Python DB-API，它为开发人员提供了数据库应用编程接口。数据库的选择通常取决于性能、数据完整性及应用程序的伸缩性需求。

DB-API 是一个规范，它定义了一系列必须的对象和数据库存取方式，以便为多种底层数据库系统和数据库接口程序提供一致的访问接口。Python 的 DB-API 为大多数数据库实现了接口，其一般的使用流程如下：

（1）导入 API 库；

（2）获取与数据库的连接；

（3）执行 SQL 语句和存储过程；

（4）关闭数据库连接。

以下，我们将使用 SQLite 数据库和 MySQL 数据库，简单说明在 Python 环境中数据库的使用。值得说明的是，在计算机上需要预先安装相应的数据库服务器端程序，如 SQLite 3.30.1、MySQL 5.7.20 等，具体的下载和安装过程请参阅相关资料。

**1）使用 SQLite 数据库**

Python 提供了驱动 SQLite 数据库的内置标准模块 sqlite3，可以完成数据库的基本操作，且能够与 Pandas 进行数据交互，如将数据从 SQL 加载到 Pandas 库的 Dataframe 或直接使用 Pandas 库的函数。

```
>>> import sqlite3  #导入 Python 内置库
>>>import pandas as pd  #导入 Pandas 库
>>> query="""CREATE TABLE test(a VARCHAR(20),
    b VARCHAR(20),c REAL,d INTEGER);"""
>>> con=sqlite3.connect("mydata")  #连接数据库
>>> con.execute(query)  #创建数据表 test，生成一个 Cursor 对象
<sqlite3.Cursor object at 0x0758EF60>
>>> con.commit()  #提交当前事务，保存数据
>>> data=[('山东','济南',1.25,6),('云南','昆明',2.6,3),
    ('广东','深圳',2.3,4),('中国','上海',1.7,5)]  #定义数据列表
>>> stmt="INSERT INTO test VALUES(?,?,?,?)"  #定义一个 SQL 语句
>>> con.executemany(stmt,data)  #重复执行 INSERT 语句，插入多条记录
<sqlite3.Cursor object at 0x0759A060>
>>> cursor=con.execute('select * from test')  #查询表中的所有记录
>>> rows=cursor.fetchall()  #从结果集中返回所有行记录
>>> rows  #行记录构成元组列表
[('山东', '济南', 1.25, 6), ('云南', '昆明', 2.6, 3), ('广东', '深圳', 2.3,
4), ('中国', '上海', 1.7, 5)]
>>> cursor.description  #显示 cursor 对象的描述
(('a', None, None, None, None, None, None), ('b', None, None, None,
None, None, None), ('c', None, None, None, None, None, None), ('d', None,
None, None, None, None, None))
>>> pd.DataFrame(rows,columns=[x[0] for x in cursor.description])
   a    b     c  d
0  山东  济南  1.25  6
1  云南  昆明  2.60  3
2  广东  深圳  2.30  4
3  中国  上海  1.70  5
```

说明：对每一行记录迭代，利用列表推导式返回 Cursor 对象中第一列的值，作为 DataFrame 的列标识。

```
>>> df=pd.read_sql('select * from test',con)  #调用函数，连接并读取数据
>>> df  #显示 DataFrame 的内容
   a    b     c  d
0  山东  济南  1.25  6
1  云南  昆明  2.60  3
2  广东  深圳  2.30  4
3  中国  上海  1.70  5
```

**2）使用 MySQL 数据库**

MySQLdb 是 Python 连接 MySQL 数据库的接口，它实现了 Python DB-API 规范 2.0，需要预先安装 MySQL 的服务器端程序，然后下载并安装适于 Python 版本的

MySQL 客户端程序。

在 Python 2.x 的版本中，可使用命令 pip install MySQL-python 在线安装。但从 Python 3.x 开始，使用 mysqlclient 替代了 MySQL-python。因此，可从网站下载 MySQL 的离线安装包，如 Windows 32bits 操作系统环境下，可下载 mysqlclient-1.4.5-cp36-cp36m-win32.whl，然后执行命令 pip install <下载的 whl 文件名>或直接使用命令 pip install mysqlclient 在线安装。

下面，将通过实例的方式，具体描述在 Python 中操作 MySQL 数据库的过程。假定在您的计算机上已经安装了 MySQL Server 5.7.20，且根用户的名称为 root，口令为 admin。

```
>>> import MySQLdb as mdb  #导入 MySQLdb 库
```

（1）创建数据库

要创建 MySQL 的一个数据库，首先需要建立与 MySQL 数据库服务器的连接，然后执行 CREATE DATABASE 语句完成创建。

```
>>> con=mdb.connect(host='localhost',user='root',password='admin')
>>> sql="CREATE DATABASE IF NOT EXISTS test"  #定义 SQL 语句
>>> cur=con.cursor()  #创建操作游标
>>> cur.execute(sql)  #执行 SQL 语句，创建数据库
1
```

（2）创建数据库表

```
>>>con=mdb.connect(host='localhost',user='root',
       password='admin',database='test')  #连接到 test 数据库
>>> cur=con.cursor()  #创建操作游标
>>> cur.execute('DROP TABLE IF EXISTS employee')  #删除表
0
>>> sql="""CREATE TABLE employee(No CHAR(6) NOT NULL,Name CHAR(20),
Age INT,Sex CHAR(1),Income FLOAT)"""  #定义 SQL 语句
>>> cur.execute(sql)  #执行 SQL 语句，创建 employee 表
0
```

在对数据库表中的记录操作之前，首先应建立与数据库的连接，并保证表结构已经创建完成。

（3）在表中插入记录

为能够在 MySQL 数据库表中插入包含中文的记录，在连接数据库时，应使用参数 charset="utf8"指定数据库的编码。这是因为 Python 默认的 MySQL 数据库编码为"latin-1"，是不能够识别中文的。

```
>>>con=mdb.connect(host='localhost',user='root',password='admin',
database='test',charset='utf8')  #连接到 test 数据库
>>> cur=con.cursor()  #创建操作游标
>>> sql="""INSERT INTO employee(No,Name,Age,Sex,Income)
VALUES('111023','柳直荀',20,'M',3200)"""  #定义 SQL 语句
>>> try:
      cur.execute(sql)  #执行 SQL 语句
      con.commit()  #提交事务，真正在数据库表中插入一条记录
```

```
    except:
        con.rollback()  #若出错，则回滚事务，撤销对数据库的操作
```

在 Python 中使用 MySQLdb 库插入记录数据时，也可以使用格式符指定各字段的数据类型。

```
>>> sql="INSERT INTO employee(No,Name,Age,Sex,Income) VALUES\
('%s','%s','%d','%c','%d')" % ('111060','张乔亚',22,'F',3600)  #定义 SQL 语句
>>>cur.execute(sql)  #执行 SQL 语句
1
>>> con.commit()  #提交事务，在表中真实插入一条记录
```

（4）查询操作

在 Python 中查询 MySQL 数据库中的记录，可使用 Cursor 对象的 fetchone( )方法获取单条记录，或使用 fetchall( )方法同时获取多条记录。

```
>>>import pandas as pd
>>>cur=con.cursor()  #创建 Cursor 对象
>>> sql="SELECT * FROM employee WHERE Income>1000"  #定义 SQL 语句
>>> cur.execute(sql)  #执行 SQL 语句，返回获取记录的个数
2
>>> data=cur.fetchall()  #获取所有记录，结果为记录组成的元组
>>> data
(('111023', '柳直荀', 20, 'M', 3200.0), ('111060', '张乔亚', 22, 'F', 3600.0))
>>> cur.description  #查看 Cursor 对象的属性
(('No', 254, 6, 18, 18, 0, 0), ('Name', 254, 9, 60, 60, 0, 1), ('Age',
3, 2, 11, 11, 0, 1), ('Sex', 254, 1, 3, 3, 0, 1), ('Income', 4, 4, 12, 12,
31, 1))
```

为了更方便地处理获取的记录集，可以将上面返回的结果转换为 Pandas 库的 DataFrame 对象，列标识为数据库表中的字段名称。

```
>>> df=pd.DataFrame(data,columns=[row[0] for row in cur.description])
>>> df
       No   Name   Age  Sex  Income
0  111023  柳直荀   20   M    3200.0
1  111060  张乔亚   22   F    3600.0
```

（5）更新操作

使用 Update 语句可以修改数据库中的数据。下面的示例将 Sex 为“M”的记录 Age 加 1。

```
>>> sql="UPDATE employee SET Age=Age+1 WHERE Sex='M'"  #定义 SQL 语句
>>> try:
        cur.execute(sql)  #执行 SQL 语句
        con.commit()  #提交事务，真正修改表中的记录内容
    except:
        con.rollback()  #若出错，则回滚事务，并不修改数据
>>> cur.execute("SELECT * FROM employee")  #查询表中的全部记录
2
>>> cur.fetchall()  #获取表中的全部记录
(('111023', '柳直荀', 21, 'M', 3200.0), ('111060', '张乔亚', 22, 'F',
3600.0))
```

从上面显示的结果看，Sex 为“M”的记录 Age 变为 21，确实进行了修改。

（6）删除操作

数据库表中记录的删除，可以使用 Delete 语句。但需要注意的是，删除的记录仅做了删除标记，并未真正从表中物理删除，必须要执行 connection 对象的 commit( )方法才行。

```
>>>cur=con.cursor()  #创建 Cursor 对象
>>> sql="DELETE FROM employee where Sex='M'"  #定义 SQL 语句
>>> cur.execute(sql)  #执行 SQL 语句
1
>>> con.commit()  #提交事务，真正删除表中的记录
>>> cur.execute("SELECT * FROM employee")  #执行 SQL 语句
1
>>> cur.fetchall()  #删除后表中的记录
(('111060', '张乔亚', 22, 'F', 3600.0),)
```

## 4.3 数据清洗与预处理

在现实世界中，由于数据采集、数据存储、数据操作等诸多方面的原因，可能使数据缺少某些感兴趣的属性值，存在名称或代码的差异以及错误或异常的值等，即数据通常是不完整的、不一致的、有噪声的、低质量的。因此，通过数据预处理，将来源于多个异构数据源的原始数据转换为高质量的、可以理解的数据格式，以符合和满足问题的数据需求是必要的。

数据预处理主要表现为数据清洗，是占据数据科学工作者大约 80%精力的一项繁琐工作，也是进行数据分析和使用数据训练模型的必经之路。数据清洗主要表现在以下几个方面：

（1）选取合适的数据子集，使数据的行、列标识意义明确，便于理解和使用；

（2）缺失数据的检测、滤除或填充，使得信息更加完整；

（3）重复数据处理，包括记录重复、特征重复两种类型，可消除其中的冗余数据，优化存储空间；

（4）异常值处理，更多地表现为离群值或不良数据，一般采用删除的方式处理，但在删除之前，必须弄清这些数据产生的原因，避免对数据分析结果的误判；

（5）数据转换主要指数据类型转换，数据映射、数据的离散化和哑变量处理，其主要目的是降低内存消耗；

（6）数据匹配是对信息主体拥有的数据项进行比对和差异分析，主要有模糊匹配、正则表达式匹配两种方式；

（7）数据规范化是为消除作为评价指标的数据特征之间的量纲和取值范围（数量级）差异的影响，以保证结果的可靠性。

数据清洗的脚本代码可以使用函数方式编写，不仅结构简单清晰，而且可以大大减

少重复性工作，节省数据清洗的成本。

数据清洗需要具备严谨的态度和所研究领域全面、系统的知识，需要在数据科学探索的道路上不断积累成功和失败的经验，才能最终成为一名合格的数据清洗专家。

在数据清洗的实践中，遇到的各种复杂情况也不同，涵盖各行各业的场景也比较多。在此，仅以简单示例的方式，提供 Pandas 用于数据清洗的一些基本方法。

### 4.3.1 检测与处理缺失值

数据缺失是指数据中某个或某些特征的值是不完整的，这些值称为缺失值。造成数据缺失的原因很多，无论是由于疏忽或遗漏无意造成的，还是作为一种数据特征有意保留的，或者说某些数据特征根本不存在，在很多数据应用场景中都会碰到数据的缺失，甚至是不可避免的。

缺失值一般用 NA（Not Available）表示，Pandas 中的浮点值 NaN（Not a Number）、Numpy 中的 nan、Python 内置的 None 值都可以被视为缺失值。

#### 1. 检测缺失值

Pandas 使用 isnull( )、notnull( )分别用于识别缺失值和非缺失值，使用其中任何一个都可以判断出数据中缺失值的位置，这两种方法均返回布尔值 True 和 False。结合 sum( )等函数的使用，可以检测数据中缺失值的分布以及统计数据中缺失值的多少。

```
>>> import pandas as pd
>>> str_data=pd.Series(['John','Mike','Jane',None,'Smith'])
>>> str_data
0     John
1     Mike
2     Jane
3     None
4    Smith
dtype: object
>>> str_data.isnull()
0    False
1    False
2    False
3     True
4    False
dtype: bool
```

下面，我们以某电商公司简单的交易数据（customer.xlsx）为例，说明使用 DataFrame 对象检测缺失值的方法。

```
>>> filepath="d:\Data Science\Pandas\data"  #数据文件所在的目录位置
>>> data=pd.read_excel(filepath+'\customer.xlsx')  #读取 Excel 文件的数据，返回 DataFrame 对象
>>> data.shape  #DataFrame 对象的行列数
(3000, 6)
>>> data.isnull()  #检测数据集中的缺失值
```

```
      user_id  gender   age  education  amounts  order_date
0       False   False  False      True    False      False
1       False   False  False      True    False      False
2       False   False  False      True    False      False
3       False   False  False      True    False      False
4       False   False  False     False    False      False
...       ...     ...    ...       ...      ...        ...
2995    False   False   True      True    False      False
2996    False   False  False     False    False      False
2997    False   False  False      True    False      False
2998    False   False  False     False    False      False
2999    False   False  False      True    False      False

[3000 rows x 6 columns]
>>> data.isnull().sum(axis=0)   #统计各特征的缺失值数量
user_id         0
gender        136
age           100
education    1927
amounts         0
order_date      0
dtype: int64
>>> data.isnull().sum(axis=0)/data.shape[0]   #统计缺失值占比
user_id       0.000000
gender        0.045333
age           0.033333
education     0.642333
amounts       0.000000
order_date    0.000000
dtype: float64
```

从上面的结果来看，数据集中 gender、age、education 三个存在缺失值的数量分别为 136、100 和 1927，缺失比率分比为 4.5%、3.3%和 64.2%，客户不填写受教育程度的比例非常大。

此外，也可以从数据行的角度检测缺失值的数量和比例，示例如下：

```
>>> data.isnull().any(axis=1).sum()   #有缺失值的行数
2024
>>> data.isnull().any(axis=1).sum()/data.shape[0]   #具有缺失值的行所占比例
0.6746666666666666
```

**说明：**在进行数据清洗时，最好直接对缺失数据进行分析，以判断数据缺失是不是由于数据采集的问题，缺失数据会不会导致数据分析的偏差。

**2．滤除缺失值**

对缺失值的处理，最简单直接的方式就是滤除缺失值，这种方法在样本数据量非常大且缺失值较少的情况下是非常有效的。但是，缺失值的滤除，也会带来如下问题：

（1）通过减少历史数据以换取完整的信息，可能会牺牲大量数据或丢失很多隐藏的重要信息；

（2）在缺失数据量比较大的情况下，直接删除可能会导致数据的分布规律发生偏离，如原始数据符合正态分布，滤除缺失值后变为非正态分布。

缺失值的滤除，可以使用 Pandas 提供的 dropna( )方法，其语法如下：

```
dropna(axis=0, how='any', thresh=None, subset=None, inplace=False)
```

该方法在 Pandas 的 Series 和 DataFrame 对象上都可以使用，但功能会有较大差别，以下通过示例说明。

```
>>>import pandas as pd
>>>import numpy as np
>>>from numpy import nan as NA
>>>data=pd.Series([2,NA,3.5,None,7.6])  #定义系列对象
>>> data.dropna()  #滤除缺失值，等价于 data[data.notnull()]
0    2.0
2    3.5
4    7.6
dtype: float64
>>> df = pd.DataFrame({"name": ['Alfred', 'Batman', 'Catwoman'],
                       "toy": [NA, 'Batmobile', 'Bullwhip'],
                       "born": [pd.NaT, pd.Timestamp("1940-04-25"),
                                None]})  #定义 DataFrame 对象
>>> df
      name       toy        born
0     Alfred     NaN        NaT
1     Batman     Batmobile  1940-04-25
2     Catwoman   Bullwhip   NaT
>>> df.dropna()  #滤除含有缺失值的所有行
    name     toy     born
1  Batman  Batmobile  1940-04-25
>>> df.dropna(axis=1)  #按列滤除缺失值，默认 axis=0（按行）
     name
0   Alfred
1   Batman
2  Catwoman
>>> df.dropna(how='all')  #行中所有值均为缺失值，则滤除
      name       toy        born
0   Alfred       NaN         NaT
1   Batman   Batmobile   1940-04-25
2 Catwoman    Bullwhip        NaT
>>> df.dropna(thresh=2)  #行中缺失值有 2 个及以上，则滤除
      name       toy        born
1   Batman   Batmobile   1940-04-25
2 Catwoman   Bullwhip         NaT
>>> df.dropna(subset=['name','born'])  #对指定的列进行滤除
```

```
    name        toy        born
1  Batman  Batmobile  1940-04-25
>>> df.dropna(inplace=True)  #真正滤除对象内部的缺失值
>>> df
    name        toy        born
1  Batman  Batmobile  1940-04-25
```

**3. 填充缺失值**

对缺失值的填充，可采用替换或插值的方法等。其中，替换是使用数据中非缺失数据的相似性进行填充，插值则是对数据中的特征进行建模以决定填充的缺失值。

**1）替换法**

替换法是指用一个特定的值替换缺失值。根据数据特征的不同类型，主要有两种处理方式，即

（1）数值型：通常用特征的均值（mean）、中位数（median）和众数（mode）等描述其集中趋势的统计量来填充缺失值。例如一个班级的同学，其缺失的身高值可以用全班同学身高的平均值或中位数来填充。

（2）类别型：通常用众数填充。例如一个学校的同学，男生、女生的人数分别为500人、50人，则特征的缺失值可以用人数较多的男生来填充。

这种方法虽然简单，但是准确性不高，可能会引入噪声，或者可能会改变特征原有的分布规律。

要填充的缺失值，也可以采用热卡法或 *K*-Means 聚类算法等进行计算。这些方法的共同点是找出一个近似值来替代缺失值，但针对不同的问题，会选用不同的标准来判定近似值。

（1）热卡法（hot deck imputation）：对于一个包含缺失值的变量，在数据集中找到一个与它最相似的对象，然后用这个对象的值进行填充。这种方法常用相关系数矩阵来确定变量之间的相似性，然后用最相似变量的值来替换缺失值。这种方法概念简单，利用数据间的关系来进行缺失值估计，但难以定义相似标准，主观因素较多。

（2）*K*-Means 聚类算法（*K*-Means Clusting）：将所有样本进行 *K*-近邻聚类划分，然后再通过划分的种类的均值对各类的缺失值进行填充，这是一种无监督机器学习的聚类方法。使用这种方法对缺失值进行填充，其准确性取决于聚类结果的好坏，而聚类结果受初始选择点的影响变化大，适用于短时间内变化不大的变量。

在大多数情况下，缺失值的替换可以使用 pandas.DataFrame.fillna( )方法，其语法如下：

```
    fillna(value=None, method=None, axis=None, inplace=False, limit=None,
downcast=None, **kwarg)
```

以下通过示例的方式，说明 fillna( )方法的使用方法。

```
>>>from numpy import nan as NA  #将 numpy.nan 定义为缺失值标记 NA
>>> df = pd.DataFrame([[NA, 2, NA, 0],[3, 4, NA, 1],
                       [NA, NA, NA, 5],[NA, 3, NA, 4]],
                       columns=list('ABCD'))  #定义 DataFrame 对象
```

```
>>> df
     A    B    C   D
0  NaN  2.0  NaN  0
1  3.0  4.0  NaN  1
2  NaN  NaN  NaN  5
3  NaN  3.0  NaN  4
>>> df.fillna(df.mean())  #用均值填充缺失值
     A    B    C   D
0  3.0  2.0  NaN  0
1  3.0  4.0  NaN  1
2  3.0  3.0  NaN  5
3  3.0  3.0  NaN  4
>>> df.fillna(method='ffill')  #按列从第 1 个非 NaN 值开始向前填充
     A    B    C   D
0  NaN  2.0  NaN  0
1  3.0  4.0  NaN  1
2  3.0  4.0  NaN  5
3  3.0  3.0  NaN  4
>>> values = {'A': 0, 'B': 1, 'C': 2, 'D': 3}  #定义字典
>>> df.fillna(value=values)  #按字典键值对关系分别填充各列
     A    B    C   D
0  0.0  2.0  2.0  0
1  3.0  4.0  2.0  1
2  0.0  1.0  2.0  5
3  0.0  3.0  2.0  4
>>> df.fillna(value=values,limit=1)  #按字典键值对，填充各列中第 1 个 NaN
     A    B    C   D
0  0.0  2.0  2.0  0
1  3.0  4.0  NaN  1
2  NaN  1.0  NaN  5
3  NaN  3.0  NaN  4
```

**2）插值法**

在缺失值的处理上，直接滤除缺失值简单易行，但是会引起数据结构的变动和样本数量的减少；缺失值的替换方法理解相对容易，使用难度较低，但是会影响数据的标准差，导致信息量变动。因此，在数据缺失值的处理上，可以使用另一种常用的方法，即插值法。比较常用的插值法有线性插值、多项式插值和样条插值等。

（1）线性插值是一种较为简单的插值方法，它针对已知的值求出线性方程，通过求解线性方程得到缺失值。

（2）多项式插值是利用已知的值拟合一个多项式，使得现有的数据满足这个多项式，再利用这个多项式求解缺失值，常见的多项式插值法有拉格朗日插值和牛顿插值等。

（3）样条插值是以可变样条来做出一条经过一系列点的光滑曲线的插值方法，插值

样条由一些多项式组成，每一个多项式都由相邻两个数据点决定，这样可以保证两个相邻多项式及其导数在连接处连续。

从拟合结果来看，多项式插值和样条插值在大多数情况下拟合都非常出色，线性插值法只在自变量和因变量为线性关系的情况下拟合才较为出色。在实际的数据处理和分析中，满足线性关系的情况比较少，因此多项式插值和样条插值是较为合适的选择。

Pandas 库提供了 interpolate( )方法进行缺失值的插值填充，适用于 Series 和 DataFrame 对象，其语法如下：

```
interpolate(method='linear',axis=0,limit=None,inplace=False,limit_direction='forward', limit_area=None, downcast=None, **kwargs)
```

对 interpolate( )方法的使用，示例如下：

```
>>> s = pd.Series([0, 1, np.nan, 3])  #创建 Series 对象
>>> s
    0    0.0
    1    1.0
    2    NaN
    3    3.0
    dtype: float64
>>> s.interpolate()  #线性插值
    0    0.0
    1    1.0
    2    2.0
    3    3.0
    dtype: float64
>>> s = pd.Series([None, "single_one", None, "fill_two_more",
None, None, None, 4.71, np.nan])  #创建 Series 对象
>>> s
    0              NaN
    1       single_one
    2              NaN
    3    fill_two_more
    4              NaN
    5              NaN
    6              NaN
    7             4.71
    8              NaN
    dtype: object
>>> s.interpolate(method='pad', limit=2)  #用已经存在的值填充邻近的 NaN
    0              NaN
    1       single_one
    2       single_one
    3    fill_two_more
    4    fill_two_more
    5    fill_two_more
```

```
6               NaN
7              4.71
8              4.71
dtype: object
```

在使用多项式插值或样条插值方法时，必须指定多项式或样条的次数，且只能适用于索引（index）为数值型（numeric）或日期时间型（datetime）的数据。

```
>>> s = pd.Series([0, 2, np.nan, 8])  #创建 Series 对象
>>> s.interpolate(method='polynomial', order=2)  #多项式插值，次数为 2
0    0.000000
1    2.000000
2    4.666667
3    8.000000
dtype: float64
>>> df = pd.DataFrame([(0.0, None, -1.0, 1.0), (None, 2.0, None, None),
                       (2.0, 3.0, None, 9.0), (None, 4.0, -4.0, 16.0)],
                        columns=list('ABCD'))  #创建 DataFrame 对象
>>> df
     a    b     c     d
0  0.0  NaN  -1.0   1.0
1  NaN  2.0   NaN   NaN
2  2.0  3.0   NaN   9.0
3  NaN  4.0  -4.0  16.0
>>> df.interpolate(method='linear', limit_direction='forward', axis=0)
#使用线性插值法，按列向前填充缺失值
     a    b    c     d
0  0.0  NaN -1.0   1.0
1  1.0  2.0 -2.0   5.0
2  2.0  3.0 -3.0   9.0
3  2.0  4.0 -4.0  16.0
>>> df['D'].interpolate(method='polynomial', order=2)  #使用多项式插值，
次数为 2
0     1.0
1     4.0
2     9.0
3    16.0
Name: d, dtype: float64
```

**说明：**

Python 第三方库 SciPy 的 interpolate 模块提供了更为丰富的插值方法，除常规的一维、二维插值方法外，还提供了如在图形学领域具有重要作用的重心坐标插值（Barycentric Interpolator）等。在实际应用中，需要根据不同的场景，选择合适的插值方法。

对缺失数据的填充处理，除替换法和插值法这两种方法外，针对具有随机特性的数据集，按照数据缺失的机制、模式及变量的类型，还可以使用最大似然估计（maximum likelihood estimation）、蒙特卡洛（Monte Carlo）方法、随机森林等方法，拟合预测数据的缺失值。这在将来的数据挖掘（Data Mining）学习会涉及，有兴趣的读者可自行查阅，在此不再赘述。

### 4.3.2 检测和处理重复值

由于数据分布、数据共享等原因，在数据的采集和处理过程中，会产生大量的重复数据，大大增加存储成本。对重复数据的有效检查和删除，在不损坏数据保真度或完整性的前提下，可降低冗余数据对存储成本的影响，以优化和节省更多存储空间。

#### 1. 记录重复

如果对数据集按行检测，存在多行数据，其一个或多个特征的值完全相同，则称为记录重复。

对记录重复而言，Pandas 提供了 DataFrame、Series 对象的 duplicated( )和 drop_duplicates( )方法，分别用于重复值的检测和删除，其基本语法如下：

```
duplicated(self, subset=None, keep='first')
drop_duplicates(self, subset=None, keep='first', inplace=False)
```

对以上两个方法的使用，说明如下：

（1）默认情况下，两条记录的所有特征都相同时，则视为重复，也可以使用 subset 参数指定某个或某些特征是否重复；

（2）支持从前向后（keep='first'）或从后向前（keep='last'）两种方式进行重复值检测，默认为 first；

（3）参数 inplace 表示是否在原数据集上操作，默认为 False；

（4）方法不会改变数据集的原始排列，且具有代码简洁和运行稳定的特点。

Lending Club 是全球最大的 P2P（Peer to Peer）线上金融平台，我们使用其公开数据中的一小部分样例数据，如表 4.9 所示。从表中可以看出，索引为 1 和 4、8 和 12、15 和 18 的记录分别重复，可以分别使用 duplicated( )和 drop_duplicates( )方法进行重复值的检测和删除。

表 4.9 Lending Club 样例数据

| | member_id | loan_amnt | grade | emp_length | annual_inc | issue_d | loan_status | open_acc | total_pymnt | total_rec_int |
|---|---|---|---|---|---|---|---|---|---|---|
| 0 | 1296599 | 5000 | B-B2 | 10+ years | 24000.00 | 2016/1/15 | Fully Paid | 3 | 5863.155187 | 863.16 |
| 1 | 1311748 | NaN | B-B5 | 1 year | NaN | 2016/6/16 | Current | 15 | 3581.120000 | 1042.85 |
| 2 | 1313524 | 2400 | C-C5 | 10+ years | 12252.00 | 2016/6/14 | Fully Paid | 2 | 3005.666844 | 605.67 |
| 3 | 1277178 | 100000 | C-C1 | 10+ years | 49200.00 | 2016/1/15 | Fully Paid | 10 | 12231.890000 | 2214.92 |
| 4 | 1311748 | NaN | B-B5 | 1 year | NaN | 2016/6/16 | Current | 15 | 3581.120000 | 1042.85 |
| 5 | 1311441 | 5000 | A-A4 | 3 years | NaN | 2016/1/15 | Fully Paid | 9 | 5632.210000 | 632.21 |
| 6 | 1304742 | NaN | C-C5 | 8 years | 47004.00 | 2016/5/16 | Fully Paid | 7 | 10137.840010 | 3137.84 |
| 7 | 1288686 | 3000 | E-E1 | 9 years | 48000.00 | 2016/1/15 | Fully Paid | 4 | 3939.135294 | 939.14 |

（续表）

| | member_id | loan_amnt | grade | emp_length | annual_inc | issue_d | loan_status | open_acc | total_pymnt | total_rec_int |
|---|---|---|---|---|---|---|---|---|---|---|
| 8 | 1306957 | NaN | F-F2 | 4 years | NaN | 2016/4/12 | Charged Off | 11 | 646.020000 | 294.94 |
| 9 | 1306721 | 5375 | B-B5 | <1 year | 15000.00 | 2016/11/12 | Charged Off | 2 | 1476.190000 | 533.42 |
| 10 | 1305201 | 6500 | C-C3 | 5 years | 72000.00 | 2016/6/13 | Fully Paid | 14 | 7678.017673 | 1178.02 |
| 11 | 1305008 | 12000 | B-B5 | 10+ years | 75000.00 | 2015/9/13 | Fully Paid | 12 | 13947.989160 | 1947.99 |
| 12 | 1306957 | NaN | F-F2 | 4 years | NaN | 2016/4/12 | Charged Off | 11 | 646.020000 | 294.94 |
| 13 | 1304956 | 3000 | B-B1 | 3 years | 15000.00 | 2016/1/15 | Fully Paid | 11 | 3480.269999 | 480.27 |
| 14 | 1303503 | 10000 | B-B2 | 3 years | 100000.00 | 2016/10/13 | Charged Off | 14 | 7471.990000 | 1393.42 |
| 15 | 1304871 | 1000 | D-D1 | <1 year | 28000.00 | 2016/1/15 | Fully Paid | 11 | 1270.716942 | 270.72 |
| 16 | 1299699 | 10000 | C-C4 | 4 years | NaN | 2016/1/15 | Fully Paid | 14 | 12527.150000 | 2527.15 |
| 17 | 1304884 | 36 | A-A1 | 10+ years | 110000.00 | 2016/5/13 | Fully Paid | 20 | 3785.271965 | 185.27 |
| 18 | 1304871 | 1000 | D-D1 | <1 year | 28000.00 | 2016/1/15 | Fully Paid | 11 | 1270.716942 | 270.72 |
| 19 | 1304855 | 9200 | A-A1 | 6 years | 77385.00 | 2016/7/12 | Fully Paid | 8 | 9460.000848 | 260.00 |

样例数据保存为 loandata.xlsx 文件，示例代码如下：

```
>>>import pandas as pd
>>>data=pd.read_excel("d:\pandas\data\ loandata.xlsx")  #打开指定位置的Excel文件，返回DataFrame对象
>>> data.duplicated()  #检测data中的重复记录
0     False
1     False
2     False
3     False
4      True
5     False
6     False
7     False
8     False
9     False
10    False
11    False
12     True
13    False
14    False
15    False
16    False
17    False
18     True
19    False
dtype: bool
```

从显示结果来看，索引为 4、12、18 的记录是重复的。

```
>>> data.duplicated(subset=['loan_amnt','grade'],keep='last')  #指定部分特征，按从后向前判断是否重复
0     False
```

```
1     True
2    False
3    False
4    False
5    False
6    False
7    False
8     True
9    False
10   False
11   False
12   False
13   False
14   False
15    True
16   False
17   False
18   False
19   False
dtype: bool
```

从显示结果来看，从后向前检测重复记录时，标记的是索引为 1、8、15 的记录重复。

```
>>> data.drop_duplicates()  #删除重复的记录
   member_id loan_amnt grade ... open_acc total_pymnt  total_ rec_int
0    1296599    5000.0  B-B2 ...        3  5863.155187      863.16
1    1311748       NaN  B-B5 ...       15  3581.120000     1042.85
2    1313524    2400.0  C-C5 ...        2  3005.666844      605.67
3    1277178  100000.0  C-C1 ...       10 12231.890000     2214.92
5    1311441    5000.0  A-A4 ...        9  5632.210000      632.21
6    1304742       NaN  C-C5 ...        7 10137.840010     3137.84
7    1288686    3000.0  E-E1 ...        4  3939.135294      939.14
8    1306957       NaN  F-F2 ...       11   646.020000      294.94
9    1306721    5375.0  B-B5 ...        2  1476.190000      533.42
10   1305201    6500.0  C-C3 ...       14  7678.017673     1178.02
11   1305008   12000.0  B-B5 ...       12 13947.989160     1947.99
13   1304956    3000.0  B-B1 ...       11  3480.269999      480.27
14   1303503   10000.0  B-B2 ...       14  7471.990000     1393.42
15   1304871    1000.0  D-D1 ...       11  1270.716942      270.72
16   1299699   10000.0  C-C4 ...       14 12527.150000     2527.15
17   1304884      36.0  A-A1 ...       20  3785.271965      185.27
19   1304855    9200.0  A-A1 ...        8  9460.000848      260.00
[17 rows x 10 columns]
```

从上面的显示结果来看，表 4.9 中索引为 4、12、18 的三条记录被删除，但并不会影响原文件 loandata.xlsx 中的数据。若要删除原文件 loandata.xlsx 中的数据，可以设置 inplace=True。

## 2．特征重复

如果数据集按列检测，存在一个或多个特征名称不同，但数据完全相同的情况，则称为特征重复。

重复特征的检测和处理，常结合相关的数学和统计学知识，计算两个 $\boldsymbol{n}$ 维向量的距离或相似度完成。

设向量 $\boldsymbol{X}=\left(x_1,x_2,\cdots,x_n\right)$，$\boldsymbol{Y}=\left(y_1,y_2,\cdots,y_n\right)$，其距离或相似度计算常用的方法有以下几种。

（1）欧氏距离（Eucledian Distance）

欧氏距离是最常用的距离计算方法，适用于数据稠密且连续的多维空间，可计算各维度特征的绝对距离，但要保证各维度度量单位一致，计算公式为

$$\text{dist}\left(\boldsymbol{X},\boldsymbol{Y}\right)=\sqrt{\sum_{i=1}^{n}\left(x_i-y_i\right)^2}$$

（2）曼哈顿距离（Manhattan Distance）

曼哈顿距离是一种在空间几何度量上常用的距离计算方法，用来标明两个点在笛卡儿坐标系上的绝对轴距总和，又称为出租车距离或城市区块距离，计算公式为

$$\text{dist}\left(\boldsymbol{X},\boldsymbol{Y}\right)=\sum_{i=1}^{n}\left|x_i-y_i\right|$$

（3）明可夫斯基距离（Minkowski Distance）

明可夫斯基距离是欧氏距离的推广，是对多个距离度量公式的概述性表述，计算公式为

$$\text{dist}\left(\boldsymbol{X},\boldsymbol{Y}\right)=\left(\sum_{i=1}^{n}\left|x_i-y_i\right|^p\right)^{1/p}$$

从式中当看出，当 $p$=1 时，明可夫斯基距离变为曼哈顿距离；当 $p$=2 时，明可夫斯基距离变为欧氏距离。

注：以距离度量特征之间的差异时，距离越小，相似度越大；反之，相似度越小。

（4）余弦相似度（Cosine Similarity）

余弦相似度是在向量空间中，以两个向量夹角的余弦值作为衡量两个向量或个体之间差异的大小，计算公式为

$$\text{sim}\left(\boldsymbol{X},\boldsymbol{Y}\right)=\frac{\boldsymbol{X}\cdot\boldsymbol{Y}}{\|\boldsymbol{X}\|\|\boldsymbol{Y}\|}$$

（5）杰卡德相似度（Jaccard Similarity）

杰卡德相似度主要用于符号度量或逻辑度量时计算个体间的差异。如果特征值非数值化，不能计算特征差异值的具体大小，而只能获得特征“是否一致”这样的结果时，可使用杰卡德相似度计算，计算公式为

$$\text{Jaccard}\left(\boldsymbol{X},\boldsymbol{Y}\right)=\frac{\boldsymbol{X}\cap\boldsymbol{Y}}{\boldsymbol{X}\cup\boldsymbol{Y}}$$

**说明：**

（6）皮尔森相关系数（Pearson Correlation Coefficient）在第 3 章已有介绍。

特征间的相似度计算，更多考虑特征向量在方向上的差异，而非距离或长度。

连续型重复特征的检测和去除，可以利用特征间的相似度计算，将两个相似度为 1 的特征去除其中的一个。在 Pandas 中相似度的计算可使用 DataFrame 对象的 corr( )函数，其语法原型如下：

```
corr(self, method='pearson', min_periods=1)
```

使用该函数计算相似度时，默认的方法为“pearson”，可以通过“method”参数设置为“spearman”法和“kendall”法。

```
>>>import pandas as pd
>>> df=pd.DataFrame([(0.2,0.3),(0.0,0.6),(0.6,0.0),(0.2,0.1)],
columns=['dogs','cats'])  #定义 DataFrame 对象
>>> df.corr(method='pearson')  #使用相关系数计算相似度
        dogs        cats
dogs    1.000000    -0.851064
cats    -0.851064   1.000000
```

以上 DataFrame 对象的相似度计算，也可以使用自定义函数完成。

```
>>> from math import *
>>>import numpy as np
>>> def cosine_similarity(x,y):  #定义余弦相似度函数
        numerator=sum(a*b for a,b in zip(x,y))
        denominator=np.linalg.norm(x)*np.linalg.norm(y)
        return round(numerator/float(denominator),3)
>>> df.corr(method=cosine_similarity)  #调用自定义函数计算相似度
        dogs        cats
dogs    1.000       0.178
cats    0.178       1.000
```

通过相似度矩阵去除重复特征时，大多针对数值型重复特征去重，而类别型特征之间无法通过计算相似系数来衡量相似度，该方法的使用存在局限性。

对某一数据子集而言，可以使用相似度矩阵进行特征去重。若要考虑在不同数据子集之间是否存在特征重复，可以使用 DataFrame.equals( )方法。

```
>>> df1 = pd.DataFrame({'A':[1,2,3], 'B':[4,5,None], 'C':[7,8,9]})
>>> df1
   A    B  C
0  1  4.0  7
1  2  5.0  8
2  3  NaN  9
>>> df2 = pd.DataFrame({'A':[1,2,3], 'B':[4,5,None], 'C':[7,8,9]})
>>> df2
   A    B  C
0  1  4.0  7
1  2  5.0  8
2  3  NaN  9
```

```
>>> df1.equals(df2)   #比较两个DataFrame对象是否相同
True
```

从以上示例可以看出，只有当两个 DataFrame 对象中的数据完全相同时，equals( )方法的返回值才为 True。

在将来的机器学习中，我们可以探讨更多的特征选择方法，如过滤法（Filter）、封装式（Wrapper）、嵌入式（Embedded），以寻找到最优特征子集，剔除掉不相关或冗余的特征，提高模型精确度，并能够协助理解数据产生的过程。

### 4.3.3 检测和处理异常值

异常值是指数据中存在不合理的个别值，该值明显偏离其他值，有时也称为离群点。

产生异常值的主要原因包括人为错误和自然错误两大类，例如数据录入错误属于人为错误，而数据采集过程中由于外部干扰产生的噪声数据则为自然错误。

异常值的存在对数据分析十分危险，如果计算分析过程的数据有异常值，那么会对结果产生不良影响，从而导致分析结果产生偏差乃至错误。当然，异常值的存在在某些场景下也会引起数据分析者的极大兴趣，具有积极的意义。例如疾病预测中，相对于健康人的身体指标，若有人的身体指标出现异常，很可能会成为疾病预测的一个重要起始点。在信用欺诈、网络攻击等场景中，也会有类似的应用。

一般异常值的检测方法有基于统计的方法、基于聚类的方法以及专门检测异常值的方法等，比较常用的异常值检测方法主要为简单统计、3σ 原则和箱型图分析三种方法。

#### 1. 简单统计

简单统计可通过观察数据的统计性描述或散点图来发现异常值。在 Pandas 库中，可使用 DataFrame 对象的 describe( )方法和 plot( )方法来实现。

#### 2. 3σ 原则

$3\sigma$ 原则的基本原理是先假设一组待检测数据只含有随机误差，对原始数据计算其标准差，然后按一定的概率确定一个区间，若误差超过这个区间就认为是异常值。

$3\sigma$ 原则仅适用于正态或近似正态分布的样本数据，如表 4.10 所示，其中 $\sigma$ 表示标准差，$\mu$ 表示均值，$x=\mu$ 为图形的对称轴。从表中可以看出，数据值的分布几乎全部集中在区间 $(\mu-3\sigma,\mu+3\sigma)$ 内，超出这个区间的数据仅占不到 0.3%，属于极个别的小概率事件。因此，可以认为超出 $3\sigma$ 的数据为异常数据。

表 4.10　3σ 原则对照表

| 数值分布 | 在数据中的占比 |
| --- | --- |
| $(\mu-\sigma,\mu+\sigma)$ | 0.6827 |
| $(\mu-2\sigma,\mu+2\sigma)$ | 0.9545 |
| $(\mu-3\sigma,\mu+3\sigma)$ | 0.9973 |

如果数据不服从正态分布，也可以用远离平均值的多少倍标准差来描述，多少倍的取值需要根据经验和实际情况来决定。

根据上述的$3\sigma$原则，结合 Pandas 和 Numpy 库的使用，检测和去除异常值的示例程序代码如下：

```
>>> data=pd.DataFrame(np.random.randn(1000,4))  #生成数据子集
>>> data.describe()  #数据集的简单统计
                  0            1            2            3
count   1000.000000  1000.000000  1000.000000  1000.000000
mean       0.014718     0.029313     0.068381     0.028445
std        0.999815     0.973213     1.007275     0.990011
min       -3.029143    -3.558429    -3.372103    -2.764122
25%       -0.655828    -0.631144    -0.615820    -0.642576
50%        0.039237    -0.008197     0.060035    -0.005998
75%        0.704683     0.692346     0.750866     0.683078
max        3.010216     3.105753     3.307390     3.013853
>>> avg=data.mean()  #获取到数据的平均值
>>> std=data.std()  #获取到数据的标准差
```

在布尔型 DataFrame 对象中使用 any( )方法，选出数据集中超出区间$(\mu-3\sigma,\mu+3\sigma)$的全部行。

```
>>> data[(abs(data-avg)>(3*std)).any(1)]
            0          1          2          3
6   -0.170579   3.000328   0.763041  -0.248204
31  -1.008450   3.105753  -1.582967   0.119964
36   0.285632   3.076080  -1.301941  -0.683537
250  0.882655  -0.711585   3.307390  -0.411272
305  0.024414  -1.423383  -3.372103   0.268702
318 -3.029143  -0.715497  -0.179015   1.033190
463  0.123141   3.093568   0.210835   1.087418
653  0.168074   0.485859  -0.383519   3.013853
702  0.696114  -3.011153  -1.116671  -2.092039
709  2.177711  -3.558429   1.391085   1.252159
```

以下代码，将数据集中的值限制在区间$(\mu-3\sigma,\mu+3\sigma)$以内。

```
>>> data[abs(data-avg)>(3*std)]=np.sign(data-avg)*(3*std)
>>> data.describe()
                  0            1            2            3
count   1000.000000  1000.000000  1000.000000  1000.000000
mean       0.014748     0.029446     0.068446     0.028401
std        0.999724     0.968950     1.005258     0.989880
min       -2.999444    -2.919638    -3.021826    -2.764122
25%       -0.655828    -0.631144    -0.615820    -0.642576
50%        0.039237    -0.008197     0.060035    -0.005998
75%        0.704683     0.692346     0.750866     0.683078
max        3.010216     2.919638     3.021826     2.970033
```

### 3．箱型图分析

箱型图提供了识别异常值的一个标准，即异常值通常被定义为小于 QL−1.5IQR 或大于 QU+1.5IQR 的值。如图 4.6 所示，其中：

（1）QL 称为下四分位数，表示全部观察值中有 1/4 的数据取值比它小；

（2）QU 称为上四分位数，表示全部观察值中有 1/4 的数据取值比它大；

（3）IQR 称为四分位数间距，是上四分位数 QU 与下四分位数 QL 之差，其间包含了全部观察值的一半。

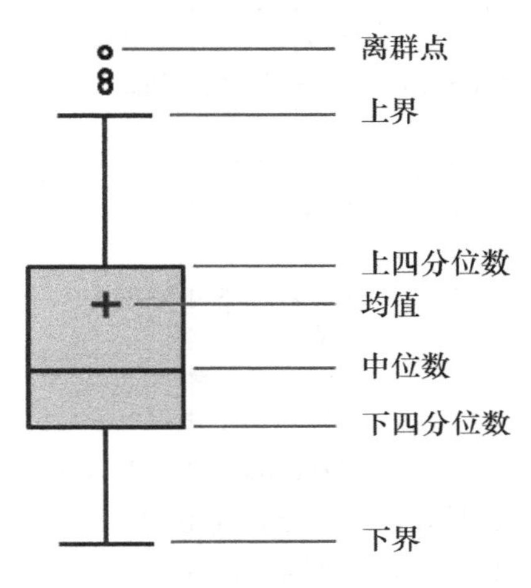


图 4.6　箱型图表示

箱型图依据实际数据绘制，真实、直观地表现出了数据分布的本来面貌，且没有对数据做任何限制性要求，其判断异常值的标准以四分位数和四分位数间距为基础。

四分位数给出了数据分布的中心、散布和形状的某种指示，具有一定的鲁棒性，即25%的数据可以变得任意远而不会很大地扰动四分位数，所以异常值通常不能对这个标准施加影响。鉴于此，箱型图识别异常值的结果比较客观，因此在识别异常值方面具有一定的优越性。

```
>>> import numpy as np
>>> import pandas as pd
>>> import matplotlib.pyplot as plt
>>> data=np.random.randn(1000,3)  #产生 1000×3 个满足正态分布的随机数
>>> df=pd.DataFrame(data=data,columns=['C1','C2','C3'])
>>> df.describe()  #简单统计
              C1           C2           C3
count  1000.000000  1000.000000  1000.000000
mean     -0.043543    -0.031919     0.036419
std       0.980680     0.999261     0.971511
min      -3.379799    -3.320701    -2.692344
25%      -0.645118    -0.721386    -0.636529
50%      -0.032974    -0.016632     0.031310
75%       0.606040     0.677056     0.729537
```

```
max          3.393476      3.024417      3.207252
```

以下代码，将沿列分别计算占比 0%、25%、50%、75%、100%各处的值，然后依据定义分别计算下界、四分位数间距、上界的值。

```
>>> Percent=np.percentile(df,[0,25,50,75,100],axis=0)
>>> Percent
array([[-3.37979939, -3.32070055, -2.69234404],
       [-0.64511779, -0.72138575, -0.63652947],
       [-0.03297365, -0.01663237,  0.03131012],
       [ 0.60604036,  0.67705615,  0.72953667],
       [ 3.39347557,  3.02441714,  3.20725157]])
>>> IQR=Percent[3]-Percent[1]  #四分位数间距
>>> IQR
array([1.25115815, 1.3984419 , 1.36606614])
>>> QU=Percent[3]+IQR*1.5  #上界
>>> QU
array([2.48277758, 2.77471901, 2.77863587])
>>> QL=Percent[1]-IQR*1.5  #下界
>>> QL
array([-2.52185501, -2.81904861, -2.68562867])
```

在计算相应的值后，可以利用 DataFrame 对象的 boxplot( )方法绘制箱型图，并标记箱型图中的上限、下限、上四分位数和下四分位数。

以下程序代码绘制的箱型图效果如图 4.7 所示。

```
>>> bp=df.boxplot(return_type='dict')  #绘制箱型图，返回值类型为字典
>>> for i in range(len(df.columns)):  #循环标记每个箱型图的相应值
          x=i+1.1  #调整横坐标 x 的位置
          ytext=[QL[i],Percent[1][i],Percent[3][i],QU[i]]
          for y in ytext:
               s=str(y)
               if y==Percent[1][i]:  #调整 y 的位置，并缩短显示的数字长度
                    plt.text(x,y-0.25,s[:8])
               else:
                    plt.text(x,y+0.1,s[:8])
>>>plt.show()
```

从图 4.7 中容易看出异常值（图中空心圆圈）的分布情况，其中 C1、C2、C3 三组数大部分数据在上下四分位箱体内，数据相对集中，但都有异常值，C1 的离散程度最大，且都以均值为中心。

在调用 DataFrame 对象的 boxplot( )方法时，若指定参数 return_type= ‘dict’，则其返回值为一个字典，字典索引为固定的‘whiskers’‘caps’‘boxes’‘fliers’‘means’，主要含义如下：

（1）boxes：指由上四分位和下四分位构成的 box；

（2）medians：指中位值的横线，每个 median 是一个 Line2D 对象；

（3）whiskers：指从 box 到上、下界之间的竖线；

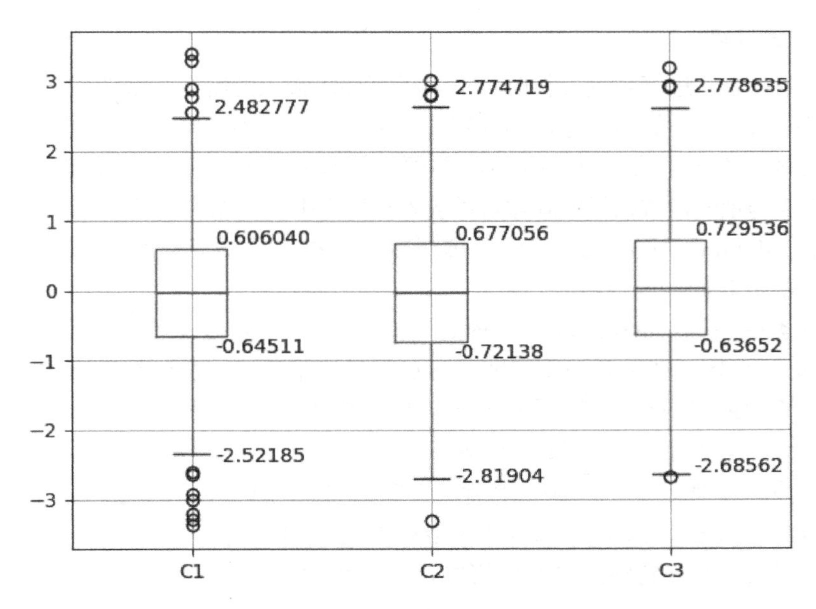


图 4.7 随机数据的箱型图

（4）fliers：指上、下界横线之外的异常值，可通过如 bp['fliers'][i].get_xdata( )、bp['fliers'][i].get_ydata( )形式访问到对应的坐标值；

（5）caps：指上、下界对应的横线；

（6）means：指均值对应的横线。

以上返回值的使用，可使得箱型图的设计更加合理、美观。

DataFrame 对象的 boxplot( )方法只能适用于 DataFrame 对象，具有一定的局限性。matplotlib.pyplot 模块也提供了 boxplot( )方法，功能更加丰富，在第 5 章数据可视化中将会有进一步讲解。

检测到异常值以后，我们需要对其进行一定的处理。常用的处理方法有：

（1）删除：直接删除含有异常值的记录；

（2）缺失值：将异常值视为缺失值，利用处理缺失值的方法进行处理；

（3）平均值修正：可用前后两个观测值的平均值修正该异常值；

（4）不处理：直接在具有异常值的数据集上进行数据挖掘。

### 4.3.4 数据转换

数据转换是将源数据按照业务功能或项目的需求，从一种格式或结构转换为目标数据所需要的格式或结构的过程，该过程对数据集成、管理和分析而言是至关重要的。

在数据转换的过程中，需要对数据中的错误、不一致的数据等进行清洗和加工，可以包括一系列活动：数据类型转换、数据映射、缺失值的检测和填充、重复值的检测和滤除、异常值的检测和处理、离散化数据、哑变量处理等。

在前面章节内容的基础上，本节将进一步介绍哑变量处理、数据的离散化、数据映射等。

### 1. 哑变量处理

在使用统计方法进行数据分析时，很多模型要求输入的特征为数值型，但实际的数据特征会存在相当一部分的类别型，如性别、血型、职业、疾病的严重程度等。这些数据无法直接进行统计分析（如回归分析），必须进行量化处理，即把分类变量（categorical variable）转换为哑变量或指标矩阵才可以放入模型之中完成相应的统计分析。

哑变量（dummy variable）又称为虚拟变量。在将分类变量做量化处理，转换为哑变量时，遵守如下基本规则：

（1）分类变量只有两类（$k$=2）时，可以引入一个哑变量。例如学生的性别只有“男”或“女”两类，则引入一个哑变量，如男性取值为 1，女性取值为 0。

（2）分类变量有多种分类（$k$>2）时，可以引入 $k$−1 个哑变量 $x_1, x_2, \cdots, x_{k-1}$，表示如下：$x_1 = \begin{cases} 1 & 类别\ 1 \\ 0 & 其他 \end{cases}$，$x_2 = \begin{cases} 1 & 类别\ 2 \\ 0 & 其他 \end{cases}$，…，$x_{k-1} = \begin{cases} 1 & 类别\ k-1 \\ 0 & 其他 \end{cases}$

随机抽取某小学三年级 16 名同学的立定跳远成绩，如表 4.11 左侧所示。如果要同时考察身高和性别对立定跳远成绩的影响，身高为数值型变量 $x_1$，将性别转换为哑变量 $x_2$，即：

$$x_2 = \begin{cases} 1 & 男 \\ 0 & 女 \end{cases}$$

**表 4.11　某小学三年级同学的身高和立定跳远成绩**

| 序号 | 身高（cm） | 性别 | 成绩（cm） |  | 序号 | 身高（cm） | 性别 | 成绩（cm） |
|---|---|---|---|---|---|---|---|---|
| 1 | 135 | 男 | 112 |  | 1 | 135 | 1 | 112 |
| 2 | 145 | 男 | 120 |  | 2 | 145 | 1 | 120 |
| 3 | 123 | 女 | 88 |  | 3 | 123 | 0 | 88 |
| 4 | 140 | 男 | 118 |  | 4 | 140 | 1 | 118 |
| 5 | 134 | 女 | 92 |  | 5 | 134 | 0 | 92 |
| 6 | 132 | 女 | 91 |  | 6 | 132 | 0 | 91 |
| 7 | 136 | 男 | 110 |  | 7 | 136 | 1 | 110 |
| 8 | 138 | 男 | 112 | 引入哑变量后 | 8 | 138 | 1 | 112 |
| 9 | 140 | 男 | 108 |  | 9 | 140 | 1 | 108 |
| 10 | 121 | 女 | 90 |  | 10 | 121 | 0 | 90 |
| 11 | 135 | 女 | 98 |  | 11 | 135 | 0 | 98 |
| 12 | 118 | 女 | 90 |  | 12 | 118 | 0 | 90 |
| 13 | 138 | 男 | 107 |  | 13 | 138 | 1 | 107 |
| 14 | 125 | 女 | 91 |  | 14 | 125 | 0 | 91 |
| 15 | 126 | 女 | 93 |  | 15 | 126 | 0 | 93 |
| 16 | 142 | 男 | 125 |  | 16 | 142 | 1 | 125 |

转换后的数据如表 4.11 右侧所示。以转换后的数据为依据，进行回归分析，建立相应的回归方程，即

$$y = 24.346 + 0.531x_1 + 15.74x_2$$

当 $x_2 = 0$ 时，则有 $y = 24.346 + 0.531x_1$；

当 $x_2 = 1$ 时，则有 $y = 24.346 + 0.531x_1 + 15.74x_2 = 40.086 + 0.531x_1$

从以上回归分析的结果可以看出，学生立定跳远成绩的期望值都是关于身高 $x_1$ 的线性函数。斜率（截距）0.531 表示身高每增长 1cm，男生或女生的立定跳远成绩平均增加 0.531cm。系数 15.74 表示男生的期望值比女生多 15.74cm，即一般男生的成绩要高于女生。

**说明：**

（1）哑变量的数值没有任何数量大小的意义，只是用来反映分类变量对因变量的作用和影响；

（2）如何从数据出发建立相应的回归模型，读者可以参阅相应的知识。在此，仅说明哑变量的使用场景及转换的过程，同样适用于有多个哑变量的情况。

对哑变量处理的特点总结如下：

（1）对于一个类别型特征，若其取值有 $m$ 个，则经过哑变量处理后就变成了 $m$ 个二元特征，并且这些特征互斥，每次只有一个特征被激活，这使得数据变得稀疏。

（2）对类别型特征进行哑变量处理主要解决了部分算法模型无法处理类别型数据的问题，这在一定程度上起到了扩充特征的作用。由于数据变成了稀疏矩阵的形式，因此也加速了算法模型的运算速度。

在 Python 环境中，可以利用 Pandas 库中的 get_dummies( )函数对分类特征进行哑变量处理，其语法原型如下：

```
get_dummies(data,prefix=None,prefix_sep='_',dummy_na=False,columns=None,
sparse=False, drop_first=False, dtype=None)
```

get_dummies( )函数的参数及含义如表 4.12 所示。

**表 4.12　get_dummies( )函数参数及含义**

| 参数名称 | 说　明 |
| --- | --- |
| data | 接收 array、DataFrame 或者 Series，表示需要哑变量处理的数据 |
| prefix | 接收 string 类型的变量、列表或字典，表示哑变量化后列名的前缀，默认为 None |
| prefix_sep | string 类型，表示前缀的连接符，默认为‘_’ |
| dummy_na | bool 类型，表示是否为 Nan 值添加一列，默认为 False |
| columns | 类似列表的数据，表示 DataFrame 中需要编码的列名，默认为 None，表示对所有 object 和 category 类型进行编码 |
| sparse | bool 类型，表示虚拟列是否是稀疏的，默认为 False |
| drop_first | bool 类型，表示是否通过从 $k$ 个分类级别中删除第一级来获得 $k$-1 个分类级别。默认为 False |

若 DataFrame 对象的某一列中含有 $k$ 个不同的值，则使用 Pandas 库中的 get_dummies( )函数可以派生出一个值全为 1 或 0 的 $k$ 列矩阵或 DataFrame 对象。

```
>>> import numpy as np
>>> import pandas as pd
>>> df=pd.DataFrame({'key':['a','a','a','b','a','c'], 'value':range(6)})
>>> df
```

```
   key  value
0   a      0
1   a      1
2   a      2
3   b      3
4   a      4
5   c      5
>>> pd.get_dummies(df['key'])  #派生一个 DataFrame 对象，其值全为 1 或 0
   a  b  c
0  1  0  0
1  1  0  0
2  1  0  0
3  0  1  0
4  1  0  0
5  0  0  1
```

为派生 DataFrame 对象的各列加上一个前缀，以便与其他数据进行合并，可使用 get_dummies( )函数的 prefix 参数。

```
>>> dummies=pd.get_dummies(df['key'],prefix='key')  #加前缀
>>> df_with_dummy=df[['value']].join(dummies)  #数据合并
>>> df_with_dummy
   value  key_a  key_b  key_c
0      0      1      0      0
1      1      1      0      0
2      2      1      0      0
3      3      0      1      0
4      4      1      0      0
5      5      0      0      1
```

以 movies 数据集为例，若 DataFrame 中一行同属于多个分类时，哑变量的处理过程如下：

```
>>> import os
>>> os.chdir("d:\Data Science\Pandas\data")  #设置数据所在的路径
>>> movies=pd.read_csv("movies.csv")  #读取 movies 数据
>>> movies
      movieId  ...                                        genres
0           1  ...  Adventure|Animation|Children|Comedy|Fantasy
1           2  ...                   Adventure|Children|Fantasy
2           3  ...                               Comedy|Romance
3           4  ...                         Comedy|Drama|Romance
4           5  ...                                       Comedy
...       ...  ...                                          ...
9737   193581  ...              Action|Animation|Comedy|Fantasy
9738   193583  ...                     Animation|Comedy|Fantasy
9739   193585  ...                                        Drama
9740   193587  ...                             Action|Animation
9741   193609  ...                                       Comedy
```

```
[9742 rows x 3 columns]
```

从数据显示的结果来看，数据行的 genres 列含有多个 genre，要为每个 genre 添加哑变量就需要做一些数据规整操作。

首先，我们从数据集中抽取出不同的 genre 值，代码如下：

```
>>> all_genres=[]  #初始化列表
>>> for g in movies.genres:  #循环遍历所有的genre，并以"|"分隔存入列表
     all_genres.extend(g.split('|'))
>>> genres=pd.unique(all_genres)  #保证genre的唯一性
>>> genres
array(['Adventure', 'Animation', 'Children', 'Comedy', 'Fantasy',
       'Romance', 'Drama', 'Action', 'Crime', 'Thriller', 'Horror',
       'Mystery', 'Sci-Fi', 'War', 'Musical', 'Documentary', 'IMAX',
       'Western', 'Film-Noir', '(no genres listed)'], dtype=object)
```

然后，构建每部电影对应的 genres 哑变量矩阵。

从构建包含 len(movies)行、len(genres)列，其值全为零的 DataFrame 对象 dummies 开始。

```
>>> zero_matrix=np.zeros((len(movies),len(genres)))  #构建全零DataFrame
>>> zero_matrix
array([[0., 0., 0., ..., 0., 0., 0.],
       [0., 0., 0., ..., 0., 0., 0.],
       [0., 0., 0., ..., 0., 0., 0.],
       ...,
       [0., 0., 0., ..., 0., 0., 0.],
       [0., 0., 0., ..., 0., 0., 0.],
       [0., 0., 0., ..., 0., 0., 0.]])
>>> dummies=pd.DataFrame(zero_matrix,columns=genres)
>>> dummies  #所有电影的genres值均为0
  Adventure Animation Children ... Western Film-Noir (no genres listed)
0     0.0      0.0       0.0      ... 0.0     0.0        0.0
1     0.0      0.0       0.0      ... 0.0     0.0        0.0
2     0.0      0.0       0.0      ... 0.0     0.0        0.0
3     0.0      0.0       0.0      ... 0.0     0.0        0.0
4     0.0      0.0       0.0      ... 0.0     0.0        0.0
...   ...      ...       ...      ... ...     ...        ...
9737  0.0      0.0       0.0      ... 0.0     0.0        0.0
9738  0.0      0.0       0.0      ... 0.0     0.0        0.0
9739  0.0      0.0       0.0      ... 0.0     0.0        0.0
9740  0.0      0.0       0.0      ... 0.0     0.0        0.0
9741  0.0      0.0       0.0      ... 0.0     0.0        0.0

[9742 rows x 20 columns]
```

之后，迭代每部电影，并将 dummies 各行的每个 genre 设置为 1。我们使用 dummies.columns 来计算每个 genre 的列索引，然后根据获得的索引值，使用

dummies.iloc 将每行中每个 genre 的值设定为 1。

```
>>> for i,gen in enumerate(movies.genres):
        indices=dummies.columns.get_indexer(gen.split('|'))
        dummies.iloc[i,indices]=1
>>> dummies
    Adventure  Animation  Children ... Western  Film-Noir (no genres listed)
0       1.0       1.0        1.0     ...  0.0       0.0          0.0
1       1.0       0.0        1.0     ...  0.0       0.0          0.0
2       0.0       0.0        0.0     ...  0.0       0.0          0.0
3       0.0       0.0        0.0     ...  0.0       0.0          0.0
4       0.0       0.0        0.0     ...  0.0       0.0          0.0
...     ...       ...        ...     ...  ...       ...          ...
9737    0.0       1.0        0.0     ...  0.0       0.0          0.0
9738    0.0       1.0        0.0     ...  0.0       0.0          0.0
9739    0.0       0.0        0.0     ...  0.0       0.0          0.0
9740    0.0       1.0        0.0     ...  0.0       0.0          0.0
9741    0.0       0.0        0.0     ...  0.0       0.0          0.0

[9742 rows x 20 columns]
```

最后，将 dummies 与 movies 进行合并。

```
>>> new_movies=movies.join(dummies.add_prefix('Genre'))
>>> new_movies.iloc[0]  #含有哑变量矩阵的第 1 行
movieId                                                        1
title                                           Toy Story(1995)
genres                Adventure|Animation|Children|Comedy|Fantasy
GenreAdventure                                                 1
GenreAnimation                                                 1
GenreChildren                                                  1
GenreComedy                                                    1
GenreFantasy                                                   1
GenreRomance                                                   0
GenreDrama                                                     0
GenreAction                                                    0
GenreCrime                                                     0
GenreThriller                                                  0
GenreHorror                                                    0
GenreMystery                                                   0
GenreSci-Fi                                                    0
GenreWar                                                       0
GenreMusical                                                   0
GenreDocumentary                                               0
GenreIMAX                                                      0
GenreWestern                                                   0
GenreFilm-Noir                                                 0
```

```
Genre(no genres listed)                                    0
Name: 0, dtype: object
```

对于数据量很大的数据而言，用以上方式构建包含多类别的哑变量时，处理的速度就会变得非常慢。因此，我们最好使用更低级的函数，将其写入 NumPy 数组，然后将结果包装在 DataFrame 中，利用 DataFrame 处理数据的高效性，如 DataFrame 的分组机制或分类方法等，以提高数据处理的速度。

此外，在进行统计分析时，当样本数据量较大时，我们可以使用 get_dummies( )及cut( )等的离散化函数，将数据进行分组，并转换为多个哑变量，以便能够有效地进行统计分析。

```
>>> np.random.seed(12345)  #使产生的随机数具有确定性
>>> values=np.random.rand(10)
>>> values
array([0.92961609, 0.31637555, 0.18391881, 0.20456028, 0.56772503,
       0.5955447 , 0.96451452, 0.6531771 , 0.74890664, 0.65356987])
>>> bins=[0,0.2,0.4,0.6,0.8,1]
>>> pd.get_dummies(pd.cut(values,bins))
   (0.0, 0.2]  (0.2, 0.4]  (0.4, 0.6]  (0.6, 0.8]  (0.8, 1.0]
0          0           0           0           0           1
1          0           1           0           0           0
2          1           0           0           0           0
3          0           1           0           0           0
4          0           0           1           0           0
5          0           0           1           0           0
6          0           0           0           0           1
7          0           0           0           1           0
8          0           0           0           1           0
9          0           0           0           1           0
```

### 2．数据离散化

简单来说，数据的离散化就是将连续型的数值数据转换为离散型的分类数据的过程，即在数据的取值范围内，将其划分为若干离散的区间，最后用不同的符号或整数值代表落在每个子区内的数据值。

对数据进行离散化处理的原因主要表现在以下两个方面：

（1）简化数据结构，减少数据量，使得数据更容易处理和分析，从理解上更接近知识层面的表达；

（2）在进行数据挖掘时，有很多的模型算法，如分类算法中的 ID3 决策树算法、Apriori 算法等，要求数据是离散的。有效的数据离散化可大大降低算法的时空开销，提高算法对样本的分类聚类能力和抗噪声能力。

数据的离散化涉及两个子任务，即①确定分类数；②将连续型数据映射到这些类别型数据上。

结合 Pandas 的使用，我们对常用的数据离散化方法进行介绍。

1）等宽法

采用等宽法进行数据离散化时，区间的个数 $k$ 由数据本身的特点决定或由用户指定，也可采用 Sturges 提出的经验公式 $k=1+\log_2 N$（$N$ 为样本总量），将数据的值域 $[X_{\min}, X_{\max}]$ 划分为宽度相等的 $k$ 个区间。

Pandas 提供了 cut( )函数，可以进行连续型数据的等宽离散化，其语法原型格式如下，对应的参数说明如表 4.13 所示。

```
cut(x, bins, right=True, labels=None, retbins=False, precision=3, include_lowest=False, duplicates='raise')
```

表 4.13　cut( )函数的参数说明

| 参　数 | 说　明 |
| --- | --- |
| x | 要进行离散化处理的一维数组或 Series |
| bins | 可以为 int 类型，表示离散化后的类别数目；也可以为序列类型，如 list、tuple 等，对应要进行划分的区间，序列中每两个数间隔为一个区间 |
| right | bool 类型，表示右侧是否为闭区间，默认为 True |
| labels | 数组或 bool 类型，表示离散化后各个类别的名称，其长度与区间个数相同。若为 False，区间标签为整数 |
| retbins | bool 类型，表示是否返回区间标签，默认为 False |
| precision | int 类型，表示存储或显示区间标签的精度，默认为 3 |
| include_lowest | bool 类型，表示第一个区间是否为左闭合区间，默认为 False |

对 cut( )函数的使用，举例说明如下：

```
>>> ages = [20, 22, 25, 27, 21, 23, 37, 31, 61, 45, 41, 32]
>>> bins=[18,25,35,60,100]
>>> cats=pd.cut(ages,bins)  #通过分箱将数据划分类别
>>> cats  #函数返回值
[(18, 25], (18, 25], (18, 25], (25, 35], (18, 25], ..., (25, 35], (60, 100], (35, 60], (35, 60], (25, 35]]
Length: 12
Categories (4, interval[int64]): [(18, 25] < (25, 35] < (35, 60] < (60, 100]]
```

Pandas 的 cut( )函数返回的是一个特殊的 Categorical 对象，其中包含划分的类别以及一组表示类别名称的字符串。

```
>>> cats.codes  #年龄对应的类别编码
array([0, 0, 0, 1, 0, 0, 2, 1, 3, 2, 2, 1], dtype=int8)
>>> cats.categories  #表示各类别名称的数组
IntervalIndex([(18, 25], (25, 35], (35, 60], (60, 100]],
              closed='right',
              dtype='interval[int64]')
>>> pd.value_counts(cats)  #对各类别计数
(18, 25]     5
```

```
(35, 60]     3
(25, 35]     3
(60, 100]    1
dtype: int64
>>> pd.cut(ages,bins,right=False)   #设置右侧为开区间
[[18, 25), [18, 25), [25, 35), [25, 35), [18, 25), ..., [25, 35), [60,
100), [35, 60), [35, 60), [25, 35)]
Length: 12
Categories (4, interval[int64]): [[18, 25) < [25, 35) < [35, 60) < [60,
100)]
>>> bin_names=['青年','中青年','中年','老年']  #定义各类别的名称
>>> pd.cut(ages,bins,labels=bin_names)  #分箱
[青年, 青年, 青年, 中青年, 青年, ..., 中青年, 老年, 中年, 中年, 中青年]
Length: 12
Categories (4, object): [青年 < 中青年 < 中年 < 老年]
```

在调用 cut( )函数对数据进行分箱时，如果向 cut( )函数传入的是区间的个数，而不是确定的区间边界，则它会根据数据的最小值和最大值计算等宽区间。

```
>>> data=np.random.rand(20)
>>> pd.cut(data,4,precision=2)  #划分 4 个等宽区间，且小数位数为 2 位
[(0.0079, 0.25], (0.25, 0.49], (0.0079, 0.25], (0.25, 0.49], (0.25,
0.49], ..., (0.73, 0.97], (0.73, 0.97], (0.73, 0.97], (0.25, 0.49],
(0.0079, 0.25]]
Length: 20
Categories (4, interval[float64]): [(0.0079, 0.25] < (0.25, 0.49] <
(0.49, 0.73] < (0.73, 0.97]]
```

**说明：**

使用等宽法离散化的缺点为：等宽法离散化对数据分布具有较高要求，若数据分布不均匀，那么各个类别的数目也会变得非常不均匀，有些区间包含许多数据，而另外一些区间的数据极少，这会严重损坏所建立的模型。

**2）等频法**

等频法是指将相同个数的数据划分到每个区间。相对于等宽法离散化而言，等频法避免了区间分布不均匀的问题，但同时也有可能将数值非常接近的两个值分到不同的区间，以满足每个区间中固定的数据个数。

从上面 cut( )函数的示例中，我们知道 cut( )函数虽然不能够直接实现等频离散化，但是可以通过定义将相同个数的数据划分到每个区间。

跟 cut( )函数类似，Pandas 库也提供了 qcut( )函数，可以实现按分位数（如四分位、十分位等）对数据进行分箱操作，以保证在每个区间中含有的数据个数相同，更容易实现数据的等频离散化。qcut( )函数的基本语法如下，其参数含义与 cut( )函数基本相同。

```
pandas.qcut(x, q, labels=None, retbins=False, precision=3, duplicates=
'raise')
```

对 qcut( )函数的使用示例如下：

```
>>> ages = [20, 22, 25, 27, 21, 23, 37, 31, 61, 45, 41, 32]
>>> cats=pd.qcut(ages,4)  #根据数据长度，自动划分为4个区间
>>> cats
[(19.999, 22.75], (19.999, 22.75], (22.75, 29.0], (22.75, 29.0], (19.999, 22.75], ..., (29.0, 38.0], (38.0, 61.0], (38.0, 61.0], (38.0, 61.0], (29.0, 38.0]]
Length: 12
Categories (4, interval[float64]): [(19.999, 22.75] < (22.75, 29.0] < (29.0, 38.0] < (38.0, 61.0]]
>>> pd.value_counts(cats)
(38.0, 61.0]      3
(29.0, 38.0]      3
(22.75, 29.0]     3
(19.999, 22.75]   3
dtype: int64
```

从上面 qcut( )函数的返回值和区间计数的结果看，数据被划分为 4 个区间，且每个区间的数据个数相同。

```
>>> pct=pd.qcut(ages,[0,0.2,0.5,0.8,1])  #按不同类别的累积频率对数据分箱
>>> pct
[(19.999, 22.2], (19.999, 22.2], (22.2, 29.0], (22.2, 29.0], (19.999, 22.2], ..., (29.0, 40.2], (40.2, 61.0], (40.2, 61.0], (40.2, 61.0], (29.0, 40.2]]
Length: 12
Categories (4, interval[float64]): [(19.999, 22.2] < (22.2, 29.0] < (29.0, 40.2] < (40.2, 61.0]]
>>> pd.value_counts(pct)
(40.2, 61.0]     3
(29.0, 40.2]     3
(22.2, 29.0]     3
(19.999, 22.2]   3
dtype: int64
```

**说明：**

（1）函数 cut( )和 qcut( )都可以将连续数据离散化，但前者根据样本分箱的宽度划分，每组的样本数量可以不同；后者根据样本的分位数划分，每个分箱的样本数可以一样多。

（2）作为函数参数的分箱（bins），cut( )函数可以使其宽度不同，而 qcut( )函数也可以使用频数不相等的分箱。

**3）基于聚类的方法**

*K*-Means 聚类算法是一种基于距离划分的聚类算法，该方法根据给定的 *N* 个数据对象的数据集，将数据集划分为 *K* 个聚类，即 *K* 个簇，每个簇至少有一个数据对象，每个数据对象必须属于而且只能属于一个簇。同时，聚类要满足同一簇中的数据对象相似度高，不同簇中的数据对象相似度较小。相似度的大小是由各簇中数据对象的均值决

定的。

目前，*K*-Means 聚类算法是一种应用广泛的数据聚类算法，其一般工作流程为：

（1）初始化数据集和簇的数目 *K*；

（2）初始化 *K* 个聚类中心，即随机选取 *K* 个数据对象，每个数据对象表示一个聚类中心；

（3）对剩余的每个数据对象 *X*，计算它与各聚类中心 $G_i$ 的相似度（如欧氏距离），将该对象划分到相似度最高的簇中；

（4）重新计算每个簇中所有对象的平均值，作为新的聚类中心；

（5）重复（3）、（4）的过程，直到均方差准则函数收敛，即每个数据对象到最近簇中心的距离的平方和最小化，簇中心不再发生明显的变化。

一维聚类离散的方法包括两个步骤：

（1）将连续型数据用聚类算法（如 *K*-Means 聚类算法等）进行聚类；

（2）处理聚类后得到的 *K* 个簇，得到每个簇对应的分类值，将合并到一个簇的连续型数据做同一标记。

采用 *K*-Means 聚类的离散化方法可以很好地根据现有特征的数据分布状况进行聚类，但是由于 *K*-Means 聚类算法本身的缺陷，用该方法进行离散化时依旧需要指定离散化后类别的数目。此时需要配合聚类算法评价方法，找出最优的聚类簇数目。

在此，使用 Python 支持的外部扩展库 scikit-learn（机器学习库，需要预先下载和安装），简单演示一维数据聚类离散的方法。代码如下，代码执行后显示的结果如图 4.8 所示。

```
>>>import numpy as np
>>>import pandas as pd
>>>import matplotlib.pyplot as plt  #导入绘图库
>>>from sklearn.cluster import KMeans  #导入 K-Means 模块
>>>data = np.random.randint(1, 100, 200)  #生成 1～100 之间的 200 个随机数
>>>k=5  #离散的数据区间个数，相当于聚类的簇中心个数
>>>kmodel = KMeans(n_clusters=k)  #K-Means 聚类初始化
>>>kmodel.fit(data.reshape((len(data), 1)))  #聚类计算，返回拟合的估计值
>>>c = pd.DataFrame(kmodel.cluster_centers_, columns=list('a')).sort_
values(by='a')
# rolling(2).mean 表示移动平均，即用当前值和前 2 个数值取平均数，
#由于通过移动平均，会使得第一个数变为空值，因此需要使用.iloc[1:]过滤掉空值
>>>w = c.rolling(2).mean().iloc[1:]
>>>w = [0] + list(w['a']) + [data.max()]
>>>d = pd.cut(data, w, labels=range(k))
>>> for j in range(0,k):
        plt.plot(data[d5==j],[j for i in d5[d5==j]],'o')
>>> plt.ylim(-0.5,k-0.5)
>>>plt.show()
```

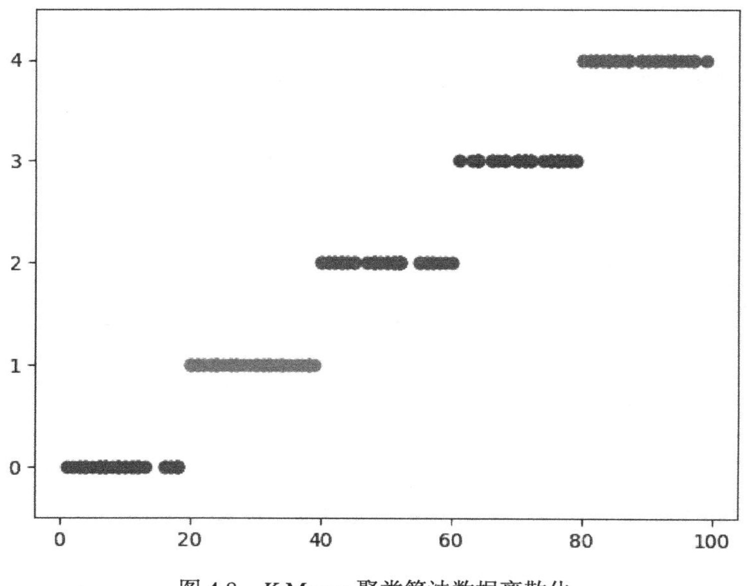


图 4.8　*K*-Means 聚类算法数据离散化

### 3. 数据映射

对许多数据集而言，可以利用函数或映射的方法进行转换，主要体现在两个方面：

（1）转换数据集中的元素值；

（2）转换数据集的轴标签，即行索引或列名称的转换。

以下通过示例方式进行说明。

```
>>> data = pd.DataFrame({'food': ['bacon', 'pulled pork', 'bacon',
                                    'Pastrami', 'corned beef', 'Bacon',
                                    'pastrami', 'honey ham', 'nova lox'],
                         'ounces': [4, 3, 12, 6, 7.5, 8, 3, 5, 6]})
>>> data  #显示创建的数据集内容
          food   ounces
0        bacon      4.0
1  pulled pork      3.0
2        bacon     12.0
3     Pastrami      6.0
4  corned beef      7.5
5        Bacon      8.0
6     pastrami      3.0
7    honey ham      5.0
8     nova lox      6.0
>>> meat_to_animal = {'bacon': 'pig', 'pulled pork': 'pig',
        'pastrami': 'cow', 'corned beef': 'cow',
        'honey ham': 'pig', 'nova lox': 'salmon'}  #字典，对应映射关系
```

将 data['food']中的每一项转换为小写，然后按照定义的字典中设定的映射关系，得到 food 对应的 animal 值，并为数据集 data 增加一个新列。

```
>>> data['animal']=data['food'].map(lambda foo:meat_to_animal[foo.lower()])
>>> data
```

```
            food        ounces     animal
0          bacon           4.0        pig
1    pulled pork           3.0        pig
2          bacon          12.0        pig
3       Pastrami           6.0        cow
4    corned beef           7.5        cow
5          Bacon           8.0        pig
6       pastrami           3.0        cow
7      honey ham           5.0        pig
8       nova lox           6.0     salmon
```

以下示例是使用函数或 map 方法，改变数据集的轴标签。

```
>>> data = pd.DataFrame(np.arange(12).reshape((3, 4)),
                        index=['Ohio', 'Colorado', 'New York'],
                        columns=['one', 'two', 'three', 'four'])
>>> data  #生成的数据集
          one  two  three  four
Ohio        0    1      2     3
Colorado    4    5      6     7
New York    8    9     10    11
>>> trans=lambda row:row[:3].upper()  #映射函数
>>> data.index=data.index.map(trans)  #使用 map 方法改变行索引
>>> data
     one  two  three  four
OHI    0    1      2     3
COL    4    5      6     7
NEW    8    9     10    11
>>> data.rename(index=str.title,columns=str.upper)  #转换轴标签，原数据不变
     ONE  TWO  THREE  FOUR
Ohi    0    1      2     3
Col    4    5      6     7
New    8    9     10    11
>>>> data.rename(index={'OHI':'INDIANA'},columns={'three':'peking'},
                 inplace=True)  #改变部分轴标签
>>> data
         one  two  peking  four
INDIANA    0    1       2     3
COL        4    5       6     7
NEW        8    9      10    11
```

### 4.3.5 数据匹配

数据匹配就是将信息主体拥有的数据项进行比对和差异分析，它是不同特征数据高效聚合的核心，也是数据深入挖掘的前提和基础。数据匹配技术分为实体匹配技术、组合匹配技术和模糊匹配技术。

（1）实体匹配技术：以信息主体的某一个或几个不变的数据项为基准，将与这一个或几个数据项完全匹配的信息聚合在一个信息主体的名下。

（2）组合匹配技术：对匹配项执行组合匹配算法，以认定其所属记录是否存在同一

性关系的过程。

（3）模糊匹配技术：主要是对字符串或词进行比对，得到两个字符串或词的匹配度。在匹配度达到一定数值以上时，认为两个字符串或词是同一字符串或词。

在数据处理和分析的过程中，无论是从 Python 的 in 操作符、字符串的 find( )、split( )、replace( )、translate( )等方法，还是正则表达式的使用以及利用特征相似度计算去除重复数据等，都包含了数据匹配的技术与应用。在后边的章节中，在利用 pandas.merge( )方法进行数据聚合时，也可以指定数据匹配的模式为 inner、left、right、outer 等，同样体现了数据匹配的原理。在本节，主要介绍正则表达式匹配和模糊匹配。

### 1. 正则表达式匹配

正则表达式是一个特殊的字符序列，通常称为 regex，它提供了一种灵活的在文本中搜索或匹配字符串模式的方式。

正则表达式主要由一些特殊字符和限定符组成，如表 4.14 和表 4.15 所示。在使用这些字符时，应使用反斜杠“\”进行字符转义。

表 4.14　正则表达式常用的特殊字符

| 元字符 | 功能说明 |
|---|---|
| . | 匹配除换行符（\n）以外的任意单个字符 |
| \w | 匹配字母、数字、下画线或汉字 |
| \s | 匹配任意空白字符，包括空格、制表符、换行符、回车、换页符等，等价于[\t\n\r\f] |
| \d | 匹配任意一个数字字符，等价于[0-9] |
| \b | 匹配一个单词边界，即单词与空格间的位置。如\bCha 匹配单词 Chapter 的开头三个字符，ter\b 匹配 Chapter 的后三个字符 |
| \| | 匹配\|之前或之后的字符 |
| ^ | 匹配行首，即匹配以^后面的字符开头的字符串 |
| $ | 匹配行尾，即匹配以$前面的字符结束的字符串 |
| ( ) | 表示一个子表达式的开始和结束 |
| \ | 表示位于\之后的为转义字符 |
| [ ] | 匹配中括号[ ]内的任意一个字符 |
| \f | 换页符匹配 |
| \n | 换行符匹配 |

表 4.15　正则表达式常用的限定符

| 元　字　符 | 功 能 说 明 |
|---|---|
| * | 匹配*之前的字符或子模式 0 次或多次 |
| + | 匹配+之前的字符或子模式 1 次或多次 |
| ? | 匹配?之前的字符或子模式 0 次或 1 次，或指明一个非贪婪限定符 |
| {n} | 匹配前面的字符 n 次 |
| {n,} | 匹配前面的字符最少 n 次 |
| {n,m} | 匹配前面的字符最少 n 次，最多 m 次 |

Python 内置的 re 标准模块负责对字符串应用正则表达式。re 模块提供的函数可以分为三个大类：模式匹配、替换和拆分，这三类函数之间是相辅相成的。

以下，我们将通过一些例子说明正则表达式的使用方法。

```
>>> text="China   people\t 2019-nCoV \tWin"  #定义字符串
>>> re.split('\s+',text)  #调用时，先被编译，然后在 text 上应用 split 方法
['China', 'people', '2019-nCoV', 'Win']
>>> regex=re.compile('\s+')  #编译正则表达式，得到可重用 regex 对象
>>> regex.findall(text)  #获取 text 中匹配 regex 的所有模式
['   ', '\t ', ' \t']
```

在 re 模块中，比较常用的函数有 match( )、search( )、findall( )等，其中 findall( )返回字符串中所有的匹配项，search( )只返回第一个匹配项，而 match( )只匹配字符串的首部。以下通过识别大部分电子邮件地址的正则表达式，说明这些函数的使用。

```
>>> text="""Joe Jeans@gmail.com; admin@sdnu.edu.cn; master@python.org;
Smith Bub@yahoo.com; Steve Jobs@apple.com; rob_cloud@163.com"""  #定义电子邮件地址字符串
>>> regex = r'[A-Z0-9._%+-]+@[A-Z0-9.-]+\.[A-Z]{2,4}'  #定义正则表达式
>>> email=re.compile(regex,flags=re.IGNORECASE)  #编译创建 regex 对象
>>> email.findall(text)  #查找字符串中所有的匹配项
['Jeans@gmail.com','admin@sdnu.edu.cn','master@python.org','Bub@yahoo.com',
'Jobs@apple.com','rob_cloud@163.com']
>>> f=email.search(text)  #查找字符串中第一个匹配项
>>> f
<_sre.SRE_Match object; span=(4, 19), match='Jeans@gmail.com'>
>>> text[f.start():f.end()]  #切片
'Jeans@gmail.com'
>>> print(email.match(text))  #字符串的首部未匹配
None
>>> print(email.sub('Replaced',text))  #替换匹配到的字符串
Joe Replaced
Replaced
Replaced
Smith Replaced
Steve Replaced
Replaced
```

在查找电子邮件地址的同时，可以将地址分为三个部分：用户名、域名、后缀。要实现该功能，可以将模式中的相应部分用圆括号括起来。

```
>>> regex = r'([A-Z0-9._%+-]+)@([A-Z0-9.-]+)\.([A-Z]{2,4})'  #模式分段
>>> email=re.compile(regex,flags=re.IGNORECASE)
>>> email.match('admin@gmail.com').groups()  #返回模式各段组成的元组
('admin', 'gmail', 'com')
>>> email.findall(text)  #模式分组后，返回元组列表
[('Jeans', 'gmail', 'com'), ('admin', 'sdnu.edu', 'cn'), ('master',
'python', 'org'), ('Bub', 'yahoo', 'com'), ('Jobs', 'apple', 'com'),
('rob_cloud', '163', 'com')]
```

sub( )函数在替换分组模式匹配到的字符串时，还可以通过诸如\1、\2 之类的特殊符号访问各匹配项中的分组。符号\1 对应第一个匹配的组，符号\2 对应第二个匹配的

组，以此类推。

```
>>> print(email.sub(r'Username:\1,Domain:\2,Suffix:\3',text))
Joe Username:Jeans,Domain:gmail,Suffix:com
Username:admin,Domain:sdnu.edu,Suffix:cn
Username:master,Domain:python,Suffix:org
Smith Username:Bub,Domain:yahoo,Suffix:com
Steve Username:Jobs,Domain:apple,Suffix:com
Username:rob_cloud,Domain:163,Suffix:com
```

**说明：**

（1）正则表达式的编写技巧内容较多，超出了本书的范围，读者可以自行查找相应的教程和参考资料；

（2）一个 regex 描述了需要在文本中定位的一个模式，它可以用于许多方面，在此，我们仅说明数据处理时的基本应用；

（3）如果想避免正则表达式中不需要的转义（\），则可以使用原始字符串字面量，如 r'C:\x'（也可以编写其等价式'C:\\x'）；

（4）若要对许多字符串应用同一条正则表达式，强烈建议通过 re.compile( )创建 regex 对象，这样将可以节省大量的 CPU 时间。

### 2．模糊匹配

模糊匹配不像自然语言处理或机器学习在处理大型语言数据集时那么深入，它可以用来处理数据中包含的拼写错误、较小的语法错误或句法偏移，即数据中存在的一些简单的不一致之处，在数据清洗过程中可以用来查找和合并相似值，提高数据的质量。

FuzzyWuzzy 库是 Python 环境下对字符串模糊匹配的常用工具，其主要模块是 fuzz，可以进行字符串与字符串的比较。另一个模块是 process，可以进行字符串与字符串列表的比较。

FuzzyWuzzy 作为 Python 的第三方库，需要预先使用命令 pip install fuzzywuzzy 进行在线安装。在进行字符匹配时，FuzzyWuzzy 默认使用 Python 的标准库 difflib（无须单独安装），但为了序列匹配在速度上有更好的性能，我们可以安装和使用 python-Levenshtein 库。

python-Levenshtein 库的安装，可以使用命令 pip install python-Levenshtein 在线安装。若在线安装时出现错误提示信息，我们可以从网站下载相应的安装包，使用离线安装的方式。

在 FuzzyWuzzy 和 python-Levenshtein 两个库安装完成以后，可以使用如下语句导入 Python 环境：

```
from fuzzywuzzy import fuzz
from fuzzywuzzy import process
```

FuzzyWuzzy 提供了进行字符串模糊匹配的函数，以下将通过示例进行说明。

（1）当两个字符串的拼写有不同，可使用 fuzz 模块的 ratio( )函数，基于纯 Levenshtein 距离对两个序列进行相似程度匹配。

```
>>> records=[{"favorite book":"The Hunger Games",
             "favorite movie":"Roman Holiday",
             "favorite show":"America's Got Talent Season(2)"},
            {"favorite book":"Hunger Games",
             "favorite movie":"Roman Holidays",
             "favorite show":"America's Got Talent Season(two)"}]
>>> fuzz.ratio(records[0].get('favorite book'), records[1].get('favorite book'))
86
>>> fuzz.ratio(records[0].get('favorite movie'), records[1].get('favorite movie'))
96
>>> fuzz.ratio(records[0].get('favorite show'), records[1].get('favorite show'))
94
```

（2）使用 fuzz 模块的 partial_ratio( )函数，可以进行子字符串的匹配，返回匹配程度最高的子字符串序列的相似程度。

```
>>> fuzz.partial_ratio(records[0].get('favorite book'),
        records[1].get('favorite book'))
100
>>> fuzz.partial_ratio(records[0].get('favorite movie'),
        records[1].get('favorite movie'))
100
>>> fuzz.partial_ratio(records[0].get('favorite show'),
         records[1].get('favorite show'))
93
```

（3）使用 fuzz 模块的 token_sort_ratio( )函数进行字符串的匹配时，先按标记（这里是单词）对每个字符串进行排序，然后再进行比较，适用于不考虑单词顺序的情况。

```
>>> data=[{'favorite food':'cheeseburgers with bacon',
         'favorite drink':'CoCo,beer,and milk',
         'favorite dessert':'cheese or cake'},
        { 'favorite food':'burgers with cheese and bacon',
         'favorite drink':'beer,milk,and CoCo',
         'favorite dessert':'cheese cake'}]
>>> fuzz.token_sort_ratio(data[0].get('favorite food'),
          data[1].get('favorite food'))
68
>>> fuzz.token_sort_ratio(data[0].get('favorite drink'),
        data[1].get('favorite drink'))
100
>>> fuzz.token_sort_ratio(data[0].get('favorite dessert'),
        data[1].get('favorite dessert'))
88
```

（4）使用 fuzz 模块的 token_set_ratio( )函数对字符串进行匹配时，先基于标记获取到两个字符串的交集和差集，然后对排序后的标记尝试寻找最佳匹配，返回这些标记相似的比例。

```
>>> fuzz.token_set_ratio(data[0].get('favorite food'), data[1].get
('favorite food'))
68
>>> fuzz.token_set_ratio(data[0].get('favorite drink'),data[1].get
('favorite drink'))
100
>>> fuzz.token_set_ratio(data[0].get('favorite dessert'),
        data[1].get('favorite dessert'))
100
```

（5）使用 process 模块，可对有限列表内容进行匹配。

```
>>> choices=['Yes','No','Maybe','N/A']
>>> process.extract('ya',choices,limit=2)  #字符串与列表选项依次比较，返回
两个可能的匹配
[('Yes', 45), ('Maybe', 45)]
>>> process.extractOne('ya',choices)  #返回列表中与字符串对应的最佳匹配
('Yes', 45)
>>> process.extract('nope',choices,limit=2)
[('No', 90), ('Yes', 29)]
>>> process.extractOne('nope',choices)
('No', 90)
```

### 4.3.6 数据标准化

为消除作为评价指标的数据特征之间的量纲和取值范围（数量级）差异的影响，保证结果的可靠性，需要对原始指标数据进行标准化处理。

目前，数据的标准化（Normalization）方法很多，不同的标准化方法对系统的评价结果会产生不同的影响，且没有通用的标准化方法可供选择。典型的标准化方法是将数据按照比例进行缩放，使之落入一个特定的区域，以去除数据的量纲限制，便于不同量纲或量级的指标进行比较和分析。常用的数据标准化方法有离差标准化、标准差标准化、小数定标标准化。

#### 1. 离差标准化

离差标准化也称为 min-max 标准化，是对原始数据的一种线性变换，结果是将原始数据的值映射到[0,1]区间，转换公式为

$$X^*=\frac{X-\min}{\max-\min}$$

其中，$X$ 为样本数据，$X^*$ 为变换后的数据，max 为样本数据的最大值，min 为样本数据的最小值，max−min 为极差。

离差标准化保留了原始数据值之间的联系，是消除量纲和量级最简单的办法，其主要特点有：

（1）数据的整体分布情况并不会随离差标准化而发生改变，原先取值较大的数据，

在做完离差标准化后的值依旧较大；

（2）当数据和最小值相等的时候，通过离差标准化可以发现数据变为 0；

（3）若数据极差过大就会出现数据在离差标准化后数据之间的差值非常小的情况；

（4）当有新数据加入时，超过当前[min,max]取值范围时，会引起系统错误，需要重新定义 max、min 的值；

（5）若数据集中某个数值很大，则离差标准化的值就会接近于 0，并且相互之间差别不大。

### 2. 标准差标准化

标准差标准化也称为零均值（zero-mean）标准化或 z-score 标准化，是当前使用最广泛的数据标准化方法。经过该方法处理的数据均值为 0，标准差为 1，转化公式为

$$X^* = \frac{X - \bar{X}}{\delta}$$

其中，$X$ 为样本数据，$X^*$ 为变换后的数据，$\bar{X}$ 为原始数据的均值，$\delta$ 为原始数据的标准差，定义为

$$\bar{X} = \frac{1}{n}\sum_{i=1}^{n} x_i$$

$$\delta = \sqrt{\frac{1}{n-1}\sum_{i=1}^{n}\left(x_i - \bar{X}\right)^2}$$

标准差标准化方法适用于数据的最大、最小值未知或有离群值的情况。标准化后的值区间不限于[0,1]，且存在负值，大于 0 表示高于平均水平，小于 0 表示低于平均水平。同时也不难发现，标准差标准化和离差标准化一样不会改变数据的分布情况。

### 3. 小数定标标准化

通过移动数据的小数位数，将数据映射到区间[−1,1]之间，移动的小数位数取决于数据绝对值的最大值。转化公式为

$$X^* = \frac{X}{10^k}$$

其中，$X$ 为样本数据，$X^*$ 为变换后的数据，$k$ 是满足条件的最小整数，假设原始数据的取值范围为$[-700,90]$，则绝对值最大为 700，而 $k$ 的取值为 3，小数定标标准化后的取值区间为$[-0.7,0.09]$。

对以上三种标准化方法的比较：

（1）离差标准化方法简单，便于理解，标准化后的数据限定在[0,1]区间内；

（2）标准差标准化受到数据分布的影响较小；

（3）小数定标标准化的适用范围广，且受到数据分布的影响较小，其适用程度较其他两种方法适中。

对数据标准化的处理，示例代码如下：

```
>>> import numpy as np
>>> import pandas as pd
```

```
>>> np.random.seed(1)  #产生的随机数保持不变
>>> data=pd.DataFrame(np.random.randn(6,4)*5+3,columns=list('ABCD'))
>>> data  #产生的随机数据
          A          B          C          D
0  11.121727  -0.058782   0.359141  -2.364843
1   7.327038  -8.507693  11.724059  -0.806035
2   4.595195   1.753148  10.310540  -7.300704
3   1.387914   1.079728   8.668847  -2.499456
4   2.137859  -1.389292   3.211069   5.914076
5  -2.503096   8.723619   7.507954   5.512472
>>> data.describe()  #数据的基本统计
          A          B          C          D
count 6.000000   6.000000   6.000000   6.000000
mean  4.011106   0.266788   6.963602  -0.257415
std   4.790042   5.553886   4.353585   5.113820
min  -2.503096  -8.507693   0.359141  -7.300704
25%   1.575400  -1.056665   4.285290  -2.465803
50%   3.366527   0.510473   8.088400  -1.585439
75%   6.644077   1.584793   9.900117   3.932845
max  11.121727   8.723619  11.724059   5.914076
>>> (data-data.min())/(data.max()-data.min())  #离差标准化
          A          B          C          D
0   1.000000   0.490323   0.000000   0.373511
1   0.721487   0.000000   1.000000   0.491470
2   0.520982   0.595477   0.875624   0.000000
3   0.285582   0.556395   0.731172   0.363324
4   0.340625   0.413108   0.250941   1.000000
5   0.000000   1.000000   0.629025   0.969609
>>> normalized_data=data.apply(lambda x:(x-min(x))/(max(x)-min(x)))
>>> normalized_data
          A          B          C          D
0   1.000000   0.490323   0.000000   0.373511
1   0.721487   0.000000   1.000000   0.491470
2   0.520982   0.595477   0.875624   0.000000
3   0.285582   0.556395   0.731172   0.363324
4   0.340625   0.413108   0.250941   1.000000
5   0.000000   1.000000   0.629025   0.969609
```

**说明**：在下面的标准差标准化处理上，使用 np.std( )计算的是标准差，而 df.std( )计算的是标准差的无偏估计，结果有所差别，请读者注意。

```
>>> (data-data.mean())/data.std()  #标准差标准化
          A          B          C          D
0   1.484459  -0.058620  -1.517016  -0.412104
1   0.692255  -1.579881   1.093457  -0.107282
2   0.121938   0.267625   0.768777  -1.377305
3  -0.547635   0.146373   0.391688  -0.438428
```

```
4   -0.391071   -0.298184   -0.861941   1.206826
5   -1.359947    1.522687    0.125035   1.128293
>>> data.apply(lambda x:(x-np.mean(x))/np.std(x))
        A          B          C         D
0    1.626143  -0.064215  -1.661808 -0.451438
1    0.758328  -1.730673   1.197822 -0.117521
2    0.133577   0.293169   0.842153 -1.508762
3   -0.599904   0.160344   0.429072 -0.480274
4   -0.428397  -0.326644  -0.944209  1.322012
5   -1.489747   1.668020   0.136969  1.235983
>>> def idx_scale(m):  #自定义函数，求小数定标标准化的小数位数
        k=1
        while m>=1:
            m=m/10
            k=k+1
        return k
>>> m=max(data.abs().max())  #求所有数据的最大值
>>> k=idx_scale(m)  #调用自定义函数，求k值
>>> data/(10**k)  #小数定标标准化
        A           B           C          D
0    0.011122   -0.000059    0.000359 -0.002365
1    0.007327   -0.008508    0.011724 -0.000806
2    0.004595    0.001753    0.010311 -0.007301
3    0.001388    0.001080    0.008669 -0.002499
4    0.002138   -0.001389    0.003211  0.005914
5   -0.002503    0.008724    0.007508  0.005512
>>> data.apply(lambda x:x/(10**k))
        A          B           C          D
0    0.011122  -0.000059    0.000359 -0.002365
1    0.007327  -0.008508    0.011724 -0.000806
2    0.004595   0.001753    0.010311 -0.007301
3    0.001388   0.001080    0.008669 -0.002499
4    0.002138  -0.001389    0.003211  0.005914
5   -0.002503   0.008724    0.007508  0.005512
```

## 4.4 数据处理与分析

如果说数据清洗和预处理是为了提升数据质量、降低数据计算的复杂度、减少数据的计算量，并提升数据处理的精确度，那么数据处理与分析则是数据的增值过程，要将数据工作者的创造性设计、批判性思考和好奇性提问融入数据处理与分析活动中，使得数据形态满足和支持算法和数据分析的需求，从而为数据计算和应用、数据产品研发提供必要的知识和技术支撑。

本章旨在以数据为中心的思维模式，提倡让数据说话，通过数据加工发现更多有价

值的数据，增强用户体验，侧重数据的解释性统计分析，从而为后续的数据模型、数据深度分析以及大数据研究和应用奠定良好的基础。因此，本节的内容以数据加工为主，涉及复杂计算的算法和模型，如 *k* 近邻、朴素贝叶斯、回归分析、决策树、神经网络、聚类分析等，可以在相关专业的数据科学领域，如自然语言处理、网络分析、社会计算、推荐系统等深入了解，也可以在将来的数据挖掘、机器学习和深度学习等知识的学习中进一步掌握。

从目前实际的情况来看，数据在不同类型的文件或数据库中分布，存储的形式和内容也可能不利于数据分析。因此，在读取这些数据并进行必要的数据清洗和预处理后，可以进行数据的分离和聚焦、多个数据集的联结、分组运算等操作，以获得基本的数据加工和分析结果。

Pandas 提供了友好的数据加工、分析的工具和方法，可以进行数据的聚合（aggregation）、连接（join/append）、合并（merge/concatenate）、重塑（reshape）以及数据的定性和定量分析，包括数据的结构和总体特征、数据的分布规律、数据特征之间的对比分析等，并能够方便地进行基础的统计计算。

### 4.4.1 层次化索引

Pandas 对象中的索引一般对应对象的轴标记信息，如系列（Serries）对象只有一个轴，一般为单索引，而数据帧（DataFrame）对象有横轴（axis=0）、纵轴（axis=1）两个轴，可以分别对应行索引和列索引。索引的主要功能如下：

（1）作为数据选择器，可以直观地设置和获取数据集的子集；

（2）可以启用自动和显式数据对齐；

（3）使用已知索引识别数据，从而为数据分析、可视化以及交互式控制显示提供便利。

索引在 Series 对象和 DataFrame 对象上的基本使用方法，我们在 3.1 节中已经进行了详细的讨论，本节将进一步讨论层次化索引。

层次化索引（hierarchical index）是 Pandas 的一项重要功能，它使得用户能够在一个轴上拥有两个及以上的索引级别，从而也为处理复杂的数据分析和数据操作奠定了基础。使用层次化索引的目的主要有以下三个方面：

（1）能够在较低维度的数据结构（如 Series 为一维，DataFrame 为二维）中存储和操作较高维度的数据；

（2）访问多层索引对象的数据子集更简单，且可以直接访问内层的元素；

（3）在数据重塑和基于分组的操作中，如索引的交换（swap）、排序（sort）与堆叠（stack），数据的透视（pivot）、交叉（cross）、拆分（split）与组合（combine）等操作中，层次化索引都起着重要的作用。

对于多层索引而言，同样也支持 3.1 节单层索引的相关操作。在此，仅以示例方式，强调分层索引的独到之处，以更方便数据的处理和使用，请读者也体会其中的数据重塑操作。

### 1. Series 对象的分层索引

```
>>>import numpy as np
>>>import pandas as pd
#创建具有两层索引的 Series 对象
>>> data = pd.Series(np.random.randn(9),
             index=[['a', 'a', 'a', 'b', 'b', 'c', 'c', 'd', 'd'], [1,
                     2, 3, 1, 3, 1, 2, 2, 3]])
>>> data  #索引之间的间隔表示直接使用上面的标签
a  1   -0.515079
   2    0.259706
   3   -0.150799
b  1    1.309550
   3   -1.114251
c  1   -1.969387
   2    0.309916
d  2   -1.320647
   3    1.919485
dtype: float64
>>> data.index  #Series 对象具有的分层索引
MultiIndex([('a', 1),
            ('a', 2),
            ('a', 3),
            ('b', 1),
            ('b', 3),
            ('c', 1),
            ('c', 2),
            ('d', 2),
            ('d', 3)],
           )
>>> data.index.levels  #Series 对象索引的层级
FrozenList([['a', 'b', 'c', 'd'], [1, 2, 3]])
```

对于多层索引而言，可以使用其中的部分索引标识，使得数据子集的获取操作更加简单和方便。

```
>>> data['b']  #选取外层索引为'b'的数据子集
1    1.309550
3   -1.114251
dtype: float64
>>> data['a':'b']  #对外层索引使用切片
a  1   -0.515079
   2    0.259706
   3   -0.150799
b  1    1.309550
   3   -1.114251
dtype: float64
>>> data.loc[['b','d']]  #使用列表指定要访问的索引标识
```

```
b  1    1.309550
   3   -1.114251
d  2   -1.320647
   3    1.919485
dtype: float64
>>> data.loc[:,2]  #获取内层索引标识为 2 的数据子集
a    0.259706
c    0.309916
d   -1.320647
dtype: float64
>>> data.unstack()  #通过反堆叠方式，将 Series 对象转换为 DataFrame 对象
          1          2          3
a  -0.515079   0.259706  -0.150799
b   1.309550        NaN  -1.114251
c  -1.969387   0.309916        NaN
d        NaN  -1.320647   1.919485
```

### 2. DataFrame 对象的分层索引

在 DataFrame 对象上使用分层索引更为常见，包括分层索引的创建、访问、删除、交换、排序、堆叠等。

#### 1）分层索引的创建

```
>>>midx=pd.MultiIndex(levels=[['lama','cow','falcon'],['speed','weight',
                      'length']], codes=[[0, 0, 0, 1, 1, 1, 2, 2, 2],
                      [0, 1, 2, 0, 1, 2, 0, 1, 2]])
>>> data=[[45, 30], [200, 100], [1.5, 1], [30, 20],[250, 150],
         [1.5, 0.8], [320, 250],[1, 0.8], [0.3, 0.2]]
>>> df = pd.DataFrame(index=midx, columns=['big', 'small'],data=data)
>>> df  #多层索引的结构
                    big    small
lama     speed     45.0     30.0
        weight    200.0    100.0
        length      1.5      1.0
cow      speed     30.0     20.0
        weight    250.0    150.0
        length      1.5      0.8
falcon   speed    320.0    250.0
        weight      1.0      0.8
        length      0.3      0.2
```

在创建 DataFrame 对象时，除使用 pandas.MultiIndex( )方法创建分层索引外，也可以直接向 DataFrame 的 index 或 columns 参数传递多维数组、元组列表的形式等创建分层索引。

#### 2）分层索引的层级与名称

在创建具有多层索引的 DataFrame 对象后，对每个轴（行、列）上不同层次的索引

可以重新定义或命名，以方便按索引不同层级进行排序或将索引交换等。

具有多层行索引的 DataFrame 对象 df，可以使用 df.index.names 属性为每一层索引进行重命名。

```
>>> df.index.names=['animal','indicator']  #对行索引命名
>>> df
                    big    small
animal  indicator
lama        Speed   45.0    30.0
           Weight  200.0   100.0
           Length    1.5     1.0
cow         Speed   30.0    20.0
           Weight  250.0   150.0
           Length    1.5     0.8
falcon      Speed  320.0   250.0
           Weight    1.0     0.8
           Length    0.3     0.2
```

也可以使用 MultiIndex 对象的 set_names( )方法为设置每层索引的名称。

```
>>> idx = pd.MultiIndex.from_product([['python', 'cobra'],
                                      [2018, 2019]])  #创建分层索引
>>> idx
MultiIndex([('python', 2018),
            ('python', 2019),
            ( 'cobra', 2018),
            ( 'cobra', 2019)],
           )
>>> idx.set_names(['kind','year'],inplace=True)  #设置每一层索引的名称
>>> idx
MultiIndex([('python', 2018),
            ('python', 2019),
            ( 'cobra', 2018),
            ( 'cobra', 2019)],
           names=['kind', 'year'])
>>> idx.set_names('species',level=0)  #修改第 1 层索引的名称
MultiIndex([('python', 2018),
            ('python', 2019),
            ( 'cobra', 2018),
            ( 'cobra', 2019)],
           names=['species', 'year'])
```

在使用外部数据时，如表 4.16 所示为来源于国家统计局 2010 年人口普查的统计数据（部分），以 Excel 格式存储为 census2010_China.xlsx 文件，其中的数据不是标准的二维表形式。在使用 Pandas 库读取 Excel 工作表的数据后，就需要对其中的行列索引标识进行重新定义和规整。

表 4.16　2010 年全国人口统计信息（部分）

| 地　区 | 合　计 | 性　别 | | 城　乡 | | |
|---|---|---|---|---|---|---|
| | | 男 | 女 | 城市 | 镇 | 乡村 |
| 全　国 | 127339585 | 64754454 | 62585131 | 37900129 | 24633069 | 64806387 |
| 北　京 | 1849475 | 941325 | 908150 | 1460988 | 123425 | 265062 |
| 天　津 | 1127589 | 581562 | 546027 | 738104 | 133432 | 256053 |
| 河　北 | 7037620 | 3554766 | 3482854 | 1374251 | 1659477 | 4003892 |
| 山　西 | 3477805 | 1771808 | 1705997 | 913637 | 736664 | 1827504 |
| 内蒙古 | 2310941 | 1186071 | 1124870 | 743231 | 534998 | 1032712 |
| 辽　宁 | 4252076 | 2138602 | 2113474 | 2120011 | 494675 | 1637390 |
| 吉　林 | 2551123 | 1287411 | 1263712 | 937651 | 404474 | 1208998 |
| 黑龙江 | 3465051 | 1749344 | 1715707 | 1268801 | 646817 | 1549433 |
| 上　海 | 2253525 | 1151331 | 1102194 | 1728415 | 283902 | 241208 |
| 江　苏 | 7577122 | 3792269 | 3784853 | 2854574 | 1629451 | 3093097 |
| 浙　江 | 5400348 | 2761136 | 2639212 | 2018557 | 1289129 | 2092662 |
| 安　徽 | 5312628 | 2678455 | 2634173 | 1056968 | 1180786 | 3074874 |
| 福　建 | 3477491 | 1773098 | 1704393 | 1173597 | 796759 | 1507135 |
| 江　西 | 4251692 | 2188051 | 2063641 | 692803 | 1098316 | 2460573 |
| 山　东 | 9272503 | 4663609 | 4608894 | 2678028 | 1792126 | 4802349 |
| 河　南 | 9224288 | 4650716 | 4573572 | 1734205 | 1707844 | 5782239 |
| 湖　北 | 5226904 | 2658892 | 2568012 | 1600106 | 902057 | 2724741 |
| 湖　南 | 6096586 | 3114294 | 2982292 | 1151445 | 1404000 | 3541141 |
| 广　东 | 9676589 | 5023631 | 4652958 | 5002805 | 1452517 | 3221267 |
| 广　西 | 4362551 | 2249997 | 2112554 | 791112 | 935664 | 2635775 |
| 海　南 | 826560 | 432579 | 393981 | 216333 | 181990 | 428237 |
| 重　庆 | 2609882 | 1310663 | 1299219 | 800559 | 574709 | 1234614 |
| 四　川 | 8161604 | 4120256 | 4041348 | 1489596 | 1552582 | 5119426 |
| 贵　州 | 3332265 | 1714400 | 1617865 | 509457 | 574569 | 2248239 |
| 云　南 | 4467537 | 2300361 | 2167176 | 589897 | 904369 | 2973271 |
| 西　藏 | 265904 | 134009 | 131895 | 24355 | 35681 | 205868 |
| 陕　西 | 3614887 | 1848641 | 1766246 | 834243 | 735971 | 2044673 |
| 甘　肃 | 2623094 | 1330609 | 1292485 | 490681 | 372384 | 1760029 |
| 青　海 | 535412 | 273891 | 261521 | 128181 | 104534 | 302697 |
| 宁　夏 | 611957 | 311355 | 300602 | 194503 | 91879 | 325575 |
| 新　疆 | 2086576 | 1061322 | 1025254 | 583035 | 297888 | 1205653 |

```
>>> path="d:\Pandas\data"  #要打开的文件所在路径
>>> filename="\census2010_China.xlsx"  #要打开的文件名称
>>> population=pd.read_excel(path+filename,usecols='A:G',
                      index_col=0,skiprows=2)  #读取 Excel 文件
```

```
>>> population.index.names=['地区']  #行索引为单索引
>>> population.rename(columns={'Unnamed: 1':'合计'},inplace=True)  #重命名列索引
>>> population.columns=[['amount','gender','gender','area','area','area'],
            ['合计','男','女','城市','镇','乡村']]  #重定义列索引为多层索引
>>> population.columns  #列索引的结构
MultiIndex([('amount', '合计'),
            ('gender',  '男'),
            ('gender',  '女'),
            (  'area', '城市'),
            (  'area',  '镇'),
            (  'area', '乡村')],
           )
```

最终生成的 DataFrame 对象，其索引结构和标识如表 4.17 所示。

**表 4.17 生成的 DataFrame 对象的索引结构和标识**

| 地　区 | amount | gender | | area | | |
|---|---|---|---|---|---|---|
| | 合计 | 男 | 女 | 城市 | 镇 | 乡村 |
| 全　国 | 127339585 | 64754454 | 62585131 | 37900129 | 24633069 | 64806387 |
| 北　京 | 1849475 | 941325 | 908150 | 1460988 | 123425 | 265062 |
| 天　津 | 1127589 | 581562 | 546027 | 738104 | 133432 | 256053 |
| 河　北 | 7037620 | 3554766 | 3482854 | 1374251 | 1659477 | 4003892 |
| 山　西 | 3477805 | 1771808 | 1705997 | 913637 | 736664 | 1827504 |
| 内蒙古 | 2310941 | 1186071 | 1124870 | 743231 | 534998 | 1032712 |
| … | … | … | … | … | … | … |

**3）分层索引的基本操作**

使用 DataFrame 对象的多层索引，同样可以进行数据的选择、修改、删除等，但可以使用更高层次的索引，来操作整个索引组的数据。

以前面所创建的 DataFrame 对象 df 为例，其索引结构如下：

```
                           big      small
animal    indicator
lama          Speed       45.0       30.0
             Weight      200.0      100.0
             Length        1.5        1.0
cow           Speed       30.0       20.0
             Weight      250.0      150.0
             Length        1.5        0.8
falcon        Speed      320.0      250.0
             Weight        1.0        0.8
             Length        0.3        0.2
```

对行索引的操作，可以使用 df.loc 或 df.iloc 选择访问特定的数据。

```
>>> df.loc['cow','length']  #行索引为('cow','length')的数据
big      1.5
small    0.8
Name: (cow, length), dtype: float64
```

```
>>> df.loc[('cow','length'),'small']  #行索引为('cow','length')，列索引为
'small'
0.8
>>> df.loc['cow']  #只使用外层的行索引
             big    small
indicator
speed        30.0    20.0
weight      250.0   150.0
length        1.5     0.8
>>> df.loc['cow':'falcon']  #对外层的行索引切片
                        big     small
animal     indicator
cow        speed      30.0      20.0
           weight     250.0     150.0
           length     1.5       0.8
falcon     speed      320.0     250.0
           weight     1.0       0.8
           length     0.3       0.2
>>> df.loc[('cow','weight'):('falcon','speed')]  #内外层行索引同时切片
                          big     small
animal  indicator
cow          weight     250.0    150.0
             length       1.5      0.8
falcon        speed     320.0    250.0
```

对列索引的操作，可以使用 df['列索引']的方式选择特定的数据。

```
>>> data=df.T  #转置，行列索引互换
>>> data.columns  #列索引
MultiIndex([(  'lama',  'speed'),
            (  'lama', 'weight'),
            (  'lama', 'length'),
            (   'cow',  'speed'),
            (   'cow', 'weight'),
            (   'cow', 'length'),
            ('falcon',  'speed'),
            ('falcon', 'weight'),
            ('falcon', 'length')],
          names=['animal', 'indicator'])
>>> data['lama']  #选择列索引为'lama'的数据
indicator  speed  weight  length
big         45.0   200.0     1.5
small       30.0   100.0     1.0
>>> data['cow','speed']  #同时使用内外层的列索引
big      30.0
small    20.0
Name: (cow, speed), dtype: float64
```

DataFrame 对象的 xs( )方法接受一个额外的参数，从而可以简便地在某个特定的多级索引中的某一个层级进行数据的交叉选择。

```
>>> df.xs(key='speed',level='indicator')  #在第 2 层行索引上选取索引标识为'speed'的数据
           big    small
animal
lama      45.0    30.0
cow       30.0    20.0
falcon   320.0   250.0
>>> data.xs(key='speed',level='indicator',axis=1)  #在第 2 层列索引上选取索引标识为'speed'的数据
animal    lama      cow     falcon
big       45.0      30.0    320.0
small     30.0      20.0    250.0
```

使用索引，也可以进行数据的删除操作。

```
>>> df.drop(index='cow', columns='small')  #使用标签同时删除行和列
                     big
lama      speed     45.0
         weight    200.0
         length      1.5
falcon    speed    320.0
         weight      1.0
         length      0.3
>>> df.drop(index='length', level=1)  #删除第 2 层上索引为'length'的行
                     big       small
lama      speed      45.0       30.0
        weight      200.0      100.0
cow       speed      30.0       20.0
        weight      250.0      150.0
falcon    speed     320.0      250.0
        weight        1.0        0.8
```

**4）索引重排与分级排序**

若要调整某条轴上个索引级别的顺序，或根据指定索引级别上的值对数据进行排序，可使用 DataFrame.swaplevel( )或 DataFrame.sort_index( )方法。其语法分别如下。

（1）swaplevel(self, i=−2, j=−1, axis=0)

互换索引级别编号为 i、j 或对应名称的两个索引的顺序，但返回的新对象中的数据不会发生变化。

如上例中的对象 df，互换索引顺序，可以分别使用：

```
>>>df.swaplevel(0,1)
>>>df.swaplevel('animal','indicator')
```

（2）sort_index(self, axis=0, level=None, ascending=True, inplace=False, kind='quicksort', na_position='last', sort_remaining=True, ignore_index:bool=False)

根据单个索引级别中的值对数据进行排序。

如上例中的对象 df，可按第 2 层的行索引进行排序，示例如下：

```
>>>df.sort_index(level=1)
```

若要互换行、列索引，即将 DataFrame 的一个或多个列转换为行索引，或者将行索引转换为 DataFrame 的列索引，可以使用 DataFrame 对象的 set_index( )和 reset_index( )方法。示例如下：

```
>>> frame = pd.DataFrame({'a': range(7), 'b': range(7, 0, -1),
            'c': ['one', 'one', 'one', 'two', 'two', 'two', 'two'],
            'd': [0, 1, 2, 0, 1, 2, 3]})  #创建多索引对象
>>> frame
   a  b    c  d
0  0  7  one  0
1  1  6  one  1
2  2  5  one  2
3  3  4  two  0
4  4  3  two  1
5  5  2  two  2
6  6  1  two  3
>>> df=frame.set_index(['c','d'])  #将列索引转换为行索引
>>> df
       a  b
c   d
one 0  0  7
    1  1  6
    2  2  5
two 0  3  4
    1  4  3
    2  5  2
    3  6  1
>>> df.reset_index()  #将行索引转换为列索引
     c  d  a  b
0  one  0  0  7
1  one  1  1  6
2  one  2  2  5
3  two  0  3  4
4  two  1  4  3
5  two  2  5  2
6  two  3  6  1
```

**5）按索引级别汇总统计**

在对 DataFrame 和 Series 进行描述或汇总统计时，大多都有一个 level 参数，用于指定在某条轴上汇总的索引级别。示例如下：

```
>>> idx = pd.MultiIndex.from_arrays([['warm', 'warm', 'cold', 'cold'],
        ['dog', 'falcon', 'fish', 'spider']],names=['blooded', 'animal'])
```

```
>>> s = pd.Series([4, 2, 0, 8], name='legs', index=idx)  #创建多索引Series对象
>>> s.sum()  #对所有数据求和
14
>>> s.sum(level='blooded')  #对行索引名称为'blooded'求和
blooded
warm    6
cold    8
Name: legs, dtype: int64
>>> s.sum(level=0)  #按第1层的索引求和
blooded
warm    6
cold    8
Name: legs, dtype: int64
```

**6）索引堆叠**

层次化索引为 DataFrame 数据的重排任务提供了一种具有良好一致性的方式，可以通过 stack( )方法将数据的列“旋转”为行，也可以使用 unstack( )方法将数据的行“旋转”为列。

在此，将通过一系列的范例来讲解这些操作。首先创建一个行列索引均为字符串数组的 DataFrame 对象，示例如下：

```
>>> data = pd.DataFrame(np.arange(6).reshape((2,3)),
             index=pd.Index(['Ohio','Colorado'], name='state'),
             columns=pd.Index(['one', 'two', 'three'],name='number'))
>>> data
number    one    two    three
state
Ohio        0      1        2
Colorado    3      4        5
```

对 DataFrame 对象的数据使用 stack( )方法即可将列转换为行，得到一个多层索引的 Series 对象，示例如下：

```
>>> result=data.stack()
>>> result
state    number
Ohio        one      0
            two      1
          three      2
Colorado    one      3
            two      4
          three      5
dtype: int32
```

对于一个层次化索引的 Series 对象，可以用 unstack( )方法将其重排为一个 DataFrame 对象，示例如下：

```
>>> result.unstack()
number   one    two  three
state
Ohio       0      1      2
Colorado   3      4      5
```

在默认的情况下，stack( )方法和 unstack( )方法操作的是分层索引的最内层。若将分层索引级别的编号或名称作为参数传入 stack( )或 unstack( )方法，即可对其他级别的索引进行 stack 或 unstack 操作，示例如下：

```
>>> result.unstack(0)
state    Ohio  Colorado
number
one         0         3
two         1         4
three       2         5
>>> result.unstack('state')
state    Ohio  Colorado
number
one         0         3
two         1         4
three       2         5
```

如果在不同的索引级别中，其值并不能够完全匹配，则执行 unstack 操作时可能会引入缺失数据，示例如下：

```
>>> s=pd.Series(np.arange(7), index=[['one','one','one','one','two','two','two'],
                    ['a','b','c','d','c','d','e']])
>>> s
one a    0
    b    1
    c    2
    d    3
two c    4
    d    5
    e    6
dtype: int32
>>> s.unstack()
       a      b      c      d       e
one  0.0    1.0    2.0    3.0     NaN
two  NaN    NaN    4.0    5.0     6.0
```

执行 stack 操作时，默认会滤除其中的缺失数据，因此该运算是可逆的，示例如下：

```
>>> s.unstack().stack()
one a    0.0
    b    1.0
    c    2.0
    d    3.0
```

```
two c    4.0
    d    5.0
    e    6.0
dtype: float64
>>> s.unstack().stack(dropna=False)
one a    0.0
    b    1.0
    c    2.0
    d    3.0
    e    NaN
two a    NaN
    b    NaN
    c    4.0
    d    5.0
    e    6.0
dtype: float64
```

在对 DataFrame 对象进行 unstack 操作时，作为旋转轴的索引级别将会成为结果中的最低级别，示例如下：

```
>>> df = pd.DataFrame({'left': result, 'right': result + 5},
                      columns=pd.Index(['left', 'right'], name='side'))
>>> df
side              left  right
state    number
Ohio        one      0      5
            two      1      6
          three      2      7
Colorado    one      3      8
            two      4      9
          three      5     10
>>> df.unstack('state')
side    left             right
state   Ohio  Colorado    Ohio     Colorado
number
one        0         3       5            8
two        1         4       6            9
three      2         5       7           10
```

当调用 stack，我们可以指明轴的名字，示例如下：

```
>>> df.unstack('state').stack('side')
state           Colorado  Ohio
number  side
one      left          3     0
        right          8     5
two      left          4     1
        right          9     6
```

```
three      left         5        2
           right       10        7
```

## 4.4.2 数据连接与合并

来源不同的数据子集，为满足用户对数据处理和分析的要求，需要进行横向或纵向的连接与合并。

### 1．横向合并

横向合并又称横向堆叠，是将两个数据子集在 $x$ 轴方向进行拼接，即保持行对齐，合并各列的数据，以生成一个新的数据集。

横向合并大多使用 concat( )函数完成，该函数的基本语法如下：

```
concat(objs,  axis=0,  join='outer',  ignore_index=False,  keys=None,
levels=None, names=None, verify_integrity=False, sort=False, copy=True)
```

concat( )函数的常用参数及其含义如表 4.18 所示。

表 4.18 concat( )函数的常用参数及其含义

| 参数名称 | 说明 |
|---|---|
| objs | 表示参与连接的对象，可以是一个序列，也可以是 DataFrame 或 Series 对象的映射 |
| axis | 表示连接的轴向，0 为行索引，1 为列索引，默认为 0 |
| join | 表示其他轴向上的索引是按交集（inner）还是并集（outer）进行合并，默认为 outer |
| ignore_index | 表示是否保留连接轴上的索引，并产生 $0,1,\cdots,n-1$ 的新索引，默认为 False |
| keys | 表示用于连接轴上最外层的层次化索引，默认为 None |
| levels | 表示用于各级别的层次化索引，可以是序列对象的列表，默认为 None |
| names | 表示为 keys 和 levels 参数添加的多层次索引指定相应的名称，可以是列表对象，默认为 None |
| verify_integrity | 表示是否检查新连接轴上的重复情况，如果发现则引发异常，默认为 False |
| sort | 如果参数 join="outer"，则非连接轴在“连接”时尚未对齐，则对其进行排序；join="inner"时，则不排序，默认为 False |
| copy | 表示是否复制数据，默认为 True |

当函数 concat( )的参数 axis=1 时，可以对数据进行行对齐，然后将不同列索引的两个或多个数据子集进行横向合并。

（1）当两个表索引不完全一样时，可以使用 join 参数选择是内连接还是外连接。当 join="inner"时，仅返回索引重叠部分，当 join="outer"时，则显示索引的并集部分数据，不足的地方则使用空值填补，其原理示意如图 4.9 所示。

（2）当两张表完全一样时，不论 join 参数取值是 inner 或者 outer，结果都是将两个表完全按照 $x$ 轴拼接起来。

使用 concat( )函数对数据子集进行横向堆叠，示例如下。

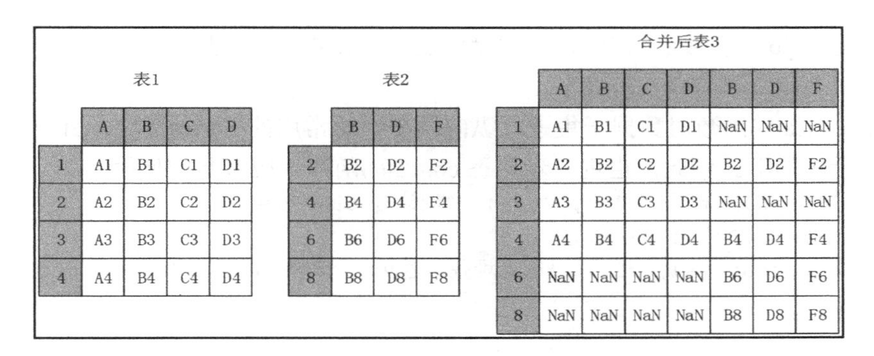
表1

| | A | B | C | D |
|---|---|---|---|---|
| 1 | A1 | B1 | C1 | D1 |
| 2 | A2 | B2 | C2 | D2 |
| 3 | A3 | B3 | C3 | D3 |
| 4 | A4 | B4 | C4 | D4 |

表2

| | B | D | F |
|---|---|---|---|
| 2 | B2 | D2 | F2 |
| 4 | B4 | D4 | F4 |
| 6 | B6 | D6 | F6 |
| 8 | B8 | D8 | F8 |

合并后表3

| | A | B | C | D | B | D | F |
|---|---|---|---|---|---|---|---|
| 1 | A1 | B1 | C1 | D1 | NaN | NaN | NaN |
| 2 | A2 | B2 | C2 | D2 | B2 | D2 | F2 |
| 3 | A3 | B3 | C3 | D3 | NaN | NaN | NaN |
| 4 | A4 | B4 | C4 | D4 | B4 | D4 | F4 |
| 6 | NaN | NaN | NaN | NaN | B6 | D6 | F6 |
| 8 | NaN | NaN | NaN | NaN | B8 | D8 | F8 |

图 4.9　数据集横向堆叠示例

```
>>> df1=pd.DataFrame({'letter':['a','b'],'number':[1,2]})
>>> df4 = pd.DataFrame([['bird', 'polly'], ['monkey', 'george']],
                columns=['animal', 'name'])
>>> pd.concat([df1, df4], axis=1)  #按列方向合并数据
    letter      number     animal      name
0         a          1       bird     polly
1         b          2     monkey    george
```

### 2. 纵向合并

纵向合并又称纵向堆叠，是将数据子集按照 $y$ 轴方向进行拼接，即保持列对齐，合并各行的数据，以生成一个新的数据集。

**1）使用 concat( )函数**

使用 concat( )函数时，在默认情况下，即 axis=0 时，concat 做列对齐，将不同行索引的两张或多张表纵向合并。

（1）在两张表的列名并不完全相同的情况下，当 join 参数取值为 inner 时，返回的仅是列名交集所代表的列；当 join 参数取值为 outer 时，返回的是两者列名的并集所代表的列，其原理示意如图 4.10 所示。

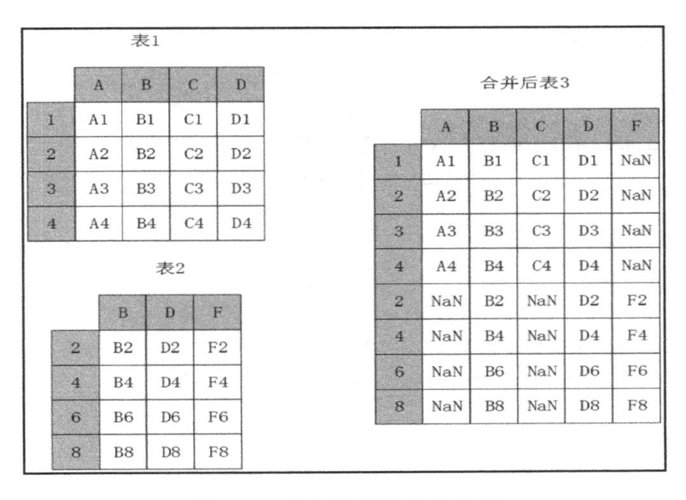
表1

| | A | B | C | D |
|---|---|---|---|---|
| 1 | A1 | B1 | C1 | D1 |
| 2 | A2 | B2 | C2 | D2 |
| 3 | A3 | B3 | C3 | D3 |
| 4 | A4 | B4 | C4 | D4 |

表2

| | B | D | F |
|---|---|---|---|
| 2 | B2 | D2 | F2 |
| 4 | B4 | D4 | F4 |
| 6 | B6 | D6 | F6 |
| 8 | B8 | D8 | F8 |

合并后表3

| | A | B | C | D | F |
|---|---|---|---|---|---|
| 1 | A1 | B1 | C1 | D1 | NaN |
| 2 | A2 | B2 | C2 | D2 | NaN |
| 3 | A3 | B3 | C3 | D3 | NaN |
| 4 | A4 | B4 | C4 | D4 | NaN |
| 2 | NaN | B2 | NaN | D2 | F2 |
| 4 | NaN | B4 | NaN | D4 | F4 |
| 6 | NaN | B6 | NaN | D6 | F6 |
| 8 | NaN | B8 | NaN | D8 | F8 |

图 4.10　数据集纵向合并示例

（2）无论 join 参数取值是 inner 或者 outer，结果都是将两个表完全按照 $y$ 轴拼接起来。

使用 concat( )函数对数据子集进行纵向堆叠，对常用的 Series 和 DataFrame 对象进行连接，示例如下。借此，也进一步熟悉 concat( )函数相应参数的使用。

```
>>> s1 = pd.Series(['a', 'b'])  #创建 Series 对象
>>> s2 = pd.Series(['c', 'd'])
>>> pd.concat([s1, s2])  #横向堆叠，返回一个新的 Series 对象
0    a
1    b
0    c
1    d
dtype: object
>>> pd.concat([s1, s2], ignore_index=True)  #忽略原索引，自动创建新索引
0    a
1    b
2    c
3    d
dtype: object
>>> pd.concat([s1, s2], keys=['s1', 's2'])  #合并时创建分层索引，并定义外层索引的值
s1  0    a
    1    b
s2  0    c
    1    d
dtype: object
>>> pd.concat([s1, s2], keys=['s1', 's2'],
            names=['Obj Name', 'Row Idx'])  #定义各层索引的名称
Obj Name  Row Idx
s1          0        a
            1        b
s2          0        c
            1        d
dtype: object
>>> df1 = pd.DataFrame([['a', 1], ['b', 2]],  #创建 DataFrame 对象
                       columns=['letter', 'number'])
>>> df1
   letter  number
0       a       1
1       b       2
>>> df2 = pd.DataFrame([['c', 3], ['d', 4]],
                   columns=['letter', 'number'])
>>> df2
   letter  number
0       c       3
1       d       4
```

```
>>> pd.concat([df1, df2])  #横向连接，保持原对象索引
  letter  number
0      a       1
1      b       2
0      c       3
1      d       4
>>> df3 = pd.DataFrame([['c', 3, 'cat'], ['d', 4, 'dog']],  #创建
DataFrame对象
                       columns=['letter', 'number', 'animal'])
>>> df3
  letter  number animal
0      c       3    cat
1      d       4    dog
>>> pd.concat([df1, df3], sort=False)  #连接时不改变列索引的顺序
  letter  number  animal
0      a       1     NaN
1      b       2     NaN
0      c       3     cat
1      d       4     dog
>>> pd.concat([df1, df3], join="inner")  #以交集方式合并数据
  letter  number
0      a       1
1      b       2
0      c       3
1      d       4
>>> df5 = pd.DataFrame([1], index=['a'])
>>> df5
   0
a  1
>>> df6 = pd.DataFrame([2], index=['a'])
>>> df6
   0
a  2
>>> pd.concat([df5, df6], verify_integrity=True)  #合并时不允许索引重复
Traceback (most recent call last):
   ...
ValueError: Indexes have overlapping values: ['a']
```

**2）使用 append( )函数**

数据子集的纵向堆叠，也可以使用 append( )函数，但 append( )函数实现纵向堆叠的前提条件是两个数据子集的列名需要完全一致。append( )函数的基本语法如下：

```
append(other, ignore_index=False, verify_integrity=False, sort=False)
```

append( )函数的常用参数及其含义如表 4.19 所示。

表 4.19　append()函数的常用参数及其含义

| 参数名称 | 说　明 |
|---|---|
| other | 表示要添加的新数据子集 |
| ignore_index | bool 型，为 True 时会自动产生新索引，并忽略原数据的索引，默认为 False |
| verify_integrity | bool 型，若为 True 且 ignore_idnex 为 False 时，则检查添加的索引是否冲突。若索引冲突，则添加数据失败。默认为 False |
| sort | bool 型，若为 True，在合并的数据子集列索引没有对齐时，则按列排序，默认为 False |

使用 append( )函数对数据子集纵向合并，示例如下。

```
>>> df1=pd.DataFrame([[1,2],[3,4]],columns=list('AB'))
>>> df1
   A  B
0  1  2
1  3  4
>>> df2=pd.DataFrame([[5,6],[7,8]],columns=list('AB'))
>>> df2
    A  B
0   5  6
1   7  8
>>> df1.append(df2,ignore_index=True)  #纵向合并，忽略原数据索引
   A  B
0  1  2
1  3  4
2  5  6
3  7  8
```

### 3. 主键合并

主键合并，类似于关系数据库的 join 方式，即通过一个或多个键将不同数据集的行连接起来。针对同一个主键存在两个包含不同列名的表，将其根据某几个列关键字一一对应拼接起来，结果集列数为两个原数据集的列数之和减去用于连接键的数量。例如，按照主键合并两个数据集，结果如图 4.11 所示。

左表1

| | A | B | Key |
|---|---|---|---|
| 1 | A1 | B1 | k1 |
| 2 | A2 | B2 | k2 |
| 3 | A3 | B3 | k3 |
| 4 | A4 | B4 | k4 |

右表2

| | C | D | Key |
|---|---|---|---|
| 1 | C1 | D1 | k1 |
| 2 | C2 | D2 | k2 |
| 3 | C3 | D3 | k3 |
| 4 | C4 | D4 | k4 |

合并后表3

| | A | B | Key | C | D |
|---|---|---|---|---|---|
| 1 | A1 | B1 | k1 | C1 | D1 |
| 2 | A2 | B2 | k2 | C2 | D2 |
| 3 | A3 | B3 | k3 | C3 | D3 |
| 4 | A4 | B4 | k4 | C4 | D4 |

图 4.11　按照主键合并两个数据集

#### 1）使用 merge( )函数

使用主键合并数据集，最常用的是 merge( )函数，其函数原型的基本语法如下，

merge( )函数的常用参数及其含义如表 4.20 所示。

```
    merge(left, right, how='inner', on=None, left_on=None, right_on=None,
left_index=False, right_index=False, sort=False, suffixes=('_x', '_y'),
copy=True, indicator=False, validate=None)
```

表 4.20　merge( )函数的常用参数及其含义

| 参数名称 | 描　述 |
| --- | --- |
| left | 用于合并的 DataFrame 对象 |
| right | 用于合并的 DataFrame 对象或命名的 Series 对象 |
| how | 设置数据合并时的连接方式，可以为“left”“right”“inner”“outer”四种类型，默认为“inner” |
| on | 用于连接的列或索引级别的名称或其列表，必须同时在左、右两个 DataFrame 中存在。若为列或索引级别名称的列表，则表示多键连接，默认以两个 DataFrame 列名的交集作为连接键 |
| left_on | 表示左侧 DataFrame 作为连接键的列或索引级别名称，可以是列名、数组或与左侧 DataFrame 长度相等的数组的列表 |
| right_on | 表示右侧 DataFrame 作为连接键的列或索引级别名称，同 left_on |
| left_index | bool 型，默认为 False，表示是否使用 left_on 参数指定的行索引作为连接键 |
| right_index | bool 型，默认为 False，同 left_index |
| sort | bool 型，默认为 False，表示是否对合并的数据按主键的字典顺序排序 |
| suffixes | 字符串组成的元组，用于指定左、右 DataFrame 列名重复时再列名后面附加的后缀名称，默认为（‘_x’,‘_y’） |
| copy | bool 型，表示是否将数据复制到数据结构，默认为 False |
| indicator | bool 或 str 类型，默认为 False。若为 True，则在输出的 DataFrame 中增加一个名为“_merge”的列，指示每一行的来源信息；若为 str 类型，则输出的 DataFrame 中增加的列信息为分类类型，可以为“left_only”“right_only”和“both”，表明每一行的来源是否与参与合并的左右两侧的 DataFrame 有关 |
| validate | str 类型，可选项。用于检查数据合并时的连接类型，可以为“1:1”“1:m”“m:m”，即一对一、一对多、多对多的连接类型 |

使用 merge( )函数按主键进行数据合并时，只能同时合并两个数据子集，且合并后的数据集的列数为两个原数据子集的列数之和减去连接主键的个数。为方便起见，分别把两个数据子集称为左表和右表。其中的 how 参数可以用来设置左表和右表的连接方式，说明如下：

（1）内连接：how=‘inner’，使用两个表都有的键值，返回两个表的交集，即将左表与右表中键值相同的行进行匹配，键值不同的行将被舍弃。若左表和右表中没有键值相同的行存在，将返回一个空的数据集；

（2）左连接：how=‘left’，使用左表中所有的键值，将左表的所有行与右表中键值相同的行进行匹配。若右表中没有匹配的行，则其值为“NaN”；

（3）右连接：how=‘right’，使用右表中所有的键值，将右表的所有行与左表中键值相同的行进行匹配。若左表中没有匹配的行，则其值为“NaN”；

（4）外连接：how=‘outer’，使用两个表中所有的键值，返回两个表的并集，可以将外连接理解为是左连接和右连接的组合。

在将两个表按照主键进行连接时，类似于关系型数据库，表之间存在数据的一对一、多对一、多对多的关系，这也会影响连接的结果集数据的多少。

（1）一对一：键值没有重复。左表与右表的键值存在一一对应的关系，连接后的结果集其行数为左表或右表的行数。

（2）多对一：左表中的键值不唯一，存在重复，而右表中的键值唯一。连接时保留重复行，其结果集行数为左表的行数。

（3）多对多：左表和右表的键值均不唯一。连接后的结果集为左表和右表中行的笛卡儿积，其行数为两个表行数的乘积。

以下将通过示例的方式，说明 merge( )函数的使用方法，并进一步理解按主键合并数据的基本要求和过程。

```
>>> left = pd.DataFrame({'Name': ['Jobs', 'Bill Gates', 'Beckham'],
                'Identity': ['Apple Inc.','Microsoft','Athlete']})
>>> right= pd.DataFrame({'Name': ['Jobs', 'Bill Gates', 'Beckham'],
                'Visited': [23.7,57.8 ,46.2]})
>>> left
         Name     Identity
0        Jobs   Apple Inc.
1  Bill Gates    Microsoft
2     Beckham      Athlete
>>> right
         Name      Visited
0        Jobs         23.7
1  Bill Gates         57.8
2     Beckham         46.2
>>> pd.merge(left,right)  #按主键合并数据
          Name     Identity  Visited
0         Jobs   Apple Inc.     23.7
1   Bill Gates    Microsoft     57.8
2      Beckham      Athlete     46.2
```

在该示例中，默认采用相同的键合并两个表 left、right，且连接的方式为内连接，相当于参数 on="Name"、how="inner"的情况。同时，两个表之间的联系是一对一的关系，无论采用哪一种连接方式，其结果是一样的。

```
>>> df1 = pd.DataFrame({'lkey': ['b' , 'b' , 'a' , 'c' , 'a' , 'a' ,
'b'], 'data1': range(7)})
>>> df2 = pd.DataFrame({'rkey': ['a', 'b', 'd'], 'data2': range(3)})
>>> df1
   lkey   data1
0    b      0
1    b      1
2    a      2
3    c      3
4    a      4
5    a      5
6    b      6
>>> df2
```

```
       rkey  data2
0       a      0
1       b      1
2       d      2
>>> pd.merge(df1,df2,left_on='lkey',right_on='rkey')  #合并两个数据集
     lkey     data1   rkey    data2
0     b         0      b        1
1     b         1      b        1
2     b         6      b        1
3     a         2      a        0
4     a         4      a        0
5     a         5      a        0
```

在该示例中，两个表的连接主键名称不同，但数据含义一致，因此可使用 left_on、right_on 参数分别指定连接时的主键。同时，两个表数据之间的联系呈现出多对一的关系，且数据的连接方式为内连接（inner）。因此，左表中键值为 a 和 b 的每一行将分别关联右表中对应的唯一一行。

```
>>> df1 = pd.DataFrame({'key': ['b', 'b', 'a', 'c', 'a', 'b'],
                         'data1': np.random.randint(0,100,6)})
>>> df2 = pd.DataFrame({'key': ['a', 'b', 'a', 'b', 'd'],
                         'data2': np.random.randint(0,100,5)})
>>> df1
      key    data1
0      b       67
1      b       47
2      a        8
3      c       54
4      a       86
5      b       17
>>> df2
      key    data2
0      a       43
1      b       43
2      a        5
3      b       45
4      d       62
>>> pd.merge(df1,df2,on='key',how='left')  #按左连接方式合并数据
      key    data1   data2
0      b       67    43.0
1      b       67    45.0
2      b       47    43.0
3      b       47    45.0
4      a        8    43.0
5      a        8     5.0
6      c       54     NaN
7      a       86    43.0
```

```
8        a        86    5.0
9        b        17   43.0
10       b        17   45.0
```

在该示例中，按主键 key 连接两个表，连接的方式为左连接（left），且数据之间的联系为多对多的关系。因此，左表中的每一行将分别关联右表中对应键值的每一行，若左表中的键值在右表中不存在时，对应的键值将置为 NaN（如左表中的 c），而右表中的键值在左表中不存在时将被舍弃。

```
>>> left = pd.DataFrame({'key1': ['foo', 'foo', 'bar'],
                        'key2': ['one', 'two', 'one'], 'lval': [1, 2, 3]})
>>> right = pd.DataFrame({'key1': ['foo', 'foo', 'bar', 'bar'],
                         'key2': ['one', 'one', 'one', 'two'], 'rval':
[4, 5, 6, 7]})
>>> left
    key1    key2    lval
0    foo     one       1
1    foo     two       2
2    bar     one       3
>>> right
    key1    key2    rval
0    foo     one       4
1    foo     one       5
2    bar     one       6
3    bar     two       7
>>> pd.merge(left,right,on=['key1','key2'],how='outer')   #按多个键外连接
    key1    key2    lval      rval
0    foo     one     1.0       4.0
1    foo     one     1.0       5.0
2    foo     two     2.0       NaN
3    bar     one     3.0       6.0
4    bar     two     NaN       7.0
```

在该示例中，按多个键连接合并数据，可将多个键视为一个元组，按单个键的连接方式处理。同时，两个表数据之间的联系为多对多的关系，将连接产生行的笛卡儿积，即数据合并的结果，其行数为左表的行数与右表行数的乘积。

**说明：**

（1）按主键合并，实际上是按照列-列的方式连接合并数据。此时，DataFrame 对象中原有的索引将被舍弃；

（2）DataFrame 对象也具有 merge( )方法，同 Pandas 库的 merge( )函数用法一致，同样可用来合并两个 DataFrame 对象的数据。

**2）使用 join( )函数**

按主键合并数据，也可以使用 join( )函数。使用 join( )函数时，要求两个数据子集的主键名称必须相同。此外，join( )函数也可以实现按行索引合并数据的功能。join( )函数的语法如下，join( )函数的常用参数及其含义如表 4.21 所示。

```
join(other, on=None, how='left', lsuffix='', rsuffix='', sort=False)
```

**表 4.21　join( )函数的常用参数及其含义**

| 参数名称 | 说　明 |
| --- | --- |
| other | 表示要合并的数据集，可以是 DataFrame、Series 或 DataFrame 的列表 |
| on | 设置要连接的主键，可以是列名或者列名的列表或元组，默认为 None |
| how | 用于设置连接的方式，可以为“inner” “outer” “left” “right”，同 merge( )函数，默认为“inner” |
| lsuffix | string 型，表示用于追加到左侧重叠列名末尾的后缀名称 |
| rsuffix | string 型，表示用于追加到右侧重叠列名末尾的后缀名称 |
| sort | bool 型，表示是否根据连接键对合并后的数据进行排序，默认为 True |

**说明：**当需要 join 的数据是 DataFrame 对象的列表时，不支持传递参数 on、lsuffix 和 sort。

对 join( )函数的使用，示例如下：

```
>>> df = pd.DataFrame({'key': ['K0', 'K1', 'K2', 'K3', 'K4', 'K5'],
                       'A': ['A0', 'A1', 'A2', 'A3', 'A4', 'A5']})
>>> df
   key    A
0   K0   A0
1   K1   A1
2   K2   A2
3   K3   A3
4   K4   A4
5   K5   A5
>>> other = pd.DataFrame({'key': ['K0', 'K1', 'K2'], 'B': ['B0', 'B1',
'B2']})
>>> other
   key    B
0   K0   B0
1   K1   B1
2   K2   B2
>>> df.join(other, lsuffix='_caller', rsuffix='_other')  #通过行索引连接
  key_caller   A key_other    B
0         K0  A0        K0   B0
1         K1  A1        K1   B1
2         K2  A2        K2   B2
3         K3  A3       NaN  NaN
4         K4  A4       NaN  NaN
5         K5  A5       NaN  NaN
>>> df.set_index('key').join(other.set_index('key'))  #按指定的列连接
      A    B
key
K0   A0   B0
K1   A1   B1
K2   A2   B2
K3   A3  NaN
```

```
K4        A4       NaN
K5        A5       NaN
>>> df.join(other.set_index('key'), on='key')  #按指定的列连接
       key     A       B
0       K0     A0      B0
1       K1     A1      B1
2       K2     A2      B2
3       K3     A3     NaN
4       K4     A4     NaN
5       K5     A5     NaN
```

**说明：**

（1）DataFrame 对象的 join( )函数默认是按行索引进行数据合并，若要按主键方式进行列-列合并，需要先将两个表中要作为主键的列设置为索引，然后再进行连接。此时，连接的结果中索引也是指定的列。

（2）通过 DataFrame 对象的 join( )函数合并数据时，也可以使用 on 参数指定要连接的列，而被连接的表中同名的列需要设置为其索引。

### 4．重叠合并

在数据分析和处理的过程中，若出现两个数据子集的内容几乎一致的情况，但是某些特征在其中一个数据集上是完整的，而在另外一个数据集上的数据则是缺失的时候，可以用 combine_first( )方法进行重叠数据合并，其原理如图 4.12 所示。

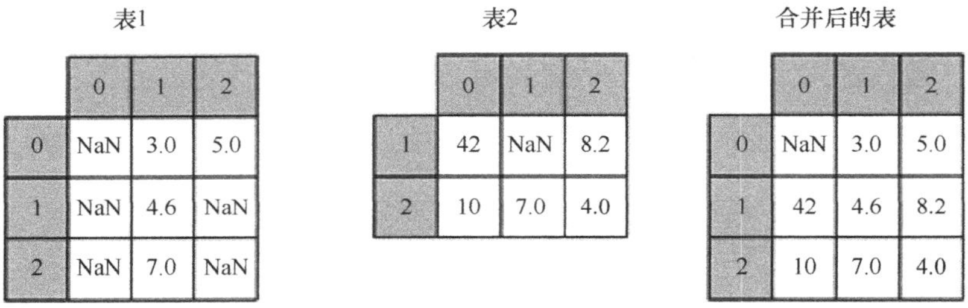

表1

| | 0 | 1 | 2 |
|---|---|---|---|
| 0 | NaN | 3.0 | 5.0 |
| 1 | NaN | 4.6 | NaN |
| 2 | NaN | 7.0 | NaN |

表2

| | 0 | 1 | 2 |
|---|---|---|---|
| 1 | 42 | NaN | 8.2 |
| 2 | 10 | 7.0 | 4.0 |

合并后的表

| | 0 | 1 | 2 |
|---|---|---|---|
| 0 | NaN | 3.0 | 5.0 |
| 1 | 42 | 4.6 | 8.2 |
| 2 | 10 | 7.0 | 4.0 |

图 4.12　重叠合并示例

combine_first( )的语法简单，仅有一个参数 other，表示要参与重叠合并的另一个 DataFrame 对象。

```
>>> df1 = pd.DataFrame({'A': [None, 0], 'B': [None, 4]})
>>> df2 = pd.DataFrame({'A': [1, 1], 'B': [3, 3]})
>>> df1.combine_first(df2)  #重叠合并，替换空值
        A         B
0     1.0       3.0
1     0.0       4.0
```

重叠合并时，若空值的位置上在要合并的 DataFrame 对象中没有对应的值，则保留原来的空值。

```
>>> df1 = pd.DataFrame({'A': [None, 0], 'B': [4, None]})
>>> df2 = pd.DataFrame({'B': [3, 3], 'C': [1, 1]}, index=[1, 2])
```

```
>>> df1.combine_first(df2)  #重叠合并，保留空值
         A          B          C
0      NaN        4.0        NaN
1      0.0        3.0        1.0
2      NaN        3.0        1.0
```

### 4.4.3 数据聚合与分组运算

如果说，数据的连接与合并是采用数据集成技术实现原始未处理数据的统一；那么，数据聚合则是在数据合并的基础上，为了实现数据的个性化服务和数据的增值而进行的一种相关数据规约整合的过程，从而为进一步深入探索和分析数据提供良好的支撑。

从统计学角度，聚合（aggregation）可定义为一个函数 $f$，人们利用这个函数将各个 $X$ 组合在一起得到 $Y$：$Y = f\left(X_1, X_1, \cdots\right)$。函数 $f$ 的形式取决于用户采用的方法和假定，例如为了反映数据的集中趋势，可计算各个 $X$ 的加权和：

$$Y = \omega_0 X_0 + \omega_1 X_1 + \omega_2 X_2 + \cdots$$

当权为 $1/N$ 时，就得到加权聚合的一个特例，即均值。

一般来说，数据聚合是对数据集基于一个或几个变量进行分组，然后对各组应用某种函数（如 $f$），计算得到新的聚合变量（如 $Y$），从而获得关于数据的总体特征、百分比、区间特征等的描述。

数据聚合是数据分析工作中的重要环节，通常是在将数据加载、清洗、融合以后，进行计算分组统计或生成透视表。SQL 对于关系数据库而言，其所能够执行的分组运算种类有限，而 Python 和 Pandas 具有强大的表达能力，主要体现在两个方面：

（1）Pandas 提供了一个灵活高效的 GroupBy 功能，可以使用户以一种自然的方式对数据集进行切片、分块、摘要等操作；

（2）任何可以接受 Pandas 对象或 NumPy 数组的函数，都可以作为 Python 中进行分组运算的函数，具有更加丰富、复杂的分组运算能力。

因此，本小节的内容主要包括：

（1）使用一个或多个键（形式可以为函数、数组或 DataFrame 列名）分割 Pandas 对象；

（2）分组计算的统计分析，如计数、平均值、标准差、分位数或用户自定义的函数等；

（3）组内转换或相关运算的应用，如规格化、线性回归、排名或选取子集等；

（4）基于数据聚合，计算透视表或交叉表。

#### 1. GroupBy 机制

分组运算的一般过程可表示为“拆分（split）→应用（apply）→合并（combine)”，即首先把 Pandas 对象中的数据会按照一个或多个键被拆分（split）为多组。然后，将一个函数应用（apply）到各个分组并产生一个新值。最后，所有这些函数的执行结果会被合并（combine）到最终的结果对象中。一个简单的分组聚合过程如

图 4.13 所示。

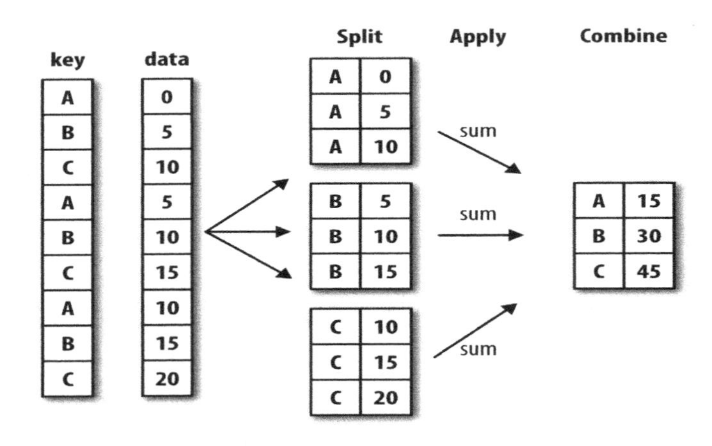


图 4.13　一个简单的分组聚合过程示例

分组聚合过程中拆分功能的实现，可通过 groupby( )方法实现，该方法能根据索引或列名对数据进行分组，其语法格式如下：

```
groupby(by=None,axis=0,level=None,as_index=True,sort=True,squeeze=False,
group_keys=True, observed=False)
```

groupby( )方法的参数及其含义如表 4.22 所示。

**表 4.22　groupby( )方法的参数及其含义**

| 参数名称 | 说　明 |
| --- | --- |
| by | 表示分组的依据，可以是列名或列名的列表，也可以是字典或 Series 对象以及函数或行索引等，默认为 None |
| axis | 表示分组的轴向，可以为行（0）或列（1），默认为 0 |
| level | 表示索引的级别，可以为 int 型或索引名，默认为 None |
| as_index | bool 型，默认为 True，表示聚合后的分组标签是否以 DataFrame 索引形式输出 |
| sort | bool 型，默认为 True，表示是否按照分组关键字进行排序 |
| group_keys | bool 型，默认为 True，表示是否将分组关键字作为索引显示 |
| squeeze | bool 型，默认为 False，表示是否在允许的情况下对返回数据进行降维 |
| observed | bool 型，默认为 False，仅适用于 categorical groupers，表示是否仅显示 categorical groupers 的观察值（observed values） |

by 参数作为 groupby( )方法的分组依据，用以指明数据的分组键，可以有多种形式，且类型不必相同，因此特别说明如下：

（1）若指定一个函数，则各个索引值均调用一次该函数，且将函数的返回值作为分组的名称。

（2）若指定一个字典或者 Series 对象，则相当于给出分组轴上的值与分组名之间的对应关系，使用字典或 Series 的键作为分组键。

（3）若指定为一个 NumPy 数组，则要求数组与待分组数据的长度一致，数组中的元素将作为分组依据。

（4）若指定为字符串或字符串列表，则使用这些字符串所代表的列名作为分组依据。

对 groupby( )方法的使用，示例如下：

```
>>> data ={
    'Team': ['Riders', 'Riders', 'Devils', 'Devils', 'Kings', 'Kings',
        'Kings', 'Kings', 'Riders', 'Royals', 'Royals', 'Riders'],
    'Rank': [1, 2, 2, 3, 3, 4, 1, 1, 2, 4, 1, 2],
    'Year': [2015,2016,2015,2016,2015,2016,2017,2018,2017,2015,2016,
            2018],
    'Points':[876,789,863,673,741,812,756,788,694,701,804,690],
   'Pace':[94.2,99.6,96.1,94.7,96.2,96.8,97.3,97.8,92.3,95.2,98.3,94.5]
  }
>>> df=pd.DataFrame(data)  #创建 DataFrame 对象
>>> df
        Team    Rank       Year    Points      Pace
0      Riders      1       2015       876      94.2
1      Riders      2       2016       789      99.6
2      Devils      2       2015       863      96.1
3      Devils      3       2016       673      94.7
4       Kings      3       2015       741      96.2
5       Kings      4       2016       812      96.8
6       Kings      1       2017       756      97.3
7       Kings      1       2018       788      97.8
8      Riders      2       2017       694      92.3
9      Royals      4       2015       701      95.2
10     Royals      1       2016       804      98.3
11     Riders      2       2018       690      94.5
>>> df[['Team','Points','Pace']].groupby('Team').mean()  #列名作为分组键
       Points    Pace
Team
Devils  768.00   95.400
Kings   774.25   97.025
Riders  762.25   95.150
Royals  752.50   96.750
>>> df[['Team','Year','Points','Pace']].groupby(['Team','Year']).mean()
#列名的列表作为分组键，形成层次化索引
Team      Year  Points        Pace
Devils    2015     863        96.1
          2016     673        94.7
Kings     2015     741        96.2
          2016     812        96.8
          2017     756        97.3
          2018     788        97.8
Riders    2015     876        94.2
          2016     789        99.6
          2017     694        92.3
          2018     690        94.5
```

```
Royals  2015      701         95.2
        2016      804         98.3
>>> grouped=df['Points'].groupby(df['Team'])  #系列 df['Team']为分组键
>>> Country=np.array(['CA','CA','US','US','UK','UK','UK','UK','CA','FR',
'FR','CA'])
>>> grouped=df[['Points','Pace']].groupby(Country)  #数组作为分组键
>>> people = pd.DataFrame(np.random.randn(5, 5),
                          columns=list('ABCDE'),
                          index=['Jane', 'Steve', 'Tim', 'Wells', 'Gates'])
>>> people  #假设列之间存在以字典方式定义的映射关系
              A          B          C          D          E
Jane  -1.346985   0.450269  -1.219236   0.170071   2.380282
Steve  1.667566   0.332358  -0.921398   0.474968   0.750652
Tim    0.646037  -0.056474   1.527779   1.259613  -1.010280
Wells  1.761294  -0.036479   0.237272   0.273365  -1.398050
Gates  0.148424   1.182921  -1.483511  -1.194451  -1.925433
>>> mapping = {'A': 'red', 'B': 'red', 'C': 'blue', 'D': 'blue', 'E':
'red'}  #定义字典
>>> grouped=people.groupby(mapping,axis=1)  #字典作为列的分组键
>>> grouped.sum()  #按分组计算每组的和
           blue        red
Jane   -1.049164   1.483565
Steve  -0.446430   2.750576
Tim     2.787392  -0.420716
Wells   0.510637   0.326765
Gates  -2.677962  -0.594088
>>> people.groupby(len).sum()  #函数 len()作为分组键，定义分组映射关系，在各
个索引值上被调用，其返回值作为分组名称
          A         B          C          D          E
3   0.646037 -0.056474   1.527779   1.259613  -1.010280
4  -1.346985  0.450269  -1.219236   0.170071   2.380282
5   3.577284  1.478799  -2.167637  -0.446118  -2.572831
>>> df1=df.set_index(['Rank','Team']).sort_index(level=0)  #重设索引并
排序
>>> df1
              Year    Points     Pace
Rank  Team
1      Kings  2017       756     97.3
       Kings  2018       788     97.8
      Riders  2015       876     94.2
      Royals  2016       804     98.3
2     Devils  2015       863     96.1
      Riders  2016       789     99.6
      Riders  2017       694     92.3
      Riders  2018       690     94.5
3     Devils  2016       673     94.7
```

```
    Kings      2015          741        96.2
4    Kings      2016          812        96.8
   Royals      2015          701        95.2
>>> grouped=df1['Pace'].groupby(level=0)  #多索引的第一层级为分组键
>>> grouped.mean()
Rank
1   96.900
2   95.625
3   95.450
4   96.000
Name: Pace, dtype: float64
>>> df1.groupby([pd.Grouper(level=1),'Pace']).mean()  #同时使用索引层级和列名作为分组键
                  Year     Points
Team   Pace
Devils 94.7       2016        673
       96.1       2015        863
Kings  96.2       2015        741
       96.8       2016        812
       97.3       2017        756
       97.8       2018        788
Riders 92.3       2017        694
       94.2       2015        876
       94.5       2018        690
       99.6       2016        789
Royals 95.2       2015        701
       98.3       2016        804
>>> grouped  #GroupBy对象
<pandas.core.groupby.generic.SeriesGroupBy object at 0x01367590>
```

在以上示例中，变量 grouped 是 groupby( )方法的返回值，是按照一定的分组键对相应数据进行分组而得到的一个 GroupBy 对象。GroupBy 对象是分组的中间数据，没有进行任何计算，但具有对各分组执行运算所需要的一切信息。GroupBy 对象支持迭代，可以产生一组由分组名和数据块组成的二元元组，可使用循环遍历访问其中的元素。

```
>>> grouped=df.groupby('Year')  #分组
>>> for name,group in grouped:  #遍历访问
                print(name)
                print(group)

2015
      Team     Rank      Year    Points     Pace
0   Riders        1      2015       876     94.2
2   Devils        2      2015       863     96.1
4    Kings        3      2015       741     96.2
9   Royals        4      2015       701     95.2
```

```
2016
        Team      Rank      Year    Points      Pace
1     Riders         2      2016       789      99.6
3     Devils         3      2016       673      94.7
5      Kings         4      2016       812      96.8
10    Royals         1      2016       804      98.3
2017
        Team      Rank      Year    Points      Pace
6      Kings         1      2017       756      97.3
8     Riders         2      2017       694      92.3
2018
        Team      Rank      Year    Points      Pace
7      Kings         1      2018       788      97.8
11    Riders         2      2018       690      94.5
>>> grouped.groups  #GroupBy对象的分组摘要
{2015: Int64Index([0, 2, 4, 9], dtype='int64'), 2016: Int64Index([1, 3,
5, 10], dtype='int64'), 2017: Int64Index([6, 8], dtype='int64'), 2018:
Int64Index([7, 11], dtype='int64')}
>>> grouped.get_group(2016)  #选择一个分组
        Team      Rank      Year    Points      Pace
1     Riders         2      2016       789      99.6
3     Devils         3      2016       673      94.7
5      Kings         4      2016       812      96.8
10    Royals         1      2016       804      98.3
>>> grouped=df.groupby('Team')  #分组
>>> grouped['Points'].sum()  #选择分组的一列
Team
Devils    1536
Kings     3097
Riders    3049
Royals    1505
Name: Points, dtype: int64
>>> grouped['Pace'].mean()  #选择分组的一列
Team
Devils    95.400
Kings     97.025
Riders    95.150
Royals    96.750
Name: Pace, dtype: float64
```

注：任何分组键中的缺失值，都会从结果中除去。

## 2. 数据聚合

### 1）使用 GroupBy 对象的聚合函数

当使用 groupby( )方法分组，创建了 GroupBy 对象后，分组的结果并不能直接查看，而是被存在内存中，输出的是内存地址。在上面的分组示例中可以看出，要访问 GroupBy 对象，可使用迭代或选择分组的方式。实际上，分组后的 GroupBy 对象类似

Series 与 DataFrame，是 Pandas 提供的一种对象，可使用聚合函数（如 mean、sum 等）为每组数据执行多个聚合操作。

GroupBy 对象的常用描述性统计函数如表 4.23 所示。

表 4.23　GroupBy 对象的常用描述性统计函数

| 函　数　名 | 说　　明 |
| --- | --- |
| count( ) | 计算每个分组的数目，包括缺失值 |
| cumcount(ascending=True) | 对每个分组的成员用 0 至 $g$–1 计数，$g$ 为组的长度 |
| head(n=5) | 获取每组的前 n 行，返回 Series 或 DataFrame 对象 |
| size( ) | 计算每组的大小，返回每组的行数 |
| max( )、min( ) | 计算每组的最大值、最小值 |
| sum( ) | 计算每组值的和 |
| mean( ) | 计算每组的平均值 |
| median( ) | 计算每组中非 NA 值的中位数 |
| std(ddof=1)、var(ddof=1) | 计算每组非 NA 值的标准差、方差，ddof 为自由度 |
| prod( ) | 计算每组值的积 |
| first( )、last( ) | 计算每组值的第一个和最后一个 |

**2）使用 agg( )方法聚合数据**

数据的聚合，可以使用 GroupBy 对象的 agg( )和 aggregate( )方法，对每个分组应用聚合函数；或者直接对 DataFrame 对象的 agg( )和 aggregate( )方法应用聚合函数。这里的聚合函数可以是 Python 的内置函数或自定义函数。

在正常使用 agg( )方法和 aggregate( )方法时，对 GroupBy 对象或 DataFrame 对象而言，这两个方法的操作功能几乎完全相同。因此，只需要掌握其中一个函数即可。这两个方法的基本语法如下，参数及其说明如表 4.24 所示。

```
DataFrame.agg(func, axis=0, *args, **kwargs)
DataFrame.aggregate(func, axis=0, *args, **kwargs)
```

表 4.24　agg( )或 aggregate( )方法的参数及其说明

| 参数名称 | 说　　明 |
| --- | --- |
| func | 表示应用于每行、每列的函数，可以是 list、str、dict、function |
| axis | 表示操作的轴向，可以为 0（行）或 1（列），默认为 0 |

使用本节开头的 DataFrame 对象 df，其数据如下：

```
       Team      Rank       Year    Points      Pace
0    Riders         1       2015       876      94.2
1    Riders         2       2016       789      99.6
2    Devils         2       2015       863      96.1
3    Devils         3       2016       673      94.7
4     Kings         3       2015       741      96.2
5     Kings         4       2016       812      96.8
6     Kings         1       2017       756      97.3
7     Kings         1       2018       788      97.8
8    Riders         2       2017       694      92.3
```

```
9    Royals        4       2015      701      95.2
10   Royals        1       2016      804      98.3
11   Riders        2       2018      690      94.5
```

可以使用 agg( )方法一次计算数据的统计量，示例如下：

```
>>> df[['Points','Pace']].agg(['sum','mean'])
             Points         Pace
sum     9187.000000  1153.000000
mean     765.583333    96.083333
>>> df.groupby('Team')[['Points','Pace']].agg(['sum','mean'])
        Points   Pace
        sum      mean        sum      mean
Team
Devils 1536    768.00      190.8    95.400
Kings  3097    774.25      388.1    97.025
Riders 3049    762.25      380.6    95.150
Royals 1505    752.50      193.5    96.750
```

在上面的示例中，如果希望“Points”列只计算总和，而“Pace”列只计算均值，则可以使用字典的方式，将两个列名分别作为 key，然后将 Numpy 库的求和与求均值的函数分别作为 value，示例如下：

```
>>> dd={'Points':np.sum,'Pace':np.mean}
>>> df.groupby('Team')[['Points','Pace']].agg(dd)
      Points       Pace
Team
Devils 1536     95.400
Kings  3097     97.025
Riders 3049     95.150
Royals 1505     96.750
```

如果希望计算某个列的多个统计量，而某些列则只计算一个统计量，可将字典对应 key 的 value 变为列表，列表元素为多个目标的统计量即可，示例如下：

```
df.groupby('Team')[['Points','Pace']].agg({'Points':[np.sum,np.max],
'Pace':np.mean})
```

在使用 agg( )方法进行数据聚合计算时，也可以传入用户自定义的函数，示例如下：

```
>>> def extreme(arr):   #自定义函数
                return arr.max()-arr.min()
>>> df.groupby('Team')[['Points','Pace']].agg(extreme)
Team      Points      Pace
Devils       190       1.4
Kings         71       1.6
Riders       186       7.3
Royals       103       3.1
```

**说明：**

（1）使用自定义函数需要注意的是，NumPy 库中的函数 mean、median、prod、

sum、std、var 能够在 agg( )方法中直接使用，但是在自定义函数中使用 NumPy 库中的这些函数，如果计算的时候是单个序列则无法得出想要的结果，如果是多列数据同时计算则不会出现这种问题；

（2）使用 agg( )方法能够实现对每一个数值型列的每一组使用相同的函数；

（3）如果需要对不同的列应用不同的函数，则可以与 Dataframe 对象使用 agg( )的方法相同。

**3）使用 apply( )方法聚合数据**

apply( )方法是将数据拆分→应用→聚合的更加通用化、多元化的方法，可以使用更加丰富的聚合函数，并返回包括标量、数组或其他类型的结果。

在 Pandas 中，GroupBy 对象、DataFrame 对象和 Series 对象均提供了 apply( )方法，其基本语法如下，apply( )方法的主要参数及其含义如表 4.25 所示。

```
    GroupBy.apply(func, *args, **kwargs)  #GroupBy
    DataFrame.apply(func, axis=0, raw=False, result_type=None, args=(),
**kwds)
    Series.apply(self, func, convert_dtype=True, args=(), **kwds)
```

**表 4.25　apply( )方法的主要参数及其含义**

| 参数名称 | 说　明 |
| --- | --- |
| func | 表示要应用于每行、每列或分组块的函数 |
| axis | 表示操作的轴向，可以为 0（index）或 1（columns）。默认为 0，则函数应用到所有列 |
| result_type | 表示返回值的类型，可以为‘expand’‘reduce’‘broadcast’或 None，默认为 None，仅当 axis=1 时，该参数才起作用。若为’expand’，则结果类似列表时，将转换为列；若为‘reduce’，则返回 Series 对象，与‘expand’相反；若为‘broadcast’，则结果被保存到原始数据中，且保留原始的行列数据 |
| raw | bool 型，默认为 False，则将行或列作为 Series 对象传递给函数，否则，将作为 ndarray 对象传递 |
| convert_type | bool 型，表示是否为返回值应用适合的数据类型，默认为 True。若为 False，则返回的数据类型为 object |
| args | tuple 类型，表示除 array 或 series 外要传递给 func 的位置参数 |

对 apply( )方法的使用，简单示例如下：

```
>>> df = pd.DataFrame([[4, 9]] * 3, columns=['A', 'B'])
>>> df
   A  B
0  4  9
1  4  9
2  4  9
>>> df.apply(np.sqrt)  #使用 numpy.sqrt 作为聚合函数
     A    B
0  2.0  3.0
1  2.0  3.0
2  2.0  3.0
>>> df.apply(np.sum, axis=0)  #在行上应用函数
A   12
```

```
B    27
dtype: int64
>>> df.apply(np.sum, axis=1)  #在列上应用函数
0    13
1    13
2    13
dtype: int64
>>> df.apply(lambda x: [1, 2], axis=1)  #将列转换为由列表组成的Series对象
0    [1, 2]
1    [1, 2]
2    [1, 2]
dtype: object
#参数result_type='expand'时，将列表元素扩展为DataFrame对象的列内容
>>> df.apply(lambda x: [1, 2], axis=1, result_type='expand')
   0  1
0  1  2
1  1  2
2  1  2
#将列转换为Series对象，列名为Series对象的索引名称
>>> df.apply(lambda x: pd.Series([1, 2], index=['foo', 'bar']), axis=1)
   foo  bar
0   1    2
1   1    2
2   1    2
```

当 result_type='broadcast'时，无论应用的函数返回值是一个列表还是一个标量，都将保持原 DataFrame 对象的列名和结构不变，而广播对应的值。

```
>>> df.apply(lambda x: [1, 2], axis=1, result_type='broadcast')
   A  B
0  1  2
1  1  2
2  1  2
```

### 3．使用 transform( )方法解封分组

采用分组机制对数据进行聚合运算时，可以理解为是对原数据按照分组键形成的一种数据包装（wrapped），之后将返回一个与分组形状相同的 Series 或 DataFrame 对象，用来存储分组运算的结果。

如果要对分组后的整个数据集（GroupBy 对象）进行操作，且对其中的数值型数据进行转换，transform( )方法与 apply( )方法类似，但 transform( )方法存在一定的限制：

（1）可以产生一个标量，将数据广播到与分组一样的形状；

（2）可以产生一个与输入组形状相同的对象；

（3）不能对输入进行改变。

因此，从严格意义上来说，transform( )方法并没有对数据进行分组聚合运算，即不是对数据采用分组机制“包装”以后在各组上的运算，而是一种对分组进行“解封”后

的数据运算转换。

在使用 transform( )方法对分组进行“解封”时，我们可以使用 Python 的 lambda 表达式、内置函数（如 mean、sum 等）以及自定义函数，而且“解封”分组操作可以包含多个分组聚合，但“解封”后的结果必须与输入大小相同。

使用 transform( )方法“解封”分组，示例如下：

```
>>> df = pd.DataFrame({'A' : ['foo', 'bar', 'foo', 'bar', 'foo', 'bar'],
                     'B' : ['one', 'one', 'two', 'three', 'two', 'two'],
                     'C' : [1, 5, 5, 2, 5, 5],
                     'D' : [2.0, 5., 8., 1., 2., 9.]})
>>> grouped = df.groupby('A')  #按'A'列分组
>>> grouped.transform(lambda x: (x - x.mean()) / x.std())  #应用函数解封数据
          C         D
0 -1.154701 -0.577350
1  0.577350  0.000000
2  0.577350  1.154701
3 -1.154701 -1.000000
4  0.577350 -0.577350
5  0.577350  1.000000
>>> for name,group in grouped:  #遍历分组结果
        print(name)
        print(group)
```

按"A"列分为 2 组，组名和组内的成员显示如下：

```
bar
     A      B  C    D
1  bar    one  5  5.0
3  bar  three  2  1.0
5  bar    two  5  9.0
foo
     A      B  C    D
0  foo    one  1  2.0
2  foo    two  5  8.0
4  foo    two  5  2.0
>>> grouped.transform(lambda x: x.max() - x.min())  #应用函数并组内广播
   C    D
0  4  6.0
1  3  8.0
2  4  6.0
3  3  8.0
4  4  6.0
5  3  8.0
>>> df[['C','D']].transform(lambda x:x+1)  #函数应用到 DataFrame 对象的所有数据型元素
```

```
   C    D
0  2   3.0
1  6   6.0
2  6   9.0
3  3   2.0
4  6   3.0
5  6  10.0
>>> df = pd.DataFrame({'key': ['a', 'b', 'c'] * 4, 'value': np.arange(12.)})
>>> df
   key  value
0    a    0.0
1    b    1.0
2    c    2.0
3    a    3.0
4    b    4.0
5    c    5.0
6    a    6.0
7    b    7.0
8    c    8.0
9    a    9.0
10   b   10.0
11   c   11.0
>>> gp=df.groupby('key').value  #按 key 列进行分组
>>> gp.transform('mean')  #解封分组，并组内广播
    value
0     4.5
1     5.5
2     6.5
3     4.5
4     5.5
5     6.5
6     4.5
7     5.5
8     6.5
9     4.5
10    5.5
11    6.5
>>> def normalize(x):  #自定义函数
        return (x-x.mean()/x.std())
>>> gp.transform(normalize)  #解封分组操作包含多个简单聚合函数
0    -1.161895
1    -0.420094
2     0.321707
3     1.838105
4     2.579906
```

```
5    3.321707
6    4.838105
7    5.579906
8    6.321707
9    7.838105
10   8.579906
11   9.321707
Name: value, dtype: float64
```

注：解封分组操作包含多个简单聚合函数，与使用以下两种方式是等价的：

```
>>>gp.apply(normalize)
>>>df['value'] - gp.transform('mean')) / gp.transform('std')
```

### 4. 数据透视表和交叉表

透视表（pivot table）是根据一个或多个键对数据进行聚合，并根据行和列上的分组键将数据分配到各个汇总区域中。在 Pandas 中，可以利用本节的层次化索引重塑运算和 groupby 功能制作透视表。DataFrame 对象和 Pandas 库都有一个 pivot_table( )函数，除能为 groupby 提供便利外，pivot_table( )函数还可以添加分项小计，也称为 margins。

利用 pivot_table( )函数可以实现透视表，该函数的基本语法如下，pivot_table( )函数的常用参数及其说明如表 4.26 所示。

```
pivot_table(data, values=None, index=None, columns=None, aggfunc=
'mean', fill_value=None, margins=False, dropna=True, margins_name='All',
observed=False)
```

表 4.26　pivot_table( )函数的常用参数及其说明

| 参 数 名 | 说　明 |
| --- | --- |
| data | DataFrame 对象，表示要创建表的数据，仅适用于 pivot_table( )函数 |
| values | 表示要聚合的列的名称，默认聚合所有数值列，默认为 None |
| index | 表示透视表的行分组键，可以是列名、Grouper、数组或列表，默认为 None |
| columns | 表示透视表的列分组键，可以是列名、Grouper、数组或列表，默认为 None |
| aggfunc | 表示聚合函数或其列表，可以是任何对 groupby 有效的函数，默认为 mean |
| fill_value | 表示用于替换透视表结果中的缺失值，为一个标量，默认为 None |
| margins | bool 型，默认为 False，表示是否要添加行、列的小计和总计 |
| dropna | bool 型，默认为 True，表示是否删掉全为 NaN 的列 |

对 pivot_table( )函数的主要参数，在使用时应注意：

（1）在没有指定聚合函数 aggfunc 时，会默认使用 numpy.mean 进行聚合运算，numpy.mean 会自动过滤掉非数值类型数据，aggfunc 参数可以是分组聚合时的有效函数；

（2）与 groupby( )方法分组时相同，pivot_table( )函数在创建透视表时分组键 index 可以有多个，columns 参数用于指定列分组，其值与 index 参数类似；

（3）当全部数据列数很多时，若想要只显示某列，可以通过指定 values 参数来实现；

（4）当某些数据不存在时，会自动填充为 NaN，因此可以指定 fill_value 参数，表示当存在缺失值时，以指定数值进行填充；

（5）可以设置 margins 参数的值为 True，以查看汇总数据。

对 pivot_table( )函数的使用，简单示例如下：

```
>>> df = pd.DataFrame({"A": ["foo", "foo", "foo", "foo", "foo",
                             "bar", "bar", "bar", "bar"],
                       "B": ["one", "one", "one", "two", "two",
                             "one", "one", "two", "two"],
                       "C": ["small", "large", "large", "small",
                             "small", "large", "small", "small", "large"],
                       "D": [1, 2, 2, 3, 3, 4, 5, 6, 7],
                             "E": [2, 4, 5, 5, 6, 6, 8, 9, 9]})
>>> df
     A    B      C    D    E
0  foo  one  small    1    2
1  foo  one  large    2    4
2  foo  one  large    2    5
3  foo  two  small    3    5
4  foo  two  small    3    6
5  bar  one  large    4    6
6  bar  one  small    5    8
7  bar  two  small    6    9
8  bar  two  large    7    9
>>> table = pd.pivot_table(df, values='D', index=['A', 'B'],
                        columns=['C'], aggfunc=np.sum)  #数据汇总求和
>>> table
C              large    small
A       B
bar     one      4.0      5.0
        two      7.0      6.0
foo     one      4.0      1.0
        two      NaN      6.0
>>> table = pd.pivot_table(df, values='D', index=['A', 'B'],
                        columns=['C'], aggfunc=np.sum, fill_value=0)
                        #用 0 填充缺失值
>>> table
C              large    small
A       B
bar     one      4        5
        two      7        6
foo     one      4        1
        two      0        6
#对多列进行不同类型的聚合计算
>>> table = pd.pivot_table(df, values=['D','E'],index=['A','C'],
                        aggfunc={'D':np.mean,'E':[min, max, np.mean]})
```

```
>>> table
                    D        E
                 mean  max      mean  min
A    C
bar  large   5.500000  9.0  7.500000  6.0
     small   5.500000  9.0  8.500000  8.0
oo   large   2.000000  5.0  4.500000  4.0
     small   2.333333  6.0  4.333333  2.0
```

交叉表是一种特殊的透视表，主要用于计算分组频率。利用 Pandas 提供的 crosstab( )函数可以制作交叉表，而 DataFrame 对象并没有 crosstab( )函数。

交叉表是透视表的一种，crosstab( )函数与 pivot_table( )函数的参数基本保持一致，不同之处在于 crosstab( )函数中的 index、columns、values 对应的都是从 Dataframe 中取出的某一列或是 Series 对象。

crosstab( )函数的基本语法如下，crosstab( )函数的主要参数及其说明如表 4.27 所示。

```
pandas.crosstab(index, columns, values=None, rownames=None, colnames=None, aggfunc=None, margins=False, margins_name='All',dropna=True, normalize=False)
```

表 4.27　crosstab( )函数的主要参数及其说明

| 参数名 | 说明 |
| --- | --- |
| index | 表示行分组键，可以是数组、Series 或 list 对象 |
| columns | 表示列分组键，可以是数组、Series 或 list 对象 |
| values | 表示要 aggfunc 参数指定的函数要运算的数据，对应一个数组或列，默认为 None |
| aggfunc | 表示要使用的聚合函数，默认为 None |
| rownames | 表示行分组的键名，默认为 None |
| colnames | 表示列分组的键名，默认为 None |
| dropna | bool 型，表示是否删掉全为 NaN 的数据，默认为 False |
| margins | bool 型，默认为 True，表示是否要增加行和列的求和小计，默认增加的行、列名为“ALL”，也可以通过 margins_name 参数指定其他的名称 |
| normalize | 可以是 bool 型或{‘all’,‘index’,‘columns’}和{0,1}中的值，表示是否对聚合结果值进行标准化，默认为 False。若为‘all’或 True，则对所有的值标准化；若为‘index’，则仅对行标准化；若为‘columns’，则对列标准化 |

以样例数据文件“handedness.xlsx”中的数据为例，对 crosstab( )函数的使用说明如下：

```
>>> df=pd.read_excel(r"d:\DataSci\Pandas\data\handedness.xlsx")  #读数据
>>> df.set_index('No.')  #设置 DataFrame 对象的行索引
      Name  Nationality  Gender  Age  Handedness
No.
1     Yang        China  Female   23    Right
2     Juan        China  Female   18    Right
3    Liang        China    Male   19    Right
4    Zhang        China    Male   22     Left
5     John      America  Female   31     Left
6    Peter      America    Male   25     Left
```

```
7          Steve      America      Male     35     Left
8           Bill      America      Male     31     Left
9           Jane      England      Male     37    Right
10        Edison      England    Female     51    Right
11        Egbert      England    Female     52    Right
12        Fatima    Bangadesh      Male     58     Left
13         Kadir    Bangadesh    Female     43     Left
14        Dhaval        India    Female     46    Right
15        Sudhir        India      Male     28     Left
16        Parvir        India      Male     30     Left
>>> pd.crosstab(df.Nationality,df.Handedness)  #生成交叉表
HandednessLeft Right
Nationality
America        4     0
Bangadesh      2     0
China          1     3
England        0     3
India          2     1
>>> pd.crosstab(df.Gender,df.Handedness,margins=True)  #生成交叉表时增加
行列求和小计
HandednessLeftRight  All
Gender
Female         2     5    7
Male           7     2    9
All            9     7   16
>>> pd.crosstab([df.Nationality,df.Gender],df.Handedness,margins=True)
#行分组键为列表，对应生成分层索引
Handedness                Left   Right  All
Nationality   Gender
America       Female         1       0    1
                Male         3       0    3
Bangadesh     Female         1       0    1
                Male         1       0    1
China         Female         0       2    2
                Male         1       1    2
England       Female         0       2    2
                Male         0       1    1
India         Female         0       1    1
                Male         2       0    2
All                          9       7   16
>>> pd.crosstab(df.Gender,df.Handedness,values=df.Age,aggfunc=np.mean)
#应用 mean 聚合函数，对 Age 列求平均
Handedness  Left      Right
Gender
Female   37.000000   38.0
```

```
Male      32.714286   28.0
>>> pd.crosstab(df.Gender,df.Handedness,normalize='index')  #值按行标准化
Handedness   Left     Right
Gender
Female  0.285714  0.714286
Male    0.777778  0.222222
```

## 4.5 时间序列分析

在基于 Python 的数据处理和分析中，经常会遇到日期、时间格式的数据，特别是分析和挖掘与时间相关的数据，在金融学、经济学、神经科学、物理学等多个领域都有应用，如股市的量化交易就是从历史数据中寻找股价的变化规律。Python 提供了处理时间的标准库（如 datetime），Numpy 库也提供了相应的方法，Pandas 作为 Python 环境下的数据分析库，更是具有强大的日期时间数据处理的能力，是处理时间序列的利器。

时间序列（time series）数据是一种重要的结构化数据形式，在多个时间点观察或测量到的任何事物都可以形成一个时间序列。很多时间序列是固定频率的，也就是说，数据点是根据某种规律定期出现的（比如每 15 秒、每 5 分钟、每月出现一次）。时间序列也可以是不定期的，没有固定的时间单位或单位之间的偏移量。时间序列数据的意义取决于具体的应用场景，主要有以下几种：

（1）时间戳（timestamp）：特定的时刻。

（2）固定时期（period）：如 2007 年 1 月或 2010 年全年。

（3）时间间隔（interval）：由起始和结束时间戳表示。时期（period）可以视为间隔（interval）的特例。

（4）实验或过程时间，每个时间点都是相对于特定起始时间的一个度量。例如，从放入烤箱时起，每秒钟饼干的直径。

要正确地理解和使用日期时间数据，需要明确与时间相关的四个基本术语。

（1）Epoch：即新纪元，是系统规定的时间起始点。Unix 系统从 1970 年 1 月 1 日 00:00:00 开始，日期和时间在内部表示为从 Epoch 开始的秒数，其中可使用 time 模块的 gmtime(0)获取当前系统的起始点。

（2）UTC：称为协调世界时，是一种兼顾理论与应用的时标，在之前被称为 GMT（Greenwich Mean Time），即格林威治时间。

（3）DST（Daylight Saving Time）：即夏令时，不同地域可能规定不同的夏令时。如当 Python 标准库 time 的 daylight 属性返回 0 时，即表示使用的是夏令时。

（4）EST（Eastern Standard Time）：指北美东部标准时间，是 UTC-5 时区的知名名称之一，比 UTC 延后 5 个小时，一般在冬天使用。

### 4.5.1 时间序列基础

一般地，时间序列是与时间相关的数值序列，多用于描述现象随时间发展变化的特

征。对时间序列的分析就是根据已有的时间序列数据发现其自身的规律并预测事物未来的变化。这里的时间可以是年份、季度、月份或其他任何时间形式。

Python 内置的标准库具有时间数据处理的基本能力，而 Pandas 则提供了许多内置的时间序列处理工具和数据算法，可以更高效地处理非常大的时间序列，轻松地进行切片或切块、聚合、对定期或不定期的时间序列进行重采样等。

### 1. Python 中的日期和时间

Python 标准库提供了 datetime、time、calendar 模块，分别用于日期（date）、时间（time）和日历（calendar）类型数据的处理，这是日期和时间数据处理和分析的基础。

（1）datetime 模块：包含 Python 中使用最多的数据类型，主要提供 datetime、timedelta、timezone 等用于日期和时间处理的类；

（2）time 模块：主要包含用于时间处理的函数，如 gmtime( )、localtime( )、strptime( )等，这些函数返回一个 struct_time 对象，是一个包含 9 个时间属性的元组；

（3）calendar：包含用于日历处理的函数和类。

Python 中的 datetime 模块的主要数据类型如表 4.28 所示。

表 4.28　datetime 模块的主要数据类型

| 类　型 | 说　明 |
|---|---|
| date | 以公历形式存储的日历日期（年、月、日） |
| time | 以时、分、秒、毫秒的形式存储时间 |
| datetime | 存储日期和时间 |
| timedelta | 表示两个 datetime 值之间的差（日、秒、毫秒） |

为保证日期和时间数据能够按照用户要求的格式输出，或者在日期、时间数据与字符串之间进行转换，同时为了适应不同国家或语系在特定环境中对日期、时间格式化的需求，日期、时间常用的格式符及其说明如表 4.29 所示。

表 4.29　日期、时间常用的格式符及其说明

| 格 式 符 | 说　明 |
|---|---|
| %Y | 四位数的年 |
| %y | 两位数的年 |
| %m | 两位数的月[0,12] |
| %d | 两位数的日[1,31] |
| %H | 24 小时制的时[00,23] |
| %I | 12 小时制的时[01,12] |
| %M | 两位数的分[00,59] |
| %S | 两位数的秒[00,61]（60、61 秒用于闰秒） |
| %w | 用整数表示的星期几[0,6]，从星期天（0）开始 |
| %W | 每年的第几周[00,53]，规定星期一是每周的第一天，每年第一个星期一之前的那几天为“第 0 周” |
| %U | 每年的第几周[00,53]，规定星期天为每周的第一天，每年第一个星期天之前的那几天为“第 0 周” |

（续表）

| 格 式 符 | 说 明 |
| --- | --- |
| %z | 以+HHMM 或-HHMM 表示的 UTC 时区偏移量，若时区为 naive，则返回空字符串 |
| %F | %Y-%m-%d 简写形式，如 2019-4-18 |
| %D | %m/%d/%y 简写形式，如 04/18/19 |
| %a | 星期几的简写 |
| %A | 星期几的全称 |
| %b | 月份的简写 |
| %B | 月份的全称 |
| %c | 完整的日期和时间，如“Tue 01 May 2018 04:20:57 PM” |
| %p | 不同环境中的 AM 或 PM |
| %x | 适合于当前环境的日期格式，如：美国的“May 1, 2019”会解析为“05/01/2019” |
| %X | 适合于当前环境的时间格式，如“04:20:12 PM” |

对 Python 环境中日期和时间数据的使用示例如下：

```
>>> from datetime import datetime  #导入标准库中的模块 datetime
>>> from datetime import timedelta
>>> import time
>>> time.gmtime(0)  #获取系统起始时间，返回一个 struct_time 结构
time.struct_time(tm_year=1970, tm_mon=1, tm_mday=1, tm_hour=0, tm_min=0,
tm_sec=0, tm_wday=3, tm_yday=1, tm_isdst=0)
>>> now=datetime.now()  #当前系统时间，返回 datetime 类型
>>> now
datetime.datetime(2020, 4, 11, 8, 17, 32, 818275)
>>> now.year,now.month,now.day  #年月日
(2020, 4, 11)
>>> delta=datetime(2019,10,1)-datetime(2018,5,1,9,20)
>>> delta  #timedelta 类型
datetime.timedelta(517, 52800)
>>> delta.days,delta.seconds
(517, 52800)
>>> start=datetime(2020,2,2)
>>> start-timedelta(1000)  #日期与时差的减法
datetime.datetime(2017, 5, 8, 0, 0)
>>> now.strftime('%Y-%m-%d %H:%M:%S')  #datetime 类型转换为字符串
'2020-04-11 08:17:32'
>>> time.strftime("%c",time.localtime())  #struct_time 类型转换为字符串
'Sat Apr 11 08:43:35 2020'
>>> time.strftime("%Y 年%m 月%d 日(%A) %H 时%M 分%S 秒",time.localtime())
'2020 年 04 月 11 日(Saturday) 08 时 46 分 02 秒'
>>> datetime.strptime('2019-10-1','%Y-%m-%d')  #字符串转换为 datetime
datetime.datetime(2019, 10, 1, 0, 0)
>>> time.strptime('20 Dec 19','%d %b %y')  #字符串转换为 struct_time 类型
time.struct_time(tm_year=2019, tm_mon=12, tm_mday=20, tm_hour=0, tm_min=0,
tm_sec=0, tm_wday=4, tm_yday=354, tm_isdst=-1)
```

## 2. Pandas时间相关的类

在大多数情况下，对日期、时间类型数据的分析是将字符串格式的时间转换为Python的标准时间类型。而Pandas继承了Numpy库和Python标准库datetime的时间相关模块，提供了6种与时间相关的类，如表4.30所示。

表4.30 Pandas中与时间相关的类

| 类 名 称 | 说 明 |
| --- | --- |
| Timestamp | 时间戳，是带时区的日期时间，表示某个时间点，在绝大多数的场景中的时间数据都是Timestamp形式的时间 |
| Period | 时期，指在某一时点以指定频率定义的时间跨度，如某一天，某一小时等 |
| Timedelta | 时间差，指绝对时间周期，可表示不同单位的时间，如1天，1.5小时，3分钟，4秒等，而非具体的某个时间段 |
| DatetimeIndex | 一组Timestamp构成的Index，可作为Series或者DataFrame的索引 |
| PeriodIndex | 一组Period构成的Index，可作为Series或者DataFrame的索引 |
| TimedeltaIndex | 一组Timedelta构成的Index，可作为Series或者DataFrame的索引 |

Pandas中的时间相关类与Python中的日期时间类型有着十分密切的联系，但又有明显区别。对表4.30中与时间相关的类的使用，示例如下：

```
>>>import numpy as np
>>>import pandas as pd
>>> import datetime
```

可以将不同类型的数据转换为时间戳Timestamp，示例如下：

```
>>> pd.Timestamp(datetime.datetime(2020,2,2))  #datetime类型
Timestamp('2020-02-02 00:00:00')
>>> pd.Timestamp('2020-02-02')  #时间格式的字符串
Timestamp('2020-02-02 00:00:00')
>>> pd.Timestamp(2020,2,2)  #一组数字转换为时间戳
Timestamp('2020-02-02 00:00:00')
>>> pd.Timestamp(1513393355.5, unit='s')  #秒为单位的UNIX纪元的浮点数
Timestamp('2017-12-16 03:02:35.500000')
```

大多数情况下，用时期Period表示数据的变化会更自然。日期时间格式的字符串容易推断为Period，示例如下：

```
>>> pd.Period('2020-02')  #默认频率为月
Period('2020-02', 'M')
>>> pd.Period('2020-05',freq='D')  #频率为天
Period('2020-05-01', 'D')
```

Timestamp与Period可以作为索引，其作为索引的列表将被强制转换为对应的DatetimeIndex和PeriodIndex，示例如下：

```
>>> dates=[pd.Timestamp('2020-02-01'), pd.Timestamp('2020-02-02'),
           pd.Timestamp('2020-02-03')]  #时间戳序列
>>> ts=pd.Series(np.random.randn(3),dates)  #创建日期索引的Series对象
>>> ts.index  #Series对象的索引
DatetimeIndex(['2020-02-01','2020-02-02','2020-02-03'],dtype='datetime64[ns]',
freq=None)
```

```
>>> ts
2020-02-01    1.716120
2020-02-02    0.868245
2020-02-03    1.420048
dtype: float64
>>> periods = [pd.Period('2020-01'), pd.Period('2020-02'), pd.Period
('2020-03')]
>>> ts=pd.Series(np.random.randn(3),periods)
>>> ts.index  #Series对象的索引为日期序列，频率为月
PeriodIndex(['2020-01','2020-02','2020-03'],dtype='period[M]', freq='M')
>>> ts
2020-01   -0.407319
2020-02   -0.844526
2020-03   -1.364173
Freq: M, dtype: float64
```

### 4.5.2 时间戳（Timestamp）

时间戳（Timestamp）是时间类中最基础的数据类型，用于把数值与时间点关联在一起。由 Timestamp 对象构成的时间序列主要是作为 Series 或 DataFrame 对象的时间型索引，即 DatetimeIndex 对象，它是一种数据结构，用来指代一系列时间点，从而使得用时间元素操控数据成为可能。

#### 1．时间戳的转换

在 Pandas 中，Timestamp 对象替代了 Python 标准模块 datetime 中的 datetime 对象，在大多数情况下，时间相关的数据，如数据类型为 int、float、str、datetime、list、tuple、1-d array、Series、DataFrame、dict-like 的数据都可以使用 Pandas 的 Timestamp 类将其转换为 Timestamp 类型的对象。使用 Timestamp 类创建 Timestamp 对象示例如下：

```
>>> pd.Timestamp('2020-01-01T12')  #将datetime形式的字符串转换为时间戳
Timestamp('2020-01-01 12:00:00')
#将单位为秒的Unix新纪元标记的浮点数转换为时间戳
>>> pd.Timestamp(1513393355.5, unit='s')
Timestamp('2017-12-16 03:02:35.500000')
#将指定时区的Unix新纪元浮点数转换为时间戳，单位为秒
>>> pd.Timestamp(1513393355, unit='s', tz='US/Pacific')
Timestamp('2017-12-15 19:02:35-0800', tz='US/Pacific')
#类似于Python的datetime.datetime接口，将表示日期时间的数值数据转换为时间戳
>>> pd.Timestamp(2020, 1, 1, 12)
Timestamp('2020-01-01 12:00:00')
>>> pd.Timestamp(year=2020, month=1, day=1, hour=12)
Timestamp('2020-01-01 12:00:00')
```

Pandas 也提供了 to_datetime( )函数，用于转换字符串、纪元式及混合的日期 Series

或日期列表。转换的对象是 Series 时，将返回具有相同索引的 Series，日期时间列表则可以被转换为 DatetimeIndex。该函数的基本语法如下：

```
to_datetime(arg, errors='raise', dayfirst=False, yearfirst=False, utc=None, format=None, exact=True, unit=None, infer_datetime_format=False, origin='unix', cache=True)
```

以下仅通过简单示例说明 to_datetime( )函数的参数及使用方法。

```
>>> df = pd.DataFrame({'year': [2015, 2016], 'month': [2, 3], 'day': [4, 5]})
>>> pd.to_datetime(df)  #将 DateFrame 对象数据解析为时间戳
0   2015-02-04
1   2016-03-05
dtype: datetime64[ns]
>>> pd.to_datetime('13000101', format='%Y%m%d', errors='ignore')  #无效解析将返回输入值
datetime.datetime(1300, 1, 1, 0, 0)
>>> pd.to_datetime('13000101', format='%Y%m%d', errors='coerce')  #无效解析将返回时间空值 NaT
NaT
>>> s = pd.Series(['3/11/2000', '3/12/2000', '3/13/2000'] * 1000)  #长日期序列
>>> s.head()
0    3/11/2000
1    3/12/2000
2    3/13/2000
3    3/11/2000
4    3/12/2000
dtype: object
>>> pd.to_datetime(s,infer_datetime_format=True)  #具有可参考的日期格式，可提高解析的速度 5~10 倍
0      2000-03-11
1      2000-03-12
2      2000-03-13
3      2000-03-11
4      2000-03-12
          ...
2995   2000-03-12
2996   2000-03-13
2997   2000-03-11
2998   2000-03-12
2999   2000-03-13
Length: 3000, dtype: datetime64[ns]
>>> pd.to_datetime(1490195805, unit='s')  #将以秒为单位的新纪元时间转换为时间戳
```

```
Timestamp('2017-03-22 15:16:45')
>>> pd.to_datetime(1490195805433502912, unit='ns')  #将以纳秒为单位的新纪元时间转换为时间戳
Timestamp('2017-03-22 15:16:45.433502912')
#使用 origin 参数指定新纪元的开始时间，而非 Unix 纪元的起始时间，将以天为单位的列表转换为时间戳。
>>> pd.to_datetime([1, 2, 3], unit='D', origin=pd.Timestamp('1960-01-01'))
DatetimeIndex(['1960-01-02','1960-01-03','1960-01-04'],dtype= 'datetime64[ns]', freq=None)
```

值得注意的是，Timestamp 类型时间是有限制的。Pandas 时间戳的最低单位为纳秒，64 位整数显示的时间跨度约为 584 年，这就是 Timestamp 的界限。

```
>>> pd.Timestamp.min  #时间戳的最小值
Timestamp('1677-09-21 00:12:43.145225')
>>> pd.Timestamp.max  #时间戳的最大值
Timestamp('2262-04-11 23:47:16.854775807')
```

### 2. Timestamp 类常用属性

在多数涉及时间相关的数据处理、统计分析的过程中，需要提取时间中的年份、月份等数据。使用表 4.31 所示的 Timestamp 类属性就能够实现这一目的。

表 4.31 Timestamp 类属性

| 属 性 名 称 | 说　明 | 属 性 名 称 | 说　明 |
|---|---|---|---|
| year | 年 | time | 时间 |
| month | 月 | week | 一年中第几周 |
| day | 日 | quarter | 季节 |
| hour | 小时 | weekofyear | 一年中第几周 |
| minute | 分钟 | dayofyear | 一年中的第几天 |
| second | 秒 | dayofweek | 一周中的第几天 |
| date | 日期 | is_leap_year | 是否闰年 |

简单示例如下：

```
>> stamp=pd.Timestamp.now()  #当前系统时间
>>> stamp
Timestamp('2020-04-17 01:12:22.732780')
>>> stamp.year  #年
2020
>>> stamp.minute  #分钟
12
>>> stamp.weekofyear  #一年中的第几周
16
>>> stamp.is_leap_year  #是否闰年
True
```

**说明：**在对 Series 或 DataFrame 中的时间信息数据进行提取时，可以结合 Python

的列表推导式，实现对时间戳属性数据的提取。

### 3．时间戳序列与 DatetimeIndex

Pandas 中的原生时间序列一般被认为是不规则的，即它们没有固定的频率。这样的时间序列可以适应大部分应用的需求。对于有规律的、频率固定的时间序列，Pandas 一般用 Datetimeindex 结构表示。这两种时间序列常被作为 Series 或 DataFrame 对象中的索引，且支持全部常规索引对象 index 的基本方法。

Pandas 提供的 DatetimeIndex 类为时间序列做了很多优化，并提供了一系列简化频率处理的高级时间序列专有方法，主要表现在：

（1）预计算了各种偏移量的日期范围，并在后台缓存，让后台生成后续日期范围的速度非常快（仅需抓取切片）；

（2）在 Pandas 对象上使用 shift 与 tshift 方法进行快速偏移；

（3）合并具有相同频率的重叠 DatetimeIndex 对象的速度非常快（这点对快速数据对齐非常重要）；

（4）通过 year、month 等属性快速访问日期字段；

（5）snap( )等正则函数与超快的 asof 逻辑。

```
>>> dates = [datetime(2020, 1, 2), datetime(2020, 1, 5),
        datetime(2020, 1, 7), datetime(2020, 1, 8),
        datetime(2020, 1, 10), datetime(2020, 1, 12)]  #时间列表
>>> ts=pd.Series(np.random.randn(6),index=dates)  #创建 Series 对象
>>> ts
2020-01-02   -0.280680
2020-01-05    1.384908
2020-01-07   -0.471191
2020-01-08   -0.497844
2020-01-10   -1.587618
2020-01-12    0.407241
dtype: float64
>>> ts.index  #Series 对象的索引为时间序列
DatetimeIndex(['2020-01-02', '2020-01-05', '2020-01-07', '2020-01-08',
               '2020-01-10', '2020-01-12'],
              dtype='datetime64[ns]', freq=None)
```

在实际工作中，经常要生成含大量时间戳的超长索引，一个个输入时间戳既枯燥又低效。如果时间戳频率是固定的，则可以用 Pandas 库的 date_range( )函数或 bdate_range( )函数创建 DatetimeIndex。date_range( )函数默认的频率是日历日，bdate_range( )函数的默认频率是工作日。以 date_range( )函数为例，其原型的基本语法如下：

```
date_range(start=None, end=None, periods=None, freq=None, tz=None,
normalize=False, name=None, closed=None, **kwargs)
```

该函数中的 freq 参数表示可以使用的时间序列频率，常用的基本时间序列频率如表 4.32 所示。

表 4.32　常用的基本时间序列频率

| 别　　名 | 偏移量类型 | 说　　明 |
|---|---|---|
| D | Day | 每日历日 |
| B | BusinessDay | 每工作日 |
| H | Hour | 每小时 |
| T 或 min | Minute | 每分钟 |
| S | Second | 每秒 |
| L 或 ms | Milli | 每毫秒，即每千分之一秒 |
| U | Micro | 每微妙，即每百万分之一秒 |
| M | MonthEnd | 每月最后一个日历日 |
| BM | BusinessMonthEnd | 每月最后一个工作日 |
| MS | MonthBegin | 每月第一个日历日 |
| BMS | BusinessMonthBegin | 每月第一个工作日 |
| W-MON、W-TUE… | Week | 每周从指定的星期几（MON、TUE、WED、THU、FRI、SAT、SUN）算起 |
| WOM-1MON、WOM-2MON… | WeekOfMonth | 产生每月第一、第二、第三或第四周的星期几。如：WOM-3FRI 表示每月第 3 个星期五 |
| Q-JAN、Q-FEB… | QuarterEnd | 对于以指定月份（JAN、FEB、MAR、APR、MAY、JUN、JUL、AUG、SEP、OCT、NOV、DEC）结束的年度，每季度最后一个月的最后一个日历日 |
| BQ-JAN、BQ-FEB… | BusinessQuarterEnd | 对于以指定月份结束的年度，每季度最后一个月的最后一个工作日 |
| QS-JAN、QS-FEB… | QuarterBegin | 对于以指定月份结束的年度，每季度最后一个月的第一个日历日 |
| BQS-JAN、BQS-FEB… | BusinessQuarterBegin | 对于以指定月份结束的年度，每季度最后一个月的第一个工作日 |
| A-JAN、A-FEB… | YearEnd | 每年指定月份（JAN、FEB、MAR、APR、MAY、JUN、JUL、AUG、SEP、OCT、NOV、DEC）的最后一个日历日 |
| BA-JAN、BA-FEB… | BusinessYearEnd | 每年指定月份的最后一个工作日 |
| AS-JAN、AS-FEB… | YearBegin | 每年指定月份的第一个日历日 |
| BAS-JAN、BAS-FEB… | BusinessYearBegin | 每年指定月份的第一个工作日 |

对 date_range( )函数的基本使用方法示例如下：

```
>>> index=pd.date_range('2020-02-01','2020-02-10')  #频率默认为天
>>> index
DatetimeIndex(['2020-02-01', '2020-02-02', '2020-02-03', '2020-02-04',
               '2020-02-05', '2020-02-06', '2020-02-07', '2020-02-08',
               '2020-02-09', '2020-02-10'],
               dtype='datetime64[ns]', freq='D')
>>> pd.date_range(start='2020-02-01',periods=4)  #产生 4 个时间戳
DatetimeIndex(['2020-02-01', '2020-02-02', '2020-02-03', '2020-02-04',
              dtype='datetime64[ns]', freq='D')
>>> pd.date_range(end='2020-03-01',periods=4)  #指定结束时间戳
DatetimeIndex(['2020-02-25', '2020-02-26', '2020-02-27', '2020-02-28',
```

```
                    dtype='datetime64[ns]', freq='D')
>>> pd.date_range('2020-02-01','2020-12-01',freq='BM') #每月最后一个工作日
DatetimeIndex(['2020-02-28', '2020-03-31', '2020-04-30', '2020-05-29',
               '2020-06-30', '2020-07-31', '2020-08-31', '2020-09-30',
               '2020-10-30', '2020-11-30'],
               dtype='datetime64[ns]', freq='BM')
>>> pd.date_range('2020-05-02 12:57:30',periods=5)  #保留时间戳时间信息
DatetimeIndex(['2020-05-02 12:57:30', '2020-05-03 12:57:30',
               '2020-05-04 12:57:30', '2020-05-05 12:57:30',
               '2020-05-06 12:57:30'],
               dtype='datetime64[ns]', freq='D')
>>> pd.date_range('2020-05-02 12:57:30',periods=5,normalize=True)  #规范时间戳的时间信息到午夜
```

在创建有固定频率的时间戳序列之后，同样可以将这样的时间序列作为 DataFrame 对象的索引。

```
>>> dates=pd.date_range('2020-1-1',periods=100,freq='W-WED')  #以每周为频率，且每周从周三算起，创建时间序列
>>> df=pd.DataFrame(np.random.randn(100,4),index=dates, columns=['Jinan','Shanghai','Beijing','Tianjin'])  #创建对象
>>> df.head()  #显示前5条
                Jinan   Shanghai    Beijing    Tianjin
2020-01-01   0.557954   1.494033  -0.990190  -0.132279
2020-01-08  -1.506867   0.212605   0.879127   1.653849
2020-01-15   0.082051   0.144300  -0.722128  -0.122632
2020-01-22   0.264373   0.223013   1.530637   0.460780
2020-01-29  -0.647060  -0.565280  -0.593728   1.209345
>>> df.index.dtype  #数据类型是以毫秒为单位的datetime64
dtype('<M8[ns]')
```

从上面的示例可以看出，当时间戳序列作为 Series 或 DataFrame 对象的标签索引时，其类型为 DatetimeIndex 结构，而其中的各个元素为标量值，是 Pandas 的 Timestamp 对象。

同 Pandas 普通索引的使用方法一致，可以通过索引选取 Series 或 DataFrame 中的单个数据，也可以通过索引切片的方式选取其中的数据块。除此之外，可以根据时间戳序列的特点，使用日期格式的字符串、datetime 或 Timestamp，非常方便地切片产生原时间序列上的数据块。以本小节上面的时间戳序列对象 ts、df 为例，示例如下：

```
>>> stamp=ts.index[0]  #选取单个数据
>>> stamp  #数据类型为Timestamp
Timestamp('2020-01-02 00:00:00')
>>> df.index[5:10:2]  #切片产生数据块
DatetimeIndex(['2020-02-05',   '2020-02-19',   '2020-03-04'],   type=
'datetime64[ns]', freq='2W-WED')
>>> ts['1/10/2020']  #使用日期格式的字符串选取数据
1.318534801697524
>>> ts['20200110']
```

```
1.318534801697524
>>> df['2020']  #字符串解释为年，选取全年的数据
                Jinan   Shanghai    Beijing    Tianjin
2020-01-01  -0.477305   1.799414  -1.006080   0.064270
2020-01-08  -1.808554  -0.444710   0.660207  -0.139752
2020-01-15  -0.260983  -0.872265   1.944117   0.672089
…                   …          …          …          …
2020-12-23   1.060811  -0.875114  -0.298866   0.116176
2020-12-30  -0.412264  -0.426233  -1.087028   1.065926
>>> df['2020-05']  #字符串解释为年月，选取该年月范围内的数据
                Jinan   Shanghai    Beijing    Tianjin
2020-05-06   0.964345   0.433751   0.866948  -1.610845
2020-05-13   1.471043   1.608331  -1.396949  -1.013006
2020-05-20  -0.350064  -1.141887   0.589944  -2.141830
2020-05-27  -1.484179  -2.033756  -0.793760   0.167920
>>> df[datetime(2020,7,1):datetime(2020,7,30)]  #使用 datetime 切片
                Jinan   Shanghai    Beijing    Tianjin
2020-07-01  -1.409427  -0.346534  -1.652511   0.347864
2020-07-08   0.942838  -1.492681  -1.354636  -0.710410
2020-07-15   0.976720   0.883587  -1.684147  -0.099783
2020-07-22  -0.762158   0.369786   0.466660   0.081863
2020-07-29   0.092948   0.087677  -0.238733  -0.269191
>>> ts.truncate(after='2020-1-9')  #使用等价的实例方法切片数据
2020-01-02  -0.222611
2020-01-05  -1.333403
2020-01-07  -0.538245
2020-01-08  -1.464069
dtype: float64
>>> ts.truncate(before='2020-1-9')  #对指定日期 before 之后的数据切片
2020-01-10   1.318535
2020-01-12  -1.218869
dtype: float64
```

对时间戳序列索引的使用，应该注意以下三个问题：

（1）选取数据时产生的是原时间序列的视图，数据并没有被复制，对切片结果进行修改会反映到原始数据上；

（2）不同索引的时间序列之间的算术运算会自动按日期对齐，如：

```
>>> ts+ts[::2]  #序列的加法运算
2020-01-02-0.445223
2020-01-05       NaN
2020-01-07-1.076489
2020-01-08       NaN
2020-01-10 2.637070
2020-01-12       NaN
dtype: float64
```

（3）在某些应用场景中，可能会存在多个观测数据落在同一个时间点上的情况。在

选取数据时，要注意时间戳索引是否重复的问题，示例如下：

```
>>> dates = pd.DatetimeIndex(['1/1/2020', '1/2/2020', '1/2/2020', '1/2/2020', '1/3/2020'])  #创建时间序列索引
>>> tsd=pd.Series(np.arange(5),index=dates)  #创建 Series 对象
>>> tsd
2020-01-01    0
2020-01-02    1
2020-01-02    2
2020-01-02    3
2020-01-03    4
dtype: int32
>>> tsd.index.is_unique  #检测索引是否唯一
False
>>> tsd['2020-01-03']  #索引不重复，则产生标量值
4
>>> tsd['2020-01-02']  #索引重复，则类似切片，产生数据块
2020-01-02    1
2020-01-02    2
2020-01-02    3
dtype: int32
>>> grouped=tsd.groupby(level=0)  #对时间戳重复的数据进行聚合
>>> grouped.count()  #统计每组的个数
2020-01-01    1
2020-01-02    3
2020-01-03    1
dtype: int64
```

从上面创建时间序列的示例可以看出，在使用 date_range( )函数生成一定范围的时间戳序列时，可以使用频率字符串定义指定的频率，如“D”表示每天，“W-WED”表示每周的周三，从而使得 date_range( )函数按照指定的频率分隔 DatetimeIndex 里的日期与时间。

实际上，Pandas 有一整套标准时间序列频率以及用于生成固定频率日期范围、重采样以及频率推断的工具，可以方便地对频率进行转换、移动、重采样等。

Pandas 中的频率是由一个基础频率（base frequency）和一个乘数组成的。基础频率通常以一个字符串别名表示，如表 4.32 所示。对于每个基础频率，都有一个被称为日期偏移量（DateOffset）的对象与之对应。DateOffset 类似于后面要提到的时间差 Timedelta ，但遵循指定的日历日规则。例如，Timedelta 表示每天的时间差一直都是 24 小时，而 DateOffset 的每日偏移量则是与下一天相同的时间差。使用夏令时时，每日偏移时间有可能是 23 或 24 小时，甚至也有可能是 25 小时。不过，DateOffset 的子类只能是等于或小于小时的时间单位（Hour、Minute、Second、Milli、Micro、Nano），操作类似于 Timedelta 及对应的绝对时间。例如，按小时计算的频率可以用 Hour 类表示，但在表示时间频率的倍数时，一般可以在基础频率前加一个整数的形式表示，示例如下：

```
>>> from pandas.tseries.offsets import Hour,Minute,Day,MonthEnd  #导入类
>>> import pandas as pd
>>> hours=Hour(4)  #可表示 4 小时的频率偏移量
>>> hours
<4 * Hours>
>>> Hour(2)+Minute(30)  #对时间偏移量进行加法连接
<150 * Minutes>
>>> pd.date_range('2020-01-01','2020-01-02 23:59',freq='4h')  #创建偏移量为 4 小时的时间序列
DatetimeIndex(['2020-01-01 00:00:00', '2020-01-01 04:00:00',
               '2020-01-01 08:00:00', '2020-01-01 12:00:00',
               '2020-01-01 16:00:00', '2020-01-01 20:00:00',
               '2020-01-02 00:00:00', '2020-01-02 04:00:00',
               '2020-01-02 08:00:00', '2020-01-02 12:00:00',
               '2020-01-02 16:00:00', '2020-01-02 20:00:00'],
               dtype='datetime64[ns]', freq='4H')
>>> pd.date_range('2020-01-01',periods=6,freq='1h30min')  #创建偏移量为 1.5 小时的时间序列
DatetimeIndex(['2020-01-01 00:00:00', '2020-01-01 01:30:00',
               '2020-01-01 03:00:00', '2020-01-01 04:30:00',
               '2020-01-01 06:00:00', '2020-01-01 07:30:00'],
               dtype='datetime64[ns]', freq='90T')
>>> pd.date_range('2020-01-01','2020-05-01',freq='WOM-3FRI')  #偏移量为每月的第 3 个星期五
DatetimeIndex(['2020-01-17', '2020-02-21', '2020-03-20', '2020-04-17'],
               dtype='datetime64[ns]', freq='WOM-3FRI')
```

Pandas 的日期偏移量也可以应用在 datetime 或 Timestamp 对象上，使得日期发生位移。在设定锚点偏移量（如 MonthEnd）之后，还可以使得日期向前滚动（rollforward）或向后滚动（rollback）。

```
>>> now=datetime(2019,10,13)  #创建 datetime 对象
>>> now+3*Day()  #日期向后偏移 3 天
Timestamp('2019-10-16 00:00:00')
>>> now+MonthEnd()  #日期向前滚动至月末（锚点）
Timestamp('2019-10-31 00:00:00')
>>> now+MonthEnd(2)  #符合频率规则（MonthEnd），日期向前滚动 2 次
Timestamp('2019-11-30 00:00:00')
>>> offset=MonthEnd()  #锚点偏移量
>>> offset.rollforward(now)  #日期向前滚动至月末
Timestamp('2019-10-31 00:00:00')
>>> offset.rollback(now)  #日期向后滚动至上个月的月末
Timestamp('2019-09-30 00:00:00')
```

Pandas 的 Series 和 DataFrame 对象都有一个 shift( )方法，可以整体向前或向后移动时间序列里的值。一种情况是保持时间序列的索引不变，修改数据与索引的对齐方式，从而使得时间序列的前面或后面产生缺失数据；另外一种情况是数据保持不变，设置

shift( )方法的 freq 参数，使得时间序列中的时间戳按指定的频率发生位移，其中 freq 参数可以是 DateOffset、timedelta 对象或偏移量别名。

```
>>> ts = pd.Series(np.random.randn(4), index=pd.date_range('1/1/2020',
periods=4, freq='M'))  #创建时间序列索引的 Series
>>> ts
2020-01-31  -1.393004
2020-02-29  -0.235621
2020-03-31  -0.393542
2020-04-30   1.125985
Freq: M, dtype: float64
>>> ts.shift(2)  #索引不变，数据后移
2020-01-31        NaN
2020-02-29        NaN
2020-03-31  -1.393004
2020-04-30  -0.235621
Freq: M, dtype: float64
>>> ts.shift(-2)  #索引不变，数据前移
2020-01-31  -0.393542
2020-02-29   1.125985
2020-03-31        NaN
2020-04-30        NaN
Freq: M, dtype: float64
>>> ts.shift(2,freq='M')  #数据不变，索引日期前移 2 个月
2020-03-31   -1.393004
2020-04-30   -0.235621
2020-05-31   -0.393542
2020-06-30    1.125985
Freq: M, dtype: float64
>>> ts.shift(3,freq='D')  #数据不变，索引日期前移 3 天
2020-02-03   -1.393004
2020-03-03   -0.235621
2020-04-03   -0.393542
2020-05-03    1.125985
dtype: float64
>>> ts.shift(1,freq='90T')  #数据不变，索引日期前移 90 分钟
2020-01-31 01:30:00   -1.393004
2020-02-29 01:30:00   -0.235621
2020-03-31 01:30:00   -0.393542
2020-04-30 01:30:00    1.125985
Freq: M, dtype: float64
```

### 4.5.3 时区（Timezone）

在时间序列的处理中，经常会遇到对时区的处理。作为国际标准时间的格林威治时间（GMT）已经逐渐被协调世界时（UTC）所取代，成为目前的国际标准。在时间序

列的处理中，时区是以 UTC 偏移量的形式表示的。

在 Python 中，时区信息来自第三方库 pytz，使得 Python 可以利用汇编了世界时区信息的 Olson 数据库处理时区信息。由于不同国家和地区对夏令时（DST）的不断调整，时区对历史数据的影响尤为重要，例如美国的 DST 转变时间自 1900 年以来就改变过多次。

Pandas 封装了 pytz 的功能，在安装 Pandas 库时已经自动安装，因此无须单独安装 pytz 模块。在使用时区信息时，只要记住时区的名称即可，可以不用记忆其 API。更多 pytz 模块的信息，可以查阅其相关文档。

```
>>>import pytz  #导入模块
>>> pytz.common_timezones[-5:]  #切片查看时区名称信息
['US/Eastern', 'US/Hawaii', 'US/Mountain', 'US/Pacific', 'UTC']
>>> tz=pytz.timezone('Asia/Shanghai')  #根据时区名称获取时区对象
>>> tz
<DstTzInfo 'Asia/Shanghai' LMT+8:06:00 STD>
```

**1．时区转换和本地化**

在默认情况下，Pandas 中生成的时间序列是朴素（naive）时区，不带有时区信息。当然，可以通过设置 pandas.date_range( )函数等的 tz 参数，创建带有时区信息的时间序列，称为时区敏感型（aware）的时间序列。可以使用 tz_localize( )方法将朴素时区本地化，使用 tz_convert( )方法将敏感时区转换为其他时区。这两个方法适用于 DatetimeIndex 对象，也适用于 Series 和 DataFrame 对象。

```
>>> import pytz  #导入时区模块
>>> import numpy as np
>>> import pandas as pd
>>> ts_naive=pd.date_range('2019-3-1 8:30',periods=6,freq='D')
>>> ts_naive  #生成的时间序列
DatetimeIndex(['2019-03-01 08:30:00', '2019-03-02 08:30:00',
               '2019-03-03 08:30:00', '2019-03-04 08:30:00',
               '2019-03-05 08:30:00', '2019-03-06 08:30:00'],
              dtype='datetime64[ns]', freq='D')
>>> ts=pd.Series(np.random.randn(len(ts_naive)),index=ts_naive)
>>> ts  #时间序列作为 Series 的索引
2019-03-01 08:30:00   -0.072901
2019-03-02 08:30:00   -0.871517
2019-03-03 08:30:00   -0.695093
2019-03-04 08:30:00   -0.592972
2019-03-05 08:30:00    2.058468
2019-03-06 08:30:00   -2.582417
Freq: D, dtype: float64
>>> print(ts.index.tz)  #默认无时区信息
None
>>> print(ts_naive.tz)
None
```

```
>>> ts_aware=pd.date_range('2019-3-1 8:30',periods=6,freq='D',tz='UTC')
>>> ts_aware  #时区敏感的时间序列
DatetimeIndex(['2019-03-01 08:30:00+00:00', '2019-03-02 08:30:00+00:00',
               '2019-03-03 08:30:00+00:00', '2019-03-04 08:30:00+00:00',
               '2019-03-05 08:30:00+00:00', '2019-03-06 08:30:00+00:00'],
               dtype='datetime64[ns, UTC]', freq='D')
>>> ts_naive.tz_localize('Asia/Shanghai')  #朴素时区本地化
DatetimeIndex(['2019-03-01 08:30:00+08:00', '2019-03-02 08:30:00+08:00',
               '2019-03-03 08:30:00+08:00', '2019-03-04 08:30:00+08:00',
               '2019-03-05 08:30:00+08:00', '2019-03-06 08:30:00+08:00'],
               dtype='datetime64[ns, Asia/Shanghai]', freq='D')
>>> ts_aware.tz_convert(None)  #敏感时区转换为朴素时区
DatetimeIndex(['2019-03-01 08:30:00', '2019-03-02 08:30:00',
                '2019-03-03 08:30:00', '2019-03-04 08:30:00',
                '2019-03-05 08:30:00', '2019-03-06 08:30:00'],
                dtype='datetime64[ns]', freq='D')
>>> ts_eastern=ts_aware.tz_convert('America/New_York')  #时区转换为EST
DatetimeIndex(['2019-03-01 03:30:00-05:00', '2019-03-02 03:30:00-05:00',
                '2019-03-03 03:30:00-05:00', '2019-03-04 03:30:00-05:00',
                '2019-03-05 03:30:00-05:00', '2019-03-06 03:30:00-05:00'],
                dtype='datetime64[ns, America/New_York]', freq='D')
```

### 2. 时区敏感型 Timestamp 对象

与时间序列类似，单独的时间戳（Timestamp）对象也能够从朴素（naive）时区本地化为敏感（aware）时区，并可以从一个时区转换到另一个时区。

```
>>> stamp=pd.Timestamp('2020-3-12 8:00')  #朴素时区的时间戳对象
>>> stamp_tz=stamp.tz_localize('UTC')  #时区本地化
>>> stamp_tz.tz_convert('America/New_York') #转换为America/New_York时区
Timestamp('2020-03-12 04:00:00-0400', tz='America/New_York')
>>> pd.Timestamp('2020-3-12 8:00',tz='Europe/Berlin')  #敏感时区的时间戳
Timestamp('2020-03-12 08:00:00+0100', tz='Europe/Berlin')
```

敏感时区的时间戳对象在内部保存了一个 UTC 时间戳值，这个时间戳值是自 Unix 纪元（1970 年 1 月 1 日）开始算起的纳秒数。这个 UTC 时间戳值在时区转换过程中保持不变。

```
>>> stamp_tz.value  #以纳秒为单位的UTC时间戳值
1584000000000000000
>>> stamp_tz.tz_convert('Asia/Shanghai').value  #UTC值在时区转换时不变
1584000000000000000
```

为节约光照能源，全世界有将近 110 个国家实行夏令时（DST）。中国在 1992 年暂停实行夏令时。在实行夏令时的国家中，美国现行的夏令时是在每年 3 月的第 2 个星期日的凌晨 2:00 时至 11 月的第 1 个星期日凌晨 2:00 时。在夏令时期间，时钟将拨快 1 小时；夏令时结束，时钟拨回 1 小时。

当使用 Pandas 的 DateOffset 对象执行时间的算术运算时，运算过程会对敏感时区的 Timestamp 对象自动关注是否存在夏令时的转变期，并对相应的时间做出调整。

```
>>> import pandas as pd
>>> stamp=pd.Timestamp('2019-3-10 1:30',tz='US/Eastern')
>>> stamp  #时区敏感的时间戳对象
Timestamp('2019-03-10 01:30:00-0500', tz='US/Eastern')
>>> stamp+pd.tseries.offsets.Hour()  #夏令时开始，自动拨快 1 小时
Timestamp('2019-03-10 03:30:00-0400', tz='US/Eastern')
>>> stamp=pd.Timestamp('2019-11-3 00:30',tz='US/Eastern')
>>> stamp
Timestamp('2019-11-03 00:30:00-0400', tz='US/Eastern')
>>> stamp+2*pd.tseries.offsets.Hour()  #夏令时结束，自动回拨 1 小时
Timestamp('2019-11-03 01:30:00-0500', tz='US/Eastern')
```

#### 3. 不同时区之间的运算

如果两个时间序列的时区不同，在将它们合并到一起时，最终结果中时区则采用 UTC。这是因为时间戳值总是以 UTC 形式存储的，所以在运算时并不需要进行任何时区的转换。

```
>>> dti=pd.date_range('2019-3-7 8:30',periods=10,freq='B')  #频率为每工
作日
>>> ts=pd.Series(np.random.randn(len(dti)),index=dti)  #生成时间序列
>>> ts1=ts[:7].tz_localize('Europe/London')  #时区为'Europe/London'
>>> ts2=ts1[2:].tz_convert('Europe/Moscow')  #时区为'Europe/Moscow'
>>> result=ts1+ts2  #合并运算
>>> result.index
DatetimeIndex(['2019-03-07 08:30:00+00:00', '2019-03-08 08:30:00+00:00',
               '2019-03-11 08:30:00+00:00', '2019-03-12 08:30:00+00:00',
               '2019-03-13 08:30:00+00:00', '2019-03-14 08:30:00+00:00',
               '2019-03-15 08:30:00+00:00'],
              dtype='datetime64[ns, UTC]', freq='B')
```

### 4.5.4 时期（Period）

时期（Period）表示的是有规律的时间区间，如数日、数月、数季、数年等。这种数据类型可以用 Pandas 中的 Period 类表示。由一组 Period 对象组成的时期序列（PeriodIndex）常作为 Pandas 数据结构 Series 和 DataFrame 的轴索引。

#### 1. Period 的频率及运算

使用 Pandas 的 Period 类可以方便地构建时期数据类型，其构造函数需要用到一个日期格式的字符串或整数以及相应的频率，其中的频率同 Timestamp 一致，不能使用负值（如–3D），如表 4.32 所示。

Period 类的基本使用方法和运算示例如下：

```
>>> p=pd.Period(2017,freq='A-DEC')  #创建 Period 对象
>>> p  #表示从 2017 年 1 月 1 日至 2017 年 12 月 31 日的时间段
Period('2017', 'A-DEC')
>>> p+3  #以年为频率将日期向后位移 3 年
```

```
Period('2020', 'A-DEC')
>>> p-2  #以年为频率位移将日期向前位移2年
Period('2015', 'A-DEC')
>>> pd.Period('2019',freq='A-DEC')-p  #对象频率相同，差为两者的单位数量
<2 * YearEnds: month=12>
```

使用 Pandas 的 period_range()函数可以创建有规律的 Period 对象序列，即 PeriodIndex，可以作为 Series 或 DataFrame 的轴索引。

```
>>> pdi=pd.period_range('2019-01-01','2019-06-30',freq='M')
>>> pdi  #规则的时期序列
PeriodIndex(['2019-01', '2019-02', '2019-03', '2019-04', '2019-05',
'2019-06'], dtype='period[M]', freq='M')
>>> pd.Series(np.random.randn(6),index=pdi)  #用作Series对象的索引
2019-01  0.506853
2019-02  0.905237
2019-03  0.957098
2019-04 -1.533629
2019-05 -0.031232
2019-06  0.667798
Freq: M, dtype: float64
>>> values=['2018Q3','2019Q2','2020Q1']  #日期格式的字符串列表
>>> index=pd.PeriodIndex(values,freq='Q-DEC')  #用字符串列表创建日期序列
>>> index
PeriodIndex(['2018Q3', '2019Q2', '2020Q1'], dtype='period[Q-DEC]',
freq='Q-DEC')
```

同 Timestamp、DatetimeIndex 一样，Period、PeriodIndex 类或对象也都提供了一定的属性，可以用来提取相应的时间信息。值得注意的是，在 Python 3.6 以上的版本中，这些类和对象只有 weekday 属性，没有 weekday_name 属性，所以要提取星期名称数据，可以使用 weekday 属性，而后将 0～6 七个标签分别赋值为 Monday 至 Sunday。

**注：**Period 对象的加减法按自身频率位移，不同频率的时期型数据不能够进行算术运算。

### 2. PeriodIndex 与 period_range

PeriodIndex 是用来指代一系列有规律的时期区间的数据结构，可以使用 period_range()函数创建，也可以使用 Pandas 的 PeriodIndex()类创建。在创建 PeriodIndex 之后，其加减法运算与 Period 对象类似，同时 PeriodIndex 也可以作为 Series 或 DataFrame 对象的索引，支持切片操作。

```
>>> pdi=pd.period_range('2019/1/1','2019/12/1',freq='M')
>>> pdi  #频率为月
PeriodIndex(['2019-01', '2019-02', '2019-03', '2019-04', '2019-05',
'2019-06','2019-07', '2019-08', '2019-09', '2019-10', '2019-11', '2019-
12'],dtype='period[M]', freq='M')
>>> pd.PeriodIndex(['2019-1','2019-2','2019-3'],freq='M')  #频率为月
PeriodIndex(['2019-01', '2019-02', '2019-03'], dtype='period[M]', freq='M')
```

```
>>> s=pd.Period('2019Q1',freq='Q')  #频率为季度
>>> s  #一季度的最后一个月为3月
Period('2019Q1', 'Q-DEC')
>>> e=pd.Period('2019Q2',freq='Q')  #频率为季度
>>> e  #二季度的最后一个月为6月
Period('2019Q2', 'Q-DEC')
>>> pd.period_range(start=s,end=e,freq='M')  #频率为月，第 1 季度的最后一个
月和第二季度的最后一个月分别作为PeriodIndex的锚定时间起始点
PeriodIndex(['2019-03', '2019-04', '2019-05', '2019-06'], dtype='period[M]',
freq='M')
>>> ps=pd.Series(np.random.randn(len(pdi)),index=pdi)  #作为 Series 对象
索引
>>> ps
2019-01    -0.036541
2019-02     0.273003
2019-03     0.645423
2019-04    -0.682945
2019-05     1.518017
2019-06    -1.482724
2019-07    -1.377057
2019-08    -0.684442
2019-09     0.158613
2019-10    -1.654198
2019-11     2.050028
2019-12     1.074844
Freq: M, dtype: float64
>>> pdi+1  #以月为频率后移
PeriodIndex(['2019-02', '2019-03', '2019-04', '2019-05', '2019-06',
'2019-07','2019-08', '2019-09', '2019-10', '2019-11', '2019-12', '2020-
01'], dtype='period[M]', freq='M')
>>> ps['2019-02':'2019-03']  #序列切片
2019-02    0.273003
2019-03    0.645423
Freq: M, dtype: float64
```

### 3. Period 的频率转换

在 Period 和 PeriodIndex 对象创建和使用的过程中，同 Datetimestamp 对象一样，都不可避免地会遇到时间频率的处理，可以在高频率和低频率的日期之间进行转换。一般地，我们把高频率对应的时期（period）称为超时期（superperiod），而低频率对应的时期称为子时期（subperiod），如年频就是月频的超日期。

Period 和 PeriodIndex 的频率可以用 asfreq( )方法进行转换，其中可以使用的频率同表 4.32 描述的频率一致。例如有一个 2019 年度的日期，结束时间为 12 月的最后一个日历日，我们希望将其转换为当年年初或年末的一个月度时期，则可以有如下代码：

```
>>> p=pd.Period('2019',freq='A-DEC')  #频率为年度的日期
```

```
>>> p
Period('2019', 'A-DEC')
>>> p.asfreq('M',how='start')  #转换为月频，并返回年度开始的月份
Period('2019-01', 'M')
>>> p.asfreq('M',how='end')  #转换为月频，并返回年度结束的月份
Period('2019-12', 'M')
```

在将频率为年的超时期转换为频率为月的子时期时，可以把年频日期视为一个被划分为多个月度时期的时间段中的游标，如图 4.14 所示。如果该年频超时期为常规的日历年，即以 12 月结束的年度，如 Period('2019','A-DEC')，则转换为月频子时期时的年度开始和结束日期，将分别为 Period('2019-01', 'M')和 Period('2019-12', 'M')；如果年频超时期不以 12 月结束，如一个学年年度 Period('2019','A-SEP')，月度子时期的归属将是另外的情况，将分别以 Period('2018-10', 'M')和 Period('2019-09', 'M')作为年度开始和结束的子时期，示例代码如下：

```
>>> p=pd.Period('2019',freq='A-SEP')  #年频超时期，游标为 Period('2019-09', 'M')
>>> p
Period('2019', 'A-SEP')
>>> p.asfreq('M',how='start')  #转换为月频子时期,年度开始月份为 Period ('2018-10', 'M')
Period('2018-10', 'M')
>>> p.asfreq('M',how='end')  #转换为月频子时期，年度结束月份为 Period('2019-09', 'M')
Period('2019-09', 'M')
```

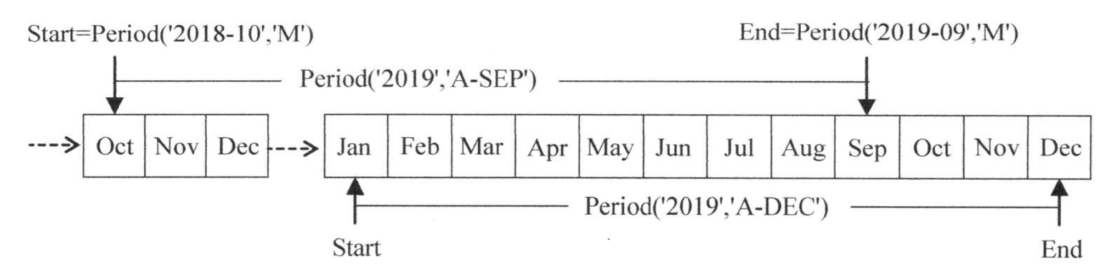


图 4.14　低频转换为高频过程示例

在将高频率转换为低频率时，超时期是由子时期所属的位置决定的。例如，在 A-NOV 频率中，月份“2019 年 8 月”实际上是属于周期“2019 年”的，示例如下：

```
>>> p=pd.Period('2019-08','M')  #高频率子时期
>>> p.asfreq('A-NOV')  #转换为低频率的年度超时期，子时期属于 2019 年度
Period('2019', 'A-NOV')
```

在完整的 PeriodIndex 或时间序列 TimeSeries 的频率转换方式同在 Period 对象中的频率转换一致，例如可以将年度超时期转换为每年的第一个月，或者是每年的最后一个工作日。示例代码如下：

```
>>> idx=pd.period_range('2016','2019',freq='A-DEC')  #日期序列
>>> ts=pd.Series(np.random.randn(len(idx)),index=idx)  #以 PeriodIndex 为索引的序列
```

```
>>> ts
2016    -0.472313
2017    -1.323916
2018    1.436307
2019    0.359590
Freq: A-DEC, dtype: float64
>>> ts.asfreq('M',how='start')  #年度超时期转换为每年的第一个月
2016-01     -0.472313
2017-01     -1.323916
2018-01     1.436307
2019-01     0.359590
Freq: M, dtype: float64
>>> ts.asfreq('B',how='end')  #年度超时期转换为每年的最后一个工作日
2016-12-30  -0.472313
2017-12-29  -1.323916
2018-12-31  1.436307
2019-12-31  0.359590
Freq: B, dtype: float64
```

季度型数据在会计、金融等领域中很常见。许多的企业或其他单位会依据其财年开始月与结束月定义季度，因此，2020 年的第 1 个季度有可能在 2019 年就开始了，也有可能是 2020 年过了几个月才开始。通常，季度型数据中涉及的“财年末”是指一年 12 个月中某月的最后一个日历日或工作日，时期“2019Q4”根据“财年末”的不同会有不同的含义，如图 4.15 所示。Pandas 支持 12 种可能的季度型频率，即 Q-JAN 到 Q-DEC，如表 4.32 中所示。

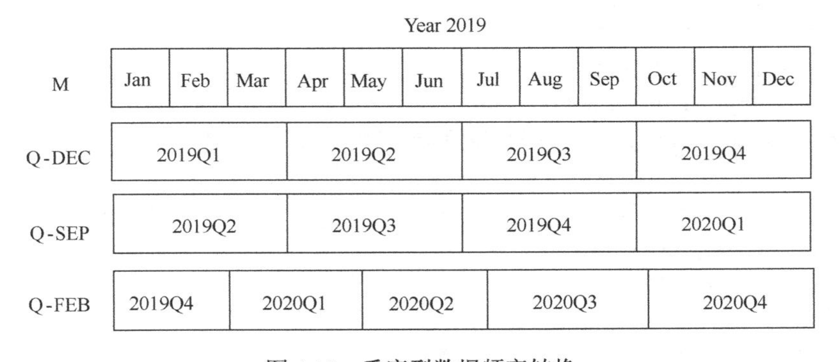


图 4.15　季度型数据频率转换

如在以 2 月结束（freq='Q-FEB'）的财年中，时期“2019Q4”是指从 2018 年 12 月 1 日到 2019 年 2 月 28 日的时间段。在下面的示例中，将季度型时期转换为以“D”（日）为频率的日期时，这种对应关系会一目了然。

```
>>> p=pd.Period('2019Q1',freq='Q-DEC')  #锚定频率 12 月为最后一个季度的最后一个月
>>> p.asfreq('D',how='start')  #转换为日频，返回该季度的第一个月的第一天
Period('2019-01-01', 'D')
>>> p.asfreq('D',how='end')  #转换为日频，返回该季度的最后一个月的最后一天
```

```
Period('2019-03-31', 'D')
>>> p=pd.Period('2019Q4',freq='Q-FEB')  #锚定频率Q-FEB，时期为2019年4季度
>>> p.asfreq('D',how='start')  #转换为日频
Period('2018-12-01', 'D')
>>> p.asfreq('D',how='end')
Period('2019-02-28', 'D')
>>> p=pd.Period('2020Q1',freq='Q-FEB')  #锚定频率为Q-FEB，时期为2020年1季度
>>> p.asfreq('D',how='start')
Period('2019-03-01', 'D')
>>> p.asfreq('D',how='end')
Period('2019-05-31', 'D')
```

### 4．Timestamp与Period的转换

使用to_period( )方法，可以把时间戳（Timestamp）索引的Series和DataFrame对象转换为时期索引（PeriodIndex），而使用to_timestamp( )方法则执行反向操作。在转换时，除可以将原始Series或DataFrame对象中的数据直接转换为Timestamp格式外，还可以将索引单独提取出来将其转换为DatetimeIndex或者PeriodIndex。

对时间戳和时期之间的转换，示例如下：

```
>>> idx=pd.date_range('2019/1/1',periods=5,freq='M')  #时间戳序列
>>> ts=pd.Series(np.random.randn(len(idx)),index=idx)  #时间戳序列作为索引
>>> ts
2019-01-31    0.683991
2019-02-28   -0.110305
2019-03-31   -0.160755
2019-04-30    0.159323
2019-05-31   -0.475447
Freq: M, dtype: float64
>>> ps=ts.to_period()  #时间戳索引转换为时期索引（频率：月）
>>> ps
2019-01    0.683991
2019-02   -0.110305
2019-03   -0.160755
2019-04    0.159323
2019-05   -0.475447
Freq: M, dtype: float64
>>> ps.to_timestamp('D',how='start')  #时期索引转换为时间戳索引（频率：日）
2019-01-01  0.683991
2019-02-01 -0.110305
2019-03-01 -0.160755
2019-04-01  0.159323
2019-05-01 -0.475447
Freq: MS, dtype: float64
```

使用便捷的算术运算可以在时期与时间戳之间进行索引转换。如在下面的示例代码

中，把以 11 月年度结束的季频时期转换为以下一个季度月初的上午 9 点。

```
>>> idx=pd.period_range('2010Q1','2019Q4',freq='Q-NOV')  #创建季频时期序列
>>> ts=pd.Series(np.random.randn(len(idx)),index=idx)  #时期序列作为索引
>>> ts.index=(idx.asfreq('M',how='end')+1).asfreq('H',how='start')+9
>>> ts.head()
2010-03-01 09:00   -0.657018
2010-06-01 09:00    0.136244
2010-09-01 09:00   -1.221733
2010-12-01 09:00   -0.285066
2011-03-01 09:00    1.247097
Freq: H, dtype: float64
```

### 4.5.5 时间差（Timedelta）

时间差 Timedelta 表示时间之间的差异，是一种绝对时间周期，类似于 Python 标准库的 datetime.timedelta，其时间单位可以是日、时、分、秒等，且可正可负。

Timedelta 类也是 Pandas 库中与时间相关的类，可以创建 Timedelta 类的对象，与其他时间相关类配合，以方便地实现时间的算术运算。需要注意的是，目前由 Timedelta 类生成实例对象时，其中可用的时间单位并没有年和月，如表 4.33 所示。

表 4.33 Timedelta 类中的时间周期

| 名　称 | 单　位 | 说　明 | 名　称 | 单　位 | 说　明 |
|---|---|---|---|---|---|
| weeks | 无 | 星期 | seconds | s | 秒 |
| days | D | 天 | milliseconds | ms | 毫秒 |
| hours | h | 小时 | microseconds | us | 微妙 |
| minutes | m | 分 | nanoseconds | ns | 纳秒 |

使用 Timedelta 类，可以对多种参数进行解析，生成时间差。

```
>>> pd.Timedelta('1 days 2 hours')  #使用字符串生成时间差
Timedelta('1 days 02:00:00')
>>> pd.Timedelta(1,unit='D')  #用整数与时间单位生成时间差
Timedelta('1 days 00:00:00')
>>> pd.Timedelta('-1ms')  #负数时间差
Timedelta('-1 days +23:59:59.999000')
>>> pd.Timedelta('nat')  #时间差缺失值
NaT
>>> pd.Timedelta('P0DT0H1M0S')  #支持 ISO8601 时间格式字符串
Timedelta('0 days 00:01:00')
>>> pd.Timedelta(pd.offsets.Second(10))  #使用 DateOffset 对象生成时间差
Timedelta('0 days 00:00:10')
```

使用 pandas.to_timedelta( )函数也可以把符合时间差格式的标量、数组、列表、序列等数据转换为 Timedelta。输入数据是序列，输出的就是序列，输入数据是标量，输出的就是标量，其他形式的输入数据则输出 TimedeltaIndex。

```
>>> pd.to_timedelta('1 days 09:10:02.00003')  #解析单个字符串
```

```
Timedelta('1 days 09:10:02.000030')
>>> pd.to_timedelta(['1 days 09:10:02.00003','15.5us','nan'])  #解析字符串列表或数组
TimedeltaIndex(['1 days 09:10:02.000030', '0 days 00:00:00.000015', NaT], dtype= 'timedelta64[ns]', freq=None)
>>> pd.to_timedelta(range(3),unit='h')  #unit参数指定时间差的单位
TimedeltaIndex(['00:00:00', '01:00:00', '02:00:00'], dtype='timedelta64[ns]', freq=None)
```

使用 Timedelta，可以很轻松地实现在某个时间上加减一段时间。但必须注意的是，要参加运算的时间数据，应与 Timedelta 的时间单位兼容，否则将导致不能转换的错误。

```
>>> td1=pd.Timedelta('1 days 2 hours')  #时间差，单位为小时
>>> td2=pd.Timedelta('2 days')  #时间差，单位为天
>>> pd.Timestamp(2019, 1, 1, 12)+td1  #时间戳兼容单位小时，相加
Timestamp('2019-01-02 14:00:00')
>>> pd.Period('2019-02-01')-td2  #时期兼容单位天，相减
Period('2019-01-30', 'D')
```

除了使用 Timedelta 实现时间的平移，以时间差为数据的 Series 和 DataFrame 支持各种运算，因此能够直接对两个时间序列进行相减，从而得出一个 Timedelta。

```
>>> s=pd.Series(pd.date_range('2019-1-1',periods=3,freq='D'))  #Series对象
>>> td=pd.Series([pd.Timedelta(days=i) for i in range(3)])
>>> df=pd.DataFrame({'A':s,'B':td})  #由时间序列生成DataFrame对象
>>> df
            A        B
0   2019-01-01   0 days
1   2019-01-02   1 days
2   2019-01-03   2 days
>>> df['C']=df['A']+df['B']  #datetime类型与timedelta类型数据相加
>>> df
            A        B          C
0   2019-01-01   0 days   2019-01-01
1   2019-01-02   1 days   2019-01-03
2   2019-01-03   2 days   2019-01-05
>>> df.dtypes  #DataFrame对象各列的数据类型
A    datetime64[ns]
B   timedelta64[ns]
C    datetime64[ns]
dtype: object
>>> import datetime  #导入标准模块
>>> s-datetime.datetime(2018,1,1,3,5)  #两个datetime类型的数据相减
0  364 days 20:55:00
1  365 days 20:55:00
2  366 days 20:55:00
dtype: timedelta64[ns]
```

```
>>> s+pd.offsets.Minute(5)  #datetime类型数据与DateOffset对象相加
0   2019-01-01 00:05:00
1   2019-01-02 00:05:00
2   2019-01-03 00:05:00
dtype: datetime64[ns]
```

时间差 Timedelta 的应用相对较少，因此对 Timedelta 对象的方法和属性、频率转换，以及作为索引的 TimedeltaIndex 和相关的 timedelta_range( )函数的使用，在此不再赘述，感兴趣的读者可以参阅相关资料。

## 4.5.6 时间序列重构

时间序列具有相应的实例方法，除频率转换的 asfreq( )函数外，Pandas 对象还提供了位移函数 shift( )、重采样函数 resample( )、窗口移动函数 rolling( )等，并支持聚合、分组迭代等操作，我们统一称之为时间序列的重构。

### 1. 移位与延迟

当需要把时间序列中的值整体向前或向后移动时，称为移位与延迟。使用 shift( )方法可以实现这一功能，该方法适用于 Series 和 DataFrame 对象，也适用于常规索引 index 对象和时间索引 DatetimeIndex、PeriodIndex 对象，其基本语法如下：

```
shift(periods=1, freq=None, axis=0, fill_value=None)
```

其中，periods 参数表示要移动的时期个数；freq 参数用来指明移位的规则，其值可以是 DateOffset、Timedelta 对象或偏移量别名；axis 参数表示移位的方向（0 代表 index，1 代表 columns）；fill_value 参数则表示移位时要填充的缺失值。

```
>>> idx=pd.date_range('2020-01-01',periods=3,freq='D')  #生成 Datetimeindex
对象
>>> ts=pd.Series(range(len(idx)),index=idx)  #生成时间序列
>>> ts
2020-01-01    0
2020-01-02    1
2020-01-03    2
Freq: D, dtype: int64
>>> ts.shift(1)  #数据后移一个时期位置，产生缺失值
2020-01-01    NaN
2020-01-02    0.0
2020-01-03    1.0
Freq: D, dtype: float64
>>> ts.shift(5,freq=pd.offsets.BDay())  #后移5个工作日偏移量
2020-01-08    0
2020-01-09    1
2020-01-10    2
Freq: D, dtype: int64
>>> ts.shift(5,freq='BM')  #每次的偏移量为工作日所在的月末日期
2020-05-29    0
2020-05-29    1
```

```
2020-05-29    2
Freq: D, dtype: int64
```

使用 shift( )方法，可以修改 Series 和 DataFrame 对象中的数据与索引的对齐方式。如果要指定偏移量修改 Series 或 DataFrame 对象的索引日期，则可以使用 tshift( )方法。该方法不要求数据重对齐，因此不会产生缺失值，如 NaN。

```
>>> ts.tshift(5,freq='D')   #将索引日期增加 5 天
2020-01-06    0
2020-01-07    1
2020-01-08    2
Freq: D, dtype: int64
```

### 2. 重采样

将时间序列从一个频率转换到另一个频率的处理过程，我们称为重采样（resampling）。其中，将高频率数据转换到低频率称为降采样（downsampling），而将低频率数据转换到高频率则称为升采样（upsampling）。一般来说，降采样需要对数据进行抽取，以去掉过多的数据；而升采样需要对数据进行插值，以增加必要的数据。在实际的频率转换中，并不是所有的重采样都属于降采样和升采样这两大类。例如，将 W-MON（每周一）转换为 W-FRI（每周五）既不是降采样也不是升采样。

在 Pandas 中，Series 和 DataFrame 对象都有一个 resample( )方法，它不仅是各种频率转换的主力函数，而且也是一个处理时间序列数据灵活高效的方法，能够用于处理非常大的时间序列。

resample( )方法有一个类似于 groupby 的 API，调用 resample( )方法可以分组数据并实现数据的聚合。但是，调用 resample( )方法也可能会产生大量的缺失数据，对这些缺失数据可以直接删除，或基于统计学和机器学习方法进行替换和插值，其处理方法可以参考 4.3.1 节部分对缺失值的处理。当然，也可以采用专门针对时间序列的处理方法。Pandas 目前还没有提供时序数据缺失值处理的专有方法，因此，对时间序列缺失值的填充和预测算法，如考虑两个相邻数据间的时序信息的机器学习算法，也是目前学者热衷的研究方向。

resample( )方法的基本语法如下，resample( )方法的参数及其含义如表 4.34 所示。

```
resample(self, rule, axis=0, closed, labe, convention='start', kind,
loffset=None, base=0, on=None, level=None)
```

**表 4.34 resample( )方法的参数及其含义**

| 参数 | 说明 |
| --- | --- |
| rule | 表示重采样频率的字符串、DateOffset 或 Timedelta，如‘M’、‘3min’或 Second(10) |
| axis | 指定重采样的轴，默认值为 0（按行） |
| closed | 在降采样时，按 rule 参数指定的频率偏移量划分若干时间段（bin）后，该参数表明各时间段的哪一端是闭合的，可取值‘right’或‘left’。频率偏移取不同的值时，其默认值有所不同 |
| label | 在降采样时，用于设置聚合值标签的方式，决定是将各时间段（bin）的左边界设置为聚合值的标签（值为‘left’），还是将右边界设置为其标签（‘right’），如 9:30 到 9:35 之间的这 5 分钟会被标记为 9:30 或 9:35 |

（续表）

| 参　数 | 说　明 |
| --- | --- |
| convention | 当对时期索引进行重采样时，决定目标频率（由 rule 规定）的第一个还是最后一个时期区间放置源频率的值，可取值'start''end''s''e'，默认为'start' |
| kind | 表示聚合到时期（'Period'）或时间戳（'Timestamp'）时，时间序列的索引类型将转换为 PeriodIndex 或 DatetimeIndex。 |
| loffset | Timedelta 类型，表示重采样的时间标签校正值，如'-1s'或 Second(-1)用于将聚合标签调早 1 秒 |
| base | int 型，默认值为 0。当 rule 参数指定的重采样频率偏移量不超过一天时，该参数用于设置聚合区间的开始值。如 rule='5min'时，其取值可以是 0 到 4 |
| on | str 型。适用于 DataFrame，表示重采样时可以替代索引的列名 |
| level | 适用于 MultiIndex，表示重采样的层级，可以是层级的名称或对应的数字 |

使用 resample( )方法对时间序列数据进行重采样，简单示例如下：

```
>>> idx=pd.date_range('2019-01-01',periods=100,freq='D')  #生成 DatetimeIndex
对象
>>> ts=pd.Series(np.random.randn(len(idx)),index=idx)  #生成时间序列
>>> ts
2019-01-01    0.067746
2019-01-02   -0.063527
2019-01-03   -0.596675
2019-01-04    0.837777
2019-01-05    0.713620
    ...
2019-04-06    1.082880
2019-04-07    2.091879
2019-04-08   -0.473287
2019-04-09   -0.568842
2019-04-10    0.475282
Freq: D, Length: 100, dtype: float64
>>> ts.resample('M').mean()  #重采样，高频(天)转低频(月)，数据聚合
2019-01-31   -0.135545
2019-02-28    0.095098
2019-03-31    0.015598
2019-04-30    0.325832
Freq: M, dtype: float64
>>> ts.resample('M',kind='period').mean()  #数据聚合后的索引为 Period 类型
2019-01     -0.135545
2019-02      0.095098
2019-03      0.015598
2019-04      0.325832
Freq: M, dtype: float64
```

**1）降采样**

通过降采样，将数据聚合到有规律的低频率是时间序列处理的常见任务。待聚合的数据不必拥有固定的频率，期望的频率会自动将时间序列拆分为多个时间区间（bin），并定义这些聚合的区间边界。例如，要将时间序列转换到期望的月度频率（'M'或

'BM'），数据需要被划分到多个单月的时间区间中。

在使用 resample( )方法对数据进行降采样时，对按期望频率划分的各个时间区间，需要注意以下问题：

（1）各区间都是半开放的，区间是采用左闭右开还是左开右闭？

（2）各聚合区间如何标记，是用区间的开头还是末尾作为标记？

（3）时间序列中的一个数据点只能属于一个聚合区间，所有区间的并集必须能组成整个时间序列。

对聚合区间的设置，假设时间序列的索引间隔为"1 分钟"，要将其中的数据以求和方式聚合到"5 分钟"区间中，即对时间序列降采样时期望的频率偏移量为"5min"，则将会以"5 分钟"的偏移量定义聚合区间的边界。默认情况下，closed='right'，聚合区间的右边界是包含的，因此 8:00 到 8:05 的区间中是包含 8:05 的。若设置 closed='left'，则会让聚合区间以左边界闭合。同样，若 label='right'，则最终的时间序列以各聚合区间右边界的时间戳进行标记，而若 label='left'，则以区间左边界的时间戳对其进行标记。对将"1 分钟"时间序列数据转换为"5 分钟"数据的处理过程中，降采样时的聚合区间边界设置如图 4.16 所示。

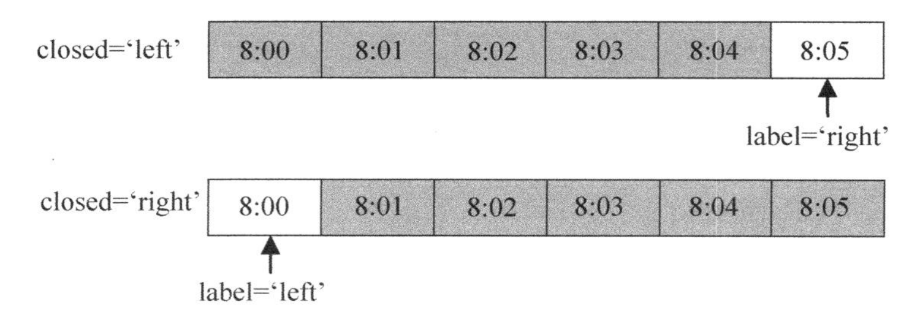


图 4.16　降采样时的聚合区间边界设置

此外，在使用 resample( )方法降采样时，可以使用 loffset 参数对聚合结果的索引进行一定的位移，如设置 loffset='-1s'，从而更容易明白时间戳标签所表示的是哪个聚合区间。当然，这个目的也可以通过调用结果对象的 shift 方法来实现。如果要使得时间序列降采样时的聚合区间的值不是从默认的 0 开始，可通过 base 参数进行设置。

对时间序列降采样以实现数据聚合时，resample( )方法的使用可通过下面的示例代码做进一步解释。

```
>>> idx=pd.date_range('2019-01-01',periods=12,freq='T')  #频率为分钟
>>> ts=pd.Series(range(12),index=idx)  #生成时间序列
>>> ts
2019-01-01 00:00:00    0
2019-01-01 00:01:00    1
2019-01-01 00:02:00    2
2019-01-01 00:03:00    3
2019-01-01 00:04:00    4
2019-01-01 00:05:00    5
2019-01-01 00:06:00    6
```

```
    2019-01-01 00:07:00     7
    2019-01-01 00:08:00     8
    2019-01-01 00:09:00     9
    2019-01-01 00:10:00    10
    2019-01-01 00:11:00    11
    Freq: T, dtype: int64
    >>> ts.resample('5min',closed='right').sum()  #聚合区间左开右闭
    2018-12-31 23:55:00     0
    2019-01-01 00:00:00    15
    2019-01-01 00:05:00    40
    2019-01-01 00:10:00    11
    Freq: 5T, dtype: int64
    >>> ts.resample('5min',closed='left').sum()  #聚合区间左闭右开
    2019-01-01 00:00:00    10
    2019-01-01 00:05:00    35
    2019-01-01 00:10:00    21
    Freq: 5T, dtype: int64
    >>> ts.resample('5min',closed='right',label='right').sum()  #使用区间右
边界的时间戳标记
    2019-01-01 00:00:00     0
    2019-01-01 00:05:00    15
    2019-01-01 00:10:00    40
    2019-01-01 00:15:00    11
    Freq: 5T, dtype: int64
    >>>  ts.resample('5min',closed='right',label='right',loffset='-1s').sum()
#结果索引左移 1 秒
    2018-12-31 23:59:59     0
    2019-01-01 00:04:59    15
    2019-01-01 00:09:59    40
    2019-01-01 00:14:59    11
    Freq: 5T, dtype: int64
    >>> ts.resample('5min',closed='right',label='right',base=1).sum()  #聚
合区间从 1 开始
    2019-01-01 00:01:00     1
    2019-01-01 00:06:00    20
    2019-01-01 00:11:00    45
    Freq: 5T, dtype: int64
```

**2）OHLC 重采样**

在金融领域，如股市或期货市场，通常会按照每天或某一周期记录其行情或价格波动，形成时间序列数据。对这些时间序列数据的聚合，如股市中的 K 线图，一般会要求计算各聚合区间的四个值，即 Open（开盘）、Close（收盘）、High（最高值）以及 Low（最低值）。使用 resample( )方法对时间序列重采样后，可以调用 ohlc( )函数，就可以很高效地计算得到一个由这四种聚合值构成的 DataFrame 对象。如对上面的时间序列 ts，其代码为：

```
>>> ts.resample('5min').ohlc()  #计算 OHLC 聚合值
                     open   high   low   close
2019-01-01 00:00:000    4      0     4
2019-01-01 00:05:005    9      5     9
2019-01-01 00:10:0010  11     10    11
```

**3）升采样和插值**

时间序列的升采样会产生大量的缺失值。在使用 resample( )方法重采样后，可以通过调用 asfreq( )函数查看相应的缺失值。此外，重采样后缺失值的填充和插值可以调用 Series 或 DataFrame 对象的 ffill( )、fillna( )和 reindex( )方法，其方式 4.3 节的方式一致。

例如，有以周频（如'W-FRI'）为索引的 DataFrame 对象，其频率转换为高频（如'D'）时，对缺失值的处理有如下示例代码。

```
>>> idx=pd.date_range('2019-01-01',periods=2,freq='W-FRI')  #频率为每周五
>>> col=['Beijing','Shanghai','Nanjing','Jinan']  #列标识
>>> df=pd.DataFrame(np.random.randn(2,4),index=idx,columns=col)  #DataFrame
对象
>>> df
              Beijing   Shanghai    Nanjing     Jinan
2019-01-04  -0.958368   1.697408  -0.066929  0.834267
2019-01-11   0.180736   0.716205   0.965441  0.528915
>>> df_daily=df.resample('D').asfreq()  #低频转换为高频，产生缺失值
>>> df_daily
              Beijing   Shanghai    Nanjing     Jinan
2019-01-04  -0.958368   1.697408  -0.066929  0.834267
2019-01-05        NaN        NaN        NaN       NaN
2019-01-06        NaN        NaN        NaN       NaN
2019-01-07        NaN        NaN        NaN       NaN
2019-01-08        NaN        NaN        NaN       NaN
2019-01-09        NaN        NaN        NaN       NaN
2019-01-10        NaN        NaN        NaN       NaN
2019-01-11   0.180736   0.716205   0.965441  0.528915
>>> df.resample('D').ffill()  #用前面的周频填充"非周五"的缺失值
              Beijing   Shanghai    Nanjing     Jinan
2019-01-04  -0.958368   1.697408  -0.066929  0.834267
2019-01-05  -0.958368   1.697408  -0.066929  0.834267
2019-01-06  -0.958368   1.697408  -0.066929  0.834267
2019-01-07  -0.958368   1.697408  -0.066929  0.834267
2019-01-08  -0.958368   1.697408  -0.066929  0.834267
2019-01-09  -0.958368   1.697408  -0.066929  0.834267
2019-01-10  -0.958368   1.697408  -0.066929  0.834267
2019-01-11   0.180736   0.716205   0.965441  0.528915
>>> df.resample('D').ffill(limit=2)  #限定填充 2 行
              Beijing   Shanghai    Nanjing     Jinan
2019-01-04 -0.958368   1.697408  -0.066929  0.834267
2019-01-05 -0.958368   1.697408  -0.066929  0.834267
```

```
2019-01-06 -0.958368   1.697408  -0.066929  0.834267
2019-01-07       NaN        NaN        NaN       NaN
2019-01-08       NaN        NaN        NaN       NaN
2019-01-09       NaN        NaN        NaN       NaN
2019-01-10       NaN        NaN        NaN       NaN
2019-01-11  0.180736   0.716205   0.965441  0.528915
>>> df.resample('W-MON').ffill()  #索引改变，数据不变
             Beijing  Shanghai   Nanjing     Jinan
2019-01-07 -0.958368  1.697408  -0.066929  0.834267
2019-01-14  0.180736  0.716205   0.965441  0.528915
>>> df.resample('D').asfreq().fillna(0)  #用0填充缺失值
             Beijing  Shanghai    Nanjing     Jinan
2019-01-04 -0.958368  1.697408  -0.066929  0.834267
2019-01-05  0.000000  0.000000   0.000000  0.000000
2019-01-06  0.000000  0.000000   0.000000  0.000000
2019-01-07  0.000000  0.000000   0.000000  0.000000
2019-01-08  0.000000  0.000000   0.000000  0.000000
2019-01-09  0.000000  0.000000   0.000000  0.000000
2019-01-10  0.000000  0.000000   0.000000  0.000000
2019-01-11  0.180736  0.716205   0.965441  0.528915
```

**4）通过时期进行重采样**

对时期为索引的时间序列进行重采样类似于前面的时间戳索引数据，但要注意使用resample( )进行升采样时 convention 参数的设置。若 convention='start'，则新的目标频率中的第一个时期区间放置源频率的值；若 convention='end'，则用目标频率的最后一个时期区间放置原来的值。

当时间序列的索引类型为时期（Period）时，如果使用的频率为周、季或年时，应遵守如下的重采样规则：

（1）在升采样时，目标频率必须是源频率的子时期（subperiod）。

（2）在降采样时，目标频率必须是源频率的超时期（superperiod）。

如果不满足这些条件，就会引发异常。例如，由 Q-MAR 定义的时期区间只能降采样为 A-MAR、A-JUN、A-SEP、A-DEC 等。

对时期为索引的时间序列的重采样，示例代码如下：

```
>>> idx=pd.period_range('2018-01',periods=24,freq='M')  #生成月频 PeriodIndex
对象
>>> col=['Beijing','Shanghai','Nanjing','Jinan']  #列标识
>>> df=pd.DataFrame(np.random.randn(24,4),index=idx,columns=col)
#DataFrame 对象
>>> df.head()  #显示前5行
          Beijing   Shanghai    Nanjing     Jinan
2018-01   0.205813  -1.086722   0.633474 -1.089281
2018-02   0.580830  -0.665704  -0.176899  0.731975
2018-03  -1.102867  -0.444472   0.259118 -0.802982
2018-04  -0.167543  -0.362617  -0.243266  0.879080
```

```
2018-05      -0.020047  -1.470331   0.119527  0.660023
>>> df_annual=df.resample('A-DEC').mean()  #降采样，按年频聚合
>>> df_annual
              Beijing   Shanghai    Nanjing     Jinan
2018        -0.064699  -0.472396   0.212224 -0.137745
2019        -0.186688   0.337776  -0.401405 -0.138968
>>> df_annual.resample('Q-DEC').ffill()  #按季度升采样，填充缺失值
              Beijing   Shanghai    Nanjing     Jinan
2018Q1      -0.064699  -0.472396   0.212224 -0.137745
2018Q2      -0.064699  -0.472396   0.212224 -0.137745
2018Q3      -0.064699  -0.472396   0.212224 -0.137745
2018Q4      -0.064699  -0.472396   0.212224 -0.137745
2019Q1      -0.186688   0.337776  -0.401405 -0.138968
2019Q2      -0.186688   0.337776  -0.401405 -0.138968
2019Q3      -0.186688   0.337776  -0.401405 -0.138968
2019Q4      -0.186688   0.337776  -0.401405 -0.138968
>>> df_annual.resample('Q-DEC',convention='end').ffill()  #从最后一个季度开始升采样
          Beijing  Shanghai   Nanjing     Jinan
2018Q4  -0.064699 -0.472396  0.212224 -0.137745
2019Q1  -0.064699 -0.472396  0.212224 -0.137745
2019Q2  -0.064699 -0.472396  0.212224 -0.137745
2019Q3  -0.064699 -0.472396  0.212224 -0.137745
2019Q4  -0.186688  0.337776 -0.401405 -0.138968
>>> df_annual.resample('Q-MAR').ffill()  #升采样，Q-MAR为A-DEC的子时期
         Beijing  Shanghai   Nanjing     Jinan
2018Q4 -0.064699 -0.472396  0.212224 -0.137745
2019Q1 -0.064699 -0.472396  0.212224 -0.137745
2019Q2 -0.064699 -0.472396  0.212224 -0.137745
2019Q3 -0.064699 -0.472396  0.212224 -0.137745
2019Q4 -0.186688  0.337776 -0.401405 -0.138968
2020Q1 -0.186688  0.337776 -0.401405 -0.138968
2020Q2 -0.186688  0.337776 -0.401405 -0.138968
2020Q3 -0.186688  0.337776 -0.401405 -0.138968
```

### 3．时间序列基础模型

对时间序列的频率变换、移位与延迟、重采样等操作，可以视为对时间序列的预处理。然后，探索时间序列的构成规律，并对时间序列进行平稳性检验、纯随机性检验，在此基础上，对时间序列观测值之间的相互依赖性和相关性进行分析和表达，是时间序列分析最重要的应用。例如对时间序列的相关性进行量化处理，建立相应的数据模型，就可以方便地利用系统的历史数据去预测将来的值。

本部分内容是在了解时间序列基本构成规律的前提下，对时间序列分析常用的基础模型进行描述，并在Pandas中进行了初步的尝试。

时间序列也称为动态系列，是按时间顺序排列的观测样本序列，其构成具有以下 4

个基本特性：

（1）**趋势性**（Trend）：指现象随时间推移所记录的各个观测值，长期持续地沿一定方向向上或向下波动，这种长期持续的波动方向，称为时间序列的趋势性，表现为线性或非线性两种趋势。

（2）**季节性变化**（Seasonal Variation）：指时间序列中的观测值在一年或更短的时间内表现出固定的周期性波动变化。例如，某酒店一年的旅游旺季、某高校理工科教师一周的教学工作量、某中心城市一天的交通高峰现象等。

（3）**周期性**（Cyclic）：指时间持续一般在一年以上且周期不固定的有规则波动变化。例如，股票市场中的牛市和熊市的交替、经济领域中繁荣、衰退、萧条、复苏 4 个阶段的周期循环等。

（4）**随机性**（Random）：指由于偶然因素而引起的短期内不规则波动变化。

对于一个给定的时间序列，如果没有长期趋势 $T$ 且只包含随机波动 $R$，则称为平稳序列；如果包含随机波动 $R$ 且具有长期趋势 $T$、季节波动 $S$ 或周期循环 $C$，则称为非平稳序列。

具有以上 4 种特性的时间序列，有传统的分析和预测的方法，可以使用图表法、指标法（描述性统计分析）和模型法。对模型法而言，其理论上存在以下两种假设：

（1）**加法原则**：时间序列的预测值 $Y=T+S+C+R$，即各个影响因素是相互独立的，对时间序列预测值的贡献是可加的。

（2）**乘法原则**：时间序列的预测值 $Y=T*S*C*R$，即各个影响因素对时间序列的影响是相关的。

模型法是目前对时间序列分析的主要方法，常见的时间序列分析模型如 MA、AR、ARIMA、ARCH 等，已被广泛应用于自然和社会、经济等众多领域。

1）**平滑法**：指对于平稳时间序列而言，通过扩大时距并按一定单位逐期移动窗口的方式，尽量削弱或消除短期随机波动对序列的影响，对原序列的波动起到修匀作用，使序列平滑化。根据所使用的平滑技术不同，常见的模型法有简单移动平均模型、加权移动平均模型、指数平滑法模型等。

**（1）简单移动平均模型**

移动平均（Moving Average）模型适用于在一段时间内有大幅上升或下降的数据集，预测值只跟时间序列中最近的 $k$ 个值相关。简单移动平均模型就是取时刻 $t$ 临近的 $p$ 个值并计算其算术平均的方法，其计算过程如图 4.17 所示，其中与时刻 $t$ 距离最近的 $p$ 个历史数据组成的区间称为移动窗口。

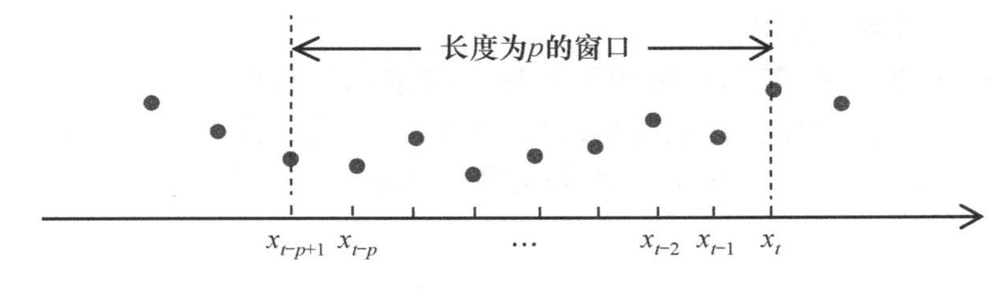


图 4.17　简单移动平均模型示意图

在将时间序列中的观测值按时间的先后顺序排列后，由远及近地逐个时间单位依次移动窗口并计算其平均，简单移动平均模型可描述为

$$y_t = 1/p\left(x_t + x_{t-1} + \cdots + x_{t-p} + x_{t-p+1}\right)$$

其中，$p$ 为移动窗口的长度，即参与移动平均的历史数据的个数；$y_t$ 为时刻 $t$ 的预测值。每次更新参与移动平均的历史数据时，距离时刻 $t$ 处最远的历史数据将被一个新的历史数据所替代。

使用移动平均模型，可以消除时间序列中的高频噪声，提升数据的平滑性和预测的准确性。但是，随着移动窗口长度的增大，移动平均计算的结果会趋于平滑，对近期的最新历史数据也会变得不够敏感（滞后性）。因此，移动平均模型中必须考虑数据的平滑性和滞后性的折中，要选取合适的移动窗口长度。

**（2）加权移动平均模型**

在移动平均模型中，当移动窗口期内的观测值被赋予不同权重时，则称为加权移动平均模型，可描述为

$$y_t = 1/p\left(\omega_1 x_t + \omega_2 x_{t-1} + \cdots + \omega_{p-1} x_{t-p} + \omega_p x_{t-p+1}\right)$$

其中，$\omega_1 + \omega_2 + \cdots + \omega_p = 1$ 且各权值呈线性递减的趋势，表明距离时刻 $t$ 处越近的值影响越大。

**（3）指数平滑法模型**

在移动平均模型中，当移动窗口期内的观测值对应的权重以指数方式递减时，我们称之为指数移动平均模型，是指数平滑法模型的典型代表。

对时间序列中的观测值，通过加权平均计算预测值，权重随观测值从近期到远期的变化呈指数级下降，最小的权重与最早的观测值相关，可描述为

$$y_{t+1|t} = 1/p\left(\alpha x_t + \alpha(1-\alpha)x_{t-1} + \alpha(1-\alpha)^2 x_{t-2} + \cdots + \alpha(1-\alpha)^p x_{t-p+1}\right)$$

其中，$0 \leqslant \alpha \leqslant 1$ 为平滑系数，控制权重下降的速率；时间点 $t$+1 处的单步预测值为时序 $x_t, x_{t-1}, x_{t-p+1}$ 所有观测值的加权平均。

预测值可进一步描述为一般形式，即

$$y_{t+1|t} = \alpha^* x_t + (1-\alpha)^* y_{t|t-1}$$

该表达式呈递推关系，表示 $t$+1 时间点的预测值为最近观测值 $x_t$ 与最近预测值 $y_{t|t-1}$ 之间的加权平均值，故称为“指数”加权平均，是一种非线性预测模型。

2）**趋势拟合法**：指把时间作为自变量，把相应的序列观测值作为因变量，建立回归模型。根据序列的特征，可分为线性拟合和非线性拟合。

**（1）Holt 线性趋势模型**

Holt 在 1957 年把简单的指数平滑法模型进行了延伸，可以对呈现某种趋势（Trend）的数据集进行预测，我们称之为 Holt 线性趋势模型。Holt 线性趋势模型包含三个，即水平方程（Level）、趋势方程（Trend）和预测方程（Forecast），描述如下：

$$\begin{aligned}&\text{Level:} \quad l_t = \alpha x_t + (1-\alpha)(l_{t-1} + b_{t-1})\\&\text{Trend:} \quad b_t = \beta(l_t - l_{t-1}) + (1-\beta)b_{t-1}\\&\text{Forecast:} \; y_{t+h|t} = l_t + hb_t\end{aligned}$$

其中，水平方程表示观测值和序列中单步预测值的加权平均。趋势方程表示在时刻 $t$ 处预估的相对增长率。对预测方程而言，如果趋势呈线性增长或下降时，可采用加法原则，容易理解；而如果趋势呈指数级变化时，则采用乘法原则，使得预测结果更稳定一些。

**（2）自回归模型**

在时间序列中，以时刻 $t$ 开始之前的若干个历史观测值作为回归方程的输入，进行线性组合，以预测下一个时刻 $t$+1 的值。不同于线性回归模型，回归方程的自变量和因变量是同一个变量的不同时刻。因此，这样的回归模型称为自回归模型（Auto-Regression）。

如果时间序列中的当前值 $x_t$ 与之前的 $p$ 个历史时间值相关，则需要用 $x_{t-1},\cdots,x_{t-p}$ 构造自回归方程，即所谓 $p$ 阶自回归模型 AP($p$)，其一般形式为

$$x_t = \varphi_0 + \varphi_1 x_{t-1} + \cdots + \varphi_p x_{t-p} + \varepsilon_t$$

其中：

① 序列 $\varepsilon_t$ 称为残差，是白噪声序列，服从均值为 0、方差为 $\sigma^2$ 的纯随机分布，即序列是完全无序的随机波动，序列中各项之间没有任何相关关系，没有信息可提取。

② $\varepsilon_t$ 是一个宽平稳序列，随机过程的数学期望和方差这些统计特性不随时间的推移而变化，这是自回归模型的必要条件。在实际应用中，可使用单位根（模为 1 的根）或 ADF（Augmented Dickey-Fuller）测试对序列进行平稳性检验。

③ 序列 $x_t$ 自相关，但与 $\varepsilon_t$ 并不相关。

④ 自回归系数 $\varphi_0,\varphi_1,\cdots,\varphi_p$ 表示 $x_t$ 对 $x_{t-1},\cdots,x_{t-p}$ 的依赖程度，是回归模型的待估参数。

时间序列的自回归模型本质上也是一种回归分析，需要对时间序列近期的历史数据进行自相关性、平稳性和白噪声等检测，并对回归方程的参数进行估计并选择最优参数。这些内容不再赘述，可以在以后的实践中进一步学习和掌握。

**（3）ARIMA 模型**

在上面的移动平均模型和自回归模型中，都涉及以下两个基本概念。

① 滞后算子：将一个时间序列的前一期值转化为当前值的算子运算，记为 $L$。例如对时间序列 $\{x_t\}$，$k$ 阶滞后算子可表示为 $L^k(x_t) = x_{t-k}$。

② 滞后期：也称为滞后长度，表示时间序列数据之间相互影响的广度。

在移动平均模型中，只考虑观测值与其滞后值之间的间接关系，如 $x_t$ 与 $x_{t-k}$ 之间的相关性，超过 $k$ 的滞后值将不再有相关性；而在自回归模型中，当滞后期为 $k$ 时，既要考虑相距 $k$ 个时间间隔的观测值之间的相关性，又要考虑时间间隔之间的相关性。因此，在选择合理的滞后期之后，可以将滞后算子作用于时间序列，从而获得一个新的时间序列，并能揭示这两个序列之间的关系。

移动平均模型和自回归模型都对时间序列的平稳性有一定要求。如果时间序列是非平稳的，为描述数据彼此之间的关系，需要首先对数据进行差分处理，将其转换为平稳时间序列，这就是差分自回归移动平均模型（Auto-Regression Integrated Moving Average，ARIMA）的由来，其一般形式可描述为ARIMA$(p,d,q)$，对其参数说明如下：

$d$：非平稳时间序列转换为平稳序列时的差分次数（阶数）；

$p$：自回归项的项数，由时间序列中观测值本身的相关性（观测值之间的直接相关），即自相关函数（Auto-Correlation Fuction，ACF）决定；

$q$：移动平均的项数，由时间序列中 $k$ 个时间单位分隔的观测值之间的相关性（观测值之间的间接相关），即偏自相关函数（Partial Auto-Correlation Function，PACF）决定。

使用 ARIMA 模型进行时间序列分析、预测的一般过程如下：

① 检测时间序列的平稳性，可使用散点图、ACF/PACF 相关函数图或 ADF 方法、单位根方法等检验序列的方差、趋势、季节性变化规律，以识别时间序列的平稳性；

② 将非平稳时间序列进行差分处理，转换为平稳序列，同时确定差分的次数 $d$；

③ 根据时间序列的相关性规则，选择建立相应的模型，可以是移动平均模型、自回归模型或 ARIMA 模型，并确定自回归的项数 $p$、移动平均的项数 $q$；

④ 进行参数估计，检验是否具有统计意义；

⑤ 进行假设检验，判断残差序列是否为白噪声；

⑥ 使用已通过检验的模型进行分析预测。

除上述模型外，现代流行的模型还有自回归条件异方差（Auto-Regressive Conditional Heteroskedasticity，ARCH）模型，该模型能准确地模拟时间序列变量的波动性变化，适用于序列具有异方差性且异方差函数短期自相关的情况。在此也不再赘述。

### 4. 移动窗口函数

在时间序列常用的分析和预测模型中，都涉及移动窗口的使用，无论是固定长度的窗口，还是带有权值衰减（线性或指数级）的窗口，或是长度不固定的窗口（如指数加权移动平均），在这些窗口上可以进行统计计算和其他一些函数计算，从而可以平滑噪声或有缺陷的数据，我们把这样在移动窗口上可以执行的函数，统称为移动窗口函数（Moving Window Function）。同其他统计函数一样，移动窗口函数也会自动排除缺失值。

Pandas 提供了支持时间序列分析和预测的有关函数，如滑动窗口函数 rolling( )、扩展窗口函数 expanding( )、相关函数 corr( )等。其中 rolling( )函数是在时间序列分析上最常使用的一个函数，它与 resample( )函数和 groupby( )函数很像，可以在 TimeSeries 或 DataFrame 上指定一个 window（表示期数）后调用该函数，其基本语法如下：

```
    rolling(self, window, min_periods=None, center=False, win_type=None,
on=None, axis=0, closed=None)
```

rolling( )函数的主要参数及说明如表 4.35 所示。

对时间序列的重构分析，我们以世界知名公司在 1990 年 2 月至 2011 年 10 月的股市收盘价为例，探讨相关移动窗口函数的使用，其中的数据集 stock_px.xlsx 来源于 Github 网站，主要涉及苹果公司（AAPL）、IBM 公司（IBM）、微软公司（MSFT）和埃克森美孚公司（XOM），股市价格采用捷克布拉格 PX 指数标准。

表 4.35　rolling( )函数的主要参数及说明

| 参 数 名 称 | 描　　述 |
| --- | --- |
| window | 表示移动窗口的大小，可以是 int 或 offset。如果使用 int，则数值表示计算统计量的观测值的数量即向前几个数据。如果是 offset 类型，表示时间窗的大小 |
| min_periods | 移动窗口最少包含的观测值数量，小于这个值的窗口计算结果为 NaN。若 window 参数值为 int，默认 None，若为 offset，则默认为 1 |
| center | bool 型，默认为 False，表示是否把每一个观测值标记为窗口的中间位置进行计算 |
| win_type | str 型，用于指定窗口的类型，默认为 None，则所有点的权值相等。其值可以为"boxcar" "triang" "blackman" "hamming" "bartlett"等共 15 种类型 |
| on | str 型，可选参数。对于 DataFrame 而言，如果不使用 index 作为要计算移动窗口的列，可以通过列名指定其他的列 |
| axis | int 型或 str 型，默认为 0，即对列进行移动窗口计算 |
| closed | str 型，用于定义区间的开闭，默认为 None。其值可以为"right" "left" "both" "neither"，对基于偏移量的窗口默认为"left"（左闭右开），而固定窗口默认为"both" |

**1）滑动窗口函数**

对使用 rolling( )函数之前，需要首先加载时间序列数据。我们读取 4 个公司的股市收盘价，对源文件中的日期进行解析，作为 DataFrame 对象的索引，之后通过切片选取 2001 年至 2011 年期间的每日收盘价，并重采样为工作日（"B"）频率。

```
>>> import pandas as pd
>>> import matplotlib.pyplot as plt  #导入绘图模块
>>>         close_px_all=pd.read_excel('d:/Pandas/data/stock_px.xlsx',
parse_dates=True,index_col=0)  #读取全部股价数据
>>> data=close_px['2001':'2011'][['AAPL','IBM','MSFT','XOM']]  #时间切
片，选取 4 列
>>> data
              AAPL     IBM      MSFT     XOM
  2001-01-02    7.44   74.25     17.05    35.04
  2001-01-03    8.19   82.84     18.84    33.51
  2001-01-04    8.53   81.58     19.03    32.58
  2001-01-05    8.19   82.29     19.30    32.73
  2001-01-08    8.28   81.91     19.23    32.58
     ...        ...     ...       ...      ...
  2011-10-10  388.81  186.62     26.94    76.28
  2011-10-11  400.29  185.00     27.00    76.27
  2011-10-12  402.19  186.12     26.96    77.16
  2011-10-13  408.43  186.82     27.18    76.37
  2011-10-14  422.00  190.53     27.27    78.11

 [2714 rows x 4 columns]
>>> close_px=data.resample("B").ffill()  #按工作日频率重采样
```

在初步认识数据之后，可使用 rolling( )函数进行移动窗口计算，但与 groupby( )函数不同的是：在使用 window 参数指定移动窗口的大小后，rolling( )函数并不是对原数据进行分组，而是创建一个按照天分组的滑动窗口对象，如对微软公司股价以 250 天为窗口期进行移动计算，其原始股票价格波动及移动窗口计算的数据可视化

结果如图 4.18 所示。

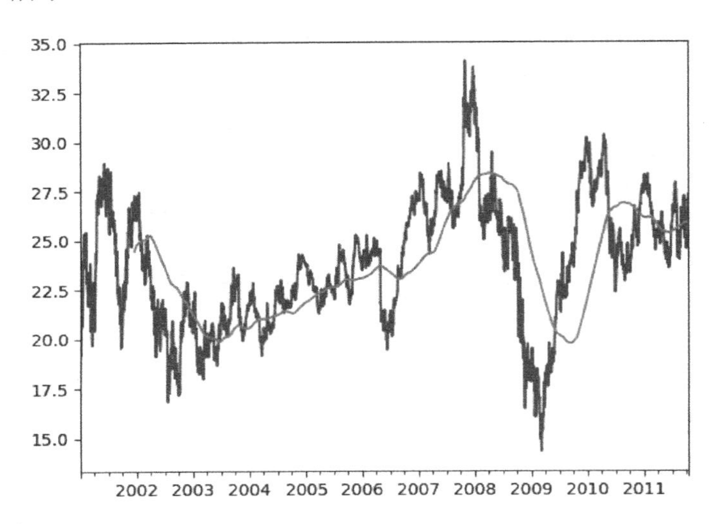


图 4.18　微软公司股市收盘价的 250 日均线

需要说明的是：在默认情况下，rolling( )函数要求窗口中所有的值为非 NaN 值。因此，在时间序列开始处还不满足窗口期大小的那些数据就是特例。

```
>>> close_px.MSFT.plot()  #原始数据可视化
<matplotlib.axes._subplots.AxesSubplot object at 0x0D80C230>
>>> close_px.MSFT.rolling(250).mean().plot()  #移动窗口计算结果可视化
<matplotlib.axes._subplots.AxesSubplot object at 0x0D80C230>
```

对于时间序列中不满足移动窗口大小的开始数据而言，可以使用 min_periods 参数改变移动窗口的最小值，以在一定程度上解决缺失数据的问题。如对微软公司标准差聚合设置窗口期最小值为 10 天，仍然有 NaN 值存在，但数量减少，其可视化结果如图 4.19 所示。

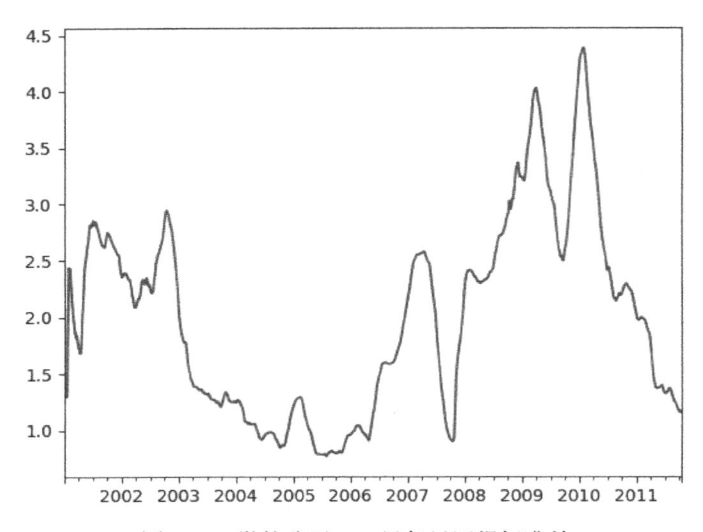


图 4.19　微软公司 250 日每日回报标准差

```
>>> msft=close_px.MSFT.rolling(250,min_periods=10).std()  #设置移动窗口的最小值
>>> msft[5:12]  #数据切片
2001-01-09         NaN
2001-01-10         NaN
2001-01-11         NaN
2001-01-12         NaN
2001-01-15    1.381346
2001-01-16    1.333915
2001-01-17    1.298156
Freq: B, Name: MSFT, dtype: float64
>>> msft.plot()  #每日回报标准差可视化
<matplotlib.axes._subplots.AxesSubplot object at 0x0DBA9E30>
```

移动窗口计算，除使用 rolling( )函数滑动窗口外，也可以使用 expanding( )函数进行扩展窗口计算，该函数的基本语法如下：

```
expanding(self, min_periods=1, center=False, axis=0)
```

该函数不需要指定窗口期大小，将从时间序列的开始处执行窗口计算，然后逐次增加窗口期大小直到它超过所有的序列大小。如对微软公司 250 日标准差时间序列进行扩展窗口平均，其结果可视化如图 4.20 所示。

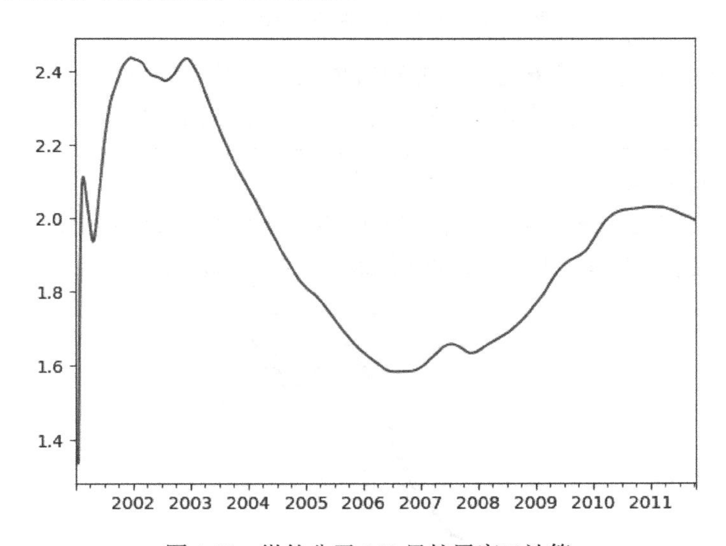


图 4.20　微软公司 250 日扩展窗口计算

rolling( )函数的窗口期在处理不规律的时间序列时，也可以指定一个固定大小的时间偏移字符串，并且可以转换计算应用到 DataFrame 所有的列上，如计算所有公司 60 天的滚动均值，其可视化结果如图 4.21 所示。

```
>>> close_px.rolling('60D').mean().plot(logy=True)  #固定窗口，同时计算多列
<matplotlib.axes._subplots.AxesSubplot object at 0x0C07FF50>
```

**2）指数加权函数**

对时间序列的移动窗口计算，如果窗口期大小固定，为使得近期的观测值具有更大

的影响，可以定义一个衰减因子常量，使得近期的观测值的权数更大。定义衰减因子的方式有很多，比较流行的是使用时间间隔（span），它可以使结果兼容于窗口大小等于时间间隔的简单移动窗口（simple moving window）函数。

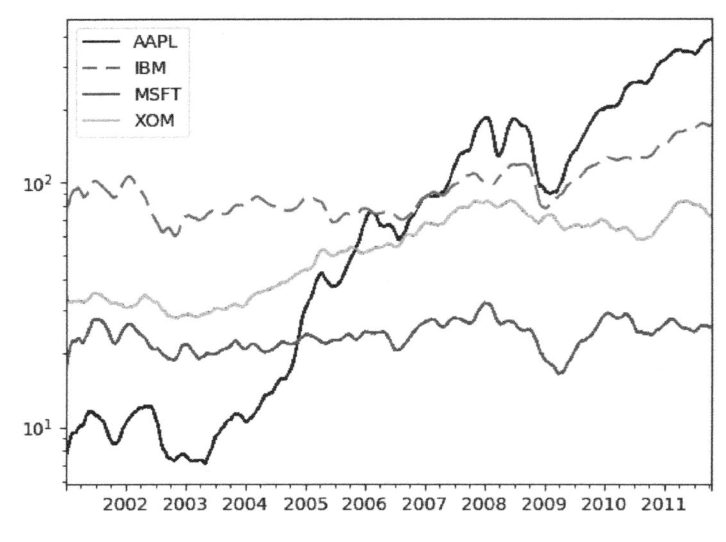


图 4.21　四个公司股价的 60 日均线

由于指数加权统计会赋予近期的观测值更大的权数，因此相对于等权统计，它能“适应”更快的变化。Pandas 提供了 ewm( )函数，其基本语法如下：

```
    ewm(self,com=None, span=None, halflife=None, alpha=None, min_periods=0,
adjust=True, ignore_na=False, axis=0)
```

在此，仅以微软公司股票收盘价的 30 日移动平均和 span=30 的指数加权移动平均对比，说明 ewm( )函数的使用方法。可视化结果如图 4.22 所示。

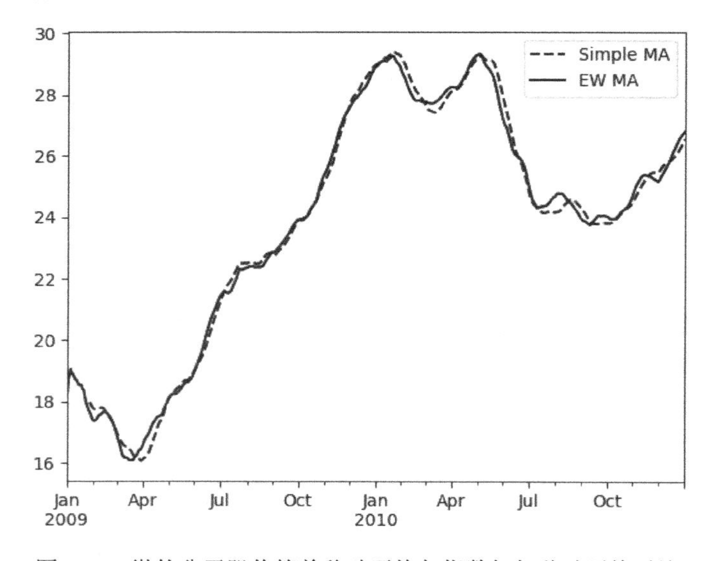


图 4.22　微软公司股价简单移动平均与指数加权移动平均对比

```
>>> msft_px=close_px.MSFT['2009':'2010'] #时间序列切片
>>> ma=msft_px.rolling(30,min_periods=20).mean() #简单移动平均
>>> ewma=msft_px.ewm(span=30).mean() #指数加权移动平均
>>> ma.plot(style='k--',label='Simple MA') #虚线
<matplotlib.axes._subplots.AxesSubplot object at 0x0BBF40F0>
>>> ewma.plot(style='k-',label='EW MA') #实线
<matplotlib.axes._subplots.AxesSubplot object at 0x0BBF40F0>
```

**3）二元移动窗口函数**

对时间序列的统计计算，如相关系数和协方差的计算，有时需要在两个时间序列上执行。例如，目前全球股市表现的基准是标准普尔 500 指数（SPX），它是记录美国 500 家上市公司的一个股票指数，已经成为金融投资界的公认标准。它以 1941 年至 1942 年为基期，其计算方法为：

500 家公司的所有市值÷（基期的股价×股票发行总量的总和）

如果有金融分析师对某只股票与 SPX 的相关系数感兴趣，可以先计算感兴趣的时间序列的百分数变化，之后调用 rolling( )函数并计算与时间序列中其他项的相关系数，例如我们以 SPX 与 MSFT 公司的股价为例，其计算结果可视化如图 4.23 所示。

```
>>> spx_px=close_px_all['2001':'2011']['SPX'] #选取 2001 年至 2011 年的SPX 指数
>>> spx_rets=spx_px.pct_change() #计算 SPX 的百分数变化
>>> returns=close_px.pct_change() #计算 4 个公司的股价百分数变化
>>> corr=returns.MSFT.rolling(125,min_periods=100).corr(spx_rets) #相关性计算
>>> corr.plot() #可视化
<matplotlib.axes._subplots.AxesSubplot object at 0x072E38F0>
```

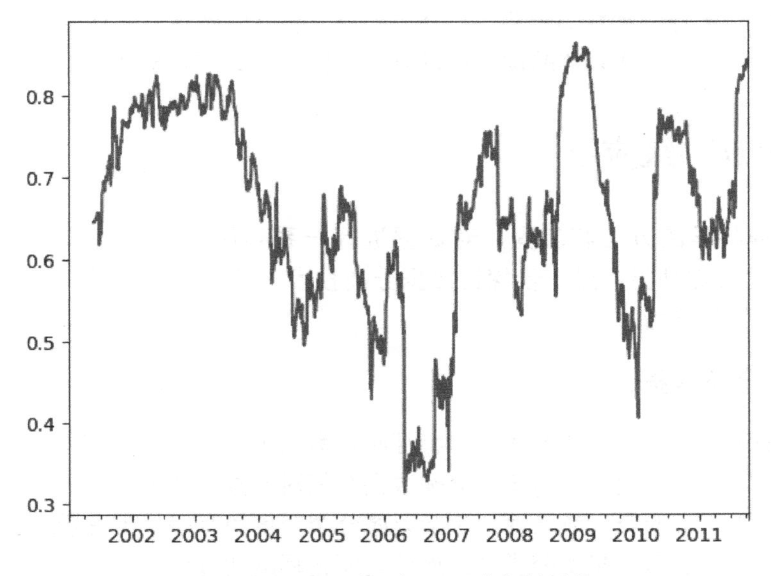


图 4.23　MSFT 公司与 SPX 的相关系数

如果要一次性计算多只股票与 SPX 的相关系数，只需传入一个 TimeSeries 或一个

DataFrame，就会自动按照时间序列进行相关计算，如下示例就是计算 DataFrame 各列的相关系数，结果可视化如图 4.24 所示。

```
>>> corr=returns.rolling(125,min_periods=100).corr(spx_rets)   #各列与SPX的相关计算
>>> corr.plot()
<matplotlib.axes._subplots.AxesSubplot object at 0x072E8390>
```

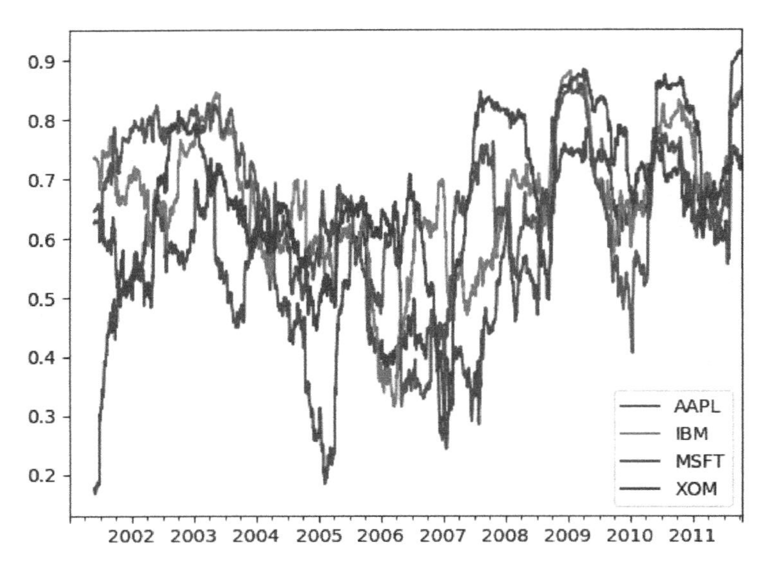


图 4.24　四只股票与 SPX 的相关系数［见彩插］

**4）用户定义的移动窗口函数**

对时间序列执行移动窗口计算后，可以应用 apply()函数，从而能够在移动窗口上应用自己设计的函数。感兴趣的读者可以自行实验，在此不再赘述。

# 4.6　Pandas 高级应用

按照数据科学的方法和流程，对数据进行一系列加工、处理和分析，本节针对 Pandas 具有的特殊功能，进一步探讨数据分类技术、链式编程技术，以期更好地提升数据处理和分析的能力。

## 4.6.1　分类数据

当我们描述观察到的事物的属性和特征时，数据用以记录变量的结果，是变量的具体表现形式。因此，从变量的角度，分类数据是相对于数值数据而言的，是一种定性数据，表现为互不相容的类别或属性，包括无序分类变量和有序分类变量两种情形。

（1）无序分类变量：指所分类别或属性之间无程度和顺序的差别。例如性别的男和女、药物反应的阴性和阳性等是一种二分类的情况；而不同的血型（O、A、B、AB）、职业（工、农、商、学、兵）等则是一种多分类的情况。对于无序分类变量的分析，应

先按类别分组，通过编制分类变量的频数表，获得无序分类的计数数据。

（2）有序分类变量：各类别之间有程度的差别。例如学生成绩的等级按优秀、良好、及格、不及格分类；空气质量指数（AQI）按优、良、轻度污染、中度污染、重度污染、严重污染分类等。对于有序分类变量，应先按等级顺序分组，通过编制有序变量（各等级）的频数表，获得有序分类的等级数据。

在 4.3 节，我们使用哑变量（虚拟变量）对分类数据进行量化，把分类变量转换为哑变量或指标矩阵，从而可以使用模型完成相应的统计分析。此外，在数据仓库这样的数据系统中，对于大量重复数据的表征，使用了维度表的方法，即用整数值表示或编码事实表中的不同类别。这些都为分类数据的统计计算和高效存储提供了有效的途径和方法。

在本书前面的章节中，针对 Numpy 数组、Pandas 中的 Series 和 DataFrame，这些重复的、包含不同值的小数据集，我们已经使用了 unique( )、value_counts( )方法来提取不同的值，并分别计算频率。

```
>>>import numpy as np
>>> import pandas as pd
>>> values=pd.Series(['dog','monkey','dog','dog']*2)  #有重复值的 Series 对象
>>> values
0      dog
1   monkey
2      dog
3      dog
4      dog
5   monkey
6      dog
7      dog
dtype: object
>>> pd.unique(values)  #获取到不重复值
array(['dog', 'monkey'], dtype=object)
>>> pd.value_counts(values)  #重复值频数
dog       6
monkey    2
dtype: int64
>>> indices=pd.Series([0,1,0,0]*2)  #重复值的整数编码
>>> dim=pd.Series(['dog','monkey'])  #分类数据
>>> data=dim.take(indices)  #类似维度表，用整数键映射分类数据，存储原始数据
>>> data
0      dog
1   monkey
0      dog
0      dog
0      dog
1   monkey
```

```
0       dog
0       dog
dtype: object
```

### 1．Pandas 的分类类型（Category）

Pandas 提供了一个特殊的对象类型 Category，用于保存使用整数分类表示的 Category 类型的数据。要创建一个 Category 类型的对象，主要有以下三种方式：

（1）使用 astype( )方法，将任意不可变类型的数据转换为分类类型，例如可以将比较常用的 Series 或 DataFrame 中存储的 Python 字符串数组转换为 Category 类型；

（2）使用 Categorical( )方法将 Python 序列转换为 Category 类型；

（3）在已有整数分类编码的情况下，使用 from_codes( )方法创建 Category 类型。

在创建 Category 类型对象后，可以使用该对象的 categories 和 codes 属性访问分类数据及对应的整数编码。

在将数据进行分类变换时，不能指定分类的顺序，Category 类型数组的顺序取决于输入数据的顺序。当使用 from_codes( )或其他的方法时，可以指定分类是有顺序的。或者已经创建了一个无序的分类对象，可以通过该对象的 as_ordered( )方法排序。

特别值得一提的是，对于从外部数据源读取到 DataFrame 中的大数据集，可以将其中的列转换为 Category 类型，从而大大提高数据处理和分析的效率。

```
>>> fruits=['apple','banana','apple','apple']*2  #字符串数组
>>> length=len(fruits)  #数组的长度
>>> data=pd.DataFrame({'basket':np.arange(length), 'fruit':fruits,
                       'count':np.random.randint(3,15,size=length),
                       'weight':np.random.uniform(0,4,size=length)})
#DataFrame 对象
>>> data=data.set_index('basket')  #将 basket 列作为索引
>>> data
         fruit      count     weight
basket
0        apple          6   0.669887
1       banana          7   1.030050
2        apple         10   1.299450
3        apple          5   1.697909
4        apple          5   2.352773
5       banana          9   1.846614
6        apple          8   3.735218
7        apple         10   3.306059
>>> categories=data['fruit'].astype('category')  #将"fruit"列转换为分类类型
>>> categories
0       apple
1      banana
2       apple
3       apple
4       apple
```

```
5    banana
6     apple
7     apple
Name: fruit, dtype: category
Categories (2, object): [apple, banana]
>>> c_obj=categories.values  #分类数组的值为Categorical实例
>>> type(c_obj)
<class 'pandas.core.arrays.categorical.Categorical'>
>>> c_obj.categories  #使用categories属性访问分类数组的值
Index(['apple', 'banana'], dtype='object')
>>> c_obj.codes  #分类数据的整数编码
array([0, 1, 0, 0, 0, 1, 0, 0], dtype=int8)
>>> data['fruit']=data['fruit'].astype('category')  #将fruit列以category
类型物理存储
>>> data.fruit
0     apple
1    banana
2     apple
3     apple
4     apple
5    banana
6     apple
7     apple
Name: fruit, dtype: category
Categories (2, object): [apple, banana]
>>> garbage=pd.Categorical(['kitc','recy','harm','kitc','recy'])  #直接
创建Categorical实例
>>> garbage
[kitc, recy, harm, kitc, recy]
Categories (3, object): [harm, kitc, recy]
>>> values=['kitc','recy','harm']  #不同类别的值
>>> codes=[0,1,2,0,0,1]  #已经确定的编码
>>> garbage=pd.Categorical.from_codes(codes,values)  #创建 Categorical
实例
>>> garbage
[kitc, recy, harm, kitc, kitc, recy]
Categories (3, object): [kitc, recy, harm]
>>>  ordered_garb=pd.Categorical.from_codes(codes,values,ordered=True)
#排序
>>> ordered_garb
[kitc, recy, harm, kitc, kitc, recy]
Categories (3, object): [kitc < recy < harm]
>>> garbage.as_ordered()  #无序分类对象排序
[kitc, recy, harm, kitc, kitc, recy]
Categories (3, object): [kitc < recy < harm]
```

2．用分类进行计算

在 4.3 节的数据转换中，我们已经使用 Pandas 库的 cut( )和 qcut( )函数实现数据的等宽或等频离散化，实际上函数的返回值是一个特殊的 Categorical 对象。对于这样的分类数据，我们可以使用 groupby( )函数按类别进行相应的统计计算。以下以随机数据为例，使用 qcut( )函数对数据进行分类并计算。

```
>>> np.random.seed(12345)  #设置种子，以保证产生的随机数每次都会不同
>>> data=np.random.uniform(0,4,size=1000)  #生成 1000 个 0～4 之间的随机数
>>> bins=pd.qcut(data,4)  #按四分位数对数据进行分类
>>> bins
[(3.017, 3.998], (1.034, 2.013], (-0.000571, 1.034], (-0.000571, 1.034], (2.013, 3.017], ..., (-0.000571, 1.034], (2.013, 3.017], (2.013, 3.017], (1.034, 2.013], (1.034, 2.013]]
Length: 1000
Categories (4, interval[float64]): [(-0.000571, 1.034] < (1.034, 2.013] < (2.013, 3.017] < (3.017, 3.998]]
>>> bins=pd.qcut(data,4,labels=['Q1','Q2','Q3','Q4'])  #为便于计算，定义每个类别的名称
>>> bins=pd.Series(bins,name='quartile')  #将分类信息转换为 Series
#以下为按分类对数据进行分组聚合运算
>>>
results=(pd.Series(data).groupby(bins).agg(['count','min','max']).reset_index())
>>> results
  quartile  count       min       max
0       Q1    250  0.000429  1.032013
1       Q2    250  1.034876  2.010128
2       Q3    250  2.015716  3.012992
3       Q4    250  3.030939  3.997657
>>> results['quartile']  #quartile 列保存了分类信息，包括排序
0    Q1
1    Q2
2    Q3
3    Q4
Name: quartile, dtype: category
Categories (4, object): [Q1 < Q2 < Q3 < Q4]
```

3．用分类提高性能

如果在一个特定的大数据集上要做大量的数据分析，使用分类数据可以极大地提高数据分析的空间和时间效率。

在 Python 环境中，对代码进行性能分析的方法有很多，而且在不同的环境中使用的方法也有较大差别，例如 UNIX 不同于 Windows 环境，Idle Python 也不同于 IPython 环境。在此，我们在 Windows 7+Idle Python 环境下，使用 Python 的外部扩展库 line_profiler 进行性能分析，这需要使用命令 pip install <在线库名或离线文件名>预先安

装，并通过如 from line_profiler import LineProfiler 导入在 Python 需要的功能模块。

下面，我们将通过包含一千万元素的 Series 和一些不同的分类数据，演示在 DataFrame 中使用分类和不使用分类的性能分析。通过示例，我们可以有如下结论：

（1）使用分类数据通常占用少得多的内存，而直接使用字符数组占用的内存要远比分类数据占用的内存多；

（2）将未分类数据转换分类数据时，要付出时间的代价，但这是一次性的代价。如果要对数据集做大量分析工作，这个代价还是值得的；

（3）使用 groupby( )方法对数据进行统计计算时，对分类数据的操作明显速度更快，这是因为分类类型底层的算法使用整数编码数组，而不是直接使用字符串数组。

```
>>> import numpy as np
>>> import pandas as pd
>>> from line_profiler import LineProfiler  #导入性能分析模块
>>> N=10000000  #数据的个数
>>> numbers=pd.Series(np.random.uniform(0,4,size=N))  #数量在 0~4 之间取值
>>> fruits=pd.Series(['apple','banana','orange','pear']*(N//4))  #有大量重复值的字符数组
>>> df=pd.DataFrame({'fruits':fruits,'numbers':numbers})  #将 Series 转换为 DataFrame
>>> df['fruits'].memory_usage()  #使用字符数组占用的内存大小
40000066
>>> df['fruits'].astype('category').memory_usage()  #转换为分类类型后的内存大小
10000178
>>> def computing(data):  #自定义函数
    data.groupby('fruits').agg(['count','sum','std']).reset_index()
#字符数组的计算
    data['fruits']=data['fruits'].astype('category')  #列'fruits'转换为分类类型
        data.groupby('fruits').agg(['count','sum','std']).reset_index()
#分类数据的计算
>>> lp=LineProfiler(computing)  #把函数传递给性能分析器
>>> lp.runcall(computing,df)  #执行性能分析过程
>>> lp.print_stats()  #显示性能分析结果
Timer unit: 3.11004e-07 s
Total time: 2.08063 s
Could not find file <pyshell#68>
Are you sure you are running this program from the same directory
that you ran the profiler from?
Continuing without the function's contents.

Line #      Hits         Time  Per Hit   % Time  Line Contents
==============================================================
     1
     2         1    3350405.0 3350405.0     50.1
```

```
    3      1    2044976.0 2044976.0    30.6
    4      1    1294670.0 1294670.0    19.4
```

从上面显示的性能分析结果来看，将字符数组转换为分类类型的时间占比为30.6%，是有一次性代价的；直接对字符数组进行统计计算的时间占比为 50.1%，而转换为分类后再进行统计计算的时间仅占比 19.4%，时间的效率大大提高。

### 4．分类方法

Categorical 对象具有一些特殊的属性和方法，这些方法是通过 Categorical 对象的cat 属性提供的，如表 4.36 所示。利用这些属性和方法，可以方便地操作和使用分类和编码，包括分类的添加、删除、重命名、排序等。

表 4.36　Categorical 对象的常用方法

| 方 法 名 | 描　述 |
| --- | --- |
| add_categories | 在已经存在的分类后面添加新的、未使用的分类 |
| as_ordered | 使分类有序 |
| as_unordered | 使分类无序 |
| remove_categories | 移除指定的分类，该分类在数据中对应的值为将被设置为 NaN |
| remove_unused_categories | 移除所有在数据中没有出现的分类值 |
| rename_categories | 用指定的新分类的值替换原分类值，但不能改变分类的数目 |
| reorder_categories | 对原分类的所有值重新排序作为新的分类，使分类有序 |
| set_categories | 用指定的新分类的值替换原有分类值，可以删除或添加分类 |

下面，我们将通过包含分类数据的 Series 的使用，让大家认识和理解这些属性和方法的使用。

```
>>> staff=pd.Series(['farmer','teacher','doctor','soldier']*2)  #包含分类数据的 Series 对象
>>> job=employee.astype('category')  #转换为分类类型
>>> job
0   farmer
1   teacher
2   doctor
3   soldier
4   farmer
5   teacher
6   doctor
7   soldier
dtype: category
Categories (4, object): [doctor, farmer, soldier, teacher]
>>> job.cat.codes  #分类的编码
0    1
1    3
2    0
3    2
4    1
```

```
5    3
6    0
7    2
dtype: int8
>>> job.cat.categories  #分类值
Index(['doctor', 'farmer', 'soldier', 'teacher'], dtype='object')
>>> actual_job=['farmer','teacher','doctor','soldier','engineer']  #字符串列表
>>> works=job.cat.set_categories(actual_job)  #用新分类值改变原有分类
>>> works
0   farmer
1   teacher
2   doctor
3   soldier
4   farmer
5   teacher
6   doctor
7   soldier
dtype: category
Categories (5, object): [farmer, teacher, doctor, soldier, engineer]
>>> job.value_counts()  #原来包含分类的数据未发生变化
teacher 2
soldier 2
farmer  2
doctor  2
dtype: int64
>>> works.value_counts()  #新分类中添加了一种分类
soldier 2
doctor  2
teacher 2
farmer  2
engineer    0
dtype: int64
>>> tmp=job[job.isin(['teacher','doctor'])]  #使用新的分类过滤原数据，但原分类未改变
>>> tmp
1    teacher
2     doctor
5    teacher
6     doctor
dtype: category
Categories (4, object): [doctor, farmer, soldier, teacher]
>>> tmp.cat.remove_unused_categories()  #移除数据集中未使用的分类
1    teacher
2     doctor
5    teacher
```

```
6    doctor
dtype: category
Categories (2, object): [doctor, teacher]
>>> job.cat.remove_categories('soldier')  #移除指定的分类"soldier"，则数据集中该分类对应的值置为空值
0   farmer
1   teacher
2   doctor
3   NaN
4   farmer
5   teacher
6   doctor
7   NaN
dtype: category
Categories (3, object): [doctor, farmer, teacher]
>>> job.cat.rename_categories(lambda s:s.capitalize())  #将原分类名称首字母大写后作为新分类的值
0   Farmer
1   Teacher
2   Doctor
3   Soldier
4   Farmer
5   Teacher
6   Doctor
7   Soldier
dtype: category
Categories (4, object): [Doctor, Farmer, Soldier, Teacher]
```

**小结：**

对分类数据的处理和分析，除统计计算和高效存储的目的外，在将来的学习中，也需要关注以下两个方面的用途。

（1）从计算机算法的角度，分类是按照数据记录关键字值的一种排序关系，如计数分类、选择分类、归并分类等，这在计算机专业的学习中尤为重要。

（2）从数据挖掘、机器学习的角度，分类是将数据映射到预先定义好的群组或类的过程，是数据分析的一种常用形式。而预测可以视为基于过去和当前数据对未来数据状态的分类，聚类则是通过相似度计算将数据划分为相交或不相交的群组的过程，它与分类的区别就在于是一种无指导学习的分类。分类常用的模型如 *K*-最近邻（*K* Nearest Neighbors，KNN）、决策树（decision tree）、朴素贝叶斯模型（naïve Bayes）等，这也是人工智能方向学习的基础。

### 4.6.2 链式编程技术

链式编程技术的使用，是 Python 追求简约之美的必然产物，能够将多个操作（多行代码）“链接”在一起，使得代码更加简洁，而且容易理解和使用。

Pandas 是运行在 Python 环境下的外部扩展库，特别是针对数据处理、分析的一系列操作，链式编程技术的使用也是不可或缺的。

### 1．Python 中的链式编程

Python 中链式编程思想最原始体现在比较运算上。如表达式“x>y>z”是允许的，相当于“x>y and y>z”。这种链式代码的书写格式已经被 Python 语言的使用者广泛接受。除此之外，Python 中链式编程思想主要体现在闭包函数和类成员方法的调用上。

**1）函数闭包的定义和调用**

有如下函数闭包的定义：

```
def greeting(msg):  #外部函数
    start=msg
    def position(city):  #嵌套函数
        txt=start+" to "+city  #嵌套函数中引用外部函数定义的变量
        def say(human):  #嵌套函数
            stat=txt+","+human
            print(stat)
        return say  #嵌套函数作为返回值
    return position  #嵌套函数作为返回值
```

函数定义完成后，可以在 Python 的交互模式下执行如下的函数调用。从形式上来看，这是一种函数的链式调用。

```
>>> greeting("Welcome")("Beijing")("Sir")  #函数的链式调用
Welcome to Beijing,Sir
```

**2）类成员方法的定义和调用**

有如下类成员方法的定义，最关键的是成员方法的返回值是对象自身。

```
class Person:  #定义类
    def name(self,name):  #定义成员方法
        self.name=name
        return self  #返回对象自身
    def age(self,age):  #成员方法
        self.age=age
        return self
    def show(self):  #成员方法
        print("My name is",self.name,"and I am",self.age,"years old.")
```

在定义类完成后，可以在 Python 的交互模式下创建类的实例，并调用对象的成员方法。从形式上看，这也是一种链式调用，只不过是对象的成员方法的链式调用。

```
>>> p=Person()  #创建类的实例
>>> p.name("Li mei").age(20).show()  #成员方法的链式调用
My name is Li mei and I am 20 years old.
```

### 2．在 Pandas 中使用链式编程

Pandas 在进行数据处理、分析时，如包含分类数据的 Series 对象 wroks，要移除其中指定的分类，可以执行 works.cat.remove_categories( )，这与 Python 中类的成员方法的链式调用是一样的。在此，主要对 Pandas 进行数据处理的方法，如 assign( )、pipe( )

等，使用链式编程的形式进行说明。

**1）引入**

Python 支持函数式编程，即允许把函数本身作为参数传入另一个函数，也允许返回一个函数。在 Python 的内置函数如 map( )、filter( )、reduce( )等，以及在使用 Python 的装饰器、函数闭包、高阶函数时，都有函数式编程的存在。

Python 秉承“一切皆对象”的理念，也支持可调用对象的使用。一个使用 def 定义的用户函数或 lambda 表达式、一个 Python 的内置方法（如 dict.get）或函数（如 len、type）、一个实现了__call__方法的类的实例等都可以被视为一个可调用对象，可以使用 Python 的内置函数 callable( )测试一个对象是否为可调用对象。

在 Pandas 中，使用函数式编程进行数据和分析时，如果使用了可调用对象，且满足

（1）一个函数作为另一个函数的参数，如函数 $a$ 是函数 $b$ 的参数，函数 $b$ 是函数 $c$ 的参数，若分步依次调用函数 $a$、$b$、$c$ 或直接使用高阶函数编码实现；

（2）对数据集进行一系列变换，可能会产生一些无用的中间临时变量，且下一次数据变换依赖于上一次变换的结果。

如果有以上两种情况的存在，就满足了构成“链”的前提条件，可以考虑使用链式编程技术进行数据的处理和分析。

Pandas 中使用的链式编程形式，是将多个数据处理过程通过对象的引用符（点号“.”）链接在一起，可以理解为按照数据流的形式完成各种数据处理、分析的工作。

需要说明的是：链式编程只是一种代码书写的习惯方式，如果认为分成若干步来书写代码，程序的可读性更强，那也是无可非议的。

**2）数据集的分配方法**

当对数据集进行一系列变换时，可能会创建多个临时变量，但这些变量其实并没有在数据处理、分析的过程中用到。Pandas 的 DataFrame 对象有一个 assign( )方法，它是使用一个 df[k] = v 形式的函数式的列分配方法。这个方法不是就地修改对象，而是返回新的修改过的 DataFrame 对象。DataFrame 对象的 assign( )方法和其他许多 Pandas 的函数一样，都可以接收类似函数的参数，把可调用对象（callable）作为函数的参数。在这样的情况下，可以不用中间的临时对象，直接用一个单链表达式实现整个过程。

对 assign( )方法的使用示例如下：

```
>>> df = pd.DataFrame({'temp_c': [17.0, 25.0]}, index=['Portland',
'Berkeley'])
>>> df
          temp_c
Portland    17.0
Berkeley    25.0
>>> df1=df.assign(temp_f=lambda x:x.temp_c*9/5+32)  #添加一列，生成新对象
>>> df1
          temp_c   temp_f
Portland    17.0     62.6
Berkeley    25.0     77.0
>>> df2=df.assign(temp_f=lambda x: x['temp_c'] * 9 / 5 + 32,
```

```
                temp_k=lambda x: (x['temp_f'] + 459.67) * 5 / 9)  #同时添加两列
>>> df2
          temp_c    temp_f      temp_k
Portland    17.0      62.6      290.15
Berkeley    25.0      77.0      298.15
```

对已经存在的数据集而言，使用 df[k]=v 形式就地分配可能会比使用 assign( )方法要快，但是使用 assign( )方法可以方便地进行链式编程，如在上面的例子中，使用 assign( )方法可以同时为 DataFrame 对象添加多列，而且一个列的添加是依赖于另一个列的。这时，可以用链式编程形式改写如下：

```
>>> result=(df.assign(temp_f=lambda x: x['temp_c'] * 9 / 5 + 32)
             .assign(temp_k=lambda x: (x['temp_f'] + 459.67) * 5 / 9))
#链式编程
>>> result
         temp_c  temp_f  temp_k
Portland   17.0    62.6  290.15
Berkeley   25.0    77.0  298.15
```

**说明：**

（1）示例汇总外括号的作用是便于添加换行符；

（2）如果有外部数据集，如 CSV、Excel、XML 数据或数据库中的数据，可以使用 Pandas 的 I/O 功能（见 4.2 节），将数据预先加载到 DataFrame 对象中再做处理。

**3）数据处理的管道方法**

使用 Python 的内置函数、自定义类或者 Pandas 提供的函数和方法时，用带有可调用对象的链式编程可以做许多工作。但是，如果要使用自定义的函数或者第三方库的函数时，就可以使用管道方法 pipe( )。

在使用函数式编程对数据进行一系列处理和分析时，可以接收、返回 Series、DataFrame 或 GroupBy 对象，自定义函数的调用主要有以下两种情形。

（1）分步函数调用，示例如下：

```
>>>a = f(df, arg1=v1)
>>>b = g(a, v2, arg3=v3)
>>>c = h(b, arg4=v4)
```

（2）使用高阶函数，即函数连接在一起，示例如下：

```
>>> f(g(h(df,arg1=v1), arg2), arg3=v3, arg4=v4)
```

这时，就可以使用管道方法 pipe( )将其重写，示例如下：

```
>>>result = (df.pipe(f, arg1=v1)
               .pipe(g, v2, arg3=v3)
               .pipe(h, arg4=v4))
```

**说明：**f(df)和 df.pipe(f)是等价的，但是 pipe 使得链式声明更容易。

使用管道方法 pipe( )也可以把数据处理和分析的一系列操作提炼为可复用的函数。示例代码如下：

```
>>>g = df.groupby(['key1', 'key2'])  #分组，返回 GroupBy 对象
>>>df['col1'] = df['col1'] - g.transform('mean')  #从"col1"列减去分组的平均
```

如果要转换多列，并修改分组的键，可以定义如下的一个函数。

```
def group_demean(df, by, cols):
    result = df.copy()
    g = df.groupby(by)
    for c in cols:
        result[c] = df[c] - g[c].transform('mean')
    return result
```

然后使用 pipe( )方法做链式编程转换，示例如下：

```
>>>result = (df[df.col1 < 0]
                .pipe(group_demean, ['key1', 'key2'], ['col1']))
```

# 第 5 章　数据可视化——Matplotlib

在数据处理和分析的基础上，为了更好地理解数据，探索和发现数据潜在的价值和模式，选择合适的数据表现形式，即进行数据的可视化处理是目前数据科学研究中非常重要的一个环节。

Python 的第三方扩展库 Matplotlib 依赖于 Numpy 模块和 tkinter 模块，可以绘制多种形式的图形，包括线图、直方图、饼状图、散点图、误差线图等，图形质量可以满足出版要求，是数据可视化的重要工具。

Matplotlib 中比较常用的 pyplot 模块是一个有命令风格的函数集合，每个绘图函数都可以对图形做一些修改，例如创建一幅图，在图中创建一个绘图区域，在绘图区域中绘制一些线条，使用标签装饰绘图等。在 matplotlib.pyplot 中，各种状态可以跨函数调用并保存起来，以便可以随时跟踪当前图像和绘图区域等，并使得绘图函数始终指向当前轴域。除 pyplot 模块外，Matplotlib 还提供了一个名为 pylab 的模块，其中包括了许多 Numpy 和 pyplot 模块中常用的函数，方便用户快速进行计算和绘图，十分适合在 IPython 交互式环境中使用。

要在 Python 环境中使用 Matplotlib 库，必须首先在当前的机器环境中进行安装和导入 Matplotlib。如在 Windows 操作系统中，可使用命令 pip install matplotlib 进行在线安装。在 IDLE（Python 3.6）环境中执行 import matplotlib.pyplot as plt 脚本命令导入 pyplot 模块到 Python 环境中。

## 5.1　绘图基础

认识和理解图表中的各组成部分，并结合相应的绘图函数绘制图形，是进行数据可视化的基础。

### 1. 图表的组成

在 Matplotlib 中，图表可以有许多不同的类型，如柱状图、线形图、散点图、饼图、直方图等，但基本的图表一般包括以下元素：

（1）$x$ 轴和 $y$ 轴：水平和垂直的轴线；

（2）坐标轴的刻度：表示坐标轴的分隔，有最小刻度和最大刻度；

（3）坐标轴的刻度标签：表示特定坐标轴的值；

（4）绘图区：指实际绘制图表内容的区域。

图表的基本组成如图 5.1 所示。

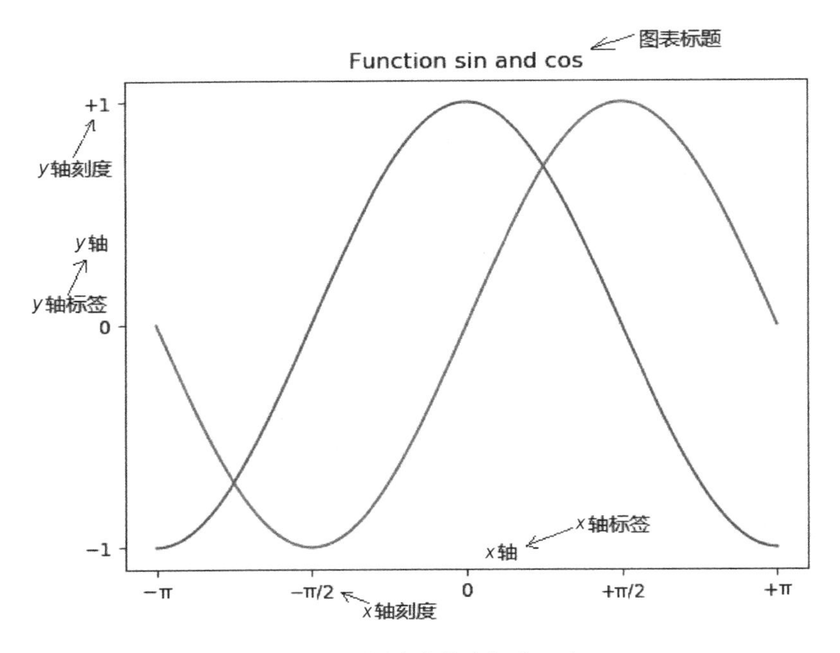


图 5.1　图表的基本组成元素

## 2．设置坐标轴长度与范围

坐标轴的范围和长度是绘图时非常有用的属性，可调用 axis( )方法设置 *x* 轴和 *y* 轴表示范围的值，即 xmin、xmax、ymin、ymax 的值，示例代码如下，显示只有坐标轴的空白图如图 5.2 所示。

```
>>> import matplotlib.pyplot as plt
>>> plt.axis()  #默认的坐标轴范围
(0.0, 1.0, 0.0, 1.0)
>>> ax=[-1,1,-10,10]
>>> plt.axis(ax)  #重新设置坐标轴范围
[-1, 1, -10, 10]
>>> plt.show()
>>> plt.axis(ymax=10)  #单独设置 y 轴的最大值，其他采用默认值
(0.0, 1.0, 0.0, 10)
```

在绘制图表时，可以不用 axis 或其他参数设置，Matplotlib 会自动绘制数据集中所有的数据点。而使用 axis( )函数设置坐标轴的范围时，如果数据集中的最大值或最小值超出设置的范围，则会遗漏掉部分数据点，不能够在图中画出。因此，可使用 matplotlib.pyplot.autoscale( )函数自动计算坐标轴的最佳大小，以适应数据的显示。

为使得同一个数据集不同属性值在同一个画布上显示，以便于从不同视图角度来观察数据的特征，可在同一个画布上添加新的坐标轴。

```
>>>import matplotlib.pyplot as plt  #导入扩展库 pyplot
>>>import numpy as np  #导入扩展库 Numpy
>>>fig=plt.figure()  #新建画布
>>>x=np.arange(0,100,1)  #产生 0～99 的 100 个随机数
```

```
>>>y=np.random.randn(100)  #产生 100 个满足标准正态分布的随机数
>>>left,bottom,width,height=0.1,0.1,0.8,0.8  #从画布 10%的位置开始绘制
>>>rect1=[left,bottom,width,height]   #宽、高是画布的 80%
>>>ax1=fig.add_axes(rect1)  #添加新的坐标轴
>>>ax1.plot(x,y,color='red')  #在 ax1 上绘制线图
>>>ax1.set_title('the first distribution')  #设置 ax1 的标题
>>>left,bottom,width,height=0.2,0.65,0.2,0.2
>>>rect2=[left,bottom,width,height]
>>>ax2=fig.add_axes(rect2)  #新建坐标轴 ax2
>>>ax2.plot(x,y,color='blue')  #在 ax2 绘制线图
>>>ax2.set_title('the second distribution')
>>>plt.show()
```

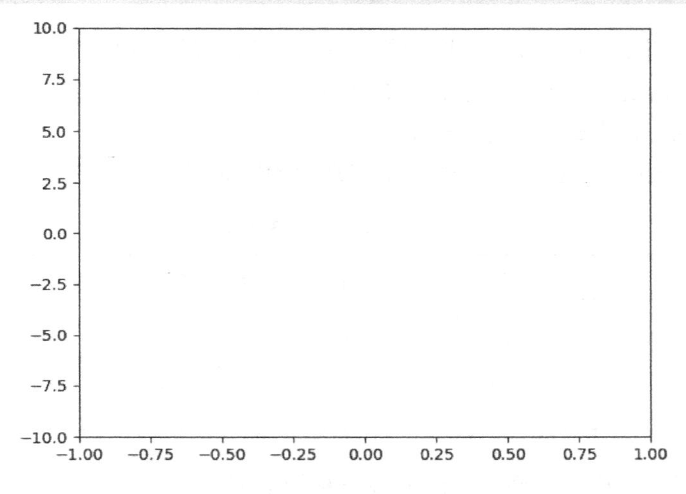


图 5.2　设置坐标轴的范围

以上示例代码，产生的图形如图 5.3 所示。

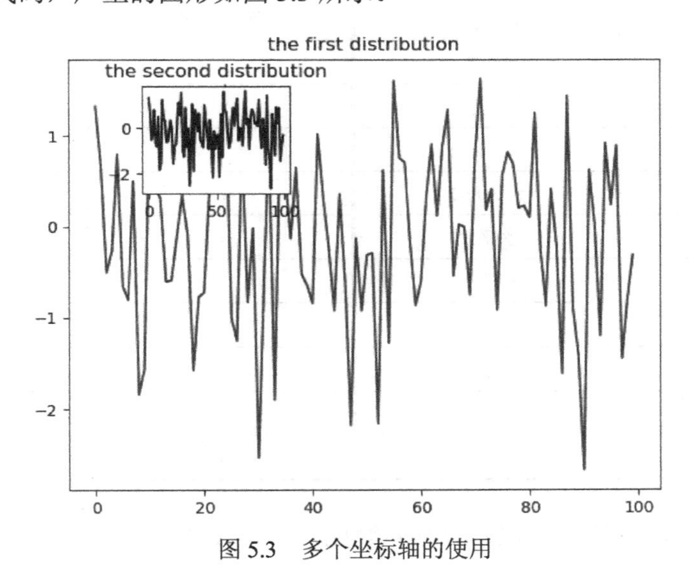


图 5.3　多个坐标轴的使用

如果仅仅是在坐标轴上画一条线，可使用 pyplot.axhline( )或 pyplot.axvline( )函数，如 axhline(y=.5, xmin=0.25, xmax=0.75)语句将在 $y$=0.5 的位置画一条线，$x$ 的取值范围是 0.25～0.75。

#### 3. 设置图表的线形和颜色

线形主要涉及线条的风格、线宽、线条上的标记等，而线条的颜色因人而异，这些方面主要是为了满足目标受众的需求。

要设置线条的属性，主要有以下两种方法。

（1）在调用绘图方法时，使用关键字参数指定。

例如调用 plot( )方法，可以有 plot(x,y,linewidth=1.5)，关键字参数 linewidth 将线宽设置为 1.5 大小。

（2）先调用绘图方法生成一个图形的实例，然后设置该实例的相应属性。

例如执行 line,=plot(x,y) 生成线条实例（matplotlib.lines.Line2D），然后使用 line.set_linewidth(1.5)设置线宽为 1.5 大小。

线条风格对应的为 linestyle 属性，比较常用的线条风格如表 5.1 所示。

**表 5.1　常用的线条风格**

| 线条风格 | 描　　述 | 线条风格 | 描　　述 |
|---|---|---|---|
| '-' | 实线 | ':' | 虚线 |
| '--' | 破折线 | 'None' | 什么也不画 |
| '-.' | 点画线 | | |

线条标记对应 marker 属性，常用的线条标记如表 5.2 所示。

**表 5.2　常用的线条标记**

<table>
<tr><th>标　　记</th><th>描　　述</th><th>标　　记</th><th>描　　述</th></tr>
<tr><td>'o'</td><td>圆圈</td><td>'.'</td><td>点</td></tr>
<tr><td>'D'</td><td>菱形</td><td>'s'</td><td>正方形</td></tr>
<tr><td>'h'</td><td>六边形 1</td><td>'*'</td><td>星号</td></tr>
<tr><td>'H'</td><td>六边形 2</td><td>'d'</td><td>小菱形</td></tr>
<tr><td>'_'</td><td>水平线</td><td>'v'</td><td>一角向下的三角形</td></tr>
<tr><td>"None"</td><td>无</td><td>'<'</td><td>一角向左的三角形</td></tr>
<tr><td>'8'</td><td>八边形</td><td>'>'</td><td>一角向右的三角形</td></tr>
<tr><td>'p'</td><td>五边形</td><td>'^'</td><td>一角向上的三角形</td></tr>
<tr><td>','</td><td>像素</td><td>'|'</td><td>竖线</td></tr>
<tr><td>'+'</td><td>加号</td><td>'x'</td><td>X</td></tr>
</table>

颜色对应 color 关键字，比较常用的颜色字符如表 5.3 所示。

表 5.3　常用的颜色字符

| 字　　符 | 颜　　色 | 字　　符 | 颜　　色 |
| --- | --- | --- | --- |
| 'b' | 蓝色 blue | 'm' | 洋红色 magenta |
| 'g' | 绿色 green | 'y' | 黄色 yellow |
| 'r' | 红色 red | 'k' | 黑色 black |
| 'c' | 青色 cyan | 'w' | 白色 white |

对线条的设置，简单示例如下，显示的效果如图 5.4 所示。

```
>>>import numpy as np
>>>import matplotlib.pyplot as plt
>>>x=np.arange(100)
>>>y=[i**2 for i in x]  #x 平方的列表
>>>plt.plot(x,y,linewidth=0.5,marker='*',markersize=3,color='m')
>>>plt.show()
```

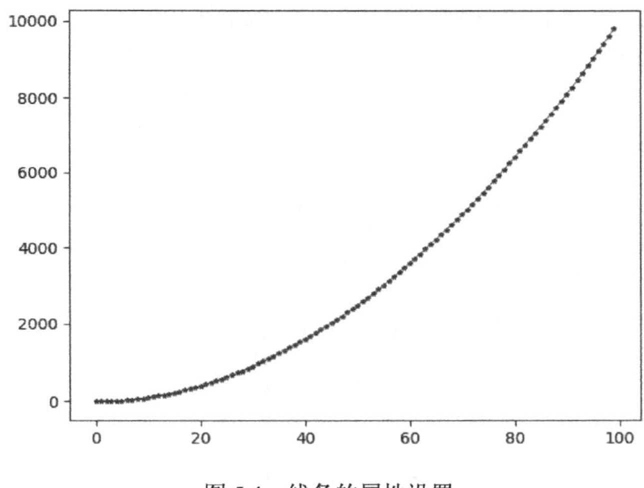


图 5.4　线条的属性设置

**说明：**

（1）plot( )函数返回的是线条对象（matplotlib.lines.Line2D）的列表，因此在赋值时可以使用 line,=plt.plot( )或 lines=plt.plot( )语句，之后可以通过 line 变量或 lins[0]引用获取列表中的第一个线条对象。

（2）在基本的颜色不够用时，可使用十六进制字符串，如 color='#eeefff'；或者直接使用颜色名称，如 color='red'；或者使用介于[0,1]之间的 RGB 元组，如 color=(0.3,0.1,0.4)。

### 4．设置刻度、刻度标签和网格

在调用 plot( )绘图方法时，Matplotlib 会自动地创建一个绘图区，这对于简单的绘图而言是足够的。但是对于更高级的应用，通过调用 figure( )方法显式地创建绘图区并得到相应示例的引用则是非常必要的。

刻度是图表的一部分，由刻度定位器（tick locator）和刻度格式器（tick formatter）

两部分组成，其中刻度定位器指示刻度所在的位置，而刻度格式器指定刻度显式的样式。刻度有主刻度（major ticks）和次刻度（minor ticks），在默认的情况下是不显示的，必要时主刻度和次刻度可以被独立地指定位置和格式化。

示例 1：创建一个绘图区，并使用 matplotlib.pyplot.locator_params( )方法控制刻度定位器的行为。例如绘图区比较小时采用紧凑视图（tight=True），刻度的最大间隔值为 10，显示结果如图 5.5 所示。

```
>>> import matplotlib.pyplot as plt
>>> import numpy as np
>>> plt.figure()  #显式创建绘图区
<Figure size 640x480 with 0 Axes>
>>>plt.axis(xmax=100)  #设置 x 轴的最大刻度为 100
>>> ax=plt.gca()  #获取当前的坐标轴
>>> ax.locator_params(tight=True,nbins=10)  #刻度间隔最大值为 10
>>> ax.plot(np.random.normal(10,0.1,100)) #产生 100 个正态分布值并绘图
[<matplotlib.lines.Line2D object at 0x082C9F10>]
>>> plt.show()
```

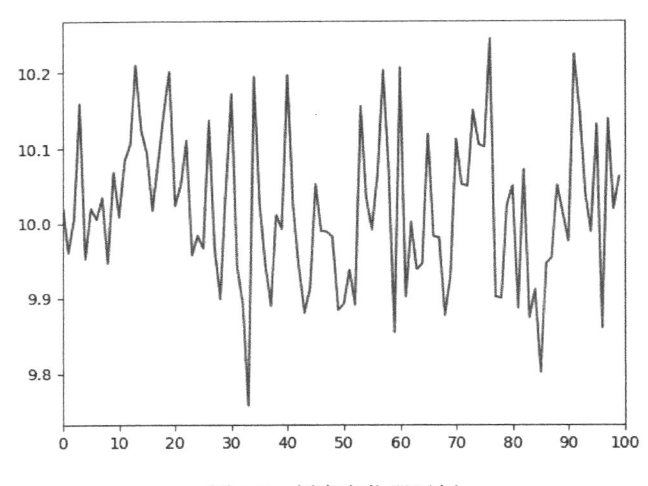


图 5.5　刻度定位器示例

刻度格式器的配置较为简单，规定坐标轴上值的显示方式，如数字的格式可使用 matplotlib.ticker.FormatStrFormatter( )方法指定'%2.1f '或'%1.1f cm'格式字符串作为刻度标签。示例代码如下，执行后显示的图形如图 5.6 所示。

```
import matplotlib as mpl
import matplotlib.pyplot as plt
import numpy as np
x=np.arange(100)  #生成由 0～99 组成的数组
y=np.random.rand(100)  #产生 100 个随机数
plt.figure()  #创建一个绘图区
ax=plt.gca()  #获取当前坐标轴
ax.xaxis.set_ticks_position('bottom')  #指定下边的轴为 x 轴
ax.yaxis.set_ticks_position('left')  #指定左边的轴为 y 轴
```

```
ax.spines['left'].set_position(('data',0))  #y 轴绑定到 0 点上
ax.spines['bottom'].set_position(('data',0))  #x 轴绑定到 0 点上
fmt=mpl.ticker.FormatStrFormatter('%2.1f cm')  #指定格式字符串
ax.xaxis.set_major_formatter(fmt)  #将格式字符串应用到 x 主轴
plt.plot(x,y)  #生成 2D 图形
plt.show()
```

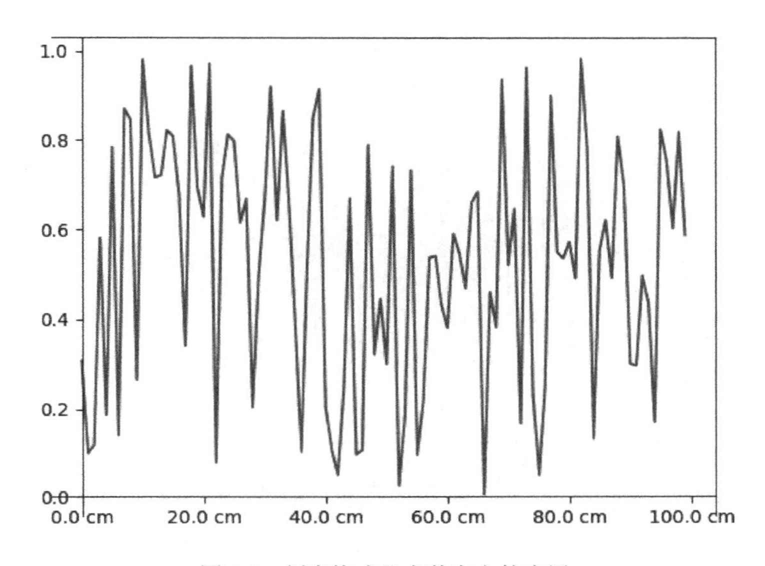


图 5.6　刻度格式器在数字上的应用

坐标轴显示的内容可以为日期数据，而 matplotlib 中用浮点数表示日期，其值为从 0001-01-01 UTC 起的天数加 1。因此，0001-01-01 UTC 06:00 的值为 1.25。在日期数据的使用上，可以用 Matplotlib 库中 dates 子模块的 date2num( )、num2date( )、drange( )等方法转换不同形式的日期。

以下示例代码，将结合 dates 模块，说明日期数据在坐标轴上显示的格式，结果如图 5.7 所示。

```
import matplotlib as mpl
import matplotlib.pyplot as plt
import datetime
import numpy as np
fig=plt.figure()  #显示创建绘图区
#设置日期范围
start=datetime.datetime(2019,1,1)
stop=datetime.datetime(2019,12,31)
delta=datetime.timedelta(days=1)
dates=mpl.dates.drange(start,stop,delta)  #转换 matplotlib 的日期
values=np.random.rand(len(dates))  #产生一系列随机值
ax=plt.gca()  #获取当前坐标轴
#创建日期对应的图形
ax.plot(dates,values,linestyle='-',linewidth=0.5,marker='')
```

```
date_format=mpl.dates.DateFormatter('%Y-%m-%d')  #指定日期格式
ax.xaxis.set_major_formatter(date_format)  #应用日期格式
plt.xlim(start,stop)  #设置 x 轴的上下限
fig.autofmt_xdate()  #自动格式化 x 轴上的数据标签
plt.show()
```

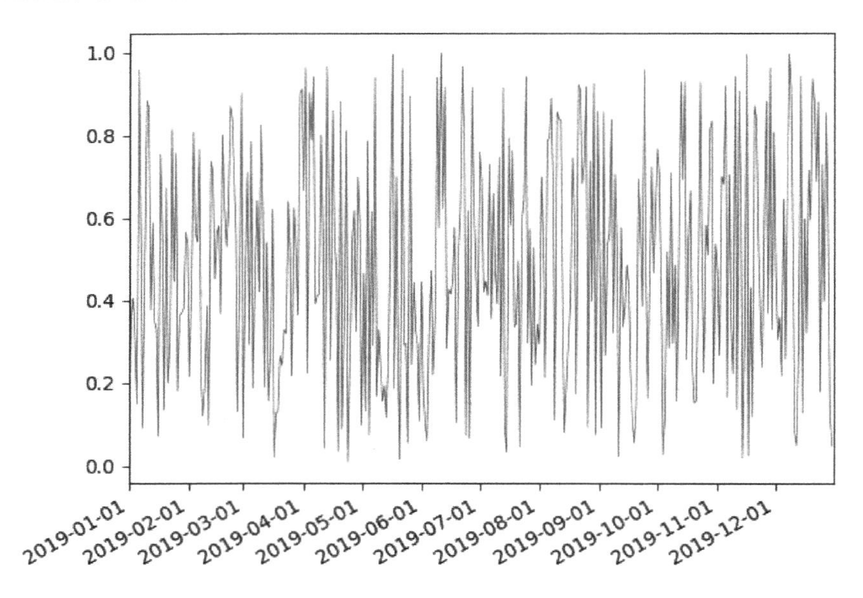


图 5.7　刻度格式器在日期上的应用

**说明：**自动格式化日期数据标签时，默认是旋转 30°，当然也可以用旋转参数指定不同的旋转角度大小。

#### 5．添加图例和注解

使用图例和注释可以为每个 plot 图形添加一个与所显示数据相关的简短描述，能够帮助读者更好地理解当前上下文中数据图表的内容。

在下面的示例程序代码中，我们使用坐标系对象的 spines( )方法和坐标轴的 set_ticks_position( )方法移动轴线到图中央，然后使用 legend( )和 annotate( )方法，分别为绘制的正弦函数曲线和余弦函数曲线添加图例和注解。程序运行时显示的结果如图 5.8 所示。

```
import numpy as np
import matplotlib.pyplot as plt
fig=plt.figure()
ax=plt.gca()  #获取当前坐标系
x=np.linspace(-np.pi,np.pi,500,endpoint=True) #生成 500 个数的序列
y1=np.sin(x)  #正弦函数
y2=np.cos(x)  #余弦函数
plt.plot(x,y1,color='b',linestyle=':',label='sin')  #虚线
plt.plot(x,y2,color='g',linestyle='-.',label='cos')  #点画线
ax.spines['right'].set_color('none')  #隐藏右侧和顶部的两条线
```

```
ax.spines['top'].set_color('none')
#移动底部和左侧的线到(0,0)位置
ax.spines['bottom'].set_position(('data',0))
ax.spines['left'].set_position(('data',0))
ax.xaxis.set_ticks_position('bottom')  #移动刻度位置到(0,0)
ax.yaxis.set_ticks_position('left')
plt.legend(bbox_to_anchor=(0.,1.02,1.,1.02),loc=3,ncol=2,
        mode='expand',borderaxespad=0)  #产生一个图例
#使用当前坐标系数据值，对重要的值进行注释
plt.annotate("Important Value",xy=(1,np.cos(1)),xycoords='data',
        xytext=(-3,1.0),arrowprops=dict(arrowstyle='->'))
plt.show()
```

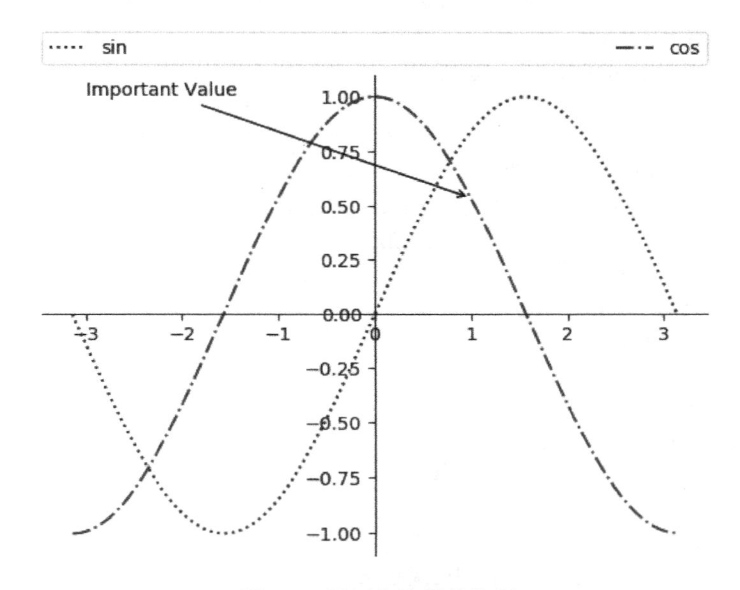


图 5.8　图例和注解的使用

**说明：**

（1）legend( )方法中，loc 参数用来指定图例框的位置，其取值如表 5.4 所示。选择合适的位置，可以避免图例覆盖图表的内容。

**表 5.4　loc 参数可使用的取值**

| 字　符　串 | 数　值 | 字　符　串 | 数　值 |
|---|---|---|---|
| best | 0 | center left | 6 |
| upper right | 1 | center right | 7 |
| upper left | 2 | lower center | 8 |
| lower left | 3 | upper center | 9 |
| lower right | 4 | center | 10 |
| right | 5 | | |

（2）参数 ncol 为列数；bbox_to_anchor=(0.,1.02,1.,1.02)表示图例边界框的起始位置为(0.0,1.02)、宽度为 1、高度为 1.02，这些值都是基于归一化轴坐标系；参数 mode 可

以为 none 或 expand，若为 expand，则图例框会水平扩展至整个坐标轴区域；参数 borderaxespad 指定坐标轴和图例边界之间的间距。

（3）在 annotate( )方法中，参数表明要添加注解的数据点坐标位置；xycoord='data'，表明注释和数据使用相同的坐标系；xytext 参数用来指定注释文本的起始位置；arrowstyle 参数指定箭头的风格，由 xytext 位置指向坐标位置。

#### 6．子区的使用

在 Matplotlib 库中，可以隐含或显式地创建一个绘图区（figure），要绘制的图形将在该绘图区中显示。也可以使用 subplot(nrows,ncols,index)方法将绘图区分为 nrows 行、ncols 列的网格，即将绘图区分为 nrows*ncols 个子区，新图形将在编号为 index 的子区中绘制。以下示例将使用子区，并分别绘制简单的几种图形，可进一步理解子区的作用，其结果如图 5.9 所示。

```
import matplotlib.pyplot as plt
x=[1,2,3,4]
y=[8,5,3,2]
plt.figure()  #创建一个绘图区
plt.subplot(2,3,1)  #也可以使用 subplot(231)的形式
#绘图区分为 2 行 3 列的网格，当前子区为第 1 个
plt.plot(x,y)  #折线图
plt.subplot(2,3,2)
plt.bar(x,y)  #垂直柱状图
plt.subplot(2,3,3)
plt.barh(x,y)  #水平柱状图
plt.subplot(2,3,4)
#连续调用 bar()方法，绘制堆叠柱状图
plt.bar(x,y)
y1=[9,7,5,3]
#设置参数 bottom=y，把两个柱状图连接起来
plt.bar(x,y1,bottom=y,color='r')
plt.subplot(2,3,5)
plt.boxplot(x)  #箱线图
plt.subplot(2,3,6)
plt.scatter(x,y)  #散点图
plt.show()
```

从对象的构成上看，子区的基类是 matplotlib.axes.SubplotBase，子区是 matplotlib.axes.Axes 的实例，即一个实例对应一个子区。

matplotlib.pyplot.subplots( )函数的返回值包括一个绘图区（figure）和一系列 Axes 实例对象组成的数组，即可以创建若干个子区。对每一个 Axes 对象，我们可以方便地进行访问，在其上绘制相应的图形并进行相关的设置。因此，使用 subplots( )方法，可以更方便地创建普通布局的子区。

以下代码片段将演示 subplots( )方法的使用，显示的结果如图 5.10 所示。

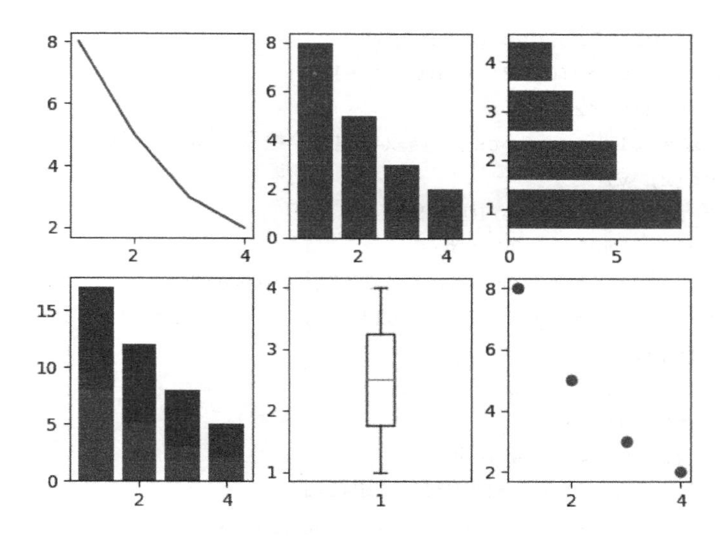

图 5.9　使用子区绘制简单图形

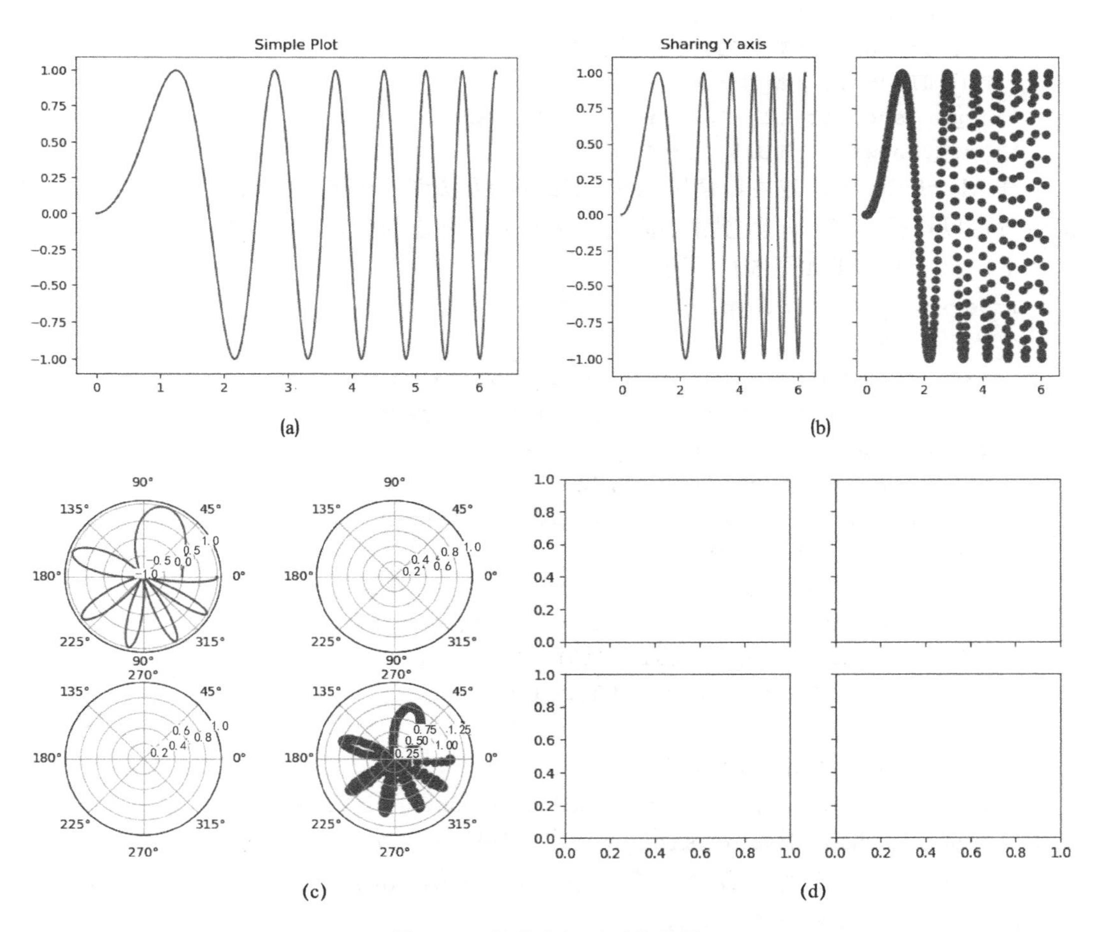


图 5.10　普通布局子区的使用

```
>>>import matplotlib.pyplot as plt
>>> x = np.linspace(0, 2*np.pi, 400)
>>> y = np.sin(x**2)
>>> fig, ax = plt.subplots()  #仅创建一个绘图区和一个子区
>>> ax.plot(x, y)
>>> ax.set_title('Simple Plot')
>>>plt.show()  #如图 5.10(a)所示
#创建两个子区，通过实例对象的引用，在不同的子区中显示图形
>>> f, (ax1, ax2) = plt.subplots(1, 2, sharey=True)  #共享 y 轴
>>> ax1.plot(x, y)
>>> ax1.set_title('Sharing Y axis')
>>> ax2.scatter(x, y)
>>>plt.show()  #如图 5.10(b)所示
#创建 4 个极坐标对象，并通过返回的对象数组访问
>>> fig, axes = plt.subplots(2, 2, subplot_kw=dict(polar=True))
>>> axes[0, 0].plot(x, y)
>>> axes[1, 1].scatter(x, y)
>>>plt.show()  #如图 5.10(c)所示
#对所有的子区共享 x 轴和 y 轴
>>> plt.subplots(2, 2, sharex='all', sharey='all')
>>>plt.show()  #如图 5.10(d)所示
```

在 Matplotlib 中，也可以使用 subplot2grid( )方法创建子区，网格的几何形状和子区的位置可以自行定义，从而创建不同的子区布局，并重新配置刻度标签的大小，示例代码如下，显示的结果如图 5.11 所示。

```
import matplotlib.pyplot as plt
plt.figure(0)
axes1=plt.subplot2grid((3,3),(0,0),colspan=3)
axes2=plt.subplot2grid((3,3),(1,0),colspan=2)
axes3=plt.subplot2grid((3,3),(1,2))
axes4=plt.subplot2grid((3,3),(2,0))
axes5=plt.subplot2grid((3,3),(2,1),colspan=2)
all_axes=plt.gcf().axes
for ax in all_axes:
    for ticklabel in ax.get_xticklabels()+ax.get_yticklabels():
        ticklabel.set_fontsize(10)
plt.suptitle("Demo of subplot2grid")
plt.show()
```

函数 subplot2grid( )的形式如下：

```
subplot2grid(shape, loc, rowspan=1, colspan=1, fig=None, **kwargs)
```

其中，形状参数 shape 形如(rows,cols)，规定网格的行列数；位置参数 loc 用来规定子区的坐标位置，为行、列号的数对，形如(row,col)；参数 rowspan、colspan 分别规定子区向右、向下跨越给定网格的行列数。

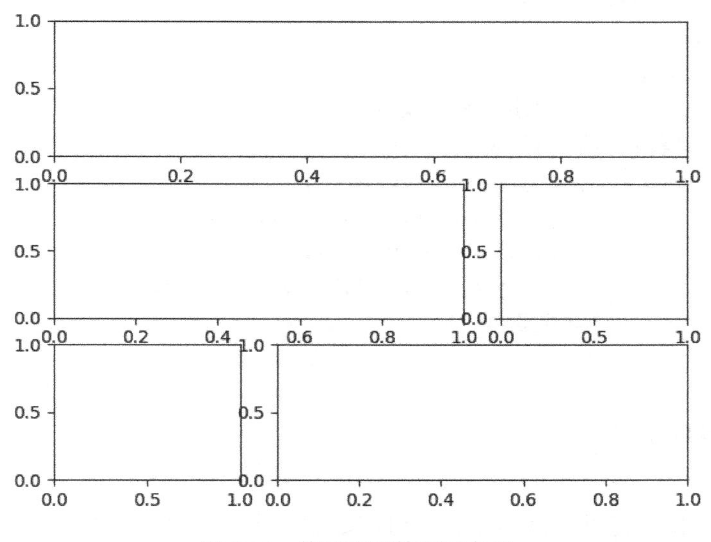


图 5.11　使用不同的子区布局

## 7．绘制带填充区域的图表

在 Matplotlib 库中，可以为曲线之间或曲线下方的不同区域填充颜色，从而使得读者更容易观察和理解给定的特定信息。以下代码片段，将演示如何填充两个轮廓线之间的区域，显示结果如图 5.12 所示。

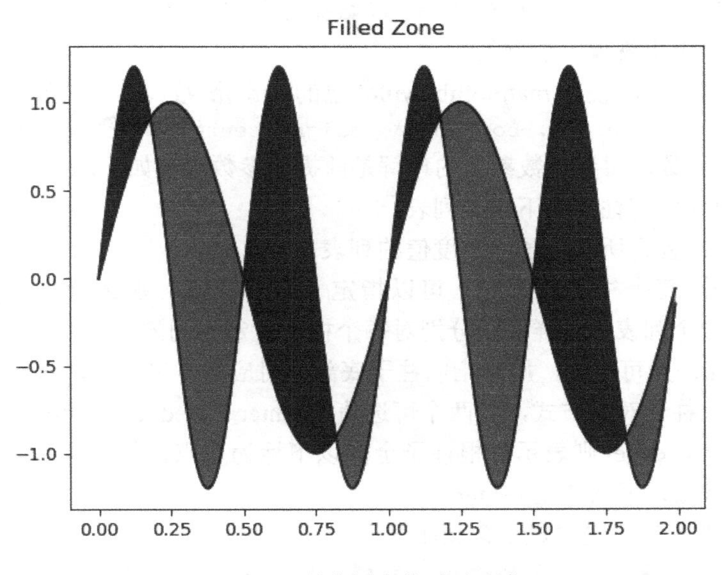


图 5.12　填充图表的不同区域

```
from matplotlib.pyplot import figure,show,gca
import numpy as np
x=np.arange(0.0,2,0.01)
```

```
y1=np.sin(2*np.pi*x)
y2=1.2*np.sin(4*np.pi*x)
fig=figure()
ax=gca()  #获取当前坐标系
ax.plot(x,y1,x,y2,color='black')
#填充满足逻辑表达式的相应区域
ax.fill_between(x,y1,y2,where=y2>=y1,
                facecolor='darkblue',interpolate=True)
ax.fill_between(x,y1,y2,where=y2<=y1,
                facecolor='deeppink',interpolate=True)
ax.set_title('Filled Zone')
show()
```

## 5.2 二维图形可视化

在本节中，我们将以示例的方式，对在数据可视化时常用的二维图形可视化涉及的Matplotlib库相关函数进行说明。线形图的绘制可以使用plot( )函数，在前边的示例中已经多次演示，在此不再赘述。

### 1. 柱状图

柱状图是最常见的图表，适用于二维数据集中只有一个维度需要进行比较的情况。例如年销售额是二维数据，“年份”和“销售额”是它的两个维度，但只需要比较“销售额”一个维度的大小即可。用柱状图反映数据之间的差异，用户的辨识度效果好，但其局限只适用于中小规模的数据集。

要绘制柱形图，可使用matplotlib.pyplot包的bar( )函数，其语法如下：

```
bar(x, height, width, bottom, *, align='center', **kwargs)
```

使用bar( )函数，对该函数参数的理解是前提，参数含义如下：

（1）x：包含所有柱子的下标的列表；

（2）height：包含所有柱子的高度值的列表；

（3）width：每个柱子的宽度，可以指定一个固定值，那么所有的柱子都是一样宽；或者设置一个列表，这样可以分别对每个柱子设定不同的宽度；

（4）bottom：为可选项，用来指明柱子底部所对应的$y$坐标值，默认为0；

（5）align：柱子对齐方式，有两个可选值：center和edge，center表示每根柱子是根据下标来对齐，edge则表示每根柱子全部以下标为起点，然后显示到下标的右边，如果不指定该参数，默认值是center。

bar( )函数的其他可选参数及含义如下。

（1）color：每根柱子呈现的颜色。同样可以指定一个颜色值，让所有柱子呈现同样颜色；或者指定带有不同颜色的列表，让不同柱子显示不同颜色。

（2）edgecolor：每根柱子边框的颜色。同样可以指定一个颜色值，让所有柱子边框呈现同样颜色；或者指定带有不同颜色的列表，让不同柱子的边框显示不同颜色。

（3）linewidth：每根柱子的边框宽度。如果没有设置该参数，将使用默认宽度，默认是没有边框。

（4）tick_label：每根柱子上显示的标签，默认是没有内容。

（5）xerr：每根柱子顶部在横轴方向的线段。如果指定一个固定值，所有柱子的线段将一样长；如果指定一个带有不同长度值的列表，那么柱子顶部的线段将呈现不同长度。

（6）yerr：每根柱子顶端在纵轴方向的线段。如果指定一个固定值，所有柱子的线段将一样长；如果指定一个带有不同长度值的列表，那么柱子顶部的线段将呈现不同长度。

（7）ecolor：设置 xerr 和 yerr 的线段的颜色。同样可以指定一个固定值或者一个列表。

（8）capsize：这个参数很有趣，对 xerr 或者 yerr 的补充说明。一般为其设置一个整数，例如 10。如果你已经设置了 yerr 参数，那么设置 capsize 参数，会在每个柱子顶部线段上面的首尾部分增加两条垂直原来线段的线段。对 xerr 参数也是同样道理。

（9）error_kw：设置 xerr 和 yerr 参数显示线段的参数，它是个字典类型。如果在该参数中又重新定义了 ecolor 和 capsize，那么显示效果以这个为准。

（10）orientation：设置柱子的显示方式。若为 vertical，则显示为柱形图；若为 horizontal，则显示为条形图。不建议通过设置这个参数来绘制条形图，条形图的绘制可使用 barh( )函数。

应用 bar( )函数绘制柱形图的示例代码如下，代码执行后对应的显示结果如图 5.13 所示。

```
import numpy as np
import matplotlib.pyplot as plt
country=('America', 'Belgium', 'China', 'Egypt', 'France')
nGroups =len(country)   #柱子总数
index = np.arange(nGroups)   #每个柱子对应的x坐标
means_men = (20, 35, 30, 35, 27)  #柱子的高度值列表
means_women = (25, 32, 34, 20, 25)
yerror = (2, 3, 3, 1, 2)  #柱子顶端y轴方向的线段长度
xerror=0.2*np.random.randn(nGroups)  #柱子顶端x轴方向的线段长度
fig, ax = plt.subplots()  #创建子区
bar_width = 0.35  #柱子的宽度
opacity=0.4  #柱子的透明度
error_config = {'ecolor': 'red'}  #误差线的颜色
#创建柱形图
bar_men = ax.bar(index, means_men, bar_width,
                alpha=opacity, color='b',
                yerr=yerror, xerr=xerror,error_kw=error_config,
                label='Men')
```

```
bar_women = ax.bar(index + bar_width, means_women, bar_width,
                   alpha=opacity, color='g',
                   yerr=yerror, xerr=xerror,error_kw=error_config,
                   label='Women')
ax.set_xlabel('Groups')  #x 轴标签
ax.set_ylabel('Scores')  #y 轴标签
ax.set_title('Scores by group and gender')  #标题
ax.set_xticks(index + bar_width / 2)  #x 轴刻度位置
ax.set_xticklabels(country)  #添加 x 轴刻度
ax.legend(loc='upper right')  #添加图例
plt.show()
```

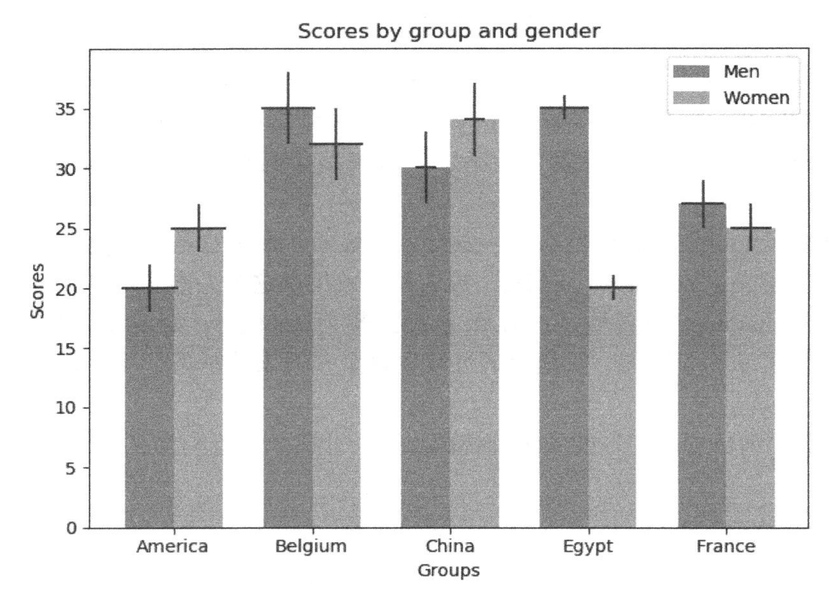


图 5.13　柱形图绘制示例［见彩插］

**说明：**

（1）要绘制水平方向的条形图，可使用 matplotlib.pyplot 模块中的 barh( )函数，请自行查阅相关资料；

（2）bar( )函数中的 xerr、yerr 参数可用于在柱状图上生成误差线条；

（3）若要绘制堆叠图，可以在调用 bar( )函数时，将其 bottom 参数设置为另一个柱形图对应的柱子高度，即如 bar2.bottom=bar1.height，从而实现 bar1 和 bar2 的堆叠效果。

## 2. 散点图

散点图也称为 X-Y 图，常用来表示数据点的分布和聚合情况。进一步地，可观察数据之间的趋势，通过回归分析等手段，推断出相应变量之间的相关性，并找出其中的离群点或异常点等。

绘制散点图，一般使用 scatter( )函数，其语法如下：

```
scatter(x,y,s=None,c=None,marker=None,cmap=None,norm=None,vmin=None,
vmax=None,alpha=None,linewidths=None,verts=None,edgecolors=None,hold=None,
data=None, **kwargs)
```

对其中常用的参数解释如下：

（1）x，y：相同长度的数组，作为输入数据；

（2）c：颜色或序列，可选，默认为'b'；

（3）s：散点的大小，标量或数组，可选，默认值为 20；

（4）marker：散点的形状，可选，默认值为'o'，可参阅 matplotlib.markers 以获取更多标记的相关信息；

（5）cmap：指定颜色映射，可选，默认为 None，仅在参数 c 为浮点数组时使用，更多信息可参阅 matplotlib.colors.Colormap 的帮助信息；

（6）norm：默认为 None，可用于亮度设置，规范为 0～1。只有在参数 c 是一个数组时才被使用；

（7）vmin，vmax：默认值为 None，用于亮度设置，若 norm 参数实例已使用，则该参数无效；

（8）alpha：默认值为 None，用于透明度设置，介于 0（透明）和 1（不透明）之间；

（9）linewidths：默认为 None，用于散点形状边缘的线宽设置。

使用 scatter( )函数，绘制散点图的代码片段如下，代码执行后的显示结果如图 5.14 所示。

```
import numpy as np
import matplotlib.pyplot as plt
#设置中文字体为黑体，中文正常显示
plt.rcParams['font.sans-serif']=['SimHei']
plt.rcParams['font.family']='sans-serif'
#使负号正常显示
plt.rcParams['axes.unicode_minus']=False
#产生符合标准正态分布的 1000 个随机数
xs=[np.random.standard_normal() for _ in range(1000)]
ys1=[x+np.random.standard_normal()/2 for x in xs]
ys2=[-x+np.random.standard_normal()/2 for x in xs]
#散点图绘制
plt.scatter(xs,ys1,marker='.',color='indigo',alpha=0.3,label='ys1')
plt.scatter(xs,ys2,marker='.',color='green',alpha=0.3,label='ys2')
plt.xlabel('xs')  #x 轴标签
plt.ylabel('ys')  #y 轴标签
plt.grid(True)
plt.legend(loc=9)  #添加图例
plt.title("差别很大的联合分布")  #标题
plt.show()
```

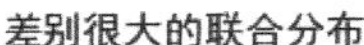
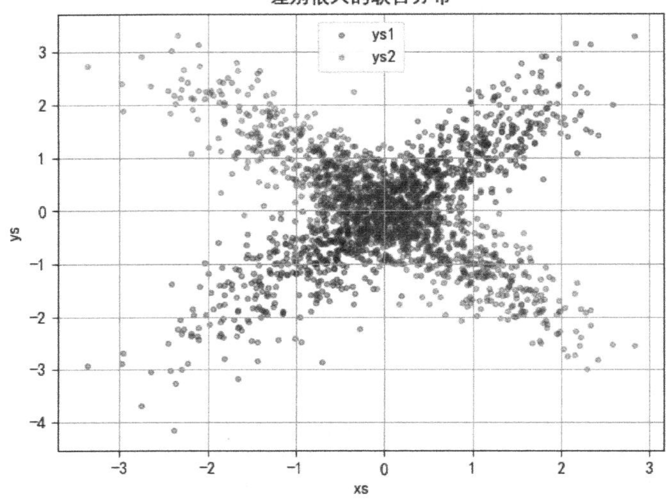


图 5.14　散点图示例［见彩插］

### 3．饼图

对于满足一定比例关系的数据集合而言，如果各部分所占比例之和为 100%，则可以用饼图来描述它们之间的比例关系，其中每个扇区的弧长大小为其所表示的数量的比例。

饼图紧凑、美观，但对数量的比较缺乏明显的辨识度。另外，饼图用特定视角的方式和一定颜色的扇形展示数据，使得用户对数据的认知有倾向性，从而影响由数据呈现所获得的结论。

matplotlib.pyplot 模块提供了 pie( )函数，其原型语法如下：

```
pie(x,explode=None,labels=None,colors=None,autopct=None,shadow=False,
pctdistance=0.6,labeldistance=1.1,startangle=None,radius=None,  center=(0,0),
counterclock=True,wedgeprops=None,textprops=None,frame=False,hold=None,
rotatelabels=False, data=None)
```

在绘制饼图时，常用参数及其含义如下：

（1）x：扇区大小的数据序列；

（2）explode：扇形偏离中心的距离，一般为一个数据列表；

（3）labels：每一个扇形所对应的标签内容，一般为一个字符串列表；

（4）colors：用于设置每一个扇形的颜色；

（5）autopct：用于设置扇形内显示的标签内容，一般为一个格式化字符串，如'%1.1f%%'，则标签将显示为 fmt%，fmt 为数据所占比例对应的浮点数；

（6）shadow：用于设置饼状图是否有阴影，默认值为 False；

（7）startangle：用来设置第一个扇形开始的起始角度，默认从 0 开始。

饼图的示例代码如下，代码执行后显示的结果如图 5.15 所示。

```
import matplotlib.pyplot as plt
import numpy as np
#按 6×6 英寸大小创建图形区，ID 号为 1
```

```
plt.figure(1,figsize=(6,6))
#指定坐标轴的 left、bottom、width、height 值
ax=plt.axes([0.1,0.1,0.8,0.8])
season=['Spring','Summer','Autumn','Winter']
x=[15,30,45,10]  #扇形大小
fraction=(0.1,0.1,0.1,0.1)  #扇形偏离中心的距离
plt.pie(x,explode=fraction,labels=season,autopct='%1.1f%%',startangle=67)
plt.title('Rainy days by season')  #标题
plt.show()
```

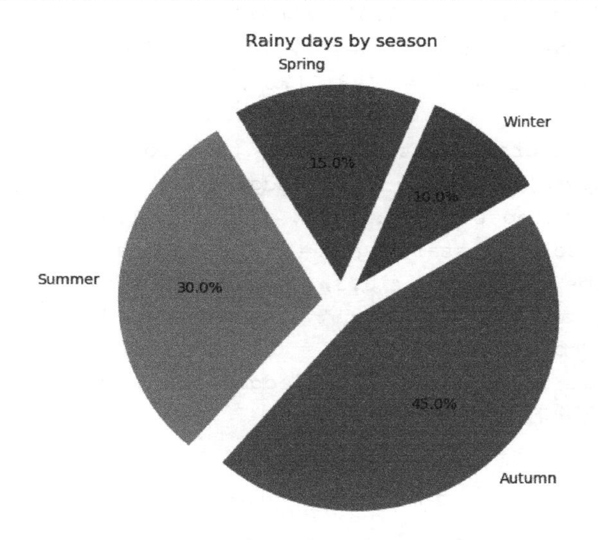


图 5.15　饼图绘制示例［见彩插］

使用 pie( )函数，除可以绘制饼图外，也可以绘制环形图，与之相关的主要参数及含义如下：

（1）radius：设置圆环的半径，依据该值可区分不同的圆环；

（2）pctdistance：表示每个扇形的中心位置与 autopct 参数产生的文本开始位置的比例；

（3）textprops：设置标签文本的颜色，为字典类型；

（4）wedgeprops：设置环形的宽度以及边框的颜色，为字典类型。

如表 5.5 的数据样例，绘制其环形图的代码片段如下，代码执行后显示的结果如图 5.16 所示。

**表 5.5　人口年龄结构示例数据**　（%）

| 年　份 | 0～18 岁 | 19～60 岁 | 61 岁及以上 |
|---|---|---|---|
| 1982 | 31.0 | 63.4 | 5.6 |
| 1990 | 26.6 | 67.2 | 6.2 |
| 1995 | 24.6 | 68.0 | 7.4 |
| 2000 | 20.8 | 71.1 | 8.1 |
| 2001 | 20.4 | 71.4 | 8.2 |
| 2002 | 18.8 | 72.7 | 8.5 |

```
import matplotlib.pyplot as plt
import numpy as np
#设置中文字体为黑体，中文正常显示
plt.rcParams['font.sans-serif']=['SimHei']
plt.rcParams['font.family']='sans-serif'
plt.rcParams['axes.unicode_minus']=False  #使负号正常显示
#不同年份的人口年龄结构数据
juvenile=[31.0,26.6,24.6,20.8,20.4,18.8]  #0～18岁
medium=[63.4,67.2,68.0,71.1,71.4,72.7]  #19～60岁
senile=[5.6,6.2,7.4,8.1,8.2,8.5]  #61岁及以上
colors=('blue','red','green','yellow','gray','cyan')  #颜色值
plt.pie(juvenile, autopct = '%3.1f%%', radius = 0.7, pctdistance =
0.85,
        colors = colors, startangle = 0, textprops = {'color': 'black'},
        wedgeprops = {'width': 0.3, 'edgecolor': 'w'})
plt.pie(medium, autopct = '%3.1f%%', radius = 1.0, pctdistance = 0.85,
        colors = colors, startangle = 0, textprops = {'color': 'black'},
        wedgeprops = {'width': 0.3, 'edgecolor': 'w'})
plt.pie(senile, autopct = '%3.1f%%', radius = 1.3, pctdistance = 0.85,
        colors = colors, startangle = 0, textprops = {'color': 'black'},
        wedgeprops = {'width': 0.3, 'edgecolor': 'w'})
plt.title("不同年份的人口结构分布")
plt.show()
```

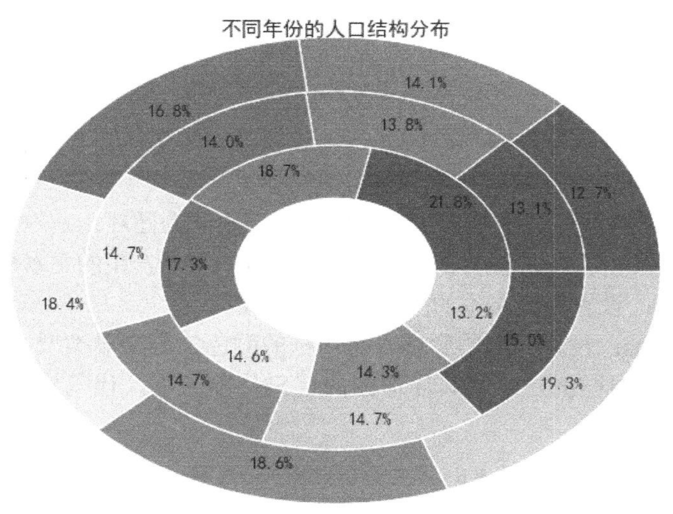


图 5.16　环形图绘制示例［见彩插］

### 4．堆积图

堆积图可以用来表示不同部分在数量上的比重，它不仅能够表现事物的总体趋势，而且能够表现构成事物总体数量的每一个独立部分的各自趋势。

以全世界的总产能为总体数量，不同能量来源对总量的贡献可以用堆积图来表现。

例如 1973—2014 年的产能数据包含在文件 energy-production.csv 中，表 5.6 为部分样例数据，具体可从国际能源署官网获得，并根据需要做适当调整即可。

**表 5.6　全世界不同能量来源的产能数据**

| | Year | Solar/PV Energy | Geothermal Energy | Wind Energy | Natural Gas Plant Liquids | Hydroelectric Power | Biomass Energy | Nuclear Electric Power | Crude Oil | Natural Gas (Dry) | Coal |
|---|---|---|---|---|---|---|---|---|---|---|---|
| 0 | 1973 | 0 | 0.020422 | 0 | 2.568779 | 2.861449 | 1.529068 | 0.910178 | 19.49324 | 22.18939 | 13.99212 |
| 1 | 1974 | 0 | 0.025611 | 0 | 2.471169 | 3.17658 | 1.539662 | 1.272084 | 18.57499 | 21.21011 | 14.07445 |
| 2 | 1975 | 0 | 0.03378 | 0 | 2.374298 | 3.154605 | 1.498733 | 1.899797 | 17.72932 | 19.63996 | 14.98932 |
| 3 | 1976 | 0 | 0.037513 | 0 | 2.327046 | 2.976265 | 1.713373 | 2.111119 | 17.26184 | 19.48098 | 15.65369 |
| 4 | 1977 | 0 | 0.037383 | 0 | 2.326984 | 2.333254 | 1.838331 | 2.701763 | 17.45374 | 19.56849 | 15.75474 |
| 5 | 1978 | 0 | 0.030851 | 0 | 2.245436 | 2.936983 | 2.037605 | 3.024125 | 18.43365 | 19.48532 | 14.90981 |
| 6 | 1979 | 0 | 0.040259 | 0 | 2.286081 | 2.930683 | 2.151906 | 2.775826 | 18.1036 | 20.07694 | 17.53958 |
| 7 | 1980 | 0 | 0.052699 | 0 | 2.25363 | 2.900143 | 2.475498 | 2.739169 | 18.24892 | 19.9085 | 18.59773 |
| 8 | 1981 | 0 | 0.059436 | 0 | 2.307381 | 2.757969 | 2.596282 | 3.007592 | 18.14602 | 19.69889 | 18.37677 |
| 9 | 1982 | 0 | 0.050628 | 0 | 2.191077 | 3.265558 | 2.663453 | 3.131149 | 18.30895 | 18.31896 | 18.63875 |
| 10 | 1983 | 0 | 0.063911 | 2.70E-05 | 2.184107 | 3.527259 | 2.904415 | 3.202549 | 18.39179 | 16.59339 | 17.24667 |
| 11 | 1984 | 5.50E-05 | 0.080809 | 6.80E-05 | 2.273769 | 3.385812 | 2.971119 | 3.552531 | 18.84824 | 18.00793 | 19.71922 |
| 12 | 1985 | 0.00011 | 0.09742 | 6.10E-05 | 2.240771 | 2.970193 | 3.016234 | 4.075563 | 18.99241 | 16.98038 | 19.32517 |
| 13 | 1986 | 0.000146 | 0.107676 | 4.30E-05 | 2.149103 | 3.071179 | 2.932093 | 4.380109 | 18.37586 | 16.5408 | 19.50947 |
| 14 | 1987 | 0.000109 | 0.112268 | 3.70E-05 | 2.215036 | 2.634509 | 2.874886 | 4.753932 | 17.67479 | 17.13582 | 20.1411 |
| 15 | 1988 | 9.50E-05 | 0.106338 | 8.00E-06 | 2.259831 | 2.334266 | 3.01605 | 5.586967 | 17.27893 | 17.5986 | 20.73764 |
| 16 | 1989 | 0.055041 | 0.161541 | 0.022033 | 2.158344 | 2.837265 | 3.159357 | 5.60216 | 16.11688 | 17.84728 | 21.36018 |
| 17 | 1990 | 0.059419 | 0.170746 | 0.029007 | 2.174714 | 3.046389 | 2.735112 | 6.104349 | 15.57119 | 18.32616 | 22.48755 |

为表现不同类型的产能演化，我们设计了如下代码片段，运行后的显示结果如图 5.17 所示。

```
import matplotlib.pyplot as plt
import pandas as pd
import os
os.chdir(u'd:\data')  #数据文件所在的目录
df=pd.read_csv(u'energy-production.csv')  #读取 CSV 文件的数据
#CSV 文件中各列标题的倒序
columns=['Coal','Natural Gas (Dry)','Crude Oil','Nuclear Electric Power','Biomass Energy','Hydroelectric Power','Natural Gas Plant Liquids','Wind Energy','Geothermal Energy','Solar/PV Energy']
#为每一种能量类型定义不同的绘图颜色
colors=['darkslategray','powderblue','darkmagenta','lightgreen','sienna','royalblue','mistyrose','lavender','tomato','gold']
plt.figure(figsize=(12,8))  #创建 12×8 英寸大小的绘图区
#stackplot()函数返回值为一个多边形列表
ploys=plt.stackplot(df['Year'],df[columns].values.T,colors=colors)
#stackplot 不支持图例，可人工添加
```

```
rectangles=[]  #图例矩形初始化
for ploy in ploys:
    facecolor=ploy.get_facecolor()  #获取多边形的背景色
    #在左下方(0,0)位置创建宽、高各为1的矩形，并添加到图例矩形
    rectangles.append(plt.Rectangle((0,0),1,1,fc=facecolor[0]))
    legend=plt.legend(rectangles,columns,loc=3)  #创建图例
    frame=legend.get_frame()  #获取图框对象
    frame.set_color('white')  #设置图例背景为白色
#设置堆积图的相关信息
plt.title("Primary Energy Production by Source",fontsize=16)
plt.xlabel("Year",fontsize=16)
plt.ylabel("Production (Quad BTU)",fontsize=16)
plt.xticks(fontsize=16)
plt.yticks(fontsize=16)
plt.xlim(1973,2014)
plt.show()
```

**说明：**

（1）在图 5.17 中，纵轴表示总产能，横轴表示不同的年份，由此可看出世界的产能是不断上升的，从 2000 年进入一个快速增长阶段；此外，也可以观察每一种能源的变化情况，如煤产量（Coal）缓慢下降，天然气（Natural Gas）和原油（Crude Oil）开采量持续上升，核能（Nuclear Electric Power）也开始在减少，最顶部的可再生能源（Solar/PV Energy）只占全球产能总量的很小一部分，几乎观察不到。

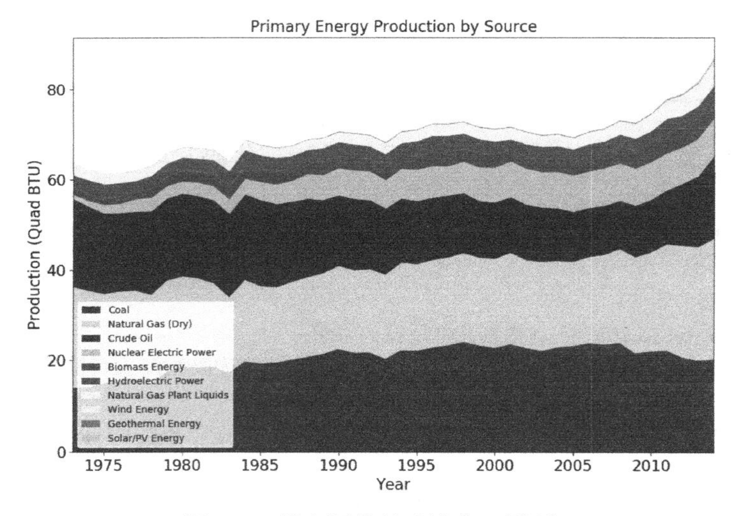


图 5.17　堆积图绘制示例［见彩插］

（2）stackplot( )方法与 plot( )方法类似，但 stackplot( )方法的第 2 个参数是一个多维数组，该数组的第一维是填充区域的数目，第二维和第一个参数数组相同。如上例中 df['Year']的形状为(42,),df[columns].values.T 的形状为(10,42)。stackplot( )方法的返回值是一个多边形的列表，保存在 ploys 变量中。

（3）堆积图目前还不支持图例，可使用 plt.Rectangle( )方法创建图例矩形。之后，

使用 plt.legend( )方法绘制图例，该方法的第一个参数是已经创建的图例矩形，能源类型 columns 作为第二个参数，背景色为白色。

### 5. 直方图

直方图（Histgram）是一个可以快速展示数据概率分布的工具，直观易于理解。一般地，直方图的横轴表示数据的类型或分组，其宽度表示组距；纵轴表示数据的分布情况，每种类型或分组的高度表示其频数或频率。不同于柱形图，直方图是用矩形的面积表示不同类型或分组频数的多少，每个矩形称为一个 bin，因此其高度与宽度均有意义。而且，直方图各个类型或分组的数据具有连续性，因此，对应的各个矩形通常是连续排列。此外，直方图显示数据的相对频率，而不是使用数据的绝对频率。

直方图经常用于图像处理，一般是作为可视化图像属性的一种方式，如图像的灰度分布等。进一步地，图像直方图可应用在计算机视觉算法，用来检测峰值，辅助边缘检测、图像分割等。

在这一节中，我们仅对 2D 直方图做介绍，3D 直方图将在下一节介绍。

要绘制 2D 直方图，可使用 matplotlib.pyplot 模块的 hist( )函数，其原型语法如下：

```
    hist(x,bins=None,range=None,density=None,weights=None,cumulative=False,
bottom=None,histtype='bar',align='mid',orientation='vertical',rwidth=None,
log=False, color=None, label=None, stacked=False, normed=None, hold=None,
data=None, **kwargs)
```

对 hist( )函数的常用参数及其含义介绍如下：

（1）x：要绘制的数据集合，作为输入，形状如(n,),可以是单个数组，也可以是数组序列，其长度不一定相同；

（2）bins：可以是一个整数，表示矩形（bin）的数量；也可以是表示 bin 的一个序列，默认值为 10；

（3）range：表示 bin 的范围，为一个元组，即(x.min,x.max)，范围外的值将被忽略掉。当 bins 参数为序列时，该参数无效，默认值为 None；

（4）normed：表示直方图的值是否将进行归一化处理，形成概率密度，默认值为 False；

（5）histtype：表示直方图的类型，默认值为 bar。当用于多种数据的堆叠直方图时，其值可为 barstacked；若要创建未填充的线形图，则其值为 step；若要创建默认填充的线形图，其值可为 stepfilled；

（6）align：用于 bin 边界之间矩形的对齐方式设置，默认值为 mid，也可以为 left 或 right；

（7）color：指定直方图的颜色，可以是单个颜色值，也可以为颜色的序列；

（8）orientation：其值可以为 horizontal 或 vertical，表示绘制的直方图是水平的还是垂直的。

对某地区 0～100 岁范围的人数进行统计，并用直方图可视化年龄分布的情况，代码片段如下，执行后的显示结果如图 5.18 所示。

```
    import matplotlib.pyplot as plt
```

```
import random
#随机产生 1000 个在 0～100 之间的年龄
population_ages = [random.randint(0,100) for age in range(1000) ]
#生成 0～100 之间 5 的倍数的整数列表
expr=lambda age:age%5==0  #取 5 的倍数
bins =list(filter(expr,list(range(101))))
population_ages.sort()  #对列表中的元素排序
#hist 方法中的第一个参数直接用原始数据集
plt.hist(population_ages, bins,histtype='bar',color='royalblue',rwidth=0.8)
plt.xlabel('Ages')
plt.ylabel('Frequency')
plt.title('Interesting Graph\nCheck it out')
plt.show()
```

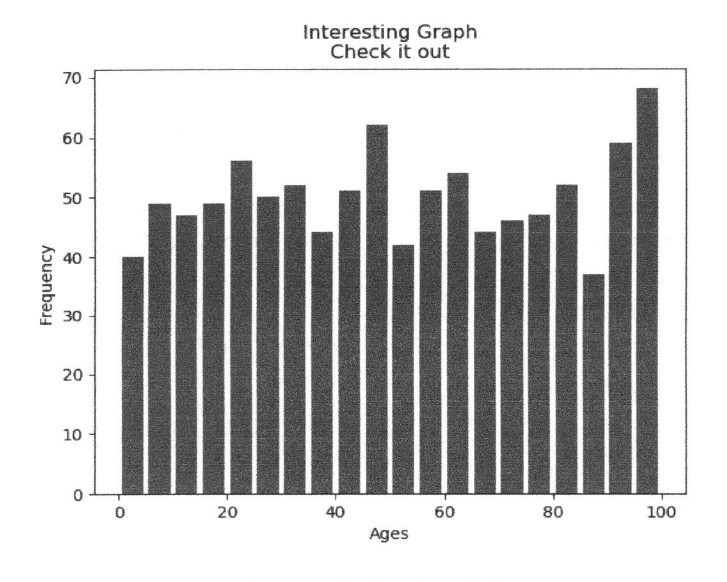


图 5.18　年龄分布直方图

### 6. 等高线图

等高线图（contour plot）显示的是矩阵的等值线（isolines），即 $X$-$Y$ 平面上的网格点$(x,y)$，通过函数 $z=f\left(x,y\right)$运算后，数值相等的各点连成的曲线。

由网格点$(x,y)$可构成坐标矩阵，如 $x$=(0,0.5,1)、$y$=(0,1)，则由 $x$、$y$ 构成的坐标矩阵 $\boldsymbol{Z}$ 如图 5.19 所示，其中 $\boldsymbol{X}=\begin{bmatrix}0., 0.5, 1.\\0., 0.5, 1.\end{bmatrix}$，$\boldsymbol{Y}=\begin{bmatrix}0, 0, 0\\1, 1, 1\end{bmatrix}$，即矩阵 $\boldsymbol{X}$、$\boldsymbol{Y}$ 分别是 $x$、$y$ 的简单复制。

坐标矩阵 $\boldsymbol{Z}$ 的等高线图由若干等高线表示，$\boldsymbol{Z}$ 可视为相对于 $X$-$Y$ 平面的高度，因此等高线图常用做地形的描述和表示。需要注意的是，$\boldsymbol{Z}$ 的维度最小值为 2，且必须包含至少两个不同的值。

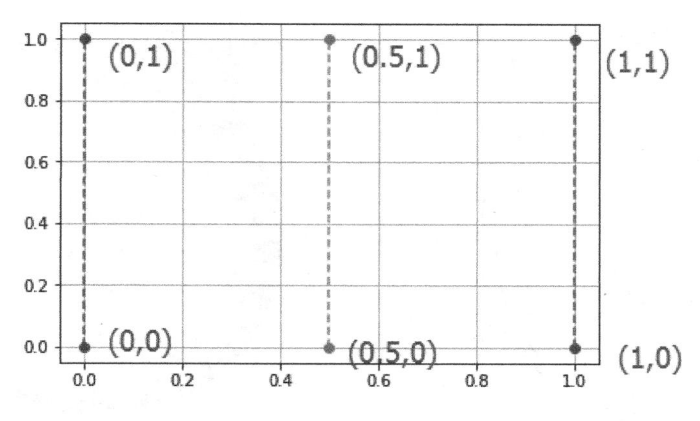


图 5.19　坐标矩阵

在 matplotlib.pyplot 模块中，等高线图的绘制可使用 contour( )函数，若要进行等高线的填充，可使用类似的 contourf( )函数，这两个函数的调用，其参数的选择可根据数据的特点和可视化的属性要求而定，具体请参阅 pyplot 模块的相关帮助文档。

以下代码片段用来绘制等高线图和填充结果，代码执行后显示的图形如图 5.20 所示。

```
import numpy as np
import matplotlib.pyplot as plt
import matplotlib as mpl
def process_signals(x,y):  #自定义函数
    return (1-(x**2+y**2))*np.exp(-y**3/3)
x=np.arange(-1.5,1.5,0.1)
y=np.arange(-1.5,1.5,0.1)
X,Y=np.meshgrid(x,y)  #生成网格点(x,y)的坐标矩阵
Z=process_signals(X,Y)
#用来指明等高线对应的值为多少时才出现对应图线
N=np.arange(-1,1.5,0.3)
fig=plt.figure(1,(18,6)) #设定图形大小
fig.add_subplot(121) #画第一张图
#画出等高线图，cmap 表示颜色的图层
CS=plt.contour(Z,N,linewidths=2,cmap=mpl.cm.jet)
#在等高线图里面加入每条线对应的值
plt.clabel(CS,inline=True,fmt='%1.1f',fontsize=10)
plt.colorbar(CS) #标注右侧的图例
plt.title('Function:$z=(1-x^2+y^2) e^{-(y^3)/3}$')
fig.add_subplot(122) #画第二张图
#画出等高线填充图，cmap 表示颜色的图层
CS=plt.contourf(Z,N,cmap=mpl.cm.jet)
plt.colorbar(CS) #标注右侧的图例
plt.title('Function:$z=(1-x^2+y^2) e^{-(y^3)/3}$')
plt.show()
```

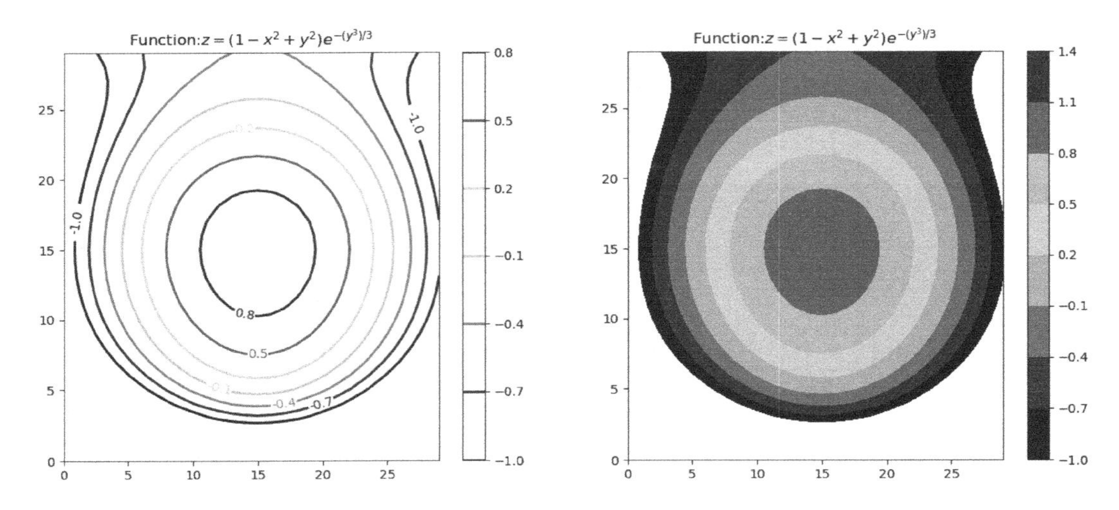


图 5.20　矩阵的等高线图和填充效果［见彩插］

**说明：**

（1）使用等高线图时，可以使用 clabel( )或 colormaps( )为等高线添加标签，否则将会导致无法分辨最高点和最低点以及局部极小值，使得用户无法理解数据，等高线图的绘制将毫无意义。

（2）绘制等高线图时，contour( )函数会自动选择等高线的数量，但也可以由用户指定。用户指定时，应选择等高线的数量。如果选择的太多，图形将变得太稠密而难以理解；如果选择的太少，将会对数据产生误解。

（3）$X$、$Y$、$Z$ 的形状和维度存在一定的限制关系。如 $X$、$Y$ 可以是二维的，与 $Z$ 形状相同；但如果它们是一维的，则 $X$ 的长度等于 $Z$ 的列数，$Y$ 的长度等于 $Z$ 的行数。

### 7. 极坐标图

如果数据是以极坐标形式表示的，即点被描述为极半径（通常为 $r$）和角度（通常为 theta），则可以考虑用极坐标图进行可视化处理，以便于用户理解和分析数据。

要创建极坐标系，可使用 matplotlib.pyplot 模块中的相应方法，主要有以下三种方法：

（1）使用 pyplot 模块的 axes( )或 subplot( )方法，设置方法的相应参数 projection= 'polar' 或 polar=True。

（2）使用 pyplot 模块的 figure( )方法创建一个图形区实例 fig，之后调用该实例的方法，即 fig.add_subplot( )或 fig.add_axes( )方法，设置其相应的参数 projection='polar'或 polar=True。

以上两种方法，在生成 subplot 或 axes 的实例 ax 后，可调用该实例的绘图方法 plot( )、bar( )等，完成具体图形的绘制。创建实例 ax 的方法有以下两种：

① ax=pyplot.subplot(projection='polar')；

② fig=pyplot.figure(figsize=(7,7)), ax=fig.add_axes(polar=True)。

（3）直接调用 pyplot 模块的 polar(theta, r, **kwargs)方法，在创建极坐标系的同时，完成具体图形的绘制。

**注**：极坐标系中使用的绘图方法，例如 plot( )、bar( )、polar( )等，涉及的参数 theta 和 *r* 分别表示角度和极半径，是长度相同的两个数组。其中角度可以用弧度或角度表示，但 Matplotlib 中使用角度表示。

在极坐标系中绘制相应图表，会涉及相关的图表属性设置。通过这些属性的设置，可以对图表进行个性化处理，以便更好地表达和理解数据。

（1）ax.set_theta_direction( )，设置极坐标的正方向，1 为逆时针，−1 为顺时针，默认为逆时针；

（2）ax.set_theta_zero_location( )，设置极坐标的 0 度位置，可为'N'，'NW'，'W'，'SW'，'S'，'SE'，'E'，'NE'，默认为'E'；

（3）ax.set_thetagride( )，设置极坐标角度网格线显示，参数为角度值的列表，默认显示 0°、45°、90°、135°、180°、225°、270°、315°的网格线；

（4）ax.set_theta_offset( )，设置角度偏离，参数为弧度值；

（5）ax.set_rgirde( )，设置极半径网格线显示，参数为显示网格线的极半径值列表；

（6）ax.set_rlabel_position( )，设置极半径标签显示位置，参数为要显示标签的角度值；

（7）ax.set_rlim( )，设置要显示的极半径范围，参数为极半径的最小值、最大值；

（8）ax.set_rmax( )，设置要显示的极半径最大值，绘图后使用方可有效；

（9）ax.set_rmin( )，设置要显示的极半径最小值，绘图后使用方可有效；

（10）ax.set_rticks( )，设置极半径网格线显示范围，参数为极半径值的列表。

以下将通过示例的方式，演示极坐标图的绘制。

（1）绘制极坐标系下的条形图，代码如下，显示的结果如图 5.21 所示。

```
import numpy as np
import matplotlib.pyplot as plt
import matplotlib.cm as cm #导入颜色映射模块
#将标量转换为 RGBA 颜色值，其中 A 为 Alpha 通道，表示透明度
colormap=lambda r:cm.Set2(r/20)
N=18  #极线条的个数
fig=plt.figure(figsize=(7,7))  #创建正方形图表
#添加 left=bottom=0.2,width=height=0.7 的极坐标系
ax=fig.add_axes([0.2,0.2,0.7,0.7],polar=True)
#为角度 theta 和极半径生成随机值
theta=np.arange(0.0,2*np.pi,2*np.pi/N)
radius=20*np.random.rand(N)
#为极线条生成宽度值，并以数组传入 bar()函数
width=np.pi/4*np.random.rand(N)
bars=ax.bar(theta,radius,width=width,bottom=0.0)
#循环遍历每一个极线条，设置其颜色和透明度
for r,bar in zip(radius,bars):
    bar.set_facecolor(colormap(r))
    bar.set_alpha(0.6)
plt.show()
```

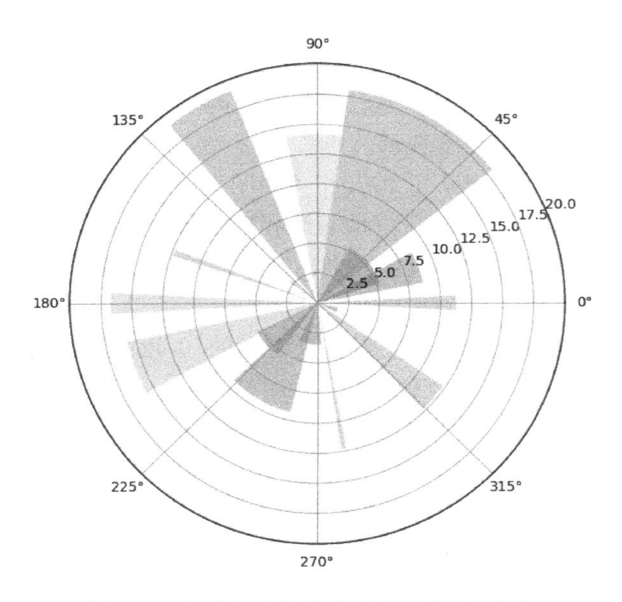


图 5.21　极坐标中的条形图示例［见彩插］

（2）绘制极坐标系下的散点图，代码如下，显示结果如图 5.22 所示。

```
import matplotlib.pyplot as plt
import numpy as np
N = 150  #极线条数
r = 2 * np.random.rand(N)
theta = 2 * np.pi * np.random.rand(N)
area = 100 * r**2  #散点的大小
colors = theta
ax = plt.subplot(111, projection='polar')
ax.scatter(theta, r, c=colors, s=area, cmap='hsv', alpha=0.75)
plt.show()
```

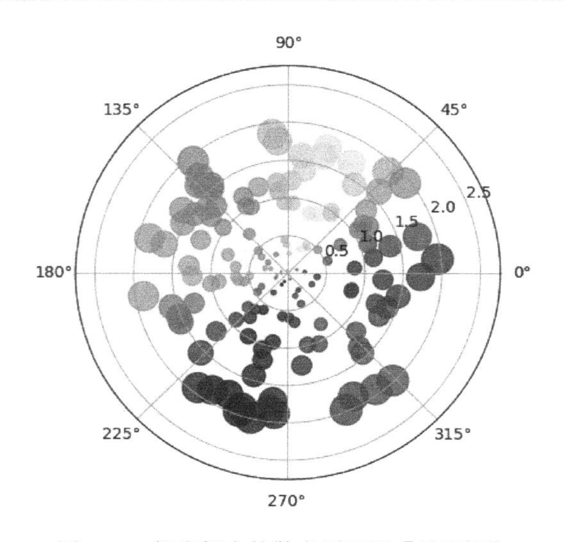


图 5.22　极坐标中的散点图示例［见彩插］

（3）绘制极坐标系下的雷达图，代码如下，现实的结果如图 5.23 所示。

```
import numpy as np
import matplotlib.pyplot as plt
plt.rcParams['font.sans-serif'] = ['SimHei']  #中文字符的显示
name = ['Chinese','Math','English','Physics','Chemistry']   #标签
#将圆根据标签的个数等比分
theta = np.linspace(0,2*np.pi,len(name),endpoint=False)
#在 60～120 之间，随机取 5 个数
value = np.random.randint(60,120,size=5)
theta = np.concatenate((theta,[theta[0]]))  #闭合
r = np.concatenate((value,[value[0]]))  #闭合
ax = plt.subplot(111,projection = 'polar')  #构建图例
ax.plot(theta,r,'m-',lw=1,alpha = 0.75)  #绘图
ax.fill(theta,r,'m',alpha = 0.75)  #填充
ax.set_thetagrids(theta*180/np.pi,name)  #替换标签
ax.set_ylim(0,110)  #设置极轴的区间
ax.set_theta_zero_location('N')  #设置极轴方向
ax.set_title('五维雷达图',fontsize = 16)  #添加图标题
plt.show()
```

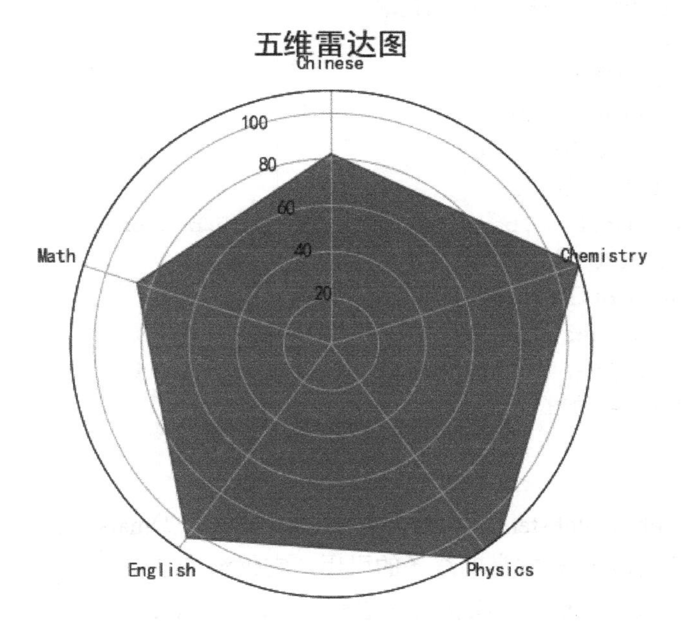


图 5.23　极坐标中的雷达图示例

## 8．火柴杆图

火柴杆图可以显示离散的数据序列之间的关系，这是用普通的线性图无法做到的。一般地，从基线（通常在 $y$=0 处）延伸到数据值点的线称为杆，而数据值表示每个杆末

端的标记。

要绘制离散数据的火柴杆图，可使用 matplotlib.pyplot 模块的 stem( )函数，该函数原型的语法如下：

```
stem( [x,] y, linefmt = None, markerfmt = None, basefmt = None, bottom =0, label = None)
```

对其参数及含义解释如下：

（1）x：可选项，表示火柴杆的 $x$ 坐标值，默认值为 $\left(0,1,\cdots,\mathrm{len}\left(y\right)-1\right)$；

（2）y：表示火柴杆头的 $y$ 坐标值；

（3）linefmt：杆线的线条格式器；

（4）markerfmt：格式化火柴杆线条末端的标记；

（5）basefmt：规定基线的外观；

（6）bottom：在 $y$ 轴方向设置基线位置，默认值为 0；

（7）label：设置火柴杆图图例的标签。

我们使用 Numpy 库的相应函数，生成简单的离散伪采样信号，演示火柴杆图的使用，代码如下，显示的结果如图 5.24 所示。

```
import matplotlib.pyplot as plt
import numpy as np
#生成 0～20 之间的 50 个数，作为时间域
x=np.linspace(0,20,50)
#生成简单的取样离散数据
y=np.sin(x+5)+np.cos(x**2)
bottom = -0.1  #基线的位置
label= "delta"  #图例标签
markerline,stemlines,baseline=plt.stem(x,y,bottom=bottom,label=label)
#设置由 stem()函数产生的多个线属性
plt.setp(markerline, color='red', marker='o')
plt.setp(stemlines, color='blue', linestyle=':')
plt.setp(baseline, color='grey', linewidth=2, linestyle='-')
plt.legend()  #添加图例
plt.show()
```

**说明：**

调用 matplotlib.pyplot.stem( )函数会返回三个对象。①markerline，是一个 Line2D 的实例，保存了表示火柴杆本身的线条的引用。它仅渲染了标记，不包括连接标记的线条；②stemlines，表示 Line2D 实例的对象列表；③baseline，也是一个 Line2D 实例，保存了表示 stemlines 原点的水平线条的引用。通过 setp( )函数的返回对象，我们可以把相应属性应用到这些对象或对象的集合（所有的 Line2D 实例）上，从而满足火柴杆图的可视化需求。

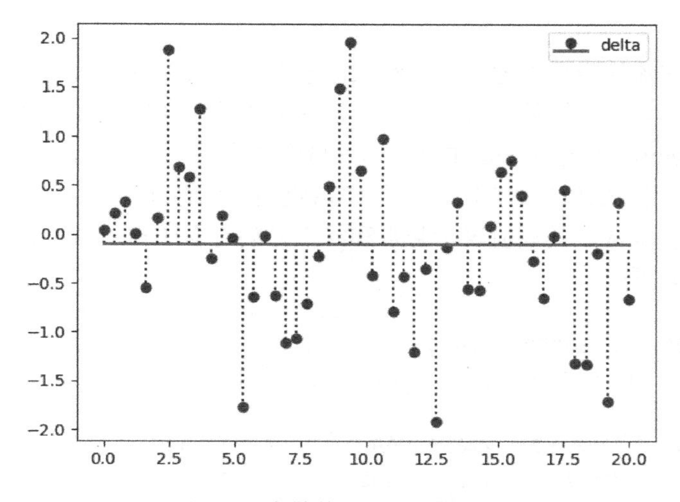


图 5.24　离散数据的火柴杆图示例

### 9. 矢量场流线图

矢量场是指研究的物理量为力、速度、电磁场强度等时，在指定的时刻和空间上每一点都可以用一个矢量来表示，即这些物理量的状态可用矢量场函数 $\vec{A}(x,y,z,t)$ 来描绘，则这些矢量函数在空间域上就确定出矢量场，如受万有引力的力场、流体运动的速度场、电磁场的强度场等。

在矢量场中，各点的场量是随空间位置变化的矢量。因此，矢量场流线图可以通过为场中的每个点指定一个线条和一个或多个箭头的方式进行可视化。其中，强度可以用线条长度或流线的密度表示，方向由指向特定方向的箭头表示。

矢量场流线图的可视化可以用 matplotlib.pyplot.streamplot( )函数，该函数原型的语法如下：

```
    streamplot(x, y, u, v, density=1, linewidth=None, color=None, cmap=None,
norm=None, arrowsize=1, arrowstyle='-|>', minlength=0.1, transform=None,
zorder=None, start_points=None, maxlength=4.0, integration_direction='both',
hold=None, data=None)
```

对函数的主要参数及其含义解释如下：

（1）x、y：分别为一维数组的等距网格，表示矢量场中的点；

（2）u、v：分别为二维数组，表示 x、y 的速度。u 和 v 的行数必须等于 y 的长度，列的数量必须匹配 x 的长度；

（3）density：为浮点型数值或一个二元组，用于控制流线的密度；

（4）linewidth：为一个数值或是一个二维数组。如果该参数是一个二维数组，将匹配 u 和 v 速度的形状。如果为一个简单的整数，则所有线条为同样的宽度；

（5）color：对于所有流线，可以用同一个颜色值，也可以是匹配 u、v 速度的一个二维数组，将转换为一个 matplotlib.colors.Colormap 实例；

（6）箭头（FancyArrowPatch 类）用来表示矢量方向，可以通过两个参数控制它们，参数 arrowsize 改变箭头的大小，默认值为 1，参数 arrowstyle 改变箭头的格式（例如“simple”“->”)。

该函数通过在流场中均匀地填充流线来创建图形，最初是用来可视化风模型或者液体流动的，因此不需要严格的矢量线条，而是需要矢量场的统一表现形式。

我们使用 Numpy 库的 mgrid 实例，通过检索二维的网状栅格，创建了 *X* 和 *Y* 的矢量场。如 np.mgrid[0:5:100j, 0:5:100j]，其中指定网格的范围 0:5 为起点和终点，索引 100j 表示步长，为复数，其幅值表示起点和终点之间包含的点的数量，且包含终点值。生成的网格数据如下：

```
array([[[0.         0.         0.         ...  0.         0.         0.        ]
  [0.05050505 0.05050505 0.05050505 ... 0.05050505 0.05050505 0.05050505]
  [0.1010101  0.1010101  0.1010101  ...  0.1010101  0.1010101  0.1010101 ]
  ...
  [4.8989899  4.8989899  4.8989899  ...  4.8989899  4.8989899  4.8989899 ]
  [4.94949495 4.94949495 4.94949495 ... 4.94949495 4.94949495 4.94949495]
  [5.         5.         5.         ... 5.         5.         5.        ]]])
```

填充的网状栅格被用于计算矢量的速度。在此，我们简单地使用相同的 meshgrid 属性作为矢量速度。示例代码如下，对应的矢量场流线图如图 5.25 所示。

```
import matplotlib.pyplot as plt
import numpy as np
Y, X = np.mgrid[0:5:100j, 0:5:100j]  #创建等距网格
U = X  #矢量速度
V = Y
#绘制矢量场流线图
plt.streamplot(X, Y, U, V,color='y',density=0.6,cmap=plt.cm.autumn)
plt.show()
```

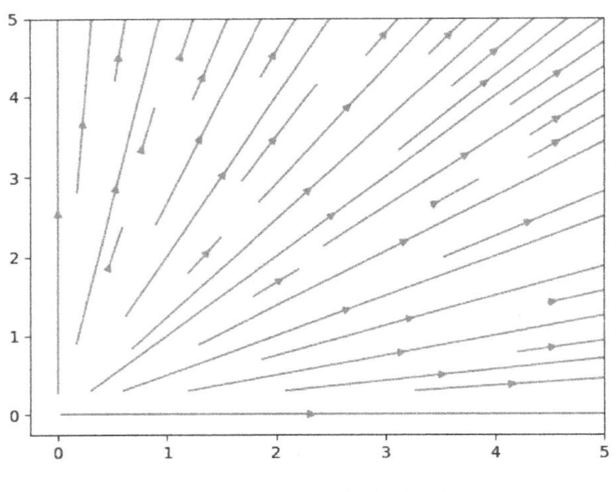


图 5.25　矢量场流线图示例

图 5.25 清晰地显示了矢量场的线性依赖和流。可以改变一下 U 和 V 的值，体会 U 和 V 是如何影响流线图的。例如，让 U = np.sin(X)或者 V = sin(Y)。当然，也可以尝试改变起点和终点的值。图 5.26 是 V=np.sin(Y)的图形。

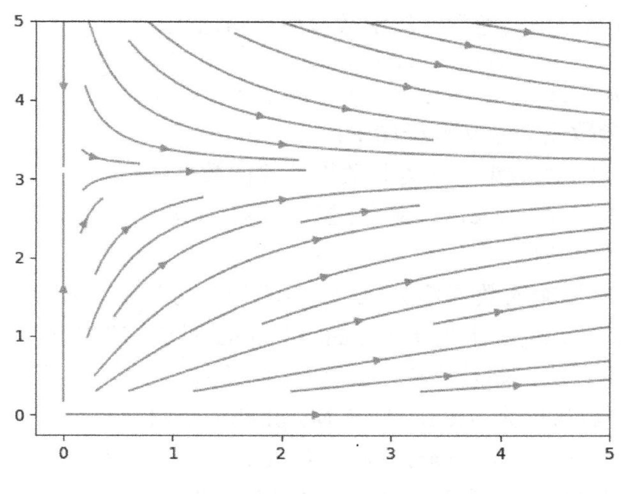


图 5.26　改变矢量速度后的流线图

**说明：**

（1）以上图表是生成的线条和箭头补片的集合，因此目前没有办法更新现有的图形，因为线条和箭头对于矢量和场一无所知。将来的版本可能会实现它，但是目前它是 Matplotlib 的一个公认的局限。

（2）该示例只是让我们初步了解 Matplotlib 流线图的特性和能力。当你有真正的数据要可视化时，流线图就会体现出其真正的威力。理解了本节内容后，你就能知道流线图能应用在什么场合。这样当你拿到数据并知道其所属的领域后，就能够选用最适合的工具来完成工作。

### 10．相关图

观察数据之间是否存在相关性，在前面的散点图中已经有所描述，这对于无法通过观察原始数据就得到任何结论的数据集来讲是非常有用的。但是，散点图所呈现出来的结果，并不代表两个变量之间的相关性是绝对存在的。因此，Matplotlib 库提供了相关性图表的绘制，显然是散点图更容易观察和理解，对相关性的判断也更加可靠。

当然，在前面的 Numpy 库和 Pandas 库都提供了相关性的计算和分析，把计算和分析的结果利用 Matplotlib 库的相应功能进行可视化，以更好地理解和判断数据之间的相关性，也是一个不错的选择。

本部分仅以示例的方式，对 Matplotlib 库中用于数据之间相关性可视化的方法进行描述，分为互相关图和自相关图两种。

**1）互相关图**

在进行数据分析时，对于从不同角度观察得到的两个数据集，要判断它们之间是否存在某种关联，以某种方式匹配；或者，在一个较大的数据样本中寻找一个较小数据样本的简单或明显的模式。在这样的情况下，互相关图可以较好地辅助我们获得相应的结论。

要绘制两个数据集之间的相互关系，判断它们之间是否存在某个显著的模式，可以使用 matplotlib.pyplot.xcorr( )函数。该函数原型的语法如下：

```
    xcorr(x, y, normed=True, detrend=<function detrend_none at 0x05BDD7C8>,
usevlines=True, maxlags=10, *, data=None, **kwargs)
```

该函数常用的参数及其含义解释如下：

（1）x,y：长度为 *n* 的数组，作为相关性计算的数据序列。

（2）normed：默认为 True，表示通过零延迟（即没有时间延迟或者时差）的互关联对数据规范化到单位长度。

（3）detrend：消除输入数据序列 x 中的趋势，可调用 matplotlib.mlab 模块中的 detrend( )函数实现，默认情况下为 malb.detend_none 且没有做规范化处理。去趋势是数据预处理的一种常用方法，如差分法、去平均值法等。

（4）usevlines：默认值为 True，即在 Matplotlib 中用 Axes.vlines( )而不是 plot( )绘制相关图形的垂直线条。若为 False，则使用 plot( )，可利用标准的 Line2D 属性设置线条风格，该属性通过**kwargs 参数传入 matplotlib.pyplot.xcorr( )函数。

（5）maxlags：整型，默认值为 10，表示延迟的最大量。

对于要使用的数据集，一个是使用 Google Trends 获取数据，对应 Google 中对关键字 flowers 一年的搜索量趋势，如表 5.7 所示。这样的数据，可以在 Python 中创建一个 py 格式的文件，如 search_data.py，其中的数据可以定义为列表，如 DATA=[ ]。然后可以在 Python 程序中使用 from search_data import DATA as d 语句导入引用即可。当然，这样的数据也可以存储在.csv、.txt 等格式的文件中，然后按照相应格式文件的操作方法使用。另一个数据集采用随机正态分布产生的数据，相对于从 Google Trends 上获取的真实数据，这些数据是伪造的，其长度与使用的真实数据长度相同。

**表 5.7　Google 中对 flowers 关键字一年的搜索量趋势**

| 1.04 | 1.04 | 1.16 | 1.22 | 1.46 | 2.34 | 1.16 | 1.12 | 1.24 | 1.30 | 1.44 | 1.22 |
|---|---|---|---|---|---|---|---|---|---|---|---|
| 1.26 | 1.34 | 1.26 | 1.40 | 1.52 | 2.56 | 1.36 | 1.30 | 1.20 | 1.12 | 1.12 | 1.12 |
| 1.06 | 1.06 | 1.00 | 1.02 | 1.04 | 1.02 | 1.06 | 1.02 | 1.04 | 0.98 | 0.98 | 0.98 |
| 1.00 | 1.02 | 1.02 | 1.00 | 1.02 | 0.96 | 0.94 | 0.94 | 0.94 | 0.96 | 0.86 | 0.92 |
| 0.98 | 1.08 | 1.04 | 0.74 | 0.98 | 1.02 | 1.02 | 1.12 | 1.34 | 2.02 | 1.68 | 1.12 |
| 1.38 | 1.14 | 1.16 | 1.22 | 1.10 | 1.14 | 1.16 | 1.28 | 1.44 | 2.58 | 1.30 | 1.20 |
| 1.16 | 1.06 | 1.06 | 1.08 | 1.00 | 1.00 | 0.92 | 1.00 | 1.02 | 1.00 | 1.06 | 1.10 |
| 1.14 | 1.08 | 1.00 | 1.04 | 1.10 | 1.06 | 1.06 | 1.06 | 1.02 | 1.04 | 0.96 | 0.96 |
| 0.96 | 0.92 | 0.84 | 0.88 | 0.90 | 1.00 | 1.08 | 0.80 | 0.90 | 0.98 | 1.00 | 1.10 |
| 1.24 | 1.66 | 1.94 | 1.02 | 1.06 | 1.08 | 1.10 | 1.30 | 1.10 | 1.12 | 1.20 | 1.16 |
| 1.26 | 1.42 | 2.18 | 1.26 | 1.06 | 1.00 | 1.04 | 1.00 | 0.98 | 0.94 | 0.88 | 0.98 |
| 0.96 | 0.92 | 0.94 | 0.96 | 0.96 | 0.94 | 0.90 | 0.92 | 0.96 | 0.96 | 0.96 | 0.98 |
| 0.90 | 0.90 | 0.88 | 0.88 | 0.88 | 0.90 | 0.78 | 0.84 | 0.86 | 0.92 | 1.00 | 0.68 |
| 0.82 | 0.90 | 0.88 | 0.98 | 1.08 | 1.36 | 2.04 | 0.98 | 0.96 | 1.02 | 1.20 | 0.98 |
| 1.00 | 1.08 | 0.98 | 1.02 | 1.14 | 1.28 | 2.04 | 1.16 | 1.04 | 0.96 | 0.98 | 0.92 |
| 0.86 | 0.88 | 0.82 | 0.92 | 0.90 | 0.86 | 0.84 | 0.86 | 0.90 | 0.84 | 0.82 | 0.82 |
| 0.86 | 0.86 | 0.84 | 0.84 | 0.82 | 0.80 | 0.78 | 0.78 | 0.76 | 0.74 | 0.68 | 0.74 |
| 0.80 | 0.80 | 0.90 | 0.60 | 0.72 | 0.80 | 0.82 | 0.86 | 0.94 | 1.24 | 1.92 | 0.92 |
| 1.12 | 0.90 | 0.90 | 0.94 | 0.90 | 0.90 | 0.94 | 0.98 | 1.08 | 1.24 | 2.04 | 1.04 |

（续表）

| 0.94 | 0.86 | 0.86 | 0.86 | 0.82 | 0.84 | 0.76 | 0.80 | 0.80 | 0.80 | 0.78 | 0.80 |
|---|---|---|---|---|---|---|---|---|---|---|---|
| 0.82 | 0.76 | 0.76 | 0.76 | 0.76 | 0.78 | 0.78 | 0.76 | 0.76 | 0.72 | 0.74 | 0.70 |
| 0.68 | 0.72 | 0.70 | 0.64 | 0.70 | 0.72 | 0.74 | 0.64 | 0.62 | 0.74 | 0.80 | 0.82 |
| 0.88 | 1.02 | 1.66 | 0.94 | 0.94 | 0.96 | 1.00 | 1.16 | 1.02 | 1.04 | 1.06 | 1.02 |
| 1.10 | 1.22 | 1.94 | 1.18 | 1.12 | 1.06 | 1.06 | 1.04 | 1.02 | 0.94 | 0.94 | 0.98 |
| 0.96 | 0.96 | 0.98 | 1.00 | 0.96 | 0.92 | 0.90 | 0.86 | 0.82 | 0.90 | 0.84 | 0.84 |
| 0.82 | 0.80 | 0.80 | 0.76 | 0.80 | 0.82 | 0.80 | 0.72 | 0.72 | 0.76 | 0.80 | 0.76 |
| 0.70 | 0.74 | 0.82 | 0.84 | 0.88 | 0.98 | 1.44 | 0.96 | 0.88 | 0.92 | 1.08 | 0.90 |
| 0.92 | 0.96 | 0.94 | 1.04 | 1.08 | 1.14 | 1.66 | 1.08 | 0.96 | 0.90 | 0.86 | 0.84 |
| 0.86 | 0.82 | 0.84 | 0.82 | 0.84 | 0.84 | 0.84 | 0.84 | 0.82 | 0.86 | 0.82 | 0.82 |
| 0.86 | 0.90 | 0.84 | 0.82 | 0.78 | 0.80 | 0.78 | 0.74 | 0.78 | 0.76 | 0.76 | 0.70 |
| 0.72 | 0.76 | 0.72 | 0.70 | 0.64 | | | | | | | |

对数据可视化，绘制互相关图的程序代码如下，显示的结果如图 5.27 所示。

```
import matplotlib.pyplot as plt
import numpy as np
import os
os.chdir(u"d:\data")  #数据文件所在的路径
from search_data import data #导入搜索的数据
avg=np.average(data)  #计算 data 的平均值
z = [x - avg for x in data]  #去除真实数据的平均值
#生成与 data 长度相同的随机数据
rand_data = np.random.random(365)
assert len(data) == len(rand_data)
rand_avg=np.average(rand_data)  #计算随机数据的平均值
rz = [x - rand_avg for x in rand_data]  #去除随机数据的平均值
fig = plt.figure()  #创建图形区
ax1 = fig.add_subplot(311)  #为真实数据创建子区
ax1.plot(data)
ax1.set_xlabel('Google Trends data for "flowers"')
ax2 = fig.add_subplot(312)  #为随机数据创建子区
ax2.plot(rand_data)
ax2.set_xlabel('Random data with normal distribution')
#绘制互相关图，发现数据之间存在的模式或相似程度
ax3 = fig.add_subplot(313)  #为数据的互相关创建子区
ax3.set_xlabel('Cross correlation of random data')
ax3.xcorr(z, rz, usevlines=True, maxlags=None, normed=True, lw=2)
ax3.grid(True)  #添加网格，更容易理解图表
plt.ylim(-1,1)  #y 轴的最值
plt.tight_layout()  #使用紧凑布局，使标签和刻度显示效果良好
plt.show()
```

从图 5.27 我们可以看出，从 Google Trends 上下载的真实数据集，其双峰值以相似的方式重复，具有可识别模式。而采用随机正态分布产生的数据，其长度与 Google Trends 上的真实数据相同。

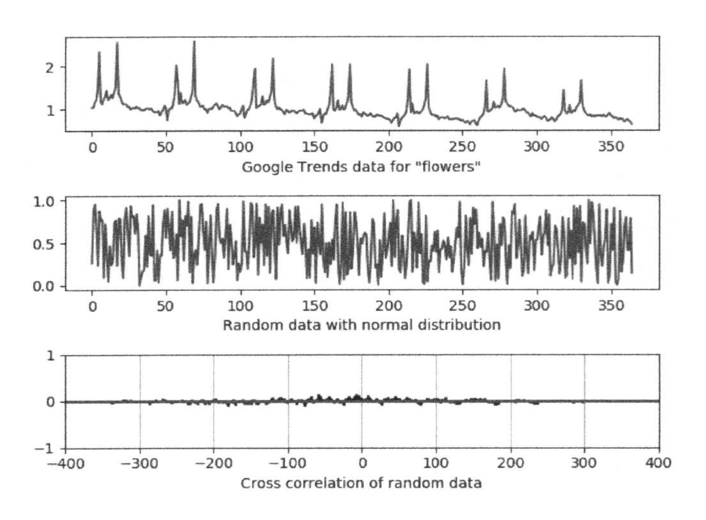


图 5.27　互相关图绘制示例

我们把这两个数据集合绘制在输出图表的上半部分来对其进行可视化。使用 Matplotlib 的 xcorr( )函数，然后调用 Numpy 的 correlate( )函数，计算互相关性并把其绘制在图表的下半部分。

在 Matplotlib 内部，使用 pyplot.xcorr( )函数可视化两个数据集的互相关性图表时，其相关性计算是由 Numpy 的 correlate( )函数来完成的，其计算的结果是一个相关系数数组，该数组表示两个数据集合的相似度。

在互相关图中，在时间延迟 $n$ 上的相关系数对应表示相关值竖线的高度，可判断两个信号是否相关。一般地，相关系数在 0.5 以上，表示信号具有相关性。例如，两个数据集合在 100s 的时间延迟（即通过两种不同的传感器观察到的相同对象在相隔 100s 的两个时间点间的变化）上有相关性，则将在互相关图中 $x$=100 的位置上看到一个竖线，其高度表示相关系数的大小。

**2）自相关图**

自相关表示一个给定的时间序列在一个连续的时间间隔上与自身在时间上的延迟之间的相似度。它发生在一个时间序列研究中，指在一个给定的时间周期内的错误在未来的时间周期上会继续存在。例如，如果我们在预测股票红利的走势，某一年红利过高估计往往会导致对接下来年份红利的过高估计。

时间序列分析数据引出了许多不同的科学应用和财务流程，例如生成的财务绩效报表、一段时间的价格、波动性计算等。在分析未知数据时，自相关可以帮助我们检测数据是否是随机的。使用自相关图，可以提供如下问题的答案：数据是随机的吗？这个时间序列数据是一个白噪声信号吗？它是正弦曲线形的吗？它是自回归的吗？这个时间序列数据的模型是什么？

同互相关图的数据，我们使用一年的 Google Trends 搜索量趋势和符合正态分布的 365 个随机数据。以此，分析两个数据集合的自相关性，相应的代码如下，显示的图表如图 5.28 所示。

```
import matplotlib.pyplot as plt
import numpy as np
import os
os.chdir(u"d:\data")  #数据存储位置
from search_data import data  #导入数据
avg = np.average(data)  #计算数据的平均值
z = [x - avg for x in data]  #去除平均值
#创建一个图形区，包含 2×2 个子区，且不共享坐标轴
fig,ax=plt.subplots(nrows=2,ncols=2,sharex=False,sharey=False)
fig.suptitle('Comparing autocorrelations')  #添加总标题
ax[0,0].plot(data)  #在第 1 个子区中绘图
ax[0,0].set_xlabel('Google Trends data')
#在第 2 个子图中绘制真实数据的自相关图
ax[0,1].acorr(z, usevlines=True, maxlags=None, normed=True, lw=2)
ax[0,1].grid(True)
ax[0,1].set_xlabel('Autocorrelation')
rand_data = np.random.random(365)  #生成长度相同的随机数据
assert len(data) == len(rand_data)
avg_r = np.average(rand_data)  #计算平均值
rz = [x - avg_r for x in rand_data]
ax[1,0].plot(rand_data)  #在第 3 个子图中绘图
ax[1,0].set_xlabel('Random data')
#在第 4 个子图中绘制随机数据的自相关图
ax[1,1].set_xlabel('Autocorrelation of random data')
ax[1,1].acorr( rz, usevlines=True, maxlags=None, normed=True, lw=2)
ax[1,1].grid(True)
fig.tight_layout()  #使用紧凑格式
plt.show()
```

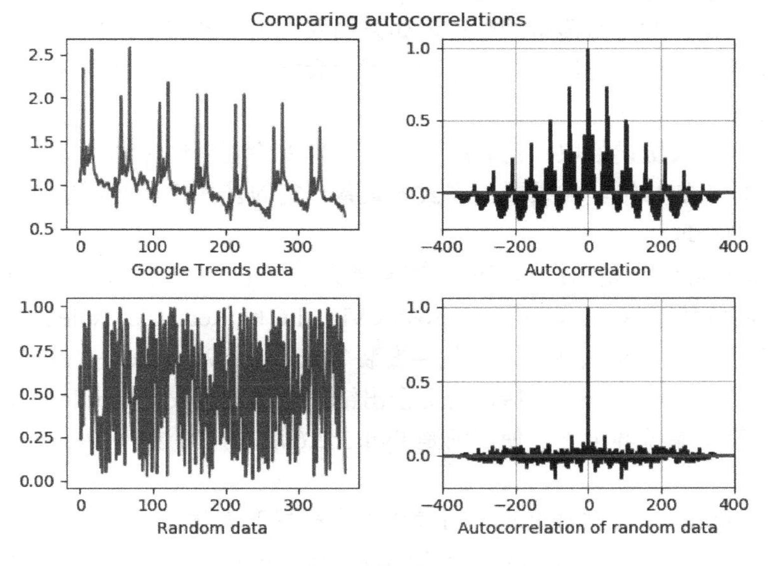


图 5.28　自相关图演示示例

在图 5.28 中，左侧是原始数据的图表，其中搜索量数据的模式容易识别；正态分布的随机数据图表，其模式不是很明显，但仍然有可能。右侧是原始数据去平均值后的自相关图，在随机数据上计算自相关性并绘制自相关图表，可以看到在 0 处的相关性很高，这是我们所期望的，数据在没有任何时间延迟的时候和自身是相关的。但在无时间延迟之前和之后，信号几乎为 0。因此我们可以推断初始时间的信号和任何时间延迟上的信号没有相关性。

再看一下真实的数据——Google 搜索量趋势，我们可以看到在 0s 时间延迟上有相同的表现，我们也可以预料对于任何自相关信号都会有相同的表现。但是我们看到在 0s 时间延迟之后的大约 20、60 和 110 天存在很强的信号。这表明在 Google 搜索引擎上这个特殊的搜索关键字以及人们搜索它的方式之间存在一个模式。

请注意，相关和因果关系是两个非常不同的概念。如果想要识别未知数据的模式和试图把数据匹配到一个模型时，通常应用自相关。识别给定数据集合模型的第一步，就是查看数据与自身的相关性。这需要 Python 以外的知识，它需要数学建模和各种统计测试（Ljung-Box 测试、Box-Pierce 测试等）的知识，这些知识能帮助我们解答可能遇到的问题。

**11．词云图**

词云图是对文本中出现频率较高的“关键词”予以可视化的呈现，通过过滤大量低频、低质文本信息，使浏览者能够快速地掌握文本的主题。

要制作词云图，主题的选择是关键，主题要适合用个性化词云表现，例如为人物明星打标签，为品牌 logo 打标签等。

个性化词云的制作依赖语料库抽取相应的关键词，而关键词的词频，决定关键词的显示大小。因此，从应用的角度搜集所需要的语料数据，并进行一定的文本挖掘，抽取关键词，对词性进行标注，完成中文分词。

值得一提的是，对海量语料的分词，如果加入人工干涉和主观判断，即用户使用自定义字典，剔除语料库中已经停用的分词，可大大提升分词的准确性和有效性，增强系统的数据处理能力。

在完成分词和关键词抽取、词频统计后，就可以绘制个性化词云图了。原则上，词云图的绘制可以不加修饰。如果要使词云图具备一定的艺术性，则需要进行主题背景图片和颜色搭配的处理。

在 Python 环境中，要制作词云图，需要预先进行 jiaba 库和 wordcloud 库的安装，而 wordcloud 库依赖于 Numpy 库和 Microsoft Visual C++ Redistributable 组件。因此，除 Numpy 库，需要选择合适的版本，下载并安装 Microsoft Visual C++ Redistributable for Visual Studio 2015, 2017 and 2019，否则会出错，无法正常安装 wordcloud 库。如在 32 位 Windows 7 操作系统环境下，使用的是 Python3.6 版本，可选择 x86: vc_redist.x86.exe 下载安装。

要下载 wordcloud 库离线文件，可使用加利福尼亚大学提供的 Python 第三方库，选择合适的版本下载，如 wordcloud- 1.5.0-cp36-cp36m-win32.whl，然后使用 pip install

<文件名>进行离线安装。

在此，我们以电视剧“人民的名义”剧本内容为语料制作词云图，相应的程序代码如下，生成的词语图如图 5.29 所示。

```
import matplotlib.pyplot as plt
import jieba
from wordcloud import WordCloud,ImageColorGenerator
import os
os.chdir(u"d:\data")
#添加需要自定义的分词
jieba.add_word("侯亮平")
jieba.add_word("沙瑞金")
jieba.add_word("赵东来")
#读取要分析的文本
filename="人民的名义.txt"
with open(filename,encoding='utf-8') as f:
     mytext=f.read()
def clearwords(text):
     #定义一个空列表，保存去除停用词后的分词
     wordlist=[]
     liststr="/".join(jieba.cut(mytext,cut_all=True))
     #打开停用词表
     stop_file=open("stopwords.txt",encoding="utf-8")
     try:  #读取停用词
            stop_text=stop_file.read()
     finally:
            stop_file.close()
     #将停用词格式化，用\n 分开，返回一个列表
     stop_words=stop_text.split("\n") #换行符
     #遍历分词表，去除停用词
     for myword in liststr.split('/'):
         if not(myword.split()) in stop_words and len(myword.strip())>1:
               wordlist.append(myword)
     return ' '.join(wordlist)
seg_words=clearwords(mytext)
words=WordCloud(
     background_color="white",  #词云图的背景色，默认为黑色
     width=600,  #词云图的宽度
     height=400,  #词云图的高度
     max_words=300,  #指定词云显示的最大单词数量，默认为 200
     #指定词云中词语步进间隔，若>1,可提高计算的速度，但拟合度会差
     font_step=2,
     #出现最多的单词的最大字号，若为 None，则采用词云图的高度
     max_font_size=1000,
     min_font_size=10,  #可用的最小字号
     #指定字体文件（TTF、TTC）所在的路径
     font_path=".\fonts\simhei.ttf"
```

```
    ).generate(seg_words)  #根据文本产生词云
plt.imshow(words,interpolation='bilinear')  #绘制图片
plt.axis("off")  #消除坐标轴
plt.show()  #显示词云图
```

图 5.29 “人民的名义”对应的词云图

## 5.3 三维图形可视化

相对于 2D 图形可视化，数据的 3D 可视化在有些情况下更加有效，甚至是唯一的选择，能够更清晰地呈现数据之间的关系，方便用户观察和数据模式的提取。

Matplotlib 库主要用于二维图形的绘制，但它也提供了一些不同的扩展，这些扩展称为工具包（toolkits），作为关注某个主题的特定函数的集合，如 3D 绘图、地理图上图形的绘制、Excel 和 3D 图表的结合等。比较流行的工具包有 basemap、GTK 工具、Excel 工具、Natgrid、AxesGrid 和 mplot3d 等。

mplot3d 是 Matplotlib 库中专门用来绘制三维图形的工具包，虽然目前 mplot3d 也不是最好的 3D 图形绘制包，但它是随着 Matplotlib 产生的，使用 mplot3d 提供的类和接口，能够让我们熟悉 3D 图形绘制的一般流程和方法。

mplot3d 模块下主要包含 4 个大类，分别是 axes3d、axis3d、art3d 和 proj3d。其中，axes3d 类中主要包含了实现绘图的各种类和方法；axis3d 主要包含了和坐标轴相关的类和方法；art3d 主要包含了一些可以将 2D 图形转换并用于 3D 绘制的类和方法；proj3d 中则主要包含一些其他的类和方法，如计算三维向量长度等。

mplot3d 支持的图表类型包括散点图（scatter）、柱状图（bar）、线图（line）或线框图（wireframe）、曲面图（surface）或三翼面图（tri-surface）、网格图（mesh）等。

使用 mplot3d 模块绘制 3D 图形的一般步骤如下。

**1）导入库**

使用 Matplotlib 绘制三维图形时，实际上是在二维画布上展示，因此在绘制三维图形时，一般也需要导入 matplotlib.pyplot 模块。

一般情况下，我们使用 Axes3D 类的不同方法绘制相应类型的 3D 图形。在使用 Axes3D 之前，首先应使用下面的语句导入 Python 环境中。

（1）from mpl_toolkits.mplot3d.axes3d import Axes3D

（2）from mpl_toolkits.mplot3d import Axes3D

**2）数据的生成或获取**

我们可以使用 Numpy 库生成随机数据进行模拟，也可以从文件或数据库中获取真实的数据。

**3）创建 Axes3D 对象**

绘制 3D 图形时，首先要创建一个 Axes3D 对象，从而使得图表在 3D 视图中呈现。

创建 Axes3D 对象的方式一般有两种，如下：

```
fig = plt.figure()
ax = p3d.Axes3D(fig)
```

或者

```
fig = plt.figure()
ax = fig.add_subplot(111, projection='3d')
```

以上两种方式得到的 ax 都是 Axes3D 对象，接下来就可以调用相应的绘图函数在 ax 上画图了。

**4）设置绘图方法参数并进行绘图**

除少数绘图方法外，3D 绘图的函数几乎与 2D 相同。当然，3D 绘图函数的参数是与 2D 不同的，需要为 3 个坐标轴提供数据。例如，在绘制线形图时，我们可以使用函数 mpl_toolkits.mplot3d.Axes3D.plot( )，但要为其指定 xs、ys、zs 和 zdir 参数，对这些参数的含义解释如下：

（1）xs 和 ys：*x* 轴和 *y* 轴的坐标；

（2）zs：*z* 轴的坐标值，可以是所有点对应一个值，也可以是每个点对应一个值；

（3）zdir：决定哪个坐标轴为 *z* 轴的方向，通常是 zs，但也可以是 xs 或 ys。

**说明：**

模块 mpl_toolkits.mplot3d.art3d 包含了 3D artist 代码和将 2D artists 转化为 3D 版本的函数。在该模块中有一个 rotate_axes 方法，该方法可以被添加到 Axes3D 中来对坐标重新排序，这样坐标轴就与 zdir 一起旋转了。zdir 默认值为 *z*。在坐标轴前加一个"-"会进行反转转换，这样一来，zdir 的值就可以是 *x*、−*x*、*y*、−*y*、*z* 或者−*z*。

在明确 3D 绘图的基本原理和步骤后，我们仅以示例的方式说明在 mpl_toolkits.mplot3d 模块中如何绘制 3D 图形，相应绘图函数中的参数 xs、ys、zs 和 zdir 的含义基本是相同的，不再一一介绍。

### 1．3D 散点图

3D 散点图的绘制，可以使用 Axes3D 对象的 scatter( )函数或 scatter3D( )函数，其函数原型及参数含义如下。

```
scatter(xs,ys,zs=0,zdir='z',s=20,c=None,depthshade=True,*args,**kwargs)
```

（1）s：即 size，表示散点的大小，默认值为 20；

（2）c：即 color，表示绘图的颜色映射，默认为 None；

（3）depthshade：决定是否为散点的标记加阴影，默认为 True。

使用 scatter( )函数生成 3D 散点图的示例代码如下，对应的图形如图 5.30 所示。

```
import numpy as np
from mpl_toolkits.mplot3d import Axes3D
import matplotlib.pyplot as plt
#生成一组 3D 正态分布的数据，采样点个数为 500
count=500
dim=3
samples=np.random.multivariate_normal(
    np.zeros(dim),np.eye(dim),count)
#计算每个样本到原点的距离(范数)，并与均匀分布运算吻合
#从而得到球体内均匀分布的样本
for i in range(samples.shape[0]):
    r = np.power(np.random.random(), 1.0/3.0)  #开三次方
    Frobenius=np.linalg.norm(samples[i])  #计算范数
    samples[i] *= r / Frobenius  #吻合运算
upper_samples = []  #分类初始化
lower_samples = []
for x,y,z in samples:  #3x+2y-z=1 作为判别平面
      if z>3*x+2*y-1:
            upper_samples.append((x, y, z))
      else:
            lower_samples.append((x, y, z))
fig = plt.figure('3D scatter plot')
ax = Axes3D(fig)  #创建 3D 坐标系对象
uppers = np.array(upper_samples)
lowers = np.array(lower_samples)
# 用不同颜色不同形状的图标表示平面上下的样本
# 判别平面上半部分为红色圆点，下半部分为绿色星号
ax.scatter(uppers[:,0],uppers[:,1],uppers[:,2],c='r',marker='o')
ax.scatter(lowers[:,0],lowers[:,1],lowers[:,2],c='g',marker='*')
plt.show()
```

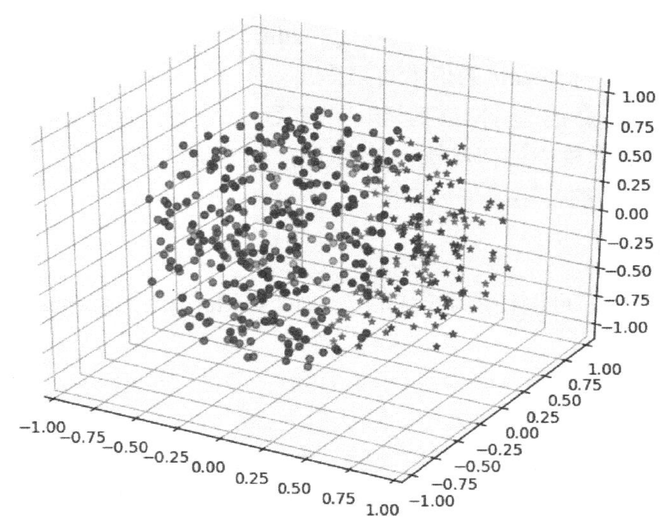


图 5.30　3D 散点图［见彩插］

### 2．3D 线形图

3D 线形图的绘制，可以使用 Axes3D 对象的 plot( )函数或 plot3D( )函数，其函数原型为：

```
plot(xs, ys, *args, **kwargs)
```

plot( )函数和 plot3D( )函数的参数含义同 scatter( )函数和 scatter3D( )函数，使用 plot( )函数绘制 3D 线形图的程序代码如下，生成的线形图如图 5.31 所示。

```
import numpy as np
import matplotlib.pyplot as plt
from mpl_toolkits.mplot3d import Axes3D
#生成数据
X=np.linspace(-6 * np.pi, 6 * np.pi, 1000)
Y= np.sin(X)
Z= np.cos(X)
fig = plt.figure()  #创建画布
ax = Axes3D(fig)  #创建 3D 坐标轴
ax.plot(X,Y,Z)  #绘制线形图
plt.show()
```

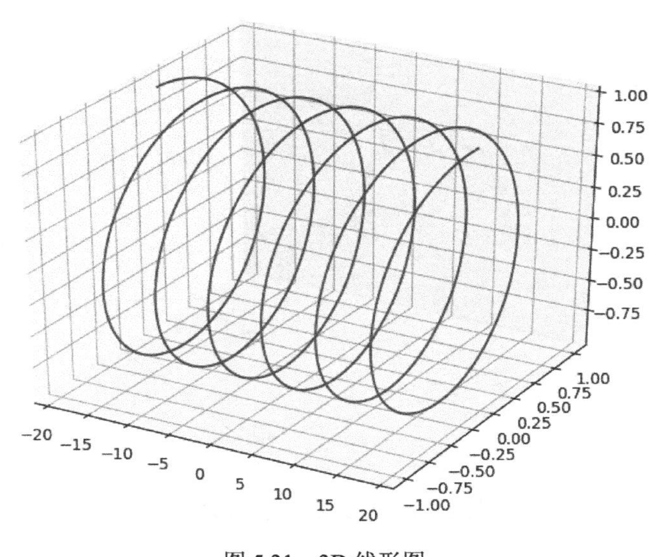


图 5.31　3D 线形图

### 3．3D 线框图

3D 线框图的绘制，可以使用 Axes3D 对象的 plot_wireframe()函数，其函数原型为：

```
plot_wireframe(X, Y, Z, *args, **kwargs)
```

其中常用的参数含义如下：

（1）X, Y, Z：三维坐标点；

（2）rcount,ccount：采样点数，默认为 50；

（3）rstride,cstride：采样步长，其值越小采样数越多。

使用 plot_wireframe( )函数绘制线框图的程序代码如下，对应生成的图形如图 5.32 所示。

```
import numpy as np
import matplotlib.pyplot as plt
from mpl_toolkits.mplot3d import Axes3D
X=np.arange(-4,4,0.05)  #创建数据列表
Y=np.arange(-4,4,0.05)
#通过复制向量 X、Y 的方式，创建对应的稀疏矩阵
X,Y=np.meshgrid(X,Y,sparse=True)
Z=np.sin(X**2+Y**2)/(X**2+Y**2)
fig = plt.figure(figsize=(8,6))
ax = Axes3D(fig)  #创建 Axes3D 对象
ax.plot_wireframe(X,Y,Z,rstride=4,cstride=4,color='gold')
ax.set_zlim(-2,2)
plt.show()
```

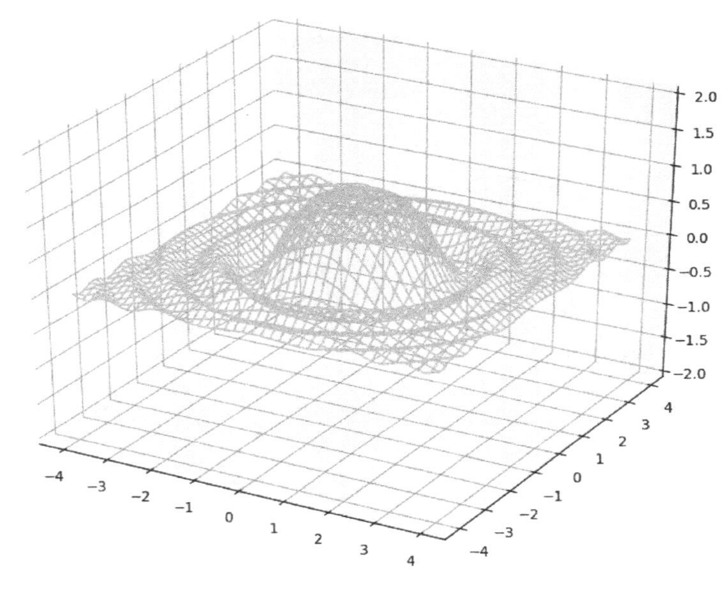


图 5.32　3D 线框图［见彩插］

### 4．3D 柱状图

3D 柱状图的绘制，可以使用 Axes3D 对象的 bar( )或 bar3D( )函数，函数的原型如下：

```
bar(left, height, zs=0, zdir='z', *args, **kwargs)
```

或

```
bar3d(x,y,z,dx,dy,dz,color=None,zsort='average',shade=True,*args,**kwargs)
```

其主要参数的含义如下：

（1）left：$x$ 轴上的水平坐标；

（2）height：$y$ 轴上的柱子高度；

（3）zs：柱子的 $z$ 坐标，若指定一个标量值，则所有柱子在同样的 $z$ 位置;
（4）x,y,z：柱子锚点的坐标；
（5）dx,dy,dz：分别指柱子的宽度、深度和高度，即 $x,y,z$ 的大小。
使用 bar( )函数绘制柱状图的程序代码如下，对应生成的图形如图 5.33 所示。

```
import numpy as np
import matplotlib as mpl
import matplotlib.pyplot as plt
from mpl_toolkits.mplot3d import Axes3D
mpl.rcParams['font.size']=10  #指定绘图字体的大小
fig=plt.figure()
ax=Axes3D(fig)  #创建 3D 图形对象
zs=[2015,2016,2017,2018]
for z in zs:  #生成数据并绘制 3D 图
        xs=np.arange(1,13)
        ys=1000*np.random.rand(12)
        color=plt.cm.Set2(np.random.choice(np.arange(plt.cm.Set2.N)))
        ax.bar(xs,ys,zs=z,zdir='y',color=color,alpha=0.8)
#设置 x 轴和 y 轴的坐标刻度
ax.xaxis.set_major_locator(mpl.ticker.FixedLocator(xs))
ax.yaxis.set_major_locator(mpl.ticker.FixedLocator(ys))
ax.set_xlabel('Month')
ax.set_ylabel('Year')
ax.set_zlabel('Sales Net [USD]')
plt.show()
```

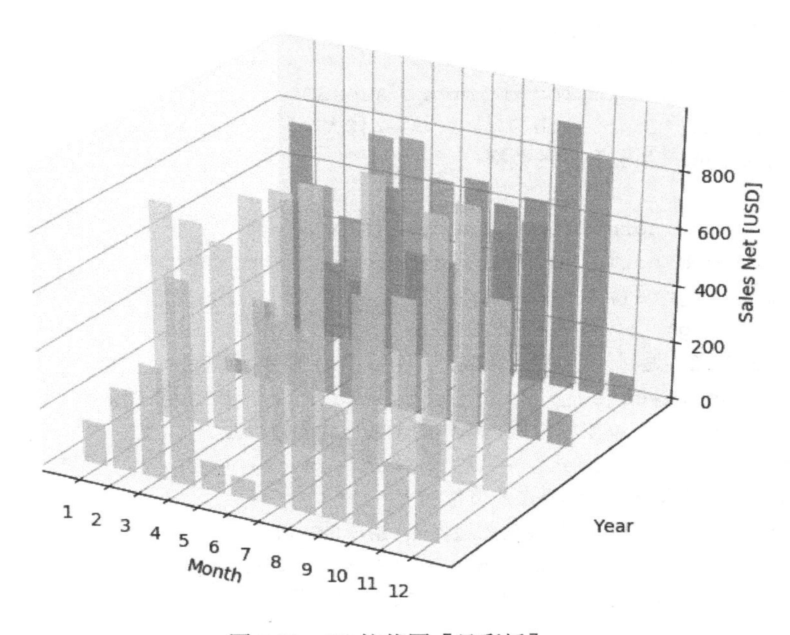


图 5.33　3D 柱状图［见彩插］

### 5. 3D 直方图

2D 直方图表示的是一些只在特定列（通常称为 bin）中的发生率，在前面的 2D 图形中，我们已经有了基本的认识。而 3D 直方图表示的是在一个矩形网格中，两个样本变量在两列中的发生率。使用 3D 直方图，容易识别 3 个独立变量之间的相关性。在计算机图像信息提取中应用广泛，如灰度直方图等，其中第三个维度可以是所分析的图像的$(x, y)$空间通道的强度。

在 Python 环境中，3D 直方图的绘制主要涉及 mpl_toolkits.mplot3d 模块的 Axes3D. bar3D( ) 和 numpy.histgram2d( ) 两个函数，bar3D( ) 函数前面已有介绍，在此对 histgram2d( )函数的使用解释如下。

```
histogram2d(x, y, bins=10, range=None, normed=False, weights=None)
```

该函数计算两个样本变量的直方图，并返回二维直方图对应的数组对象（shape (nx,ny)）、第一维上箱体（bin）的 $x$ 边界点（shape(nx+1)）和第二维上箱体的 $y$ 边界点（shape(ny+1)）。

主要参数及其含义如下：

（1）x,y：分别为一个数组，包含直方图中锚点的 $x$、$y$ 坐标；

（2）bins：箱体的个数，默认值为 10；

（3）range：每一维上箱体的最小、最大值，默认值为 None；

（4）normed：布尔型，默认值为 False，将返回每个箱体的样本个数；若为 True，将返回箱体的密度。

对 3D 直方图的使用，有如下示例代码，生成的图形如图 5.34 所示。

```
import numpy as np
import matplotlib.pyplot as plt
import matplotlib as mpl
from mpl_toolkits.mplot3d import Axes3D
mpl.rcParams['font.size'] = 10  #字体大小
#用正态分布函数产生 x 和 y 的数据
samples = 25
x = np.random.normal(5, 1, samples)
y = np.random.normal(3, 0.5, samples)
fig = plt.figure()
ax=Axes3D(fig)  #创建 3D 图形对象
#计算 2D 直方图，返回一个元组(频数,分箱(bins)的 x、y 边界)
hist, xedges, yedges = np.histogram2d(x, y, bins=10)
#计算箱体(bin)的 x,y 坐标位置，箱体的个数比边界点少 1
elements = (len(xedges) - 1) * (len(yedges) - 1)
#除最后一个边界点外，各边界点的值都加上 0.25
#并构建由边界点向量(不包括最后的边界点)组成的矩阵
xpos,ypos=np.meshgrid(xedges[:-1]+0.25, yedges[:-1]+0.25)
xpos = xpos.flatten()  #扁平化，生成一个一维数组
ypos = ypos.flatten()
zpos = np.zeros(elements)  #生成由 100 个 0 组成的一维数组
```

```
#创建具有相同宽度的箱体
dx =0.1 * np.ones_like(zpos)  #与 zpos 大小相同
dy = dx.copy()
dz = hist.flatten()  #箱体的频数作为其高度
#绘制直方图，并设置坐标轴的标签
ax.bar3d(xpos, ypos, zpos, dx, dy, dz, color='b', alpha=0.4)
ax.set_xlabel('X Axis')
ax.set_ylabel('Y Axis')
ax.set_zlabel('Z Axis')
plt.show()
```

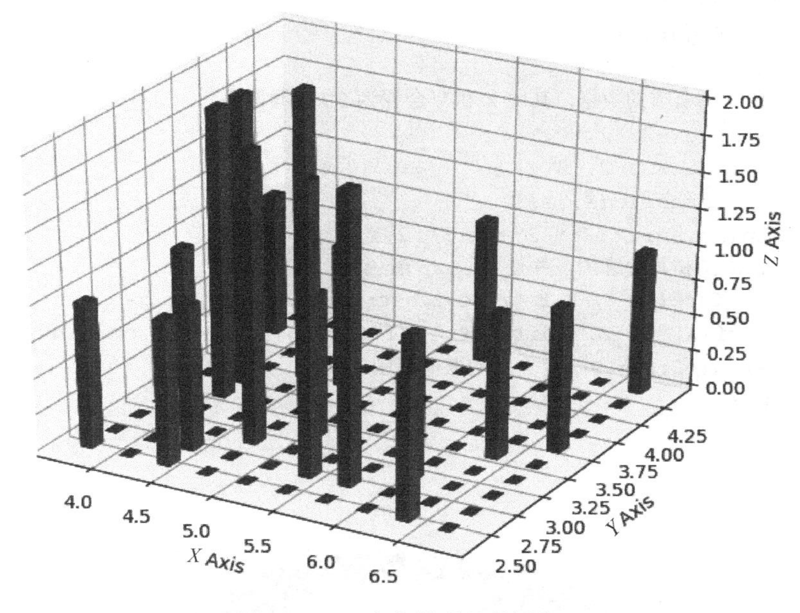


图 5.34　3D 直方图［见彩插］

**说明：**

（1）matplotlib.pyplot 模块也提供了 hist( )、hist2d( )函数，可以用于直方图的绘制，但不同于 Numpy 库的 histogram( )或 histogram2d( )函数的使用。前者调用时，完成直方图的绘制并可以直接显示；而后者只是进行直方图的计算，并返回直方图（hist）以及 $x$ 轴和 $y$ 轴方向箱体（bin）的边，这样更有利于直方图数据的处理和变换。

（2）ax.bar3d( )函数需要 $x$, $y$ 空间的坐标，因此需要计算出一般的矩阵坐标。np.meshgrid( )函数能够把 $x$ 和 $y$ 位置的向量合并到 2D 空间网格中（矩阵），因此可以使用它在 $xy$ 平面位置上绘制箱体（bin）。变量 d$x$ 和 d$y$ 表示每一个 bin 底部的宽度，在上面的示例中，d$x$、d$y$ 被设置为常数 0.1，而 $z$ 轴上的值（d$z$）实际上是计算机直方图（在变量 hist 中），它表示在一个特定的 bin 中 $x$ 和 $y$ 样本的个数。

### 6．3D 曲面图

3D 曲面图的绘制使用 Axes3D 对象的 plot_surface( )函数，其函数原型如下：

```
plot_surface(X, Y, Z, *args, **kwargs)
```

其主要参数及含义如下：

（1）X,Y,Z：三维坐标点；

（2）rcount,ccount,rstride,cstride：同 plot_wireframe( )函数；

（3）cmap：定义曲面块（patch）的颜色，其类型为 colormap。

绘制 3D 曲面图的程序代码如下，生成的图形如图 5.35 所示。

```
import numpy as np
import matplotlib.pyplot as plt
from mpl_toolkits.mplot3d import Axes3D
# 创建 3D 图形对象
fig = plt.figure()
ax = Axes3D(fig)
#生成 3D 曲面图所需的数据，其中 X 和 Y 合并为 2D 空间网格
X = np.arange(-2, 2, 0.1)
Y = np.arange(-2, 2, 0.1)
X, Y = np.meshgrid(X, Y)
Z =np.sin(np.sqrt(X ** 2 + Y ** 2))
#绘制 3D 曲面图和其轮廓图，并使用 cmap 着色
ax.plot_surface(X, Y, Z,rstride=1,cstride=1, cmap=plt.get_cmap ('rainbow'))
ax.contourf(X, Y, Z, zdir='z', offset=-2, cmap=plt.cm.winter)
ax.set_zlim(-2,2)  #限定 z 轴的取值范围
plt.show()
```

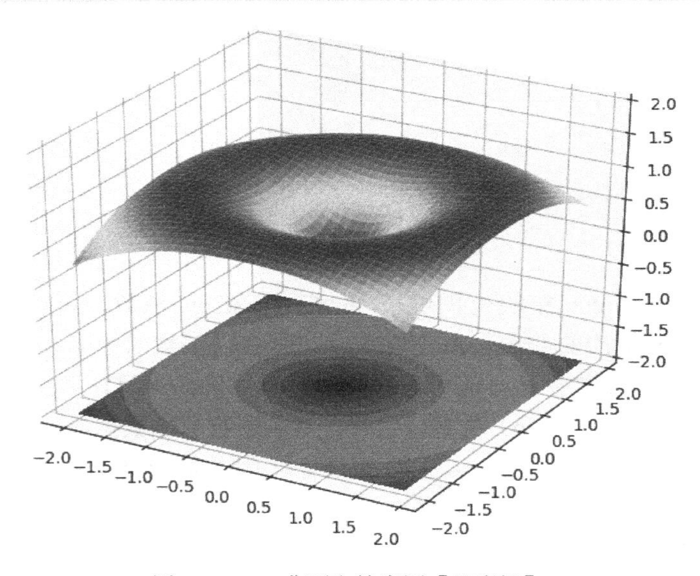


图 5.35　3D 曲面和轮廓图［见彩插］

**注：**轮廓图的绘制，使用 Axes3D 对象的 contourf( )函数。

### 7. 三翼面图

三翼面图在数学上也称为双曲抛物面（hyperbolic paraboloid），形状像马鞍，故也

称为马鞍面，是 mplot3d 模块中才有的一种图表类型。

双曲抛物面标准方程的一般形式为：$z=\dfrac{x^2}{a^2}-\dfrac{y^2}{b^2}$，其中 $x$、$y$、$z$ 是笛卡儿坐标系中三个坐标轴方向上的变量，$a$、$b$ 为常数。

三维极坐标系下双曲抛物面的一般形式为：$\begin{cases} x=r\cos\alpha \\ y=r\sin\alpha \\ z=\sin(-xy) \end{cases}$，其中 $r$ 为焦半径，取值一般为 $(0,1]$，$\alpha$ 为旋转角度，取值一般为 $[0,2\pi)$。

在计算机上生成双曲抛物面时，可以在 $XZ$ 面上构造一条开口向上的抛物线，然后在 $YZ$ 面上构造一条开口向下的抛物线，且两条抛物线的顶端重合于一点；然后让第一条抛物线在另一条抛物线上滑动，便形成了马鞍面。

三翼面图的绘制可使用 Axes3D 对象的 plot_trisurf( )函数，其函数原型如下：

```
plot_trisurf(*args, **kwargs)
```

其主要参数及含义如下：

（1）X, Y, Z：作为一维数组的输入数据，对应三维坐标点；

（2）color：曲面块的单一颜色值；

（3）cmap：曲面块的颜色值，其类型为 colormap；

（4）norm：颜色映射值的规范化实例；

（5）vmin：颜色映射的最小值；

（6）vmax：颜色映射的最大值；

（7）shade：曲面颜色是否有阴影。

使用 plot_trisurf( )函数，构建双曲抛物面的程序代码如下，生成的图形如图 5.36 所示。

```
import numpy as np
import matplotlib.pyplot as plt
from mpl_toolkits.mplot3d import Axes3D
from matplotlib import cm
n_angles = 64  #不同角度个数
n_radii = 16  #不等长的半径个数
#为消除重复点，不包括半径 r=0，生成半径的一维数组
radii = np.linspace(0.125, 1.0, n_radii)
#不包括 2π 点，生成角度的一维数组
angles = np.linspace(0, 2 * np.pi, n_angles, endpoint=False)
#沿行方向重复每个半径的所有角度
angles = np.repeat(angles[..., np.newaxis], n_radii, axis=1)
#将极坐标(radii,angles)转换为笛卡儿坐标(x,y)
#此处增加了(0,0)点，且在(x,y)中没有重复点
x = np.append(0, (radii * np.cos(angles)).flatten())
y = np.append(0, (radii * np.sin(angles)).flatten())
z = np.sin(-x * y)  #Pringle 曲面
fig = plt.figure()
```

```
ax = Axes3D(fig)  #创建 3D 图形对象
ax.plot_trisurf(x, y, z, cmap=cm.cool, linewidth=0.2)
ax.set_xlabel('X')
ax.set_ylabel('Y')
ax.set_zlabel('Z')
plt.show()
```

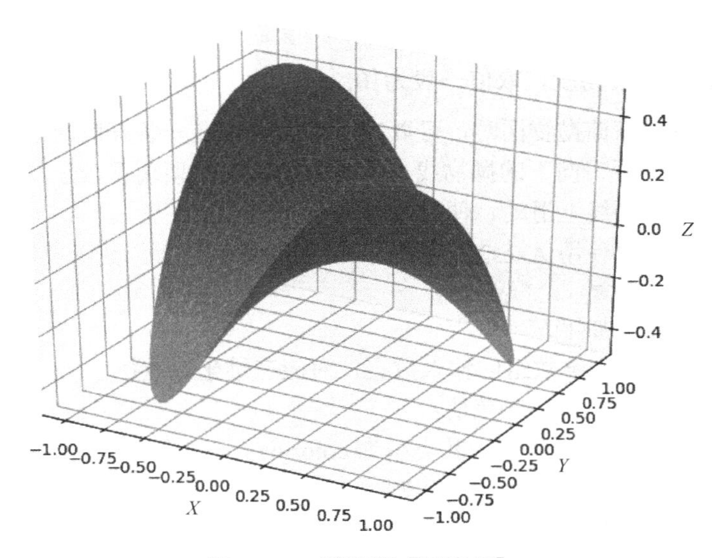


图 5.36 三翼面图［见彩插］

#### 8. 3D 子图

在三维空间中，同一个绘图区（画布）可以绘制多个子图。在此，仅以简单示例进行演示，程序代码如下，对应生成的图形如图 5.37 所示。

```
from mpl_toolkits.mplot3d import Axes3D
import matplotlib.pyplot as plt
import numpy as np
fig = plt.figure()  #创建画布
ax1=fig.add_subplot(1,2,1,projection='3d')  #添加第一个子图
#生成第一个子图需要的数据
x = np.linspace(-6 * np.pi, 6 * np.pi, 1000)
y = np.sin(x)
z = np.cos(x)
ax1.plot(x, y, z)  #绘制第一个子图
ax2=fig.add_subplot(1,2,2,projection='3d')  #添加第二个子图
#生成第二个子图需要的数据
X = np.arange(-2, 2, 0.1)
Y = np.arange(-2, 2, 0.1)
X, Y = np.meshgrid(X, Y)
Z = np.sqrt(X ** 2 + Y ** 2)
ax2.plot_surface(X,Y,Z,cmap=plt.cm.jet)  #绘制第二个子图
plt.show()
```

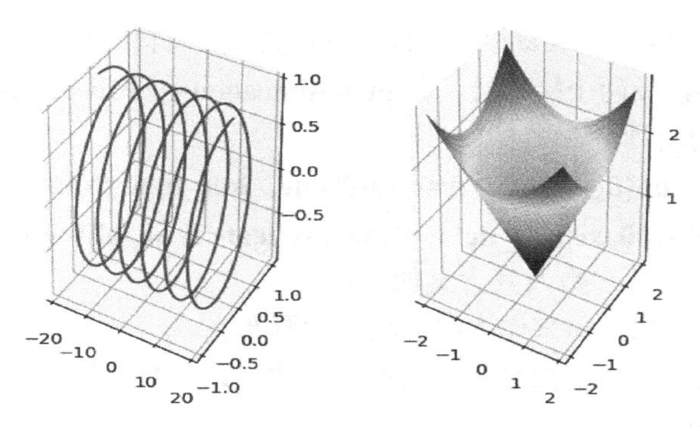


图 5.37　三维空间中的子图［见彩插］

## 5.4　使用动画

相对于静态图表而言，人类总是容易被动画和交互式图表所吸引。在解释某一状态随单个或多个变量的变化而改变的情形时，动画有着更强的描述性。例如描述多年来的股票价格、过去十年的气候变化、季节性和趋势等时间序列数据时，动画更有意义，可以使我们观察到特定的参数随时间变化的情况。

### 5.4.1　使用 Animation 模块创建动画

虽然 Matplotlib 主要函数库的动画和图表交互能力有限，但也能满足基本的用户要求。从 1.1 版本开始，一个动画处理的模块 Animation 就被添加到了标准 Matplotlib 库中。该模块提供了几个创建动画的类，对这些类的描述如表 5.8 所示，其中最主要的类是 Animation，这个类是一个基类，可以针对不同的行为实例化相应的子类。

表 5.8　Animation 模块中的动画类

| 类名（父类） | 描　　述 |
|---|---|
| Animation(object) | Matplotlib 用于创建动画的基类，被实例化子类提供所需的行为 |
| TimedAnnimation(Animation) | Animation 的子类，支持基于时间的动画，每 interval*milliseconds 绘制一个新的帧 |
| ArtistAnimation(TimedAnimation) | 使用一组固定的 artist 对象创建动画，在对象被实例化之前，所有的绘制工作已经完成，且相关的 artists 已经保存 |
| FuncAnimation(TimedAnimation) | 通过重复调用某一函数生成动画，可以为该函数传入参数，且参数可选 |

以上 Animation 模块中四个类之间的继承关系如图 5.38 所示。

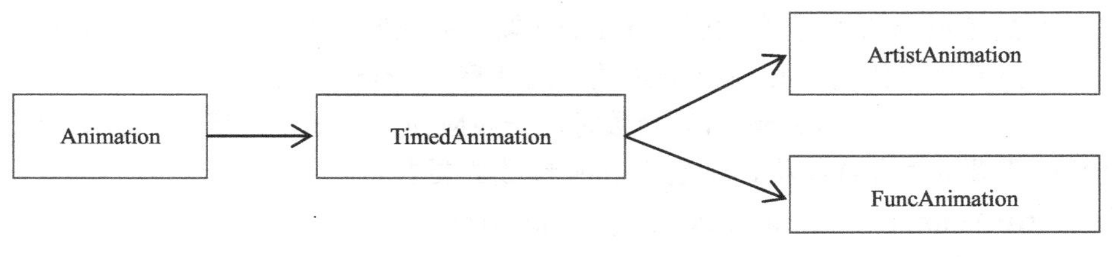


图 5.38　动画类之间的继承关系

根据 Animation 模块中有关动画类之间的继承关系及各自的功能描述，使用 Animation 类处理动画时，主要涉及两个接口类，即 FuncAnimation 和 ArtistAnimation，这两个接口类都支持基于时间的动画。

**1） FuncAnimation(fig, func, frames=None, init_func=None, fargs=None, save_count=None, interval=200, repeat_delay=None, repeat=True, blit=False)**

该接口类涉及的主要参数及其含义如下：

（1）fig：figure 对象，用来作为绘制动画的画布。

（2）func：绘制每一帧动画时需要回调的函数，该函数中只需更新 figure 的数据即可，其要求的格式为：

```
def func(frame,*fargs)->iterable_of_artists
```

其中，第一个参数 frame 为 frames 中的下一个迭代值；其他附加的位置参数均由 fargs 参数提供。

（3）frames：表示整个动画过程中帧的取值范围，其值可以是可迭代对象、整数、生成器函数或 None，作为 func 函数中每一帧的数据源。

① 若为可迭代对象，如 np.linsapce(−np.pi,np.pi,90)的结果是一个列表，为可迭代对象，可直接作为 frames 参数的值；

② 若为一个整数，相当于给 frames 赋值 range(frames)；

③ 若为生成器函数，则要求符合 def generator_function()->obj 格式，即参数列表为空，但需要返回一个值，该值将传入到 func 回调函数中；

④ 若为 None，则相当于传递 itertools.count，即从 0 开始，每次步进 1，无限执行下去。

（4）init_func：初始化函数，用于 figure 对象的初始化，其格式要求为：def init_func()->iterable_of_artists。若为 None，则以第一帧的结果作为 figure 的初始结果。

（5）fargs：可为元组类型或 None，用于每次附加给 func 回调函数的参数。

（6）save_count：frames 中缓存值的数量。

（7）interval：每两帧之间发生的时间间隔，单位为毫秒（ms），默认为 200。

（8）repeat_delay：数值型，指在动画重复播放时，每次播放之间的延迟时间，单位为毫秒（ms）。

（9）repeat：布尔型，默认为 True，指动画是否重复播放。

（10）blit：布尔型，默认为 False，决定是否使用 blitting 技术优化动画的绘制过程，即能否确保只重绘那些已经改变的图块。

**说明：**

（1）参数 frames 决定整个动画中 frame（帧）的取值范围，它会每个 interval 时间迭代一次，然后将值传递给 func 回调函数，直到整个 frames 迭代结束。

（2）在定义生成器（generator）函数时，一般应使用 yield 关键字，以便能够产生每次迭代时需要的对象或结构，满足 frames 参数的要求。

**2）ArtistAnimation(fig, artists, *args, **kwargs)**

该接口类涉及的主要参数 fig、interval、repeat_delay、repeat、blit，其含义与

FuncAnimation 类一致，在此仅解释 artists 参数的含义。

artists：列表（list）类型，每一帧中有效的 artist 对象构成的集合作为其中的一个列表项，且该帧中的 artist 对象对其他帧是无效的。

**说明：**

Animation 模块中 ArtistAnimation 类的用法和 FuncAnimation 类不同，必须事先绘制出每一个 artist，然后用所有 artist 的不同帧来实例化 ArtistAnimation 类。Artist 动画是对 TimedAnimation 类的一种继承，每 interval 毫秒绘制一次帧，直至所有帧绘制完毕。

ArtistAnimation 类和 FuncAnimation 类均支持基于时间的动画，在完成每一帧的绘制后，会保存一个视频文件或 GIF 图像文件。在通过编码器（ffmpeg、mencoder、imagemagick 等）创建相应类型文件之前，会先创建临时图像文件。

创建动画的接口类（FuncAnimation、ArtistAnimation）都提供了 save( )方法，该方法在保存文件时会接收各种参数来配置影像输出、元数据（如作者等）、使用的编码器、分辨率/大小等。对该方法涉及的主要参数及其含义解释如下。

```
    save(self, filename, writer=None, fps=None, dpi=None, codec=None,
bitrate=None, extra_args=None, metadata=None, extra_anim=None, savefig_
kwargs=None)
```

（1）filename：输出文件的名称；

（2）writer：可选项，可以是 MovieWriter 对象或标识动画输出对象类型的字符串，如 ffmpeg（MP4 视频）、imagemagick（GIF 动画）。若为 None，则默认为 animation.writer 类型；

（3）fps：动画中每秒的帧数，若为 None，则用初始化函数中定义的 interval 参数表示每秒的帧数；

（4）dpi：决定动画帧中每英寸的点数；

（5）codec：字符型，用以设置视频的编码方式，默认为 animation.codec；

（6）bitrate：数值型，决定视频质量，用来指定每秒的字节数；

（7）extra_args：列表类型，表示要传递给后续视频工具的特殊字符串参数；

（8）metadata：字典类型，指包含在输出文件中的元数据键值对；

（9）extra_anim：列表类型，指在存储的视频文件中附加的 Animation 对象，需要与 figure 对象保持一致；

（10）savefig_kwargs：字典类型，包含要传递给 savefig 命令的关键字参数，该命令被反复调用以保存视频的各个帧。

**说明：**

如果要保存动画为 GIF 图像，要求开发者计算机上已经安装了 ImageMagicK 第三方库，且调用 save( )方法时，要指定参数 writer 为“imagemagick”；同样，动画要保存为 MP4 视频格式，要求开发者计算机上已经安装好 ffmpeg 库，且 save( )方法中指定参数 writer 为“ffmpeg”。

与 Numpy 和 Matplotlib 库的安装不同， ffmpeg 和 imagemagick 需要单独下载和安装。

ImageMagick 软件可从官网下载合适的版本，如 32 位 Windows 操作系统下，可下载 Win32 dynamic at 16 bits-per-pixel component 版本。

下载 ImageMagick 之后，在其安装选项中有“Install ffmpeg”等选项，可选择所有选项安装。在安装 ImageMagick 完成之后，运行 Python 程序，若创建的动画保存为 GIF 格式，则成功执行；若创建的动画保存为 MP4 格式，可能由于版本不兼容的原因，会显示错误信息“MovieWriter ffmpeg unavailable.”，此时可以从 ffmpeg 的官方网站下载 ffmpeg 合适的版本，如 Python 程序的运行环境为 32bits 的 Windows 操作系统，可下载“ffmpeg-20190718-9869e21-win32-static.zip”，然后使用解压后的“ffmpeg.exe”文件替换 ImageMagick 安装目录中的同名文件即可。

下面我们将通过示例的方式，描述基于 Animation 模块创建动画的一般过程和步骤。

### 1. 使用 FuncAnimation 接口创建动画

使用 Animation 模块的 FuncAnimation 接口创建动画，定义动画的初始化函数和创建构成动画帧的绘图对象函数是关键。在此，通过“移动的波形”和“雨滴模拟”两个例子进行说明。

**1）移动的波形**

```
import numpy as np
from matplotlib import pyplot as plt
from matplotlib.animation import FuncAnimation
fig=plt.figure()  #创建画布，将作为绘制动画的图形窗口
ax=plt.axes(xlim=(0,4),ylim=(-2,2))  #创建坐标轴
line, = ax.plot([], [], lw=2)  #plot 函数返回一个 Line2D 对象的列表
#定义 init()函数，初始化动画，清空当前帧
#通过 init_func 参数传入 FuncAnimation 构造器中
def init():
      line.set_data([], [])
      return line,
#定义 animate()函数，生成当前帧的绘图对象列表，参数 i 为帧计数器
def animate(i):
      x = np.linspace(0, 4, 1000)
      y = np.sin(2*np.pi*(x-0.01*i))*np.cos(22*np.pi*(x-0.01*i))
      line.set_data(x, y)
      return line,
#基于 FuncAnimation 接口类，将 init()、animate()和 fig 传入类构造器
#将要绘制图形的窗口和动画事件进行关联，迭代生成实际的动画对象
anim = FuncAnimation(fig, animate, init_func=init,
                     frames=200, interval=20, blit=True)
#动画的保存和显示
anim.save('sine_wave.gif', fps=2,writer='imagemagick')
plt.show()
```

执行本代码后，将在 Python 程序文件所在的文件夹中创建一个名为 sine_wave.gif 的文件，并同时显示一个有动画的图形窗口。移动的波形如图 5.39 所示。

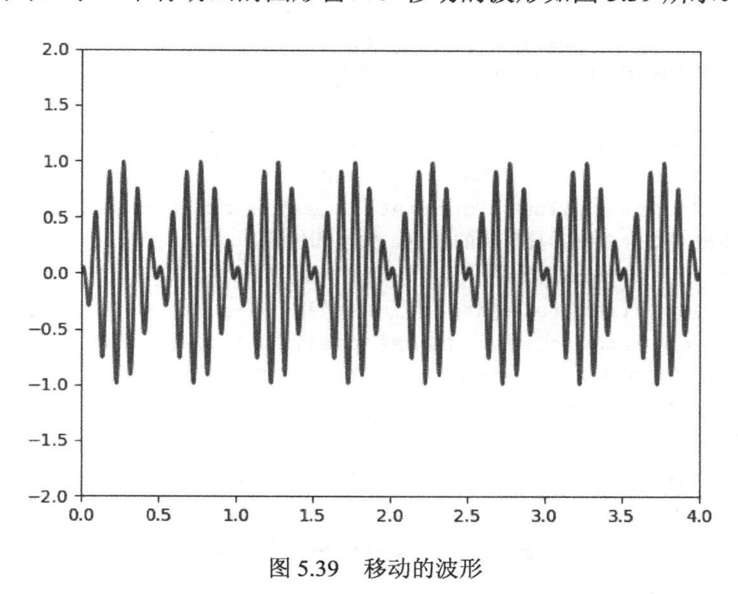


图 5.39　移动的波形

**2）雨滴模拟**

```
import numpy as np
import matplotlib.pyplot as plt
from matplotlib.animation import FuncAnimation
np.random.seed(19680801)  #固定随机数产生的状态
#创建要绘制动画的图形窗口和坐标轴
fig = plt.figure(figsize=(7, 7))
ax = fig.add_axes([0, 0, 1, 1], frameon=False)
ax.set_xlim(0, 1), ax.set_xticks([])
ax.set_ylim(0, 1), ax.set_yticks([])
#创建雨滴
n_drops = 50
rain_drops=np.zeros(n_drops,dtype=[('position',float,2),('size',float,1),
                                    ('growth',float, 1),('color',float, 4)])
#初始化雨滴的随机位置和增长速率
rain_drops['position'] = np.random.uniform(0, 1, (n_drops, 2))
rain_drops['growth'] = np.random.uniform(50, 200, n_drops)
#构建动画中雨滴形成的散点图
scat = ax.scatter(rain_drops['position'][:, 0], rain_drops['position'][:, 1],
            s=rain_drops['size'], lw=0.5, edgecolors=rain_drops['color'],
            facecolors='none')
def update(frame_number):
    # Get an index which we can use to re-spawn the oldest raindrop.
    current_index = frame_number % n_drops
    #随时间的变化，使所有雨滴的颜色更加透明
```

```
        rain_drops['color'][:, 3] -= 1.0/len(rain_drops)
        rain_drops['color'][:, 3] = np.clip(rain_drops['color'][:, 3], 0, 1)
        #使所有的环变大
        rain_drops['size'] += rain_drops['growth']
        #为原来的雨滴选取一个新的位置，并重置其大小、颜色和增长速率
        rain_drops['position'][current_index] = np.random.uniform(0, 1, 2)
        rain_drops['size'][current_index] = 5
        rain_drops['color'][current_index] = (0, 0, 0, 1)
        rain_drops['growth'][current_index] = np.random.uniform(50, 200)
        #更新散点集合，使其具有新的颜色、大小和位置
        scat.set_edgecolors(rain_drops['color'])
        scat.set_sizes(rain_drops['size'])
        scat.set_offsets(rain_drops['position'])
    #将 update()函数传入 FuncAnimation 接口，开始生成动画
    animation = FuncAnimation(fig, update, interval=10)
    #动画的保存和显示
    animation.save('rain.mp4', writer='ffmpeg',dpi=100)
    plt.show()
```

以上程序代码运行后，将保存一个 rain.mp4 的视频文件并显示雨滴的动画窗口，其动画帧图像如图 5.40 所示。

图 5.40　雨滴动画中的帧图像［见彩插］

## 2．使用 ArtistAnimation 接口创建动画

使用 ArtistAnimation 接口创建动画，实际上是预先计算动画的每一帧图像，并形

成一个图像列表，作为 artists 参数值传入 ArtistAnimation，从而开始动画的创建。

```
import numpy as np
import matplotlib.pyplot as plt
import matplotlib.animation as animation
fig = plt.figure()  #创建绘制动画的图形窗口
def f(x, y):
   return np.sin(x) + np.cos(y)
x = np.linspace(0, 2 * np.pi, 120)  #shape 为(120,)的一维数组
#reshape()中的参数-1 指一维数组 y 的长度，变形后 y.shape 为(100,1)
y = np.linspace(0, 2 * np.pi, 100).reshape(-1, 1)
ims = []  #初始化帧图像列表
for i in range(60):
      x += np.pi / 15.
      y += np.pi / 20.
      data=f(x,y)  #其 shape 为(100,120)
      im = plt.imshow(data,animated=True)  #绘制一幅图像
      ims.append([im])  #将新绘制的图像添加到帧图像列表中
#将 ims 作为 artists 参数的值传入 ArtistAnimation 接口,开始绘制动画;
#ims 列表中的每一幅图像按照一定的时间间隔(interval)，依次迭代，
#在动画的当前帧中进行绘制，从而呈现动画的效果
ani = animation.ArtistAnimation(fig, ims, interval=50, blit=True,
                                repeat_delay=1000)
#动画的保存和显示
ani.save("artistmovie.mp4", writer="ffmpeg")
plt.show()
```

以上程序代码运行后，在 Python 程序文件所在的目录中将保存一个名为 artistmovie.mp4 的视频文件，动画帧图像的显示结果如图 5.41 所示。

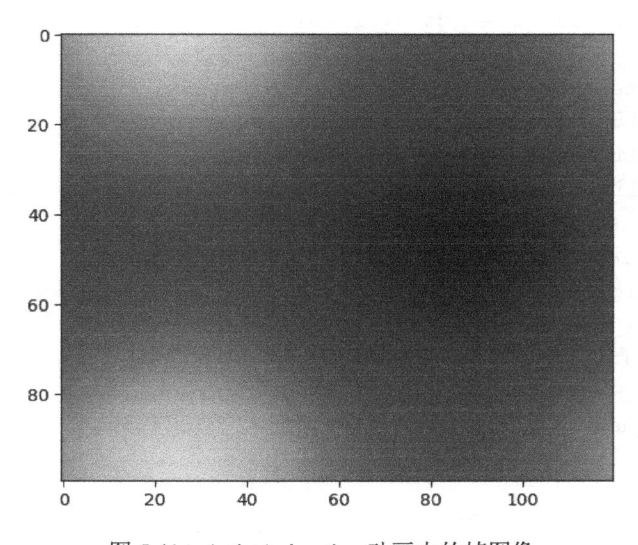


图 5.41　ArtistAnimation 动画中的帧图像

### 3. 创建三维动画

基于 Animation 模块创建 3D 动画，需要与 mpl_toolkits.mplot3d 模块进行结合。在此，仅以 3D 随机游走的线条为例进行说明。

```
import numpy as np
import matplotlib.pyplot as plt
from mpl_toolkits.mplot3d.axes3d import Axes3D
import matplotlib.animation as animation
np.random.seed(19680801)  #固定随机数产生的状态
def Gen_RandLine(length, dims=2):
    """
    自定义函数，使用随机游走算法产生线条；
    length 表示线条的长度，对应线条的点数，dims 表示线条的维数。
    """
    lineData = np.empty((dims, length))  #产生 dims 行 length 列的随机数
    lineData[:, 0] = np.random.rand(dims)  #更新第 0 列的数据
    for index in range(1, length):
        #将随机数缩放 0.1,使得线条游走很小的距离
        #将随机数减去 0.5，保证其值域在[-0.5,0.5]之间
        #为负值时，即允许线条向后游走
        step = ((np.random.rand(dims) - 0.5) * 0.1)
        lineData[:, index] = lineData[:, index - 1] + step
    return lineData
def update_lines(num, dataLines, lines):
    """
    自定义函数，更新线条数据。
    参数 num 由 FuncAnimation 接口的 frames 决定，取值为[0,frames-1]
    参数 dataLines,lines 由 FuncAnimation 接口的 fargs 决定，即有
    dataLines,lines = (data,lines)
    """
    for line, data in zip(lines, dataLines):
        #三维数据没有 set_data()方法
        line.set_data(data[0:2, :num])
        line.set_3d_properties(data[2, :num])
    return lines
#将 3D 坐标轴与动画的图形窗口关联起来
fig = plt.figure()
ax = Axes3D(fig)
#生成 50 条 3D 随机线条的数据，每个线条有 25 个 3D 坐标点
data = [Gen_RandLine(25, 3) for index in range(50)]
#创建 50 个 Line3D 对象,注意不能传递空数组给 3D plot()函数
lines=[]
for dat in data:
    line,=ax.plot(dat[0, 0:1], dat[1, 0:1], dat[2, 0:1])
    lines.append(line)
#设置坐标轴属性
```

```
    ax.set_xlim3d([0.0, 1.0])
    ax.set_xlabel('X')
    ax.set_ylim3d([0.0, 1.0])
    ax.set_ylabel('Y')
    ax.set_zlim3d([0.0, 1.0])
    ax.set_zlabel('Z')
    ax.set_title('3D Random Walk')
    #创建动画对象，每次迭代附加 data 和 lines 参数给 update_lines()函数
    line_ani = animation.FuncAnimation(fig,update_lines,25,
                                       fargs=(data,lines),interval=50,blit=False)
    #动画的保存和显示
    line_ani.save('randwalk.gif',writer='imagemagick')
    plt.show()
```

程序运行后，保存一个 randwalk.gif 图像文件并显示一个动画图形窗口，其中的动画帧图像如图 5.42 所示。

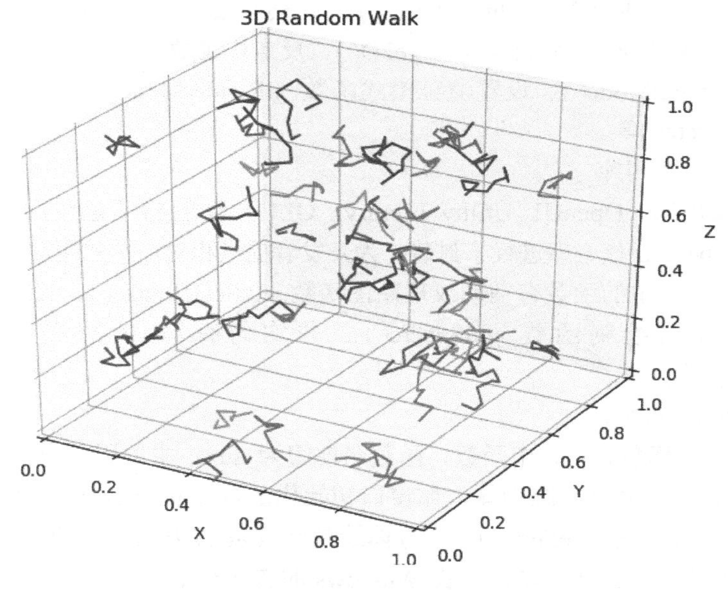


图 5.42 随机游走的 3D 线条［见彩插］

## 5.4.2 使用 OpenGL 创建动画

OpenGL（Open Graphics Library）是一种开放式图形库，最初由美国 SGI 公司开发。它独立于具体的硬件环境和操作系统平台，能够提供功能强大、调用方便的底层 3D 图形函数库。使用任何支持 OpenGL 的程序语言处理程序，程序设计人员只要按照规定的语法格式编写程序，就可以灵活地进行三维物体的建模和可视化处理。因此，OpenGL 是目前占主导地位的 3D 图形应用开发的行业标准，其图形建模和处理能力远远超过 Matplotlib 库。

使用 OpenGL 程序绘图的一般流程包括：

（1）OpenGL 初始化：即初始化 OpenGL 状态、进行颜色、纹理、深度检测、光照等特性的设置；

（2）几何基本图元的数据准备：主要包括模型顶点坐标、颜色、纹理、法向量、索引等数据，一般使用数组或矩阵进行存储；

（3）设置观察坐标系下的取景模式和取景框大小：主要包括屏幕窗口大小、投影方式等的设置；

（4）绘图前的准备工作：主要包括清除当前窗口内容、重置视图模型矩阵等；

（5）构造几何物体对象的数学描述：包括点线面的位置和拓扑关系、仿射几何变换、光照处理等；

（6）绘图显示场景：要开发基于 OpenGL 的应用程序，必须先了解 OpenGL 的库函数。OpenGL 函数库提供的 API 函数主要分为以下几类。

（1）OpenGL 核心库

OpenGL 核心库包含 115 个函数，函数名的前缀为 gl，主要用于常规的、核心的图形处理，如矩阵入栈函数 glPushMatrix( )、旋转函数 glRotatef( )、设置颜色函数 glColor3ub( )、二维纹理函数 glTextImage2D( )、反走样函数 glHint( )、设置多边形绘制模式函数 glPloygonMode( )、设置渲染模式函数 glRenderMode( )、启用顶点数组函数 glEnable-ClientState( )等。

（2）OpenGL 实用库

OpenGL 实用库（OpenGL Utility Library，GLU）包含 43 个函数，函数名的前缀为 glu。GLU 对 OpenGL 核心库进行了封装，为开发者提供相对简单的用法，实现一些较为复杂的操作。GLU 中的函数有辅助纹理贴图函数 gluScaleImage( )、投影矩阵计算函数 gluProject( )、球面绘制函数 gluSphere( )、非均匀有理 B 样条曲线绘制函数 gluNurbsCurve( )等。

（3）OpenGL 辅助库

OpenGL 辅助库包含 31 个函数，函数名前缀为 aux，主要用于窗口管理、输入/输出处理以及绘制一些简单三维物体，如窗口初始化函数 auxInitDisplayMode( )、处理窗口大小改变函数 auxReshapeFunc( )、立方体绘制函数 auxWireCube( )等。

值得一提的是，OpenGL 辅助库在 Windows 的实现有很多错误，甚至容易导致频繁地崩溃，因此在跨平台的编程实例和演示中，很大程度上已经被 OpenGL 工具库取代。

（4）OpenGL 工具库

OpenGL 工具库（OpenGL Utility Toolkits Library，GLUT），包含约 30 个函数，函数名前缀为 glut。GLUT 是不依赖于窗口平台的 OpenGL 工具包，目的是隐藏不同窗口平台 API 的复杂度，适合于开发不需要复杂界面的 OpenGL 示例程序。GLUT 的函数如窗口初始化函数 glutInitDisplayMode( )、响应刷新消息的回调函数 glutDisplayFunc( )、响应鼠标消息函数 glutKeyboardFunc( )、茶壶绘制函数 glutWireTeapot( )、程序运行主循环函数 glutMainLoop( )等。

（5）Windows 专用库

Windows 专用库是针对 Windows 平台的扩展库，包含 16 个函数，函数前缀名为

wgl，主要用于连接 OpenGL 和 Windows，以弥补 OpenGL 在文本方面的不足，只能用于 Windows 环境。

在调用 OpenGL 函数库中的函数时，采用以下格式：

```
<库前缀><根命令><可选的参数个数><可选的参数类型> (参数列表)
```

其中，库前缀包括 gl、glu、aux、glut、wgl、agl 等，这种调用格式的统一，为用户的理解和使用带来了极大的便利。

随着现代计算机 CPU 处理能力的日益强大，即便是成万上亿个数据点的可视化处理，使用 OpenGL 也能很好地加速其可视化计算，因此我们没有理由不选择 OpenGL。但是，OpenGL 的使用，除熟悉编程语言以及对 OpenGL 库函数的理解和熟练掌握以外，还需要数学和计算机图形学的相关知识，确实存在一定的难度，有兴趣的读者可进一步学习。

从一般意义上来讲，OpenGL 是一个规范，而不是一个实现工具，其本身并没有任何实现代码，只是遵循 OpenGL 的规范开发的库。另外，OpenGL 只关注图形渲染，不提供动画、定时器、文件 I/O、图像文件格式处理、GUI 等功能，类似的图形库如 Mayavi、Pyglet、Glumpy 等。

在本节，我们使用 Python 平台和 OpenGL 提供的函数库功能，通过示例的方式，展示 OpenGL 的入门使用，但距离 OpenGL 的真正熟练操作还远远不够。

### 1．Python 环境下 OpenGL 的安装和导入

以 Windows 32bits 操作系统为例，在 Python 3.6 版本中离线安装 OpenGL 扩展库 PyOpenGL。

（1）从官方网站下载相应版本的 PyOpenGL 库文件，文件名分别为“PyOpenGL-3.1.3b2-cp36-cp36m-win32.whl”和“PyOpenGL_accelerate-3.1.3b2-cp36-cp36m-win32.whl”。

（2）使用 pip install <filename>命令，分别安装下载的库文件。注意不能修改下载的文件名。

（3）安装成功后，应导入到 Python 环境中，才可以调用 OpenGL 的库函数，示例如下：

```
from OpenGL.GL import *  #导入核心库
from OpenGL.GLU import *  #导入实用库
from OpenGL.GLUT import *  #导入工具库
```

### 2．OpenGL 演示示例

（1）三维立方体，对应的程序代码如下，显示的图形如图 5.43 所示，其中可用键盘光标键转动立方体。

```
from numpy import pi as PI
from numpy import sin, cos
from OpenGL.GL import *  #导入核心库
from OpenGL.GLU import *  #导入实用库
from OpenGL.GLUT import *  #导入工具库
```

```
def RenderContext(): #自定义函数，渲染环境
    global xRot,yRot
    #清除颜色缓存和深度缓存
    glClear(GL_COLOR_BUFFER_BIT | GL_DEPTH_BUFFER_BIT)
    #设置多边形的显示模式，即以线条方式显示立方体的所有面
    glPolygonMode(GL_FRONT_AND_BACK, GL_LINE)
    #设置当前矩阵为模型视景矩阵
    glMatrixMode(GL_MODELVIEW)
    #将当前矩阵(单位矩阵)压入堆栈
    glPushMatrix()
    # 绕X轴和Y轴旋转(角度,x,y,z)
    glRotatef(xRot, 1.0, 0.0, 0.0)
    glRotatef(yRot, 0.0, 1.0, 0.0)
    #启用并指定顶点数组，避免对共用顶点的冗余处理
    glEnableClientState(GL_VERTEX_ARRAY)
    glVertexPointer(3, GL_FLOAT, 0, corners)
    #使用顶点数组中的数据绘制物体
    glDrawElements(GL_QUADS, 24, GL_UNSIGNED_BYTE, indexes)
    #矩阵出栈，恢复到原始位置信息
    glPopMatrix()
    #双缓冲的刷新模式; Swap buffers
    glutSwapBuffers()
    #设置渲染状态
    glClearColor(255.0, 255.0, 255.0, 1.0) #背景白色
    glColor3ub(0,0,255); #线条色为蓝色
#自定义函数，改变窗口大小时调用
def ChangeSize(width,height):
    nRange = 100.0
    if(height == 0): #避免除数为0
        height = 1
    glViewport(0, 0, width, height) #设置视区大小
    glMatrixMode(GL_PROJECTION)   #投影矩阵模式
    glLoadIdentity()  #矩阵堆栈清空
    #设置裁剪窗口大小
    if (width <= height):
        glOrtho(-nRange, nRange, -nRange*height/width,
                nRange*height/width, -nRange*2.0, nRange*2.0)
    else:
        glOrtho(-nRange*width/height, nRange*width/height,
                -nRange, nRange, -nRange*2.0, nRange*2.0)
    glMatrixMode(GL_MODELVIEW)  #设置模型矩阵模式为视景矩阵
    glLoadIdentity()  #重置当前矩阵为单位矩阵
#自定义函数，使用键盘光标键操作时调用
def PressKeys(key,x,y):
```

```
    global xRot,yRot
    if(key == GLUT_KEY_UP):  #Up Arrow
        xRot-= 5.0
    if(key == GLUT_KEY_DOWN):  #Down Arrow
        xRot += 5.0
    if(key == GLUT_KEY_LEFT):  #Left Arrow
        yRot -= 5.0
    if(key == GLUT_KEY_RIGHT):  #Right Arrow
        yRot += 5.0
    if(key > 356.0):
        xRot = 0.0
    if(key < -1.0):
        xRot = 355.0
    if(key > 356.0):
        yRot = 0.0
    if(key < -1.0):
        yRot = 355.0
    glutPostRedisplay()  #标记当前窗口需要重新绘制
#初始化立方体顶点数组，共 8 个顶点
corners= [-25.0, 25.0, 25.0,\
          25.0, 25.0, 25.0,\
          25.0, -25.0, 25.0,\
          -25.0, -25.0, 25.0,\
          -25.0, 25.0, -25.0,\
          25.0, 25.0, -25.0,\
          25.0, -25.0, -25.0,\
          -25.0, -25.0, -25.0 ]
#立方体的 6 个面对应的顶点索引数组
indexes = [ 0, 1, 2, 3,         #前面索引
              4, 5, 1, 0,       #顶面索引
              3, 2, 6, 7,       #底面索引
              5, 4, 7, 6,       #后面索引
              1, 5, 6, 2,       #右面索引
              4, 0, 3, 7 ]      #左面索引

xRot=0.0  #绕 x 轴旋转的弧度
yRot=0.0  #绕 y 轴旋转的弧度
print("三维立方体，按箭头键改变视角！")
glutInit()  #使用 GLUT 初始化 OpenGL
glutInitWindowSize(600,400)  #初始化窗口大小
#设置初始显示模式为双缓存、RGBA 颜色、深度缓存
glutInitDisplayMode(GLUT_DOUBLE | GLUT_RGBA| GLUT_DEPTH)
glutCreateWindow("Cube Demo")  #创建标题为 Cube Demo 的主窗口
glutReshapeFunc(ChangeSize)  #指定窗口大小改变时调用的函数
```

```
glutSpecialFunc(PressKeys)  #注册键盘回调函数
glutDisplayFunc(RenderContext)  #调用函数绘制图像
glClearColor(255.0,255.0,255.0,1.0)  #初始背景色为白色
glColor3ub(0,0,255);  #初始前景色为蓝色
glutMainLoop()  #主循环，绘图事件一直重复
```

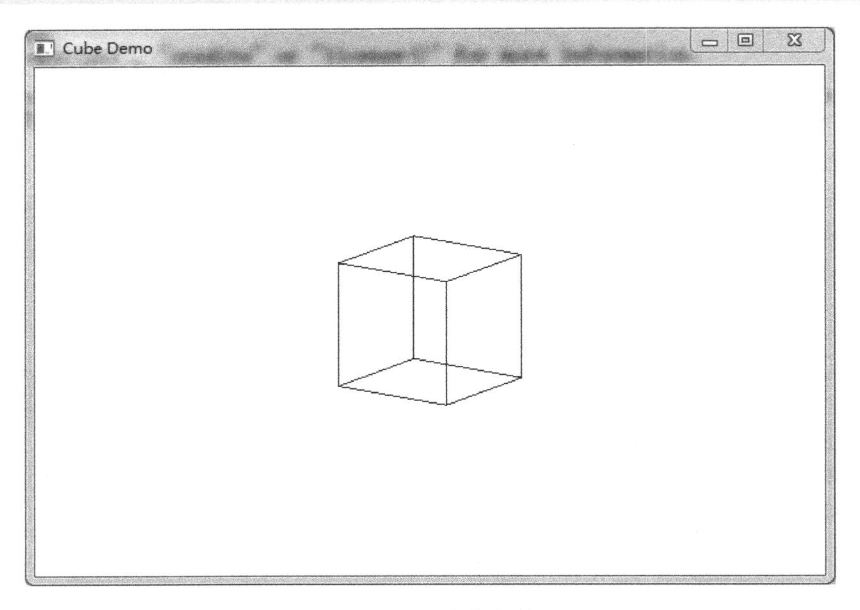


图 5.43　三维立方体

（2）旋转的茶壶

程序代码如下，显示的茶壶如图 5.44 所示，以动画方式呈现。

```
from OpenGL.GL import *  #导入核心库
from OpenGL.GLU import *  #导入实用库
from OpenGL.GLUT import *  #导入实用工具库
def drawFunc():  #自定义函数，渲染环境
    #清除当前颜色缓存和深度缓存
    glClear(GL_COLOR_BUFFER_BIT|GL_DEPTH_BUFFER_BIT)
    #让 x 轴和 y 轴旋转(angle,x,y,z)
    glRotatef(0.1,1.,1.,0.)
    glutWireTeapot(0.5)  #生成茶壶
    glFlush()  #强制刷新缓冲，保证所有绘图命令执行

glutInit()  #初始化 OpenGL
#设置显示模式为单缓存、RGBA 颜色
glutInitDisplayMode(GLUT_SINGLE|GLUT_RGBA)
glutInitWindowSize(600,400)  #初始化窗口大小
glutCreateWindow("Teapot")  #创建新窗口
glutDisplayFunc(drawFunc)  #回调函数，绘制图像
```

```
glutIdleFunc(drawFunc)  #回调函数，窗口事件空闲时不断调用
glutMainLoop()  #主循环
```

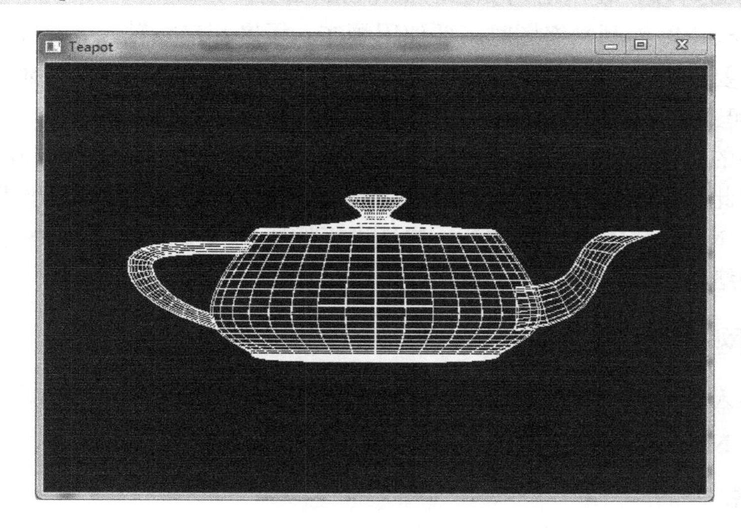


图 5.44　茶壶

在 OpenGL 的 GLUT 包中，提供的可直接调用演示的实体对象约有 9 种，除茶壶（Teapot）外，还有圆锥体（Cone）、四面体（Tetrahedron）、正方体（Cube）、球体（Sphere）、圆环体（Tourus）等，读者可仿照茶壶示例自行调试演示。

## 5.5　复杂网络结构可视化

NetworkX 在 2002 年 5 月产生，是为 Python 提供的第三方库，使用户可以对复杂网络的结构、功能和动态性进行创建、处理和学习。

NetworkX 提供以下功能。

（1）网络拓扑统计计算，反映网络结构与动力学特性，如度与度分布、群聚系数、直径和平均距离、匹配度、中心度等。

（2）网络演化模型，提供四种常见的建模方法，即规则图、ER 随机图、WS 小世界网络、BA 无标度网络，可进行复杂网络演化模型的设计和分析。

（3）二分图的建模与分析，二分图又称二部图，是图论中的一种特殊模型，它的顶点可分割为两个互不相交的子集，并且图中的每条边所关联的两个顶点分别属于这两个不同的顶点集。二分图在复杂网络分析中有很多应用，例如科学家合作网络（作者和论文）、商品网络（商品和购买者）、城市公交网络（线路和站点）等都可以用二分图来进行描述。

（4）网络可视化，NetworkX 的功能非常强大，本小节仅对 NetworkX 的可视化功能做较全面的描述和实践。

NetworkX 作为 Python 的外部扩展库，使用前必须安装和导入。

在线安装：在命令窗口中执行 pip install networkx；若要升级 networkx，可执行命

令 pip install –upgrade networkx。

导入 Python 环境：使用语句 import networkx as nx

使用 NetworkX 绘制网络图时，要使用画布、子区和坐标轴，并将绘制的网络图进行显示，因此要使用 import matplotlib.pyplot as plt 语句同时导入 pyplot 模块，以配合 NetworkX 一起工作。

复杂网络的可视化，是在掌握基本的复杂网络原理和概念基础上，利用 NetworkX 库完成的。因此，下面我们将结合复杂网络的基本理论，从无向图、有向图和多边图等几个方面，对 NetworkX 的常用方法、属性进行描述，以掌握 NetworkX 的基本使用方法，为复杂网络的应用和研究奠定基础。

### 5.5.1 网络可视化基础

对网络基本结构中涉及的无向图、有向图以及有自边和有重边的图的基本概念进行描述，并使用 NetworkX 完成相关的操作，这是进行网络可视化的基础。

#### 1. 无向图

简单的无向图是点和边的集合，且边没有方向。在 NetworkX 中，点的类型可以是任何可哈希的对象，如数字、字符串、图像、XML 对象或图等。而边可以表示任何两个对象之间的关联，且可以详细描述对象之间的关联结果，如(n1,n2，object=x)，n1、n2 表示现实中的两个人，他们之间的关联视为 n1 和 n2 之间的连边，而 x 则指关联的结果，可对应一条记录。

无向图的基本操作包括图的创建、节点的添加和删除、边的添加和删除、点和边的属性操作等，这也是有向图、重边图等操作的基础。

**1）图的创建**

```
>>>import networkx as nx
>>>G=nx.Graph()  #创建一个空图
>>>G.clear()  #清空图中的元素
```

图的创建是构建复杂网络图的基础，图上的所有操作都要围绕创建的图 G 来进行。

创建图时，也可以在某一个图的基础上创建一个新图，或者由一组边表创建一个新图，如下面的示例代码。

```
>>> G.add_edge(1, 2)              #为图 G 添加一条边
>>> H = nx.DiGraph(G)             # 基于图 G 的连接创建一个有向图
>>> list(H.edges())               #显示图 H 中的所有边
[(1, 2), (2, 1)]
>>> edgelist = [(0, 1), (1, 2), (2, 3)]      #边的列表
>>> H = nx.Graph(edgelist)         #创建包含三条边的新图
```

**2）节点和边的添加**

在 NetworkX 中，节点可以用数字、字符或字符串标识；而边是由标识节点的元组组成，如(1,2)即表示由节点 1 和 2 组成的一条边。

可以添加一个节点，也可以同时添加一组节点，如：

```
>>>G.add_node(1)  #添加节点 1
```

```
>>>G.add_node("a")  #添加节点'a'
>>>G.add_node("spam")  #添加名为'spam'的一个节点
>>>G.add_nodes_from([2,3])  #添加名为2、3的两个节点
>>>G.add_nodes_from("spam")  #添加名为's''p''a''m'的4个节点
>>> H = nx.path_graph(10)  #添加名为0～9的10个节点，并依次连边成图
>>> G.add_nodes_from(H)  #将图H的所有节点添加到图G中
>>>G.add_node(H)  #图H作为一个节点添加到图G中
```

边的添加与节点的添加同理，可以添加一条边，也可以同时添加多条边。

```
>>> G.add_edge(1, 2)  #添加一条边(1,2)
>>> e = (2, 3)  #e为元组
>>> G.add_edge(*e)  #将解包的元组e作为一条边添加
>>> G.add_edge(3, 'm')  #组成边的节点为3和'm'
>>> G.add_edges_from([(1, 2), (1, 3)])  #同时添加两条边
>>> G.add_edges_from(H.edges)  #将图H的边添加到图G中
```

边上没有权值时为二元组，如果带权值，则以三元组表示，且权作为边上的属性数据，采用字典形式，如(2,3,{'weight':1.2})表示组成边的节点为 2 和 3，边上的权值为1.2。添加具有权值的边时，应使用边的三元组形式，示例如下：

```
>>> G.add_edge(1,2,weight=4.7)  #添加一条带权的边
>>> G.add_edges_from([(1,2,{'color':'blue'}),(2,3,{'weight':8})])  #添加两条边，每条边分别指定相应的属性
>>>G.add_weighted_edges_from([(1,2,4.7),(2,3,5.6)])  #添加两条带权的边
>>> G.edges(data=True)  #查看图G的边信息
EdgeDataView([(1, 2, {'weight': 4.7,'color':'blue'}), (2, 3, {'weight': 5.6})])
```

**说明**：图中已经存在的节点和边再次被添加时将会自动忽略，但其属性数据可以被修改。

**3）查看节点和边信息**

在需要的图创建完成后，假定图G中的节点为[1, 2, 3, 'spam', 's', 'p', 'a', 'm']，边为[(1,2), (1,3), (3,'m')]，可使用图G的方法查看图的基本属性信息，即节点、边、邻居、度。

```
>>> G.number_of_nodes()  #图G中的节点数
8
>>> G.number_of_edges()  #图G中的边数
3
>>> list(G.nodes)  #列表显示图G中的节点
[1, 2, 3, 'spam', 's', 'p', 'a', 'm']
>>> list(G.edges)  #列表显示图G中的边
[(1, 2), (1, 3), (3, 'm')]
>>> list(G.adj[1])  #列表显示图G中节点1的邻居，list(G.neighbors(1))等效
[2, 3]
>>> G.degree[1]  #节点1的连边数，即节点的度数
2
>>> G.edges([2, 'm'])  #包含节点2和'm'的边
EdgeDataView([(2, 1), ('m', 3)])
```

```
>>> G.degree([2, 3])  #节点2和3的度数
DegreeView({2: 1, 3: 2})
```

**4）节点和边的删除**

节点和边的删除与添加类似，常用的方法包括 G.remove_node( )、G.remove_nodes_from( )、G.remove_edge( )、G.remove_edges_from( )，示例如下：

```
>>> G.remove_node(2)  #删除节点2
>>> G.remove_nodes_from("spam")  #删除节点's'、'p'、'a'、'm'
>>> G.remove_edge(1, 3)  #删除节点1、3的连边
```

**5）节点和边的访问**

在 NetworkX 中，节点和边没有声明为特定的对象，使用起来更加方便。节点和边的引用，一般采用下标的方式，示例如下：

```
>>>G[1]  #查看图G中节点的所有邻接点及其属性
>>>G.adj[1]  #与G[1]等价
>>>G[1][2]  #查看图G中边(1,2)的属性信息
>>>G.edges[1,2]  #与G[1][2]等价
```

注：以上语句的显示结果均为字典形式。

**6）添加图、节点和边的属性**

所有 Python 对象的属性，均可以用作 NetworkX 中图、节点和边的属性，属性使用{key:value}，即键值对的字典形式。

```
>>> G = nx.Graph(day="Friday")  #为图添加属性
>>> G.graph  #显示图的属性
{'day': 'Friday'}
>>> G.graph['day'] = "Monday"  #修改图的属性
>>> G.graph
{'day': 'Monday'}
>>> G.add_node(1, time='5pm')  #为单个节点添加属性
>>> G.add_nodes_from([2,3], time='2pm')  #同时为多个节点添加属性
>>> G.nodes[1]
{'time': '5pm'}
>>> G.nodes[1]['room'] = 714  #修改节点的属性
>>> G.nodes.data()  #查看所有节点的属性
NodeDataView({1: {'time': '5pm', 'room': 714}, 2:{'time':'2pm'},3:
{'time': '2pm'}})
>>> G.add_edge(1, 2, weight=4.7 )  #添加单条边的属性
>>> G.add_edges_from([(3, 4), (4, 5)], color='red')  #多条边同时添加一个
属性
#同时添加多条边，每条边分别设置相应的属性
>>>  G.add_edges_from([(1, 2, {'color': 'blue'}), (2, 3, {'weight':
8})])
>>> G[1][2]['weight'] = 4.7  #修改边的属性
>>> G.edges[3, 4]['weight'] = 4.2  #修改边的属性
>>> G.edges(data=True)  #查看所有的边及其属性
EdgeDataView([(1, 2, {'weight': 4.7, 'color': 'blue'}), (2, 3, {'weight':
8}), (3, 4, {'color': 'red', 'weight': 4.2}), (4, 5, {'color': 'red'})])
```

从上面的例子可以看出，图的基本要素节点、边、邻居和度为图结构提供了一个不断更新的只读视图，可以通过字典的形式查看节点和边的属性数据。

对所有节点的所有邻接点的快速检索，可使用 G.adjacency( )或 G.adj.items( )方法，通过迭代的方式完成。以下示例代码，在迭代访问所有节点的所有邻接点的同时，检索出权值小于 0.5 的所有边。

```
>>>FG = nx.Graph()  #创建图
>>>Edgelist=[(1, 2, 0.125), (1, 3, 0.75), (2, 4, 1.2), (3, 4, 0.375)]
#边的列表
>>>FG.add_weighted_edges_from(edgelist)  #添加具有权值的多条边
>>> for n, nbrs in FG.adj.items():  #遍历所有节点的邻接点
      for nbr, eattr in nbrs.items():  #遍历所有边的属性
            wt = eattr['weight']
            if wt < 0.5: print('(%d, %d, %.3f)' % (n, nbr, wt))
(1, 2, 0.125)
(2, 1, 0.125)
(3, 4, 0.375)
(4, 3, 0.375)
```

注：对无向图而言，以迭代方式访问邻接点，每条边将被访问两次。

当然，也可以通过遍历边属性的形式，访问图中所有的边，示例如下：

```
>>>for (u, v, wt) in FG.edges.data('weight'):  #遍历图中所有的边和权值
      if wt < 0.5: print('(%d, %d, %.3f)' % (u, v, wt))
(1, 2, 0.125)
(3, 4, 0.375)
```

### 2. 有向图

NetworksX 的有向图类 DiGraph 除具有无向图的基本方法和属性外，针对有向边还提供了额外的属性，如出度、入度、前驱、后继等。有向图中某节点的邻居等价于其后继，而度为入度和出度之和。如图 5.45 所示，节点 1 的后继为节点 2，出度为 1，有向边(1,2)的权值为 0.5；节点 1 的前驱为节点 3，入度为 1，有向边(3,1)的权值为 0.75；节点的度为入度和出度之和，即为 2。NetworkX 中若不以权值计算，则完全一致。

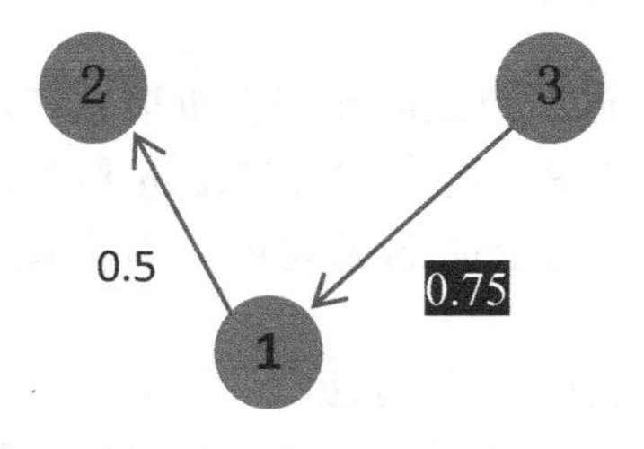


图 5.45　有向图的简单示例

对有向图的简单操作示例如下。

```
>>> DG = nx.DiGraph()  #创建有向图
>>> DG.add_weighted_edges_from([(1, 2, 0.5), (3, 1, 0.75)])  #添加有向边
>>> DG.out_degree(1, weight='weight')  #节点 1 的出度
```

```
0.5
>>> DG.degree(1, weight='weight')  #节点 1 的度为出度和入度之和
1.25
>>> list(DG.successors(1))  #节点 1 的后继
[2]
>>> list(DG.neighbors(1))  #节点 1 的邻居，与后继等价
[2]
>>> list(DG.predecessors(1))  #节点 1 的前驱
[3]
```

有向图和无向图的算法都是有针对性的，不能将二者混为一谈。在必要的时候，可以将有向图 G 转换为无向图，示例如下：

```
>>>H=nx.Graph(G)  #将有向图 G 转换为无向图
```

### 3. 有自环的图

图中的自环是指含有形如$(x,x)$的边，使得一个节点自邻接。在 NetworkX 中，也提供了有关自环图的使用，示例如下：

```
>>> G = nx.MultiGraph()  #创建重边图，也可以为 Graph、DiGraph 等类型
>>> ekey = G.add_edge(1, 1,weight=1.2)  #添加具有权值的自环边
>>> ekey = G.add_edges_from([(1, 2,{'weight':2.1,'color':'blue'})])
#多属性边
>>> list(nx.selfloop_edges(G))  #列表显示图 G 的自环边
[(1, 1)]
>>> list(nx.selfloop_edges(G, data=True))  #列表显示自环边及其属性数据
[(1, 1, {'weight': 1.2})]
>>> list(nx.selfloop_edges(G, keys=True))  #列表显示自环边及其边的关键字
[(1, 1, 0)]
>>> nx.number_of_selfloops(G)  #自环边的数量
1
>>> list(nx.nodes_with_selfloops(G))  #列表显示具有自环边的节点
[1]
```

### 4. 有重边的图

重边图是指网络图中相同节点之间允许有重边存在，分为无向重边图和有向重边图两类，可分别使用 NetworkX 提供的类 MultiGraph 和 MultiDiGraph 创建。

重边图的操作方法分别同上面的无向图、有向图类似，在此仅通过示例做简单说明。

```
>>> MG=nx.MultiGraph()  #创建重边图
>>> MG.add_weighted_edges_from([(1,2,.5), (1,2,.75), (2,3,.5)])
>>> MG.degree(weight='weight')  #各节点权值之和
{1: 1.25, 2: 1.75, 3: 0.5}
>>> GG=nx.Graph()  #创建无向图
>>> for n,nbrs in MG.adjacency_iter():  #遍历图中每个节点的邻居
        for nbr,edict in nbrs.items():  #迭代访问节点邻居的属性值
```

```
            #搜索两个节点之间的最小权值并为对应边的权赋值
            minvalue=min([d['weight'] for d in edict.values()])
            GG.add_edge(n,nbr, weight = minvalue)
>>> nx.shortest_path(GG,1,3)  #节点 1 到节点 3 的最短路径
[1, 2, 3]
```

### 5.5.2 网络图的生成

在 NetworkX 中，提供了大量的生成不同类型图的方法，而且方法的源代码都是开放的，我们可以在熟悉复杂网络的基本理论和方法的同时，利用已有的开源代码，对原有的网络模型进行演化，这对我们的学习和研究将是非常有利的。

下面我们仅以四个示例，演示复杂网络的图生成方法，其他的图生成方法可以参阅 github 上的开源项目，“Reference”部分的“Graph generators”。

示例代码假设已经导入需要的外部扩展库，如下：

```
>>> import networkx as nx
>>> import matplotlib.pyplot as plt
```

**1）规则图**

生成含有 20 个节点，且每个节点有 3 个邻居的规则图，代码如下，执行后显示的图形如图 5.46 所示。

```
>>> RG=nx.random_regular_graph(3,20)
>>> pos=nx.spectral_layout(RG)  #采用 spectral 布局
>>> nx.draw(RG,pos,node_size=30)  #默认节点无标签，节点的直径为 30
>>> plt.show()
```

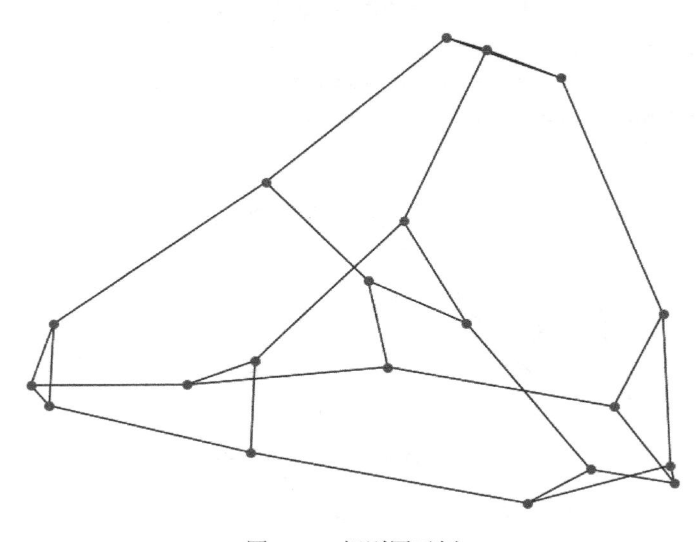

图 5.46 规则图示例

**2）ER 随机图**

ER 随机图是早期研究较多的一类复杂网络，其基本思想是以概率 $p$ 连接 $n$ 个节点

中的每一对节点。下面的示例代码是生成包含 20 个节点，以概率 0.2 连接的随机图，生成的图形如图 5.47 所示。

```
>>> ER=nx.erdos_renyi_graph(20,0.2)
>>> pos=nx.shell_layout(ER)  #采用 shell 布局
>>> nx.draw(ER,pos,node_size=30)
>>> plt.show()
```

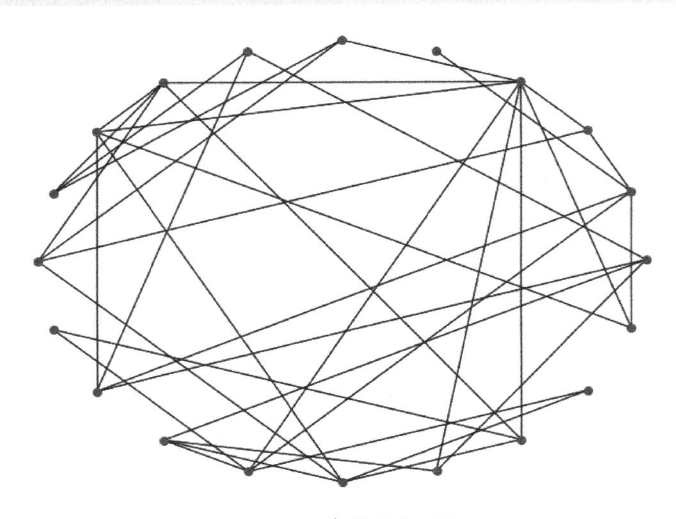

图 5.47　ER 随机图示例

**3）WS 小世界网络**

下面的代码示例是生成一个含有 20 个节点，每个节点有 4 个邻居，且以概率 0.3 随机化重连边的 WS 小世界网络，生成的图形如图 5.48 所示。

```
>>> WS=nx.watts_strogatz_graph(20,4,0.3)
>>> pos=nx.circular_layout(WS)  #采用 circular 布局
>>> nx.draw(WS,pos,node_size=30)
>>> plt.show()
```

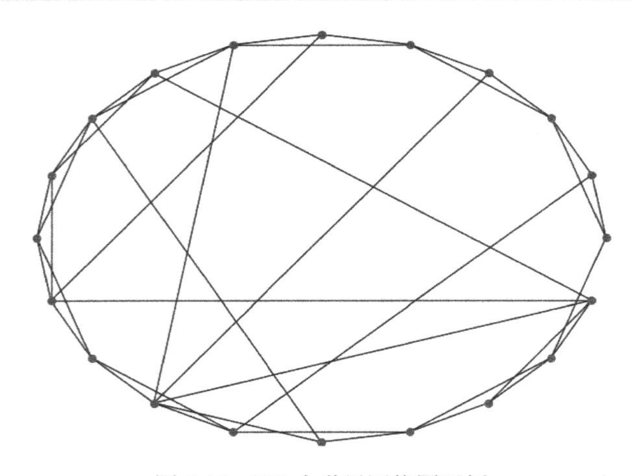

图 5.48　WS 小世界网络图示例

#### 4）BA 无标度网络

BA 无标度网络的基本原理是在网络生长的过程中，不断有新节点加入系统，而新节点与网络中已有节点以一定的概率进行连边。下面的代码示例是生成一个含有 20 个节点，且每次只加入 1 条新边的 BA 无标度网络，生成的图形如图 5.49 所示。

```
>>> BA=nx.barabasi_albert_graph(20,1)
>>> pos=nx.spring_layout(BA)  #采用 spring 布局
>>> nx.draw(BA,pos,node_size=30)
>>> plt.show()
```

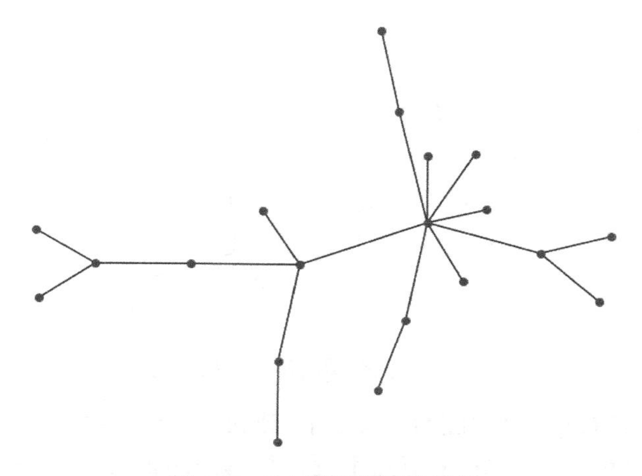

图 5.49　BA 无标度网络示例

## 5.5.3　网络图的绘制

### 1. 关于网络图的一些操作

在 NetworkX 中，已经生成的网络图可以进行一些基本的操作，如合并、连接、笛卡儿积等，以下仅做简单说明。

（1）subgraph(G, nbunch)：产生图 G 中包含节点列表 nbunch 的子图，如：

```
>>> G = nx.path_graph(4)  # or DiGraph, MultiGraph, MultiDiGraph, etc
>>> H = nx.subgraph(G, [0, 1, 2])
>>> list(H.edges)
[(0, 1), (1, 2)]
```

（2）union(G1,G2,rename=(None,None))：合并两个不相交的图 G1、G2 为一个新图。若 G1、G2 相交，则必须使用 rename 参数对 G1、G2 重命名。

（3）disjoint_union(G1,G2)：连接两个不相交的图 G1、G2。要求 G1、G2 的类型相同，且如果有相同节点存在，则会自动按数字顺序改变相同的节点标识，而总节点数保持不变。

（4）cartesian_product(G1,G2)：返回图 G1、G2 的笛卡儿积，即 G1、G2 的节点依次配对，生成新节点并连边，有如下代码，生成的图形如图 5.50 所示。

```
>>>G1=nx.path_graph(4)
```

```
>>>G2=nx.path_graph(2)
>>>H=nx. cartesian_product(G1,G2)
>>> nx.draw(H,with_labels=True,font_color='aqua')
>>>plt.show()
```

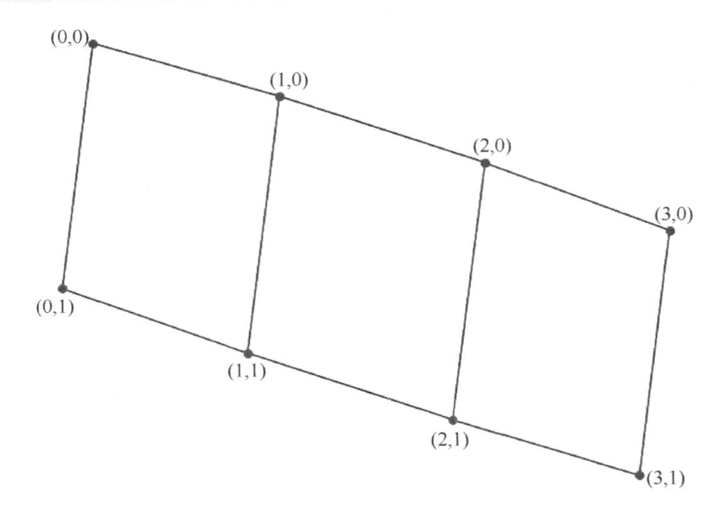


图 5.50　两个图的笛卡儿积示例

（5）compose(G1,G2)：合并图 G1、G2 中相同的节点，生成一个新图。

（6）complement(G)：图 G 中节点不变，边为原边的补集，即图中原来的连边去除，原来没有连边的节点重新连边。

（7）create_empty_copy(G)：返回同一个图的空副本，即节点不变，而所有的边被删除。

（8）to_undirected(G)：将图 G 转换为对应的无向图。

（9）to_directed(G)：将图 G 转换为有向图。

## 2. 网络图的绘制

在 NetworkX 中生成网络图后，为满足用户的个性化需求，需要选择合适的绘图函数，并设置绘图的样式和布局。

### 1）常用的绘图函数

（1）draw(G,[pos,ax,hold])：用 Matplotlib 的画布绘图，默认没有标签和坐标轴。

（2）draw_networkx(G,[pos,with_labels])：用 Matplotlib 绘图，能够有更多的选项设置，如节点的位置、标签、标题和其他的绘图特征。

（3）draw_networkx_nodes(G, pos, [nodelist])：仅绘制网络 G 的节点图。

（4）draw_networkx_edges(G, pos, [edgelist])：仅绘制网络 G 的边图。

（5）draw_networkx_labels(G, pos [,labels,…])：绘制节点带标签的网络图 G。

（6）draw_networkx_edge_labels(G, pos[, ...])：绘制边上带标签的网络图 G。

其他与布局有关的绘图函数包括 draw_circular(G)、draw_random(G)、draw_spectral(G)、draw_spring(G)、draw_shell(G)、draw_graphviz(G)，其作用与下面的

布局设置是一样的。

**2）绘图的样式设置**

NetworkX 在绘图时，可以用来设置绘图样式的参数有很多，在此仅描述常用的样式参数。

（1）node_size: 指定节点的大小，默认为 300。

（2）node_color: 指定节点的填充颜色，默认为红色，可以用字符串简单标识颜色，例如'r'为红色，'b'为蓝色等。

（3）node_shape: 节点的形状，默认为圆形，用字符串'o'标识，其他的标识可参阅 Matplotlib 部分的内容。

（4）alpha: 透明度，默认为 1.0，不透明，0 为完全透明。

（5）width: 边的宽度，默认为 1.0。

（6）edge_color: 边的颜色，默认为黑色。

（7）style: 边的样式，默认为实线，也可以为 solid、dashed、dotted、dashdot 等样式。

（8）with_labels: 节点是否带标签，默认为 False。

（9）font_size: 节点标签的字体大小，默认为 12。

（10）font_color: 节点标签的字体颜色，默认为黑色。

**3）布局设置**

布局是指节点在图中的排列形式，能够使图更加合理和美观。NetworkX 在绘图时，可以通过绘图方法的 pos 参数设置布局。常用的布局方式有：

（1）circular_layout：节点在一个圆环上均匀分布；

（2）random_layout：节点随机分布；

（3）shell_layout：节点在同心圆上分布；

（4）spring_layout：用 Fruchterman-Reingold 算法排列节点，呈中心放射状；

（5）spectral_layout：根据图的拉普拉斯特征向量排列节点。

### 3. 网络可视化示例

在 NetworkX 的网站上“Examples”部分，提供了大量的应用示例，很多是已经发表的研究成果的展示，而且特别令人欣喜的是，这些示例基本上都能找到对应的源码，我们可以以此为基础，开发和设计自己的应用。

Zachary’s Karate 空手道俱乐部是一个小型的社交网络，其俱乐部管理员和教练之间会发生冲突，冲突中的传播和交互机制我们不做探讨，在此仅对最终的演化结果进行可视化展示。涉及的社会网络和图卷积网络（Graph Convolutional Networks，GCN）的知识读者可自行学习。数据集为下载的“zachary.txt”文件，其中展示的是 ZACHE 部分的数据，其矩阵的每个元素表示 34 个俱乐部成员之间是否存在联系；而 ZACHC 矩阵表示团体的相对强度，即俱乐部成员交互时的状态数，有兴趣的读者可进一步展示。

示例代码如下，生成的网络图如图 5.51 所示。

```
import networkx as nx
import matplotlib.pyplot as plt
import os
def karate_club_graph(data):  #自定义函数
    """返回 Zachary's Karate 俱乐部网络图
    图中表示成员的每个节点具有属性 club，代表成员所属的团体名称
    或者为 Mr. Hi，或者为 Officer
    """
    #创建所有成员的集合和每个俱乐部的成员
    all_members = set(range(34))
    club1={0,1,2,3,4,5,6,7,8,10,11,12,13,16,17,19,21}
    # club2 = all_members - club1
    G = nx.Graph()
    G.add_nodes_from(all_members)
    G.name = "Zachary's Karate Club"
    zacharydat=data
    for row, line in enumerate(zacharydat):
        thisrow = [int(b) for b in line.split()]
        for col, entry in enumerate(thisrow):
            if entry == 1:
                G.add_edge(row, col)
    #添加每个成员的俱乐部名称，作为节点的属性
    for v in G:
        G.nodes[v]['club']='Mr. Hi' if v in club1 else 'Officer'
    return G
#设置数据文件所在的目录，并打开需要的文件
os.chdir(u"d:\\Visualization\\NetworkX")
txtfile=open('zachary.txt','r',encoding='UTF-8')
lines=txtfile.readlines()  #读取文件中的所有行
#获取第 8～42 行的数据，并切片掉每行后边的换行符
#之后去除每行的前置空格
datalist=[lines[i][:-1].lstrip() for i in range(7,41)]
H=karate_club_graph(datalist)  #调用函数生成图
pos=nx.spring_layout(H)  #布局方式
for v in H.nodes:  #遍历图中节点，按俱乐部设置不同颜色
    if H.nodes[v]['club']=='Mr. Hi':
        H.nodes[v]['color']='pink'
    else:
        H.nodes[v]['color']='aqua'
colors=[H.nodes[v]['color'] for v in H.nodes]  #节点颜色列表
nx.draw(H,pos,node_color=colors,with_labels=True,width=1)
plt.show()
```

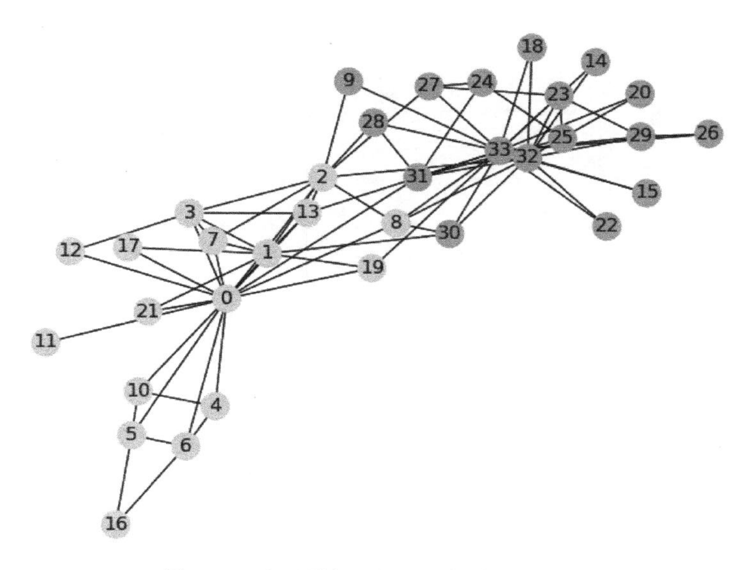


图 5.51　空手道俱乐部网络图［见彩插］

举报电话：（010）88254396；（010）88258888
传　　真：（010）88254397
E-mail:　　dbqq@phei.com.cn
通信地址：北京市万寿路 173 信箱
　　　　　电子工业出版社总编办公室
邮　　编：100036

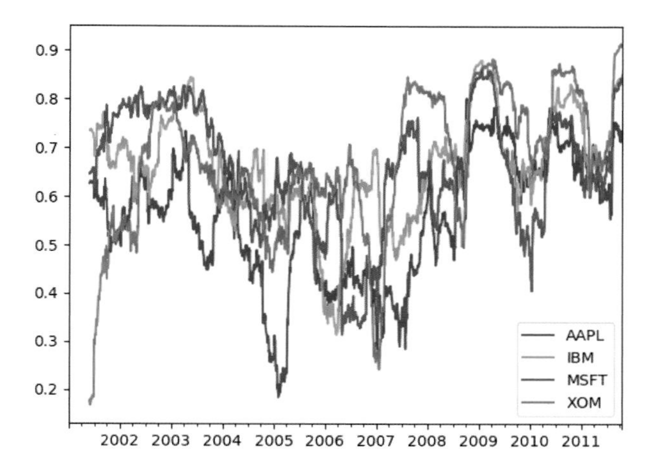


图 4.24　四只股票与 SPX 的相关系数

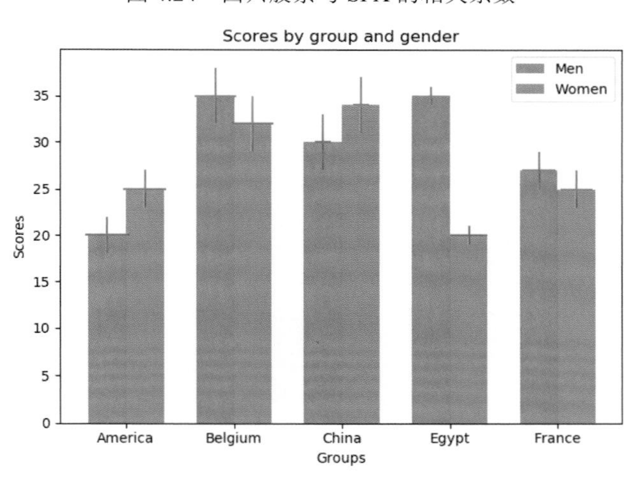


图 5.13　柱形图绘制示例

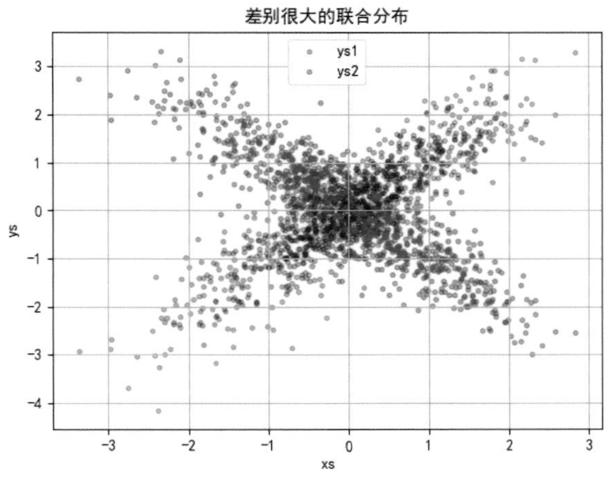


图 5.14　散点图示例

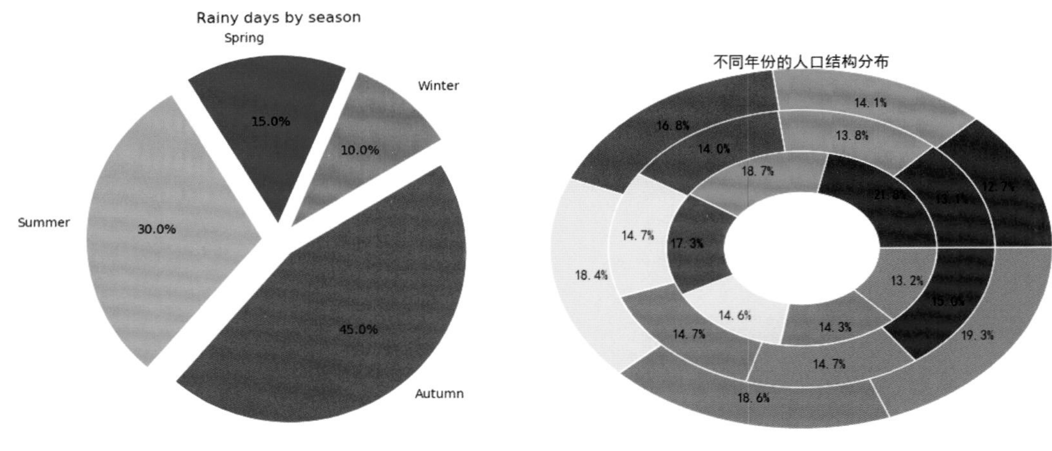


图 5.15　饼图绘制示例

图 5.16　环形图绘制示例

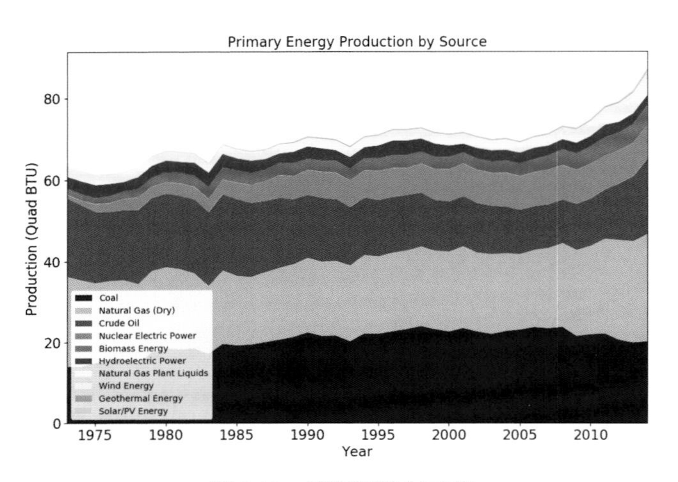


图 5.17　堆积图绘制示例

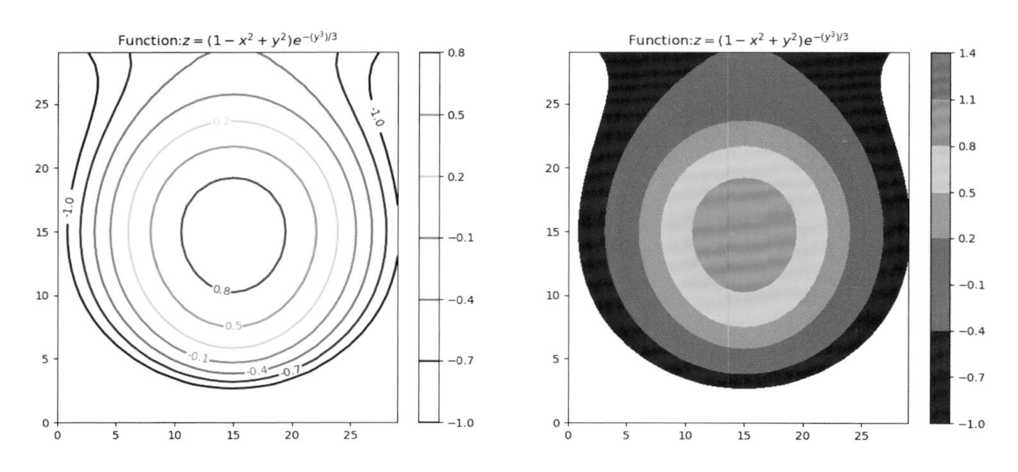


图 5.20　矩阵的等高线图和填充效果

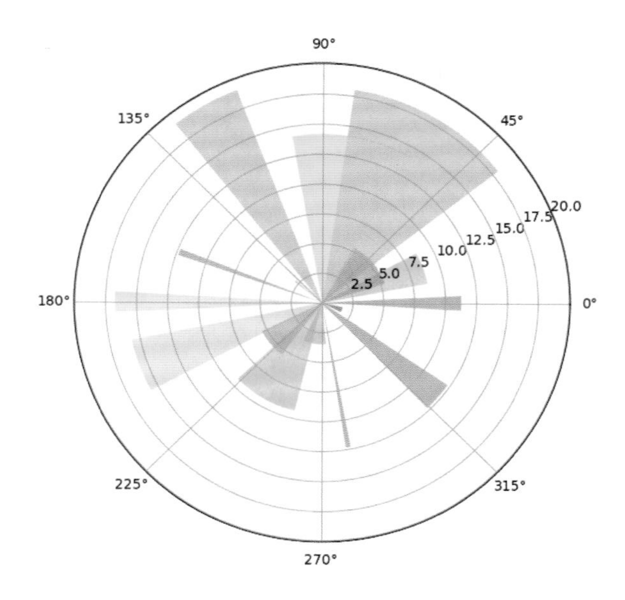


图 5.21　极坐标中的条形图示例

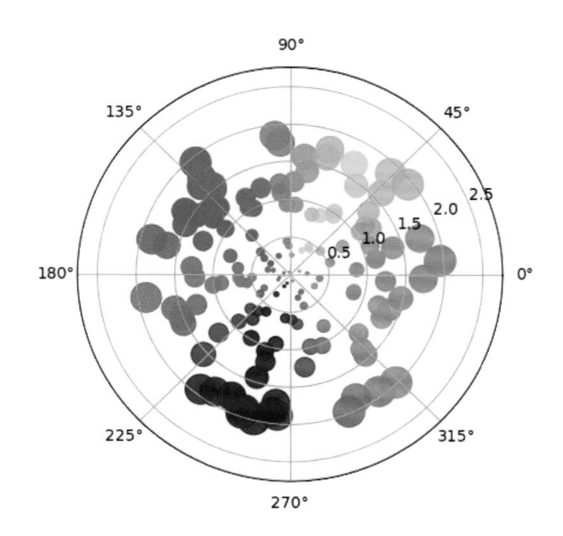


图 5.22　极坐标中的散点图示例

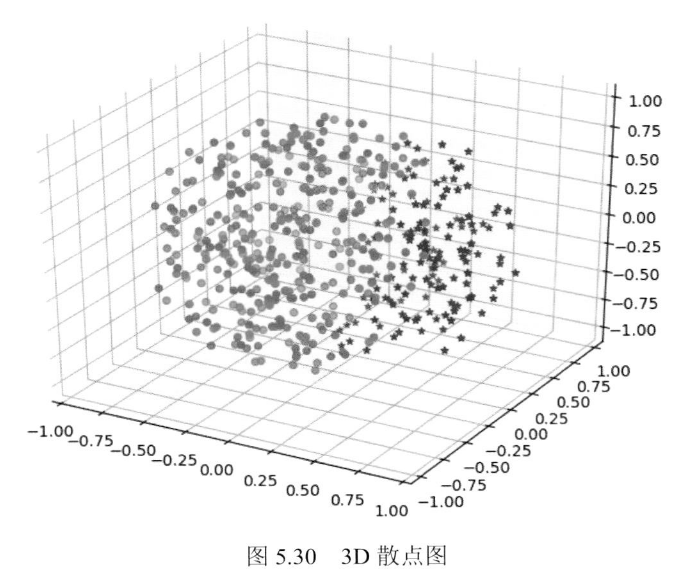


图 5.30　3D 散点图

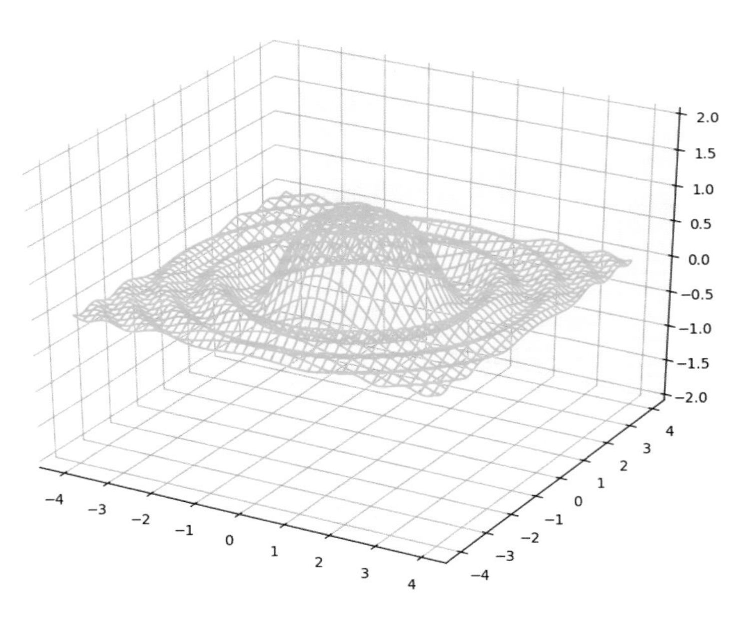


图 5.32　3D 线框图

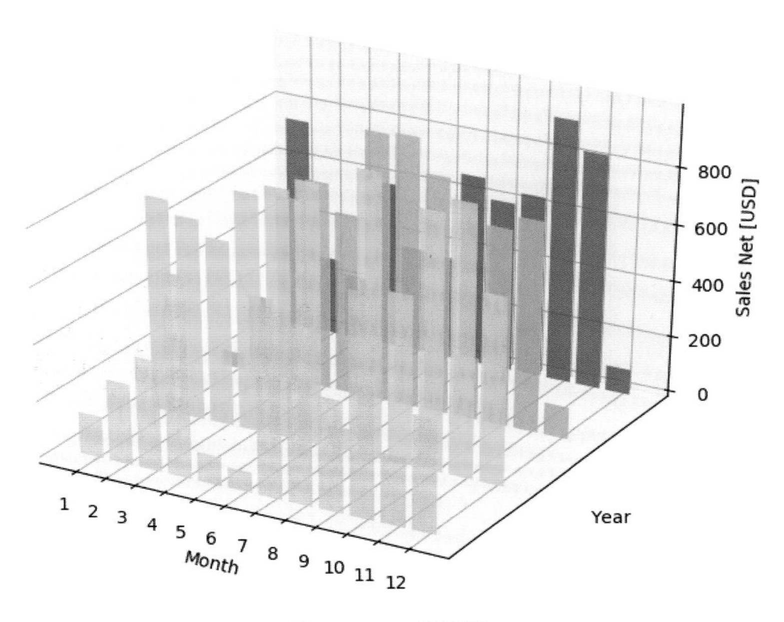


图 5.33　3D 柱状图

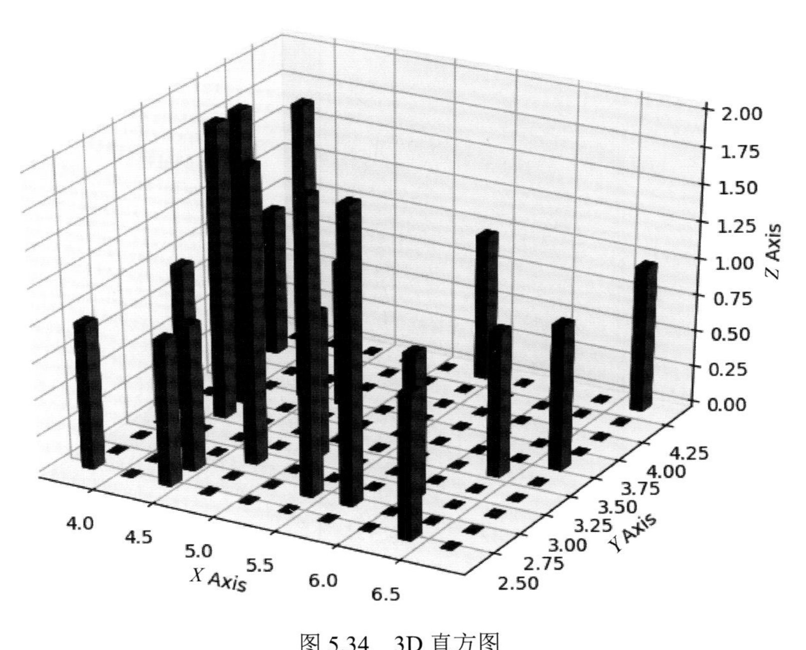


图 5.34　3D 直方图

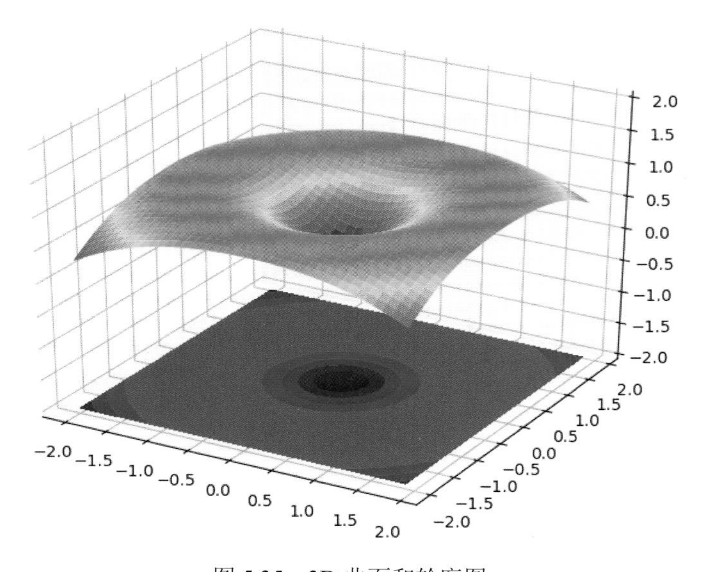


图 5.35　3D 曲面和轮廓图

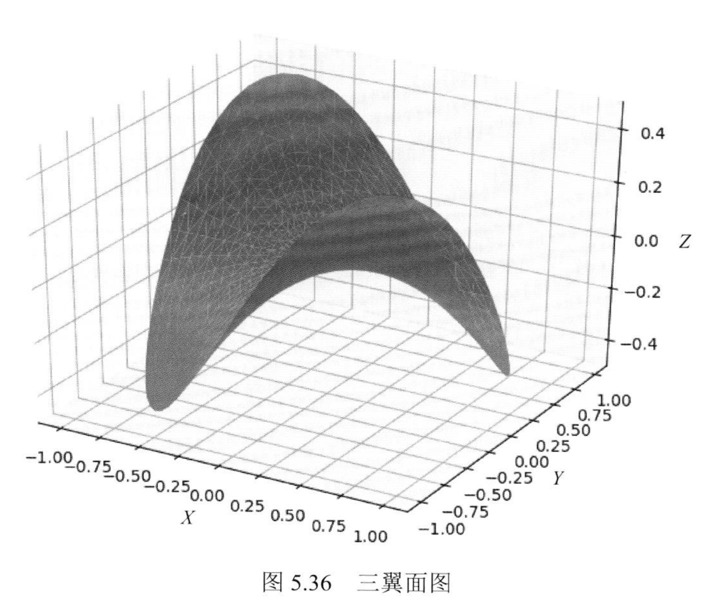


图 5.36　三翼面图

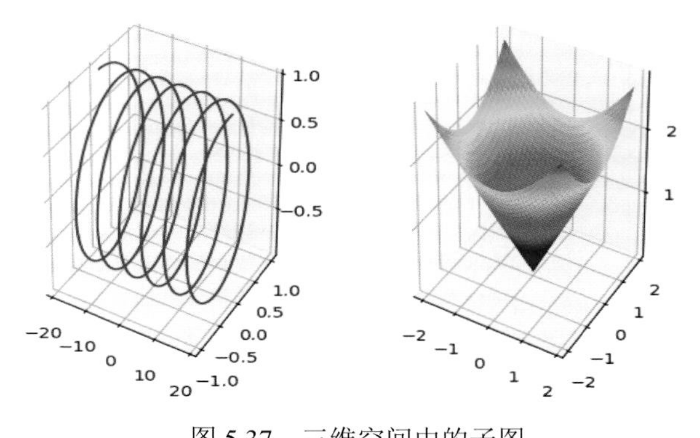


图 5.37　三维空间中的子图

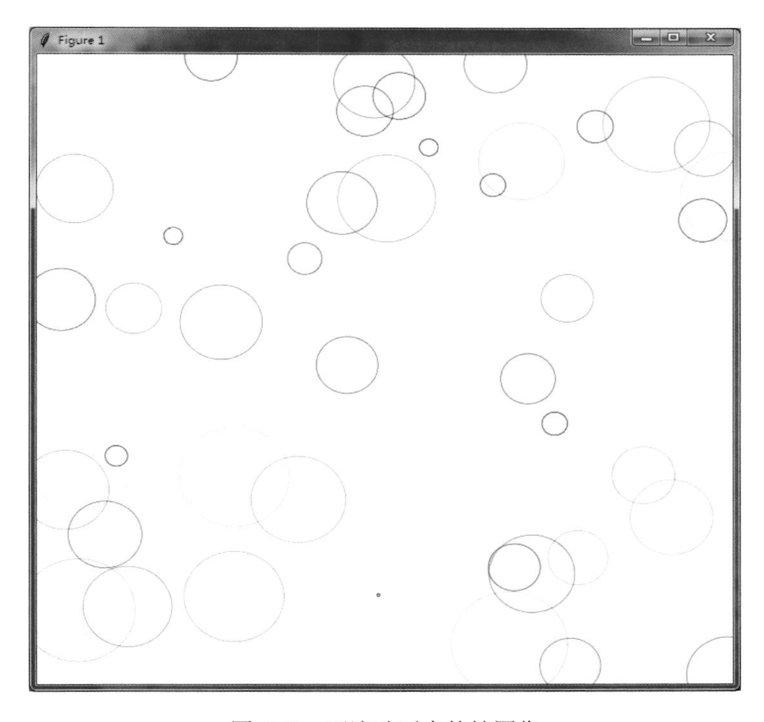


图 5.40　雨滴动画中的帧图像

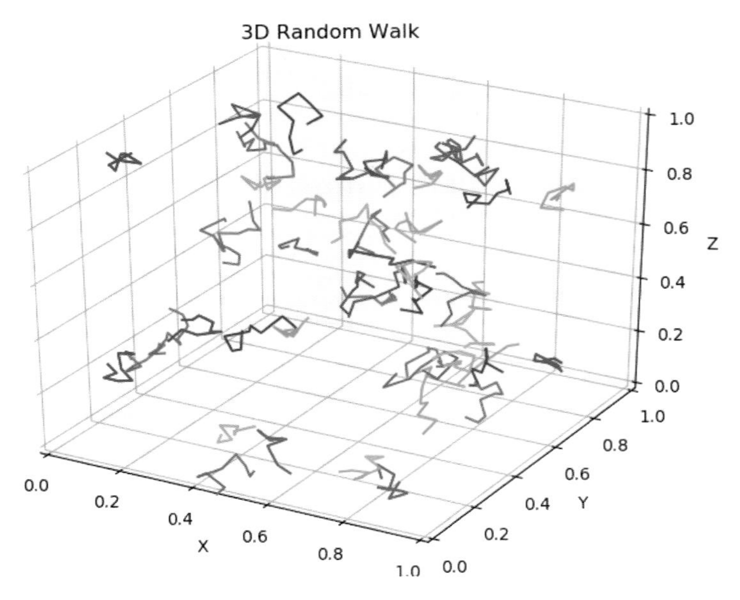


图 5.42　随机游走的 3D 线条

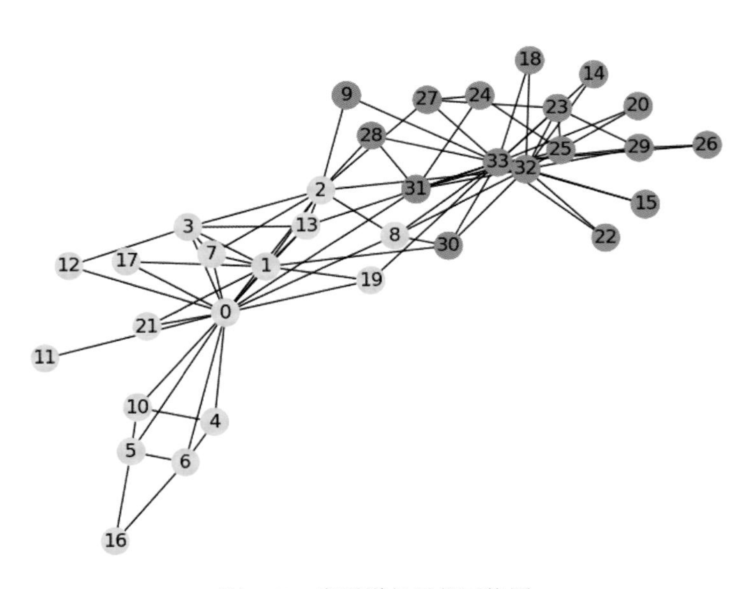


图 5.51　空手道俱乐部网络图